I CONTAIN MULTITUDES

I CONTAIN MULTITUDES

기상천외한 공생의 세계로 떠나는 그랜드 투어

에드 용 지음
양병찬 옮김

어크로스

| 일러두기 |

1. 본문 하단의 주석은 모두 옮긴이주로 • 기호로 표기했으며 저자주는 번호를 붙여 후주로 처리했다.
2. 본문에서 괄호 ( ) 안에 쓰인 내용은 모두 저자가 덧붙인 것이다.
3. 용어의 길이가 길고 본문에 반복되어 나오는 경우, 처음 등장할 때 원어와 약칭을 함께 표기하고 이후로는 약칭으로만 표기하였다. '비피도박테륨 론굼 인판티스'는 'B. 인판티스'로, '클로스트리듐 디피실리'는 'C. 디피실리'로 줄여 표기하였으며, '인간 모유 올리고당'(HMOs), '대변 미생물총 이식술'(FMT) 등 경우에도 이와 같은 방식으로 약칭을 사용했다.

동물원에서

바바Baba는 꿈쩍도 하지 않는다. 주변에 모여든 들뜬 아이들의 성화에 동요하지 않고, 캘리포니아의 폭염에도 흔들리지 않는다. 자신의 얼굴, 몸, 발톱을 문지르는 면봉에도 개의치 않는다. 이 같은 냉담함과 태연자약함에는 그럴 만한 이유가 있다. 왜냐하면 녀석은 샌디에이고 동물원에 살고, 든든한 갑옷을 입었으며, 지금은 사육사의 허리에 손발을 칭칭 감은 채 달라붙어 있기 때문이다. 그만큼 안전하고 수월한 삶을 사는 동물이 이 세상에 또 있을까?

바바는 흰배천산갑white-bellied pangolin이라는 명칭을 가진 동물로 개미핥기와 솔방울을 반씩 섞어놓은 듯 너무도 귀엽고 사랑스러운 모습에, 덩치는 작은 고양이만 하다. 까만 눈에는 애절함이 배어 있고, 뺨을 뒤덮은 털은 제멋대로 자란 구레나룻 같다. 핑크빛 얼굴에 이빨 없는 주둥이가 솟아나와 있는데, 그 모양이 끝으로 갈수록 가늘어져 개미와 흰개미를 후루룩 들이켜기에 안성맞춤이다. 암팡진 발끝에 달린 길고 구부러진 발톱은 나무 몸통에 달라붙어 곤충의 둥지를 파헤치기에 적합하고, 기다란 꼬리로는 나뭇가지든 친근한 사육사의 몸이든 단단히 휘감을 수 있다.

그러나 뭐니 뭐니 해도 바바의 가장 독특한 특징을 말하자면 바로 비늘이다. 녀석의 머리와 몸통과 사지와 꼬리는 연한 오렌지색 비늘로 덮여 있는데, 그것들은 겹겹이 포개져 매우 튼튼한 갑옷을 형성한다. 비늘의 재질은 케라틴으로 우리의 손발톱과 똑같다(사실 크고 광택이 나고 심하게 깨물렸다는 점만 제외하면, 비늘의 모양과 질감은 인간의 손톱과 상당히 비슷하다). 각각의 비늘은 유연하지만 몸에 꼭 달라붙어 있어, 등을 손으로 한번 훑어 내리면 일시적으로 주저앉았다가 곧바로 원래대로 돌아간다. 만약 바바의 등을 거꾸로 훑어 올린다면 손이 남아나지 않을 것이다. 대부분의 비늘은 그 모서리가 꽤나 날카롭기 때문이다. 바바의 몸에서 무방비 상태에 놓인 곳은 얼굴과 배와 발뿐이지만, 원한다면 언제든 몸을 똘똘 말아 공 모양으로 만듦으로써 자신을 쉽게 방어할 수 있다. 그의 종족이 천산갑이라는 이름을 얻은 것은 바로 이런 능력 때문이다. 천산갑의 원어인 판골린pangolin은 말레이어의 펜굴링pengguling에서 유래하며, '구형球形으로 말리는 사물'이라는 뜻을 갖고 있다.

바바는 매우 온순하고 훈련이 잘되어 있으므로, 동물원의 홍보 대사 중 하나로 선정되어 대외 활동에 참여한다. 사육사들은 바바를 종종 양로원이나 어린이 병원으로 데려가 환자들의 기운을 북돋아주고 희귀 동물을 소개하는 행사를 개최한다. 그러나 오늘은 비번이라, 바바는 사육사의 몸통에 (세상에서 가장 괴상한 허리띠처럼) 찰싹 달라붙은 채 빈둥거린다. 그때 롭 나이트Rob Knight가 바바의 옆얼굴을 면봉으로 살짝 누르며 말한다. "이 친구는 내 마음을 온통 사로잡은 동물 중 하나예요. 세상에는 이렇게 희한하고 기막힌 동물도 존재한답니다."

훤칠한 키에 머리를 짧게 깎은 나이트는 뉴질랜드 출신의 미생물학자로, 길고 가느다란 손과 다리를 흐느적거리며 '보이지 않는 것'을 감정한다. 그는 세균과 기타 미생물들을 연구하는데, 특히 동물의 체내나 체표에 서식하는 미생물에 열광한다. 그런 미생물들을 연구하려면 먼저 수집을 해야 한다. 나비 수집가들은 채집 그물과 병을 사용하지만, 나이트가 선택한 도구는 면봉이다. 그는 작은 면봉을 들고 접근하여 바바의 콧등을 2초쯤 문지른다. 그 정도 시간이면 천산갑의 세균을 채취하는 데 충분하다. 수백만 개까지는 아닐지라도, 수천 개의 미세한 세포들이 면봉 끝의 솜덩어리에 엉겨 붙을 것이다. 나이트 씨는 천산갑이 동요하지 않도록매우 조심스럽게 움직인다. (하지만 그가 아무리 노력하더라도 바바를 그 이상 진정시킬 수는 없을 것이다. 워낙 무사태평이라, 바로 옆에서 폭탄이 터지더라도 약간 부스럭거리고 말 법한 녀석이 바로 바바이기 때문이다.)

바바는 하나의 천산갑 개체인 동시에 바글거리는 미생물의 집합체이기도 하다. 이 미생물들 가운데 어떤 것들은 바바의 체내(주로 장)에 살고 어떤 것들은 체표면, 즉 얼굴이나 배, 발, 발톱, 비늘 위에 산다. 나이트는 면봉을 문지르며 이 모든 부위들을 순례한다. 그는 자기 자신의 몸에도 면봉을 문지른 적이 몇 번 있다. 왜냐하면 그 역시 자신만의 미생물 군집을 갖고 있기 때문이다. 물론 나도, 동물원에서 사육되는 동물들도, 지구상에 존재하는 피조물 모두 자신만의 미생물 군집을 갖고 있다. 단, 과학자들이 의도적으로 사육하는 실험용 무균동물만은 예외지만.

우리는 모두 일종의 동물원이라고 할 수 있다. 그도 그럴 것이, 너 나 할 것 없이 누구나 현미경으로만 볼 수 있는 풍부한 미생물 군집을 하나씩 갖고 있기 때문이다. 집합적으로 마이크로바이옴microbiome 또는 마이크로바이오타microbiota라고 불리는[1] 이들은 우리의 체표면, 체내, 때로는 세포 안에서도 산다. 그들 중 대다수는 세균이지만 다른 미생물들도 있는

데, 진균(예를 들면 효모)과 고세균archaea(나중에 언급할 '신비의 그룹')이 그것이다. 마지막으로, 우리 몸에는 헤아릴 수 없이 많은 바이러스 집단도 존재하는데, 그들을 통틀어 바이롬virome이라고 한다. 바이러스는 모든 미생물들을 감염시키며, 때로는 숙주의 세포까지도 감염시킨다. 이 같은 미생물들은 육안으로 전혀 볼 수 없다. 그러나 우리의 세포들이 갑자기 불가사의하게 사라진다면, 마이크로바이옴은 희끄무레한 물질로 남아 사라진 동물의 윤곽을 드러낼 것이다. 마치 유령처럼 말이다.[2]

마이크로바이옴에 완전히 뒤덮여 자신의 세포가 거의 눈에 띄지 않는 동물들도 있다. 예컨대 해면은 가장 단순한 동물 중 하나로, 움직이지 않는 몸은 세포 몇 겹만 한 두께이지만 그 역시 우글거리는 마이크로바이옴의 소굴임이 틀림없다.[3] 어쩌다 해면을 현미경으로 들여다보면 해면을 뒤덮고 있는 세균들만 관찰할 수 있을 뿐 정작 숙주인 해면은 거의 보이지 않을 것이다.

해면보다 훨씬 더 단순한 판형동물placozoa은 진물이 줄줄 흐르는 납작한 세포 덩어리나 다름없다. 외견상 아메바와 비슷하게 생겼지만 그들 역시 우리와 마찬가지로 미생물 파트너를 보유하고 있는 동물이다. 수백만 마리씩 무리를 지어 사는 개미의 경우에도, 그중 한 마리를 들여다보면 역시 미생물의 군집을 보유하고 있다. 북극의 얼음 위를 혼자 터덜터덜 걷는 북극곰도 그렇다. 천지 사방을 둘러봐도 얼음밖에 없는 곳에서 지내는데도 그의 몸은 마이크로바이옴에게 완전히 점령되어 있다. 인도기러기는 미생물들을 싣고 히말라야산맥 위를 날고, 코끼리물범은 미생물들을 품은 채 심해로 잠수한다. 닐 암스트롱과 버즈 올드린이 달에 발을 디뎠을 때도 마찬가지였다. 그들은 인류뿐만 아니라 미생물을 위해서도 커다란 발걸음을 내디뎠다.

"우리는 모두 혼자 태어나, 혼자 살다가, 혼자 죽는다"고 했을 때, 오슨 웰스는 큰 실언을 한 셈이다. 우리는 혼자 있을 때도 결코 혼자가 아니다. 우리는 공생자로 존재하며, 공생symbiosis이란 '상이한 생물들이 함께 사는 것'을 가리키는 놀라운 용어다. 어떤 동물들은 미수정란 상태에서 이미 미생물에게 점령되고, 어떤 동물들은 세상에 태어나는 순간 첫 번째 파트너를 고른다. 우리는 미생물의 면전에서 평생을 살며, 우리가 음식물을 먹을 땐 미생물도 함께 먹는다. 우리가 여행할 땐 그들도 동행한다. 마지막으로 우리가 죽을 때, 그들은 우리를 분해하여 자연으로 돌려보낸다. 다시 말해서 우리는 모두 일종의 동물원이다. 우리는 하나의 몸으로 둘러싸인 거주지이자 여러 종種으로 구성된 집합체이며, 하나의 세계다.

우리는 이러한 개념을 받아들이기 어려워한다. 가장 큰 이유는 우리 인간이 전 세계에 널리 분포된 종이기 때문이다. 인간의 도달 범위는 무한하다. 우리는 블루 마블•의 구석구석까지 삶의 터전을 확대했으며, 우리 중에는 심지어 지구를 떠나 달에까지 다녀온 사람도 있다. 그러니 장腸이나 단일 세포 혹은 신체의 일부를 생명의 터전으로 간주하는 사람들을 이상하게 여길 수밖에. 그러나 정말로 이상한 건 그들이 아니라 바로 우리다. 지구에는 열대우림, 초원, 산호초, 사막, 염생 습지salt marsh 등 다양한 생태계가 존재하며, 각각의 생태계에는 특정한 종들이 모여 나름의 군락과 군집을 형성하고 있다. 그러나 한 마리의 동물 내에도 다양한 생태계가 있으니, 피부나 입, 소화관, 성기, 그 밖에 외부와 연결되는 모든 장기들이 그렇다.[4] 생태학자들이 (위성에서 내려다보이는) 대륙 규모의 생태계에 적용하는 개념들은 (현미경을 통해 보이는) 체내 생태계에도 그대

• 지구를 뜻하는 말로, 아폴로 17호의 승무원이 1972년 태평양을 가운데 놓고 찍은 위성사진에서 유래함.

로 적용된다. 우리는 미생물종에 대해서도 다양성을 논할 수 있으며, 상이한 미생물들끼리 서로 먹고 먹히는 먹이사슬을 도출할 수도 있다. 또한 환경에 비대칭적 영향력을 행사하는 핵심 미생물을 가려낼 수 있는데, 이것은 바다의 해달이나 육지의 늑대에 상응하는 미생물이다. 우리는 질병을 초래하는 미생물, 즉 병원균을 수수두꺼비나 불개미와 마찬가지로 외래 침입 생물로 취급할 수 있다. 그리고 염증성 장 질환inflammatory bowel disease(IBD)을 앓는 환자의 대장大腸은 '죽어가는 산호초'나 휴경지와 비교할 수 있는데, 이는 미생물 간의 균형이 깨져 망가진 생태계를 의미한다.

이러한 개념적 유사성으로 말미암아 우리는 흰개미나 해면이나 쥐를 바라볼 때 우리 자신을 되돌아보게 된다. 우리의 미생물은 동물들의 미생물과 다르지만, 숙주와 공생 세균 간의 관계에 적용되는 원칙은 다르지 않다. 밤에만 반짝이는 발광세균을 보유한 오징어를 보면서 우리는 우리의 장에서 일어나는 세균들의 흥망성쇠를 생각한다. 해양오염이나 어류 남획으로 인해 미생물이 날뛰는 산호초를 보면서 우리는 건강에 해로운 식품을 먹거나 항생제를 복용할 때 우리의 장에서 발생하는 혼란을 생각한다. 미생물에게 장을 장악당해 행동이 변한 쥐를 보면서 우리는 미생물이 우리의 마음에 행사하는 영향력을 생각한다. 인간의 삶은 동물과 크게 다르지만, 우리는 미생물을 통해 다른 동물들과의 일체감을 확인하고 동료애를 느낀다. 자연계에서 고립적으로 영위되는 삶은 하나도 없다. 삶은 늘 '미생물적 맥락microbial context'에 놓여 있으며, 큰 종과 작은 종 사이에도 항상 타협이 존재하기 마련이다. 인간이든 동물이든, 미생물은 개체 사이, 신체와 환경(예를 들면 토양이나 물이나 공기나 빌딩) 사이를 끊임없이 왕래하며 개체들을 서로 연결해주고, 나아가 세상과도 연결해준다.

모든 동물학은 생태학이다. '인간의 몸에 사는 미생물'과 '인간과 미생물의 공생'을 이해하지 못하면, 동물의 삶을 완전하게 이해할 수 없다. 그와 마찬가지로, 동물의 마이크로바이옴이 그들의 삶을 풍성하게 하고 그들에게 영향력을 미치는 과정을 알지 못하면, 인간의 마이크로바이옴을 제대로 평가할 수 없다. 우리는 동물계 전체를 거시적으로 바라보는 한편, 모든 개체의 몸에 존재하는 '숨은 생태계'를 미시적으로 살펴봐야 한다. 딱정벌레와 코끼리, 성게와 지렁이, 어른과 아이를 바라볼 때, 우리는 그들을 하나의 독립된 개체로 간주하는 경향이 있다. 하나의 몸 안에 있는 한 무더기의 세포들이 '하나의 뇌'에 의해 조종되고 '하나의 유전체' 정보에 의해 작동하는 단일 개체로 보는 것이다. 이는 기분 좋은 장면이지만 허구일 뿐이다. 사실 우리는 모두, 하나의 예외 없이 군단이다. '나'라는 개념은 버리고, 늘 '우리'라는 개념을 생각하라. 일찍이 월트 휘트먼은 이렇게 말했다. "나는 대규모 군단을 거느린 대인배다I am large, I contain multitudes."[5] 오슨 웰스의 말일랑 잊고, 휘트먼의 말에 주의를 기울이길 바란다.

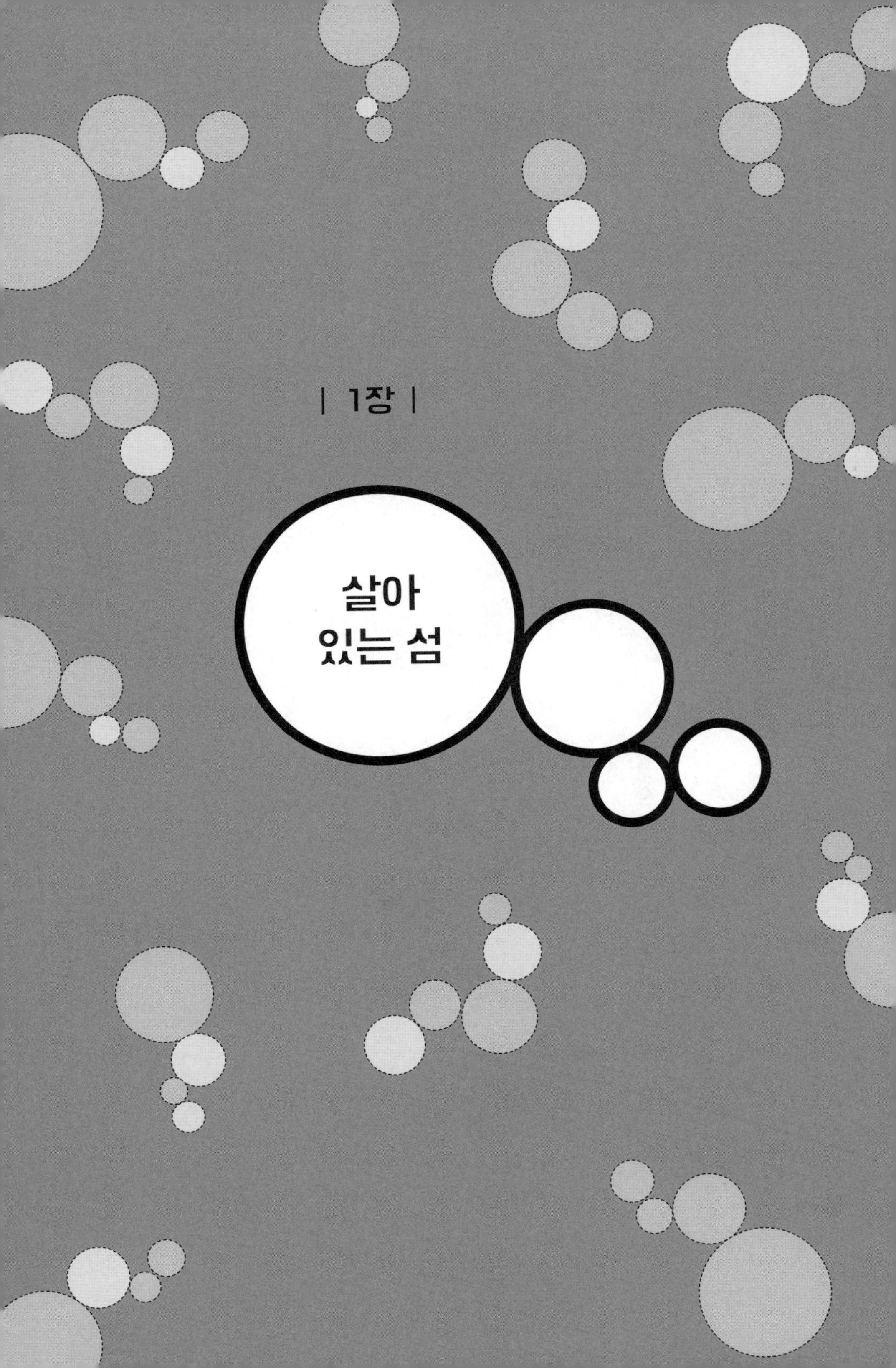

| 1장 |

살아 있는 섬

지구의 나이는 45억 4000만 살이다. 그렇게 어마어마한 시간을 이해하려고 덤벼들었다간 자칫 정신이 이상해질 지도 모르니, 지구의 역사 전체를 1년으로 환산하여 설명해보려고 한다.[1] 먼저, 이 페이지를 읽는 순간을 12월 31일 자정 직전이라고 하자(고맙게도 불꽃놀이는 9초 전에 발명되었다). 인간이 지구 상에 머문 시간은 겨우 30분 미만이고, 공룡은 12월 26일 저녁때까지 세상을 지배하다가 외계에서 날아든 소행성이 지구를 강타하는 바람에 멸종해버렸다(단, 새들은 살아남았다). 꽃과 포유동물은 12월 초에 진화했다. 11월에는 식물이 육지에 상륙했고, 대부분의 주요 동물 그룹이 바다에 나타났다. 식물과 동물은 여러 개의 세포들로 구성되어 있었고, 그와 비슷한 다세포생물들이 10월 초에 진화했다(어쩌면 그 전에 진화했을 수도 있는데 화석이 애매모호하여 해석의 여지가 분분하며, 설사 그렇더라도 매우 드물었을 것이다). 10월 이전에는 지구 상의 생물들이 거의 모두 단세포로 이루어져 있었을 것이며, 눈을 가진 생물이 존재했더라도 육안으로 단세포생물을 볼 수는 없었을 것이다. 지구 상에 생명이 처음 탄생한 것은 3월 어느날이었다.

여기서 강조할 것이 하나 있다. 우리 눈에 익숙한 가시적 생물visible organism, 즉 우리가 자연을 생각할 때 퍼뜩 떠올리는 생물들은 모두 생명의 전체 이야기에서 아주 느지막이 나타난 지각생들이다. 다시 말해서,

그들은 코다coda•의 일부다. 그러므로 이야기의 대부분을 차지하는 지구 상의 생물은 오로지 미생물뿐이었고, 이 미생물들이 우리의 상상 속 달력에서 3월부터 10월까지 지구를 이끌어온 셈이다.

미생물들은 일곱 달 동안 지구를 비가역적으로 변화시켰다. 그들은 토양을 비옥하게 만들고, 오염 물질을 분해했다. 지구의 탄소 · 질소 · 황 · 인 순환 주기를 이끌며, 이 원소들을 화합물들로 전환시켜 동식물들에게 공급함과 동시에 유기물들을 분해함으로써 원소들을 자연으로 되돌려 보냈다. 이들은 광합성을 통해 태양에너지를 활용하여 자신의 식량을 자급자족한 최초의 생물이었다. 노폐물로는 산소를 배출했는데, 그 방출량이 너무 많아 지구의 대기 조성을 영구히 바꿔놓았다. 그러므로 우리가 산소화된 세상에서 살게 된 것은 순전히 미생물들 덕분이다. 심지어 오늘날에도, 해양 광합성 세균들은 우리가 호흡하는 산소의 절반을 만들어내며 그와 똑같은 양의 이산화탄소를 흡수한다.[2] 과학자들에 의하면 우리는 현재 인류세Anthropocene라는 새로운 지질시대에 살고 있는데, 인류세의 핵심적인 특징은 인류가 지구에 엄청난 영향을 미친다는 점이다. 그렇다면 똑같은 논리로, 우리는 여전히 미생물세Microbiocene에 살고 있다고 말할 수도 있을 것이다. 미생물세는 생명이 지구 상에 나타났을 때부터 시작되어 종말을 맞을 때까지 끊이지 않고 계속될 것이기 때문이다.

사실, 미생물은 어디에나 존재한다. 그들은 가장 깊은 해구의 물속에서도 살고, 그 밑의 암석층에서도 산다. 뜨거운 물을 뿜어내는 열수 분출공hydrothermal vent, 펄펄 끓는 온천, 남극의 얼음 속에서도 산다. 심지어 구름 속에도 살면서 거기서 비와 눈의 씨앗이 되기도 한다. 미생물은 천

• 이탈리아어의 '꼬리'에서 유래하는 음악 용어로서, 곡의 끝에 붙는 종결 부분을 뜻한다.

문학적 숫자로 존재하는데, 사실은 천문학적 숫자보다 훨씬 더 많다고 할 수 있다. 우리 은하에 존재하는 별의 개수보다 한 인간의 소화관에 서식하는 미생물의 개체 수가 더 많으니까 말이다.[3]

우리는 미생물에서 진화했다

미생물들은 이처럼 지구를 뒤덮은 채 지구의 변화를 주도해왔으며, 그러한 와중에 동물들이 탄생했다. 고생물학자 앤드루 놀Andrew Knoll이 언젠가 말했듯이 "진화사에서 세균이 케이크라면, 동물은 그 표면에 바른 달착지근한 크림이다".[4] 미생물은 늘 우리 생태계의 일부분이었고, 우리는 그들에게 둘러싸여 진화했다. 보다 정확히 말하자면, 우리는 그들에게서 진화했다. 동물은 진핵생물eukaryote이라는 그룹에 속하는데, 그 속에는 모든 식물과 진균, 그리고 조류藻類가 포함된다. 외견상 뚜렷한 다양성에도 불구하고 모든 진핵생물들은 똑같은 기본 구조를 공유하는 세포로 구성되어 있다. 그들은 중심부에 있는 세포핵 속에 거의 모든 DNA를 가득 채워 넣었으며, 이들의 이름에 진핵眞核이라는 말이 들어간 것은 바로 이 핵을 갖고 있기 때문이다. (진핵생물의 원어인 eukaryote는 eukaryon라는 그리스어에서 유래하는데, 여기서 eu는 '진정한true'이라는 뜻이고, karyon은 '핵심kernel'이라는 뜻이다.) 진핵생물의 세포에는 내골격이 있어서 이것이 세포의 구조를 지지하고 분자들을 이곳저곳으로 수송한다. 또한 미토콘드리아가 있는데, 이것은 콩 모양의 발전소로서 세포에 에너지를 공급한다.

모든 진핵생물들은 핵과 내골격과 미토콘드리아를 가지며, 그 이유는 지금으로부터 약 20억 년 전 단일 조상에게서 진화했기 때문이다. 그 전에는 지구 상의 생물들이 세균bacteria과 고세균archaea이라는 두 진영으로 나뉘어 있었다. 세균은 우리가 익히 알고 있으니 넘어가기로 하고 약간 생소한 고세균에 대해 간단히 말하자면, 열악하고 극단적인 환경을 좋아하는 생명체라고 설명할 수 있겠다. 세균과 고세균을 구성하는 단세포들은 진핵생물의 세포에 비해 정교함이 부족하다. 즉, 그들에겐 내골격과 핵이 없고, 에너지를 생성하는 미토콘드리아도 없다(미토콘드리아가 왜 없는지는 조금 나중에 자세히 설명하기로 한다). 세균과 고세균은 피상적으로 비슷해 보이는데, 과학자들이 한때 고세균을 세균이라고 믿었던 것도 바로 그 때문이다. 그러나 외모는 어느 정도 농간을 부리는 법이다. 고세균과 세균의 생화학적 차이를 한마디로 말하자면, PC와 맥Mac의 운영 시스템과 같다고 할 수 있다.

지구의 생명사에서 처음 25억 년 동안, 세균과 고세균은 대체로 별개의 진화 과정을 밟아왔다. 그러다가 한 가지 운명적 사건이 일어났다. 세균 한 마리가 어찌어찌하여 고세균 한 마리와 합병하면서, 독립생활을 청산하고 새로운 숙주세포 안에 영원히 갇혀버린 것이다. 이것이 많은 과학자들이 생각하는 진핵세포의 탄생 시나리오다. 즉, 생명의 역사상 가장 위대한 공생 사건이 발생하여 두 개의 거대한 생물 진영이 통합되며 제3진영을 탄생시켰다는 것이다. 그리하여 고세균은 1차적으로 진핵세포의 골격을 제공하고, 세균은 결국 미토콘드리아로 변신했다.[5]

모든 진핵생물들은 20억 년 전 일어난 운명적 결합의 결과물들이다. 우리의 유전체에 들어 있는 유전자들 가운데 어떤 것은 고세균 유전자의 특징을 갖는 반면 어떤 것은 세균 유전자와 더 비슷한 것은 바로 이 때문이다. 우리 모두가 세포 속에 미토콘드리아를 갖고 있는 이유도 마찬가지다. 숙주세포 안에 갇힌 고세균은 모든 것을 바꿔놓았다. 진핵세포에 특별한 에너지원을 제공함으로써 더욱 커지고, 보다 많은 유전자를 축적하고, 한층 복잡해지도록 허용한 것이다. '세균 및 고세균의 단순한 세포'와 '진핵생물의 복잡한 세포' 사이에는 엄청난 갭이 존재하는데(생화학자 닉 레인Nick Lane은 이것을 "생물학의 심장부에 존재하는 블랙홀"이라고 부른다), 생명은 지난 40억 년 동안 단 한 번 그 갭을 뛰어넘는 데 성공했다. 그 운명적 사건이 일어난 뒤, 전 세계의 무수한 세균과 고세균들은 엄청난 스피드로 진화하는 동안에도 두 번 다시 진핵세포를 만들어낼 수 없었다. 눈에서부터 갑옷, 다세포체에 이르기까지 복잡한 구조체들이 여러 번에 걸쳐 진화했지만, 진핵세포는 딱 한 번 이루어진 혁신이었다. 왜 그럴까?

레인을 비롯한 과학자들에 의하면, (고세균과 세균 간의 융합을 통한) 진핵세포 탄생은 도저히 불가능한 일이었기 때문에 두 번 다시 반복되지 않았으며, 설사 시도되었더라도 성공할 수 없었을 거라고 한다. 고세균과 세균은 역경에 도전하여 결합에 성공함으로써 모든 식물과 동물, 그리고 육안으로 볼 수 있는 모든 생물(또는 눈을 가진 모든 동물)들을 탄생시킬 수 있었다. 내가 세상에 태어나 이 책을 쓰고, 그것을 독자들이 읽을 수 있는 것도 다 고세균과 세균의 결합 덕분이다. 우리 상상의 달력에서, 그들의 결합은 7월 중순쯤 일어났다. 이 책에서는 그 이후에 일어난 일들을 집중적으로 다루고자 한다.

우리 몸속에 존재하는 '놀라운 우주'

진핵세포가 진화한 뒤 그중 일부는 서로 협동하여 군집을 이루기 시작하여 동물이나 식물과 같은 다세포생물을 만들어냈다. 그리하여 생물은 처음으로 커졌으며, 커져도 너무 커져서 스스로의 몸속에 세균과 기타 미생물의 거대 집단을 수용할 수 있을 정도가 되었다.[6] 그런 미생물들의 수를 헤아리기는 어렵지만, 흔히 말하기를 "사람은 세포 하나당 평균 열 개의 미생물 세포를 갖고 있다"고 한다. 그러나 여러 책, 잡지, 테드TED 강연 그리고 사실상 모든 과학 평론에서 널리 언급되며 마치 사실인 양 진지하게 받아들여지는 이 '10대 1'이라는 비율 법칙은 어림 계산에 근거한 추측일 뿐이다(게다가 우리는 반올림 오류까지 범하고 있다).[7] 가장 최근에 발표된 추정치에 의하면 우리는 약 30조 개의 인간 세포와 39조 마리의 미생물을 갖고 있다고 한다. 즉 인간 세포 수와 미생물의 개체 수는 엇비슷하다고 볼 수 있다. 하지만 설사 이 숫자가 부정확하다고 해도 그리 문제될 것은 없다. 어쨌든 우리가 거대한 미생물 군단을 거느리고 있다는 건 분명하니까 말이다.

우리의 피부를 크게 확대하면 세균들을 들여다볼 수 있다. 동그란 구슬형, 소시지 모양의 막대형, 쉼표처럼 생긴 콩형 세균들이 있는데, 각각의 너비는 수백만분의 1미터에 불과하다. 크기가 얼마나 작은지, 숫자가 그렇게 많은데도 모두 합쳐봤자 무게가 몇 파운드밖에 안 된다. 세균을 10열 종대로 세워도 인간의 머리칼 하나에 여유 있게 올려놓을 수 있다. 옷핀 끝에서는 100만 마리의 세균들이 군무를 출 수도 있으리라.

현미경 없이 미생물을 직접 볼 수 있는 사람은 거의 없다. 우리가 주목할 수 있는 건 미생물로 인해 발생한 결과뿐인데, 특히 이 결과가 부정적인 경우에는 난리 법석이 난다. 장염에 걸리면 고통스러운 경련을 경험하고, 비염에 걸리면 재채기를 주체할 수 없다. 맨눈으로 결핵균을 볼 수는 없어도 결핵 환자의 피가래는 볼 수 있다. 또 다른 세균인 페스트균도 눈에 보이지는 않지만 그것이 초래하는 흑사병의 참상은 너무나 명확하다. 이러한 병원균들은 역사를 통틀어 인간에게 엄청난 충격을 안겨줬고 지워지지 않는 문화적 상처를 남겼다. 대부분의 사람들은 아직도 미생물을 세균으로 간주하며 무슨 대가를 치르더라도 기필코 피해야 할 전염병을 가져다주는 불청객쯤으로 여긴다. 신문에서는 주기적으로 희귀한 이야기를 퍼뜨리는데, 내용인즉 키보드나 휴대폰이나 문고리와 같은 일상용품들이 세균에 뒤덮여 있다는 것이다. 그런 기사를 읽을 때마다 독자들은 숨이 턱 막힌다. 변기 시트에 세균이 우글거린다는 기사는 더욱 가관이다. 기자들의 의도는 간단하다. '그 미생물들은 오염원이며, 그들이 존재한다는 것은 곧 오물, 불결함, 임박한 질병을 상징한다'는 것. 그러나 이는 지극히 불공평한 고정관념이다. 왜냐하면 대부분의 미생물들은 병원균이 아니며 우리를 병들게 하지 않기 때문이다. 세균 가운데 인간에게 질병을 일으키는 종은 100가지 미만인 데 반해,[8] 위장관에 서식하는 수천 가지 종은 대부분 무해하다. 위장관에 서식하는 세균들은 최악의 경우 승객이나 무임승차자이고, 최선의 경우 인체의 귀중한 부분으로서 생명을 빼앗기는커녕 되레 지켜준다. 마치 비밀 장기臟器처럼 행동하는 그들은 위장이나 눈만큼이나 중요하지만, 하나의 통합된 덩어리가 아닌 수조 마리의 우글대는 개별 세포로 구성되어 있다는 점이 다르다.

마이크로바이옴은 어떤 신체 부위들보다도 훨씬 다재다능하다. 우리의 세포들은 2만 개에서 2만 5000개의 유전자를 갖고 있지만, 우리 몸속에 있는 미생물들은 그보다 약 500배나 많은 유전자를 갖는다.[9] 이런 유전적 풍요로움은 빠른 진화와 맞물려 미생물을 생화학계의 명장名匠으로 만든다. 그들은 어떤 도전에도 대응할 수 있다. 그들은 음식물의 소화를 도와주고, 다른 방법으로는 도저히 섭취할 수 없는 영양소를 방출하며, 우리의 식단에 결여된 비타민과 미네랄을 생성한다. 독소와 위험한 화학물질을 분해하며, 항균물질을 직접 분비하여 위험한 미생물들을 쫓아내거나 죽임으로써 우리를 질병에서 보호해준다. 우리가 냄새 맡는 방법에 영향을 미치는 물질을 생성하기도 한다. 그들은 우리에게 너무나 필수 불가결한 존재이고, 우리는 놀랄 만큼 다양한 삶의 측면들을 그들에게 의뢰해왔다. 마치 외주업체처럼 말이다. 그들은 신체의 형성을 안내하고, 장기의 성장을 조종하는 분자와 신호전달물질을 분비한다. 아군과 적군을 구별할 수 있도록 면역계를 교육시키고, 신경계의 발달에 영향을 미치며, 심지어 우리의 행동에도 영향을 미치는 듯 보인다. 그들은 심오하고 광범위한 방법으로 우리의 삶에 기여하며, 우리의 생물학에서 그들의 영향을 받지 않는 분야는 한 군데도 없다. 만약 그들을 무시한다면 결국 우리는 열쇠 구멍을 통해 삶을 들여다보는 꼴이 될 것이다.

나는 이 책에서 인체의 문을 활짝 열어 우리의 체내에 존재하는 '놀라운 우주'를 탐험하고자 한다. 독자들은 미생물과 인간의 동맹이 어디에서 유래하는지를 알고 미생물이 어떻게 우리의 신체를 빚어내는지, 어떻게 일상생활을 형성하는지 배울 것이다. 더하여 미생물로 하여금 질서를 유지하게 하고 그들과 화기애애한 동반자 관계를 확립하기 위해 사용할 수 있는 방법도 알아낼 것이다. 또한 이러한 동반자 관계가 부주의로 인해 파괴되어 인간의 건강이 위태로워지는 과정을 살펴보고, 마이크로바이옴을 조작하여 이 문제를 해결하는 방법도 알아볼 것이다. 마지막으로, 종종 비웃음과 묵살과 실패의 와중에 미생물 세계를 이해하는 데 일생을 바치는, 상상력 풍부하고 의욕 넘치는 과학자들의 신나는 이야기를 소개할 것이다.

그렇다고 내가 인간에게만 집중하려는 것은 아니다.[10] 미생물이 동물들에게 가공할 힘, 진화의 기회, 심지어 유전자를 제공한 과정도 살펴볼 것이다. 예컨대 곡괭이의 옆모습과 비슷하며 호랑이 무늬를 가진 후투티라는 새는 자신의 알을 '세균이 풍부한 액체'로 색칠한다. 이 액체는 꼬리 밑의 분비샘에서 나오는데, 그 속에 포함된 세균들은 항균물질을 분비함으로써 고병독성 세균들이 알 속으로 침투하여 새끼를 해치지 못하도록 막아준다. 가위개미도 항균물질을 생성하는 미생물을 품고 다니다가 지하의 정원에서 재배하는 곰팡이를 소독하는 데 사용한다. 성을 잘 내고 쉽게 부풀어 오르는 복어는 세균을 이용하여 테트로도톡신tetrodotoxin이라는 복어 독을 만드는데, 이것은 매우 치명적인 물질로서 복어를 잡아먹으려고 덤벼드는 포식자들을 모조리 중독시킬 수 있다. 해충의 일종인 콜로라도감자잎벌레는 타액 속에 있는 세균을 이용하여, 자신이 갉아 먹는 식물의 방어 작용을 억제한다. 얼룩말 무늬의 열동가리돔은 발광세균을 갖고 있어 먹잇감을 유혹하는 데 사용한다. 무시무시한 턱을 가진 포식성 곤충인 개미귀신은 타액 속의 세균이 생성하는 독소로 희생자들을 마비시킨다. 몇몇 선충nematode은 독성을 가진 발광세균을 곤충의 몸에 토해냄으로써 곤충들을 죽이고,[11] 또 다른 선충은 식물의 세포 속으로 굴을 뚫고 들어가 미생물에게서 훔친 유전자들을 살포함으로써 엄청난 농업 손실을 초래한다.

동물과 미생물 간의 동맹 관계는 동물의 진화 과정을 여러 차례 변화시킴으로써 인간을 둘러싼 세상을 완전히 바꿔놓았다. 이러한 동반자 관계가 얼마나 중요한지 평가하는 쉬운 방법이 있는데, 바로 동반자 관계가 깨질 경우 어떤 일이 생겨날지를 생각해보는 것이다. 지구 상에 존재하는 미생물들이 모두 한꺼번에 사라진다고 상상해보자. 먼저 긍정적인 결과로, 감염병이 모두 사라지고 많은 해충들은 동반자가 사라져 생계를 꾸려나가기 힘들게 될 것이다. 그러나 희소식은 딱 거기까지다. 소, 양, 영양, 사슴과 같은 초식동물들은 굶어 죽고 말 것이다. 왜냐하면 그들이 절대적으로 의존하는 장내 미생물이 사라져 초원에서 뜯어 먹은 식물의 질긴 섬유질을 분해할 수 없게 되기 때문이다. 그리하여 아프리카의 초원을 누비는 거대한 동물 집단은 자취를 감춘다. 미생물들의 소화 서비스를 받는 흰개미도 사정은 마찬가지인데, 흰개미들이 사라지면 그들을 먹고 사는 동물(예컨대 개미핥기)은 물론 개미 언덕을 은신처로 사용하는 동물들도 줄줄이 사라진다. 세균이 없으면 자신들의 식단에 결핍된 영양소를 보충할 수 없으므로 진딧물, 매미 등 '식물의 즙을 빨아먹는 곤충'들도 모두 멸종하게 된다.

깊은 바닷속에서도 미생물의 영향력은 대단하다. 심해에 사는 많은 벌레, 조개류, 그 밖의 해양 동물들은 세균을 통해 에너지를 조달한다. 미생물이 없어지면 그들도 사라지고, 그렇게 어두운 심해 세계의 먹이사슬 전체가 붕괴된다. 얕은 바다라고 해서 사정이 나을 것은 없다. 미세한 조류와 엄청나게 다양한 세균에 의존하는 산호의 경우 미생물이 사라지면 취약해질 수밖에 없다. 웅장한 산호초는 백화白化되고 침식되어, 산호에 의존하는 많은 생명들까지 고통을 받게 될 것이다.

그렇다면 인간은? 인간은 어떻게 될까? 신기하게도, 얼핏 생각하기에 인간은 괜찮을 것 같다. 미생물이 없어지면 곧 죽고 마는 다른 동물들과 달리 우리 인간은 몇 주, 몇 달, 심지어 몇 년 동안 그럭저럭 버틸 수 있으니 말이다. 물론 인간의 건강도 결국에는 악화되겠지만, 그보다 더 시급한 걱정거리가 있다. 첫째로, '분해의 달인'인 미생물이 없어지면 노폐물이 신속히 축적될 것이다. 둘째로, 다른 초식동물들이 그렇듯이 미생물이 없어지면 인간이 사육하는 가축들도 사라진다. 셋째로, 질소를 공급하는 미생물이 사라지면 농작물도 타격을 받으므로, 지구는 심각한 식량 위기를 경험하게 될 것이다. (식물학 마니아들에게 양해를 구한다. 이 책은 전적으로 동물에 초점을 맞추고 있으므로, 이 부분에 대한 자세한 설명은 생략하기로 한다.) 미생물학자인 잭 길버트Jack Gilbert와 조시 노이펠트Josh Neufeld는 사고실험thought experiment을 통해 다음과 같은 결론을 내렸다.[12] "미생물이 사라지면 먹이사슬이 비극적으로 붕괴되어, 인간은 불과 1년 안에 완벽한 사회 붕괴를 경험할 것으로 예측된다. 지구 상의 종은 대부분 멸종하고, 생존한 종의 개체군 규모 또한 현저하게 줄어들 것이다."

이렇게나 중요한 미생물을 우리는 지금껏 무시해왔다. 심지어 그들을 두려워하거나 미워했지만, 이제 그들을 제대로 평가할 때다. 미생물을 제대로 평가하지 않을 경우 인간에 대한 생물학적 이해마저 크게 빈곤해질 수밖에 없기 때문이다. 나는 이 책에서 동물계의 실상을 보여주고, 세상을 '동반자들의 세계'로 간주하고 바라보면 모든 것이 얼마나 경이로운지 일깨워주려 한다. 내가 제시하고자 하는 것은 자연사의 새로운 버전이자, 월리스나 다윈과 같은 위대한 박물학자들이 남긴 자연사를 심화시킨 내용이다.

인간은 모두 섬이다

1854년 3월, 앨프리드 러셀 월리스Alfred Russel Wallace라는 서른한 살의 영국인은 말레이제도와 인도네시아를 통과하는 8년에 걸친 오지 탐험을 시작했다.[13] 그것은 한 편의 장편서사시였다. 그는 야성적인 털북숭이 오랑우탄, 나무에서 껑충껑충 뛰는 나무캥거루, 눈부시게 빛나는 극락조, 거대한 비단나비, 엄니가 코를 뚫고 자란 바비루사돼지, 낙하산 같은 다리를 펴고 나무 사이를 활강하는 개구리를 목격했다. 월리스는 그물을 치거나 움켜잡거나 총을 쏴서 눈에 띄는 신기한 동물들을 잡아들였고, 최종적으로 12만 5000점의 표본을 수집했다. 그중에는 조개, 식물은 물론 플라스틱 상자 안에 핀으로 꽂아놓은 수천 종의 곤충과, 박제하거나 알코올 속에 보존한 새와 포유동물이 포함되어 있었다.

많은 동시대인들과 달리, 월리스는 모든 표본에 세심하게 라벨을 부착하여 각각의 표본들이 수집된 곳을 표시했다. 매우 중요한 작업이었다. 이러한 세부 사항들을 분석함으로써 일종의 패턴을 도출할 수 있었기 때문이다. 그는 특정 장소에 사는 동물들, 심지어 동종同種의 개체들 사이에서 나타난 다양한 변이에 주목했고, 그 과정에서 몇몇 섬들은 독특한 종의 고향이라는 사실을 알 수 있었다. 예컨대 발리섬에서 롬복섬까지 동쪽으로 35킬로미터를 항해하는 동안, 아시아의 동물들은 별안간 매우 상이한 호주의 동물그룹에 자리를 내주는 것으로 나타났다. 마치 두 섬이 보이지 않는 장벽(이 장벽은 나중에 '월리스선Wallace Line'으로 불리게 된다)으로 분리된 것처럼 말이다. 월리스는 오늘날 '생물지리학(종의 분포를 연구하는 학문)의 아버지'로 알려져 있는데, 이는 합당한 평가라고 할 수 있다. 그러나 생물지리학이 단지 종의 분포에만 치중하는 학문이라고 생각하면 큰 오산이다. 데이비드 쾀멘David Quammen이 《도도의 노래》에서 생물지리학자들을 다음과 같이 평가했음을 기억하라. "생물지리학자들은 사려 깊은 과학자들과 마찬가지로 '어떤 종'과 '어떤 장소'만 묻지 않고

'왜?'라고 물으며, 때로는 훨씬 더 중요한 '왜 아닌가?'까지도 묻는다."

오늘날 마이크로바이옴 연구도 생물지리학과 똑같은 방식으로 진행된다. 먼저, 연구자들은 '다른 동물에서 발견되는 세균'이나 '동일한 동물의 서로 다른 신체 부위에서 발견되는 세균'의 목록을 작성한다. 그리고 다음과 같은 의문을 제기한다. "어떤 종이 어떤 장소에 서식하는가? 그 이유는 무엇인가? 그리고 어떤 종이 어떤 장소에 서식하지 않는 이유는 무엇인가?"[14] 세균에 관한 깊은 통찰력을 얻기에 앞서 연구자들은 세균의 생물지리학적 특성을 분석할 필요가 있는데, 월리스도 마찬가지였다. 월리스는 생물지리학적 관찰과 표본 분석을 통해 생물학적 통찰력을 얻게 되었는데, 그것은 '종은 변화한다'는 결론이었다. 그는 (때때로 이탤릭체를 써가면서까지) 다음과 같은 문장을 반복적으로 썼다. "모든 종들이 나타나는 시간과 장소는 기존의 근연종近緣種들과 일치한다."[15] 동물들이 경쟁할 때는 가장 적합한 개체가 살아남아 번식함으로써 자신의 유리한 형질을 자손에게 전달한다. 다시 말해 그들은 자연선택을 통해 진화한다. 이것은 지금껏 과학이 제공한 것 가운데 가장 중요한 통찰로, 세상에 대한 끊임없는 호기심, 세상을 탐험하고자 하는 열망 그리고 '어디에 무엇이 사는지' 간파하고자 하는 생물지리학적 노력에서 비롯되었다.

월리스는 세상을 터벅터벅 걸으며 풍부한 자원의 목록을 작성한 여러 박물학자 중의 한 사람일 뿐이다. 찰스 다윈은 5년 동안 HMS 비글호를 타고 세계를 일주하며 아르헨티나에서 거대한 땅늘보와 아르마딜로의 화석 뼈를 발견했고, 갈라파고스제도에서는 거대한 거북, 바다이구아나, 다양한 흉내지빠귀를 발견했다. 그의 경험과 수집물들은 한 아이디어의 지적 씨앗을 뿌렸고, 그 씨앗이 싹트고 생장하여 진화론으로 활짝 피어나 다윈의 대명사가 되었다. 그러나 진화론은 다윈의 전유물이 아니었던바,

월리스의 마음속에서도 독립적으로 싹트고 있었다. 나아가 진화론을 계승하고 발전시키고자 하는 연구자들의 노력도 줄을 이었다. 자연선택을 열렬하게 옹호함으로써 '다윈의 불도그'로 알려졌던 토머스 헨리 헉슬리Thomas Henry Huxley는 호주와 뉴기니로 항해하여 해양 무척추동물들을 연구했다. 식물학자 조지프 후커Joseph Hooker는 남극 쪽으로 정처 없이 거닐며 식물들을 채집했고, 보다 최근에 E. O. 윌슨E. O. Wilson은 멜라네시아의 개미를 연구한 뒤 식물지리학 교과서를 펴냈다.

이러한 전설적인 과학자들은 전적으로 가시적인 동물과 식물에만 집중했을 뿐 숨겨진 미생물 세계는 무시했다고 종종 여겨진다. 그러나 그게 반드시 맞는 말은 아니다. 다윈은 비글호 갑판으로 날려 온 미생물을 수집하여 적충류infusoria라고 불렀으며, 당대 최고의 미생물학자와 그에 관한 서신을 주고받았다.[16] 그러나 그가 가진 도구로는 할 수 있는 일이 별로 없다는 게 문제였다.

이와 대조적으로, 오늘날의 과학자들은 미생물 샘플을 수집하여 분쇄한 다음 DNA를 추출하여 유전자 염기 서열을 분석함으로써 그 정체를 확인한다. 그들은 이러한 방법으로 다윈이나 월리스가 한 것과 똑같은 일을 할 수 있다. 즉, 상이한 장소에서 표본을 수집하여 동정同定•하고, '어느 곳에 무엇이 서식하는가?'라는 기본적 의문을 제기한다. 그들도 생물지리학 연구를 하는 건 마찬가지이며, 단지 수단과 방법이 다를 뿐이다. 채집망을 휘두르는 대신 면봉을 부드럽게 문지르며, 휴대용 도감을 획획 넘기는 대신 유전자 염기 서열을 읽는다. 내가 동물원에서 이 우리 저 우리를 왔다 갔다 한 것은 다윈이 비글호를 타고 이 섬 저 섬을 항해한 것이나

• 분류학상의 소속이나 명칭을 결정함.

매한가지다.

다윈, 월리스, 그 밖의 동료들은 특히 섬에 매혹되었는데, 거기에는 그럴 만한 이유가 있었다. 원하면 언제든 갈 수 있고, 그곳에서는 토종 생물들이 가장 특이한 모양, 가장 화사한 색깔, 가장 양호한 상태로 존재하기 때문이다. 섬은 고립되고, 경계가 분명하고, 크기가 제한되어 있어 생물의 진화를 가능케 한다. 광대하고 인접된 본토에 비해 섬의 생물학적 패턴은 집중적 분석이 용이하다. 그러나 섬이 반드시 '물에 둘러싸인 땅'일 필요는 없다. 섬을 '빈 공간으로 둘러싸인 세계'로 정의한다면, 미생물의 경우 모든 숙주들이 곧 섬인 셈이다. 샌디에이고 동물원에서 앞으로 내밀어 바바를 건드렸던 나의 손은 바다를 건너는 한 조각 뗏목에 비유할 수 있다. 인간과 비슷하게 생긴 섬을 떠나 천산갑 비슷하게 생긴 섬으로 항해하는 뗏목 말이다. 콜레라에 감염된 성인은 외계의 뱀에 침입당한 괌Guam에 비유할 수 있다. 인간과 섬을 동일시해서는 안 된다고? 천만의 말씀. 세균의 입장에서 볼 때, 우리 인간들은 모두 섬이다.[17]

우리 모두는 저마다 독특한 마이크로바이옴을 갖고 있다. 우리를 빚어낸 것은 부모에게서 물려받은 유전자뿐만이 아니다. 우리가 사는 장소, 우리가 복용한 약물, 우리가 먹은 음식, 우리가 살아온 세월, 우리와 악수한 사람의 손도 우리를 빚어내는 데 한몫씩 거들었다. 우리는 모두 비슷하지만 미생물학적으로 보면 각각 다르다. 맨 처음 인간의 마이크로바이옴 목록을 작성하기 시작할 때, 미생물학자들은 하나의 핵심 마이크로바이옴core microbiome이 발견되기를 바랐다. 모든 사람들이 공유하는 미생물 그룹이 있으리라 생각했기 때문이다. 그러나 이제는 '핵심 미생물종이라는 게 과연 존재하는가?' 하는 논란이 벌어지고 있다.[18]

일부에게 공통인 미생물종은 있지만, 모두에게 공통인 미생물종은 없다. 설사 핵심 미생물종이 존재하더라도 기능function 수준에서나 그러할 뿐이지, 생물organism 수준에서는 존재하지 않는다. 즉, 특정 영양소를 소화시키거나 특정 대사 작용을 수행하는 미생물이 존재하기는 하지만 그게 늘 같은 종은 아니라는 것이다. 우리는 보다 넓은 범위에서도 그러한 경향을 확인할 수 있다. 예컨대 뉴질랜드에서는 키위가 낙엽 속을 뒤져 벌레를 찾는데, 영국에서는 오소리가 그런 일을 한다. 수마트라에서는 호랑이와 구름표범이 숲 속을 활보하지만, 고양이과 동물이 없는 마다가스카르에서는 그 자리를 코사cossa라는 커다란 킬러 몽구스가 차지한다. 한편 코모도에서는 왕도마뱀이 최상위 포식자의 역할을 수행하고 있다. '상이한 섬'에 사는 '상이한 종'이 '동일한 임무'를 수행하고 있는 것이다. 여기서 '섬'이란 거대한 땅덩어리일 수도 있고 개인일 수도 있다.

사실 모든 개인들은 하나의 섬이라기보다는 군도群島에 더 가깝다. 신체의 각 부분은 각자 독특한 미생물상을 갖는다. 마치 갈라파고스제도의 다양한 섬들이 각각 특별한 거북과 핀치를 보유하는 것처럼 말이다. 인간의 피부는 프로피오니박테륨Propionibacterium, 코리네박테륨Corynebacterium, 포도상구균Staphylococcus의 영토인데 반해, 장을 지배하는 것은 박테로이데스Bacteroides이고 여성의 질을 지배하는 것은 유산균Lactobacillus이며 구강을 지배하는 것은 연쇄상구균Streptococcus이다. 게다가 장기들 역시 다양해서, 소장의 초입에 서식하는 미생물은 직장에 서식하는 미생물과 매우 다르다. 치태齒苔에 서식하는 미생물의 경우, 잇몸선 위에 사는 것과 아래에 사는 것이 다르다. 피부의 경우, 기름기가 많은 얼굴과 가슴의 기름 호수에 서식하는 미생물은 사타구니와 겨드랑이의 열대우림이나 팔뚝과 손바닥의 사막에 사는 미생물과 다르다. 손바닥은 또 어떤가? 오른손이 왼손과 공유하는 미생물종은 20퍼센트도 채 되지 않는다.[19] 신체 부위에 존재하는 미생물의 다양성은 사람 사이에 존재하는 미생물의 다양성을 초라하게 만든다. 간단히 말해서, 당신의 팔뚝에 서식하는 미생물은 당신의 구강에 서식하는 미생물보다 내 팔뚝에 서식하는 미생물과 더욱 가깝다.

다윈 이후 가장 의미 있는 혁명

마이크로바이옴은 공간은 물론 시간에 따라서도 달라진다. 한 아기가 태어날 때마다, 아기는 어머니의 자궁이라는 무균실을 나와 곧바로 미생물이 우글거리는 질을 통과한다. 신생아의 마이크로바이옴 중 약 4분의 3은 어머니에게서 직접 유래한다. 부모와 환경으로부터 새로운 미생물 종을 받아들임에 따라 아기의 장내 미생물 구성은 점점 더 다양해진다.[20] 마이크로바이옴의 우점종은 부침을 거듭하는데, 아기의 식단이 바뀌면서 비피도박테륨Bifidobacterium과 같은 우유 소화 전문가가 박테로이데스와 같은 탄수화물 포식자들에게 자리를 내준다. 미생물의 구성이 변화하는 것처럼 아기의 행동도 변한다. 미생물은 다양한 비타민을 생성하기 시작하며, 성인들이 섭취하는 음식물을 소화하는 능력을 드러낸다.

장내 미생물이 형성되는 기간은 격변의 시기지만 예측 가능한 단계를 밟는다. 최근 산불로 인해 새로 형성되거나 바닷속에서 솟아오른 신생 섬을 생각해보자. 지의류나 이끼와 같은 단순한 식물들이 숲과 섬을 신속히 점령하면 풀과 작은 관목들이 뒤를 잇고, 키 큰 나무들은 한참 뒤에 등장한다. 생태학자들은 이러한 과정을 천이遷移라고 부르는데, 이 용어는 미생물에도 적용할 수 있다. 아기의 마이크로바이옴이 성인과 같은 상태에

도달하는 시점은 1년과 3년 사이의 어디쯤이다. 그다음으로는 지속적인 안정기가 찾아온다. 마이크로바이옴은 매일, 아침과 저녁, 심지어 밥 먹을 때마다 달라지지만, 그런 모든 변화도 생애 초기의 변화에 비하면 미미한 편이다. 성인이 보유한 마이크로바이옴의 역동성은 배경에 깔린 불변성을 은폐한다.[21]

천이의 정확한 패턴은 동물마다 다르며, 인간은 그중에서도 특히 까다롭고 별스러운 숙주다. 우리 인간은 우연히 만난 미생물에게 점령당하기만 하는 수동적 존재가 아니라 미생물 파트너를 선택하는 방법도 갖고 있기 때문이다. 이 방법에 대해서는 나중에 알아보기로 하고, 지금은 그냥 단순하게 '인간의 마이크로바이옴은 침팬지의 마이크로바이옴과 다르고, 침팬지는 고릴라와 다르다'는 정도만 알아두자. 마치 보르네오의 숲에 사는 동물들(오랑우탄, 난쟁이코끼리, 긴팔원숭이)이 마다가스카르의 동물들(여우원숭이, 포사, 카멜레온)이나 뉴기니에 사는 동물들(극락조, 나무캥거루, 화식조)과 다른 것처럼 말이다. 동물마다 마이크로바이옴이 다르다는 사실이 알려진 건 과학자들이 면봉을 들고 동물계 전체를 주름잡으며 마이크로바이옴을 채취하여 분석한 덕분이다. 그들은 판다, 왈라비, 코모도왕도마뱀, 돌고래, 로리스원숭이, 지렁이, 거머리, 호박벌, 매미, 새날개갯지렁이, 진딧물, 북극곰, 듀공, 비단구렁이, 악어, 체체파리, 펭귄, 카카포, 굴, 카피바라, 흡혈박쥐, 바다이구아나, 뻐꾸기, 칠면조, 터키콘도르, 개코원숭이, 대벌레, 그 밖에도 많은 동물의 마이크로바이옴을 기술記述했다. 그리고 인간의 경우에는 미숙아, 어린이, 성인, 노인, 임신부, 쌍둥이, 미국과 중국의 도시 거주자, 부르키나파소와 말라위의 시골 거주자, 카메룬과 탄자니아의 수렵 채취인, 지금껏 접촉해보지 못했던 아마존 유역의 부족, 날씬한 사람과 뚱뚱한 사람, 건강한 사람과 병든 사람의 마이크로바이옴을 분석했다.

마이크로바이옴 연구는 최근 전성기를 맞고 있다. 몇 백 년의 역사에도 불구하고 그동안은 지지부진하다가, 최근 수십 년 사이 기술이 발달하고 미생물이 인간에게, 특히 의학적 맥락에서 매우 중요하다는 인식이 강해지면서 엄청난 가속도가 붙었다. 미생물은 인체에 엄청나게 광범위한 영향을 미치기 때문에, 예방접종을 받은 사람이 백신에 얼마나 잘 반응하는지, 어린이가 음식물에서 얼마나 많은 영양소를 섭취할 수 있는지, 암 환자가 항암제에 얼마나 잘 반응하는지까지 결정할 수 있다. 비만, 천식, 결장암, 당뇨병, 자폐증을 비롯한 많은 질병들은 마이크로바이옴의 변화를 수반하는데, 이는 미생물이 질병의 징후이거나 어쩌면 원인일 수도 있음을 시사한다. 만약 후자가 맞는다면, 우리는 우리의 미생물 군집을 조작함으로써 건강을 실질적으로 증진할 수 있을 것이다. 구체적인 조작 방법으로는 특정 미생물종을 가감加減하거나, 다른 사람의 마이크로바이옴 전체를 이식하거나, 합성 미생물을 만들어내는 방법을 생각해볼 수 있다. 나아가 우리는 동물의 마이크로바이옴을 조작할 수도 있다. 즉 열대 동물의 마이크로바이옴을 조작하여 기생충과의 동반자 관계를 끊음으로써 끔찍한 열대 질환을 인간에게 옮기지 못하도록 막을 수 있다. 또한 모기로 하여금 새로운 미생물과 공생하도록 만듦으로써 뎅기열을 일으키는 바이러스를 물리치는 것도 가능하다.

마이크로바이옴에 관한 과학은 최근 급변하는 터라 많은 사람들이 그 불확실성과 불가해성과 논란 등에 휩싸여 고개를 갸우뚱거리고 있다. 미생물이 우리의 삶이나 건강에 영향을 미치는 메커니즘을 해명하는 작업은 고사하고, 인체에 존재하는 미생물 중 상당수가 아직 신원조차 밝혀지지 않은 상태다. 그러나 그럴수록 흥미는 배가되는 법. 해변에 앉아 서퍼들을 물끄러미 바라보는 것보다, 서핑 보드를 타고 파도의 물마루에 올라서서 서퍼들과 어깨를 나란히 한 채 해변을 향해 나아가는 편이 훨씬 더 흥미롭고 스릴 있지 않을까? 이제 수백 명의 과학자들이 서핑을 하고, 투자자들의 자금이 유입되며, 의미 있는 논문들이 기하급수적으로 증가하고 있다. 미생물은 늘 지구를 지배해왔지만, 그야말로 유행을 타는 것은 지구 역사상 처음 있는 일이다. "한때 완전히 뒷전에 밀려나 있었던 마이크로바이옴이 이제는 과학의 맨 앞줄에 버티고 서 있어요." 생물학자 마거릿 맥폴-응아이Magaret McFall-Ngai의 얘기다. "미생물이 우주의 중심임을 깨닫는 사람들이 늘어나고, 마이크로바이옴 분야가 각광받는 걸 보니 재미있어요. 우리는 이제 알아요. 미생물은 생물권에서 다양하고도 광대한 부분을 차지하고, 동물의 생물학은 미생물과 상호작용 함으로써 형성된다는 것을 말이에요. 다윈 이후 가장 의미 있는 혁명은 바로 이것이라고 생각해요."

혹자는 마이크로바이옴의 인기가 과분하며, 그 분야의 연구 대다수가 팬시 스탬프 수집에 불과하다고 비판한다. 천산갑의 얼굴이나 사람의 위장관에 어떤 미생물이 사는지 안다고 뭐가 달라질까? '무엇'과 '어디'는 알지만 '왜'나 '어떻게'는 모르는데 말이다. 어떤 미생물이 어떤 동물에만 살고 다른 동물에는 살지 않는 이유는 뭘까? 또 어떤 사람에서만 발견되고 다른 사람에서는 발견되지 않으며, 특정 신체 부위에서만 서식하고 모든 부분에 서식하지 않는 이유는 뭘까? 우리가 특정 패턴에 주목하는 이유는 무엇이며, 그 패턴은 어떤 과정을 통해 생겨났을까? 미생물은 맨 처음에 어떤 방법으로 숙주의 몸속으로 들어갔을까? 그리고 어떤 방법으로 동반자 관계를 확립했을까? 일단 공생하기 시작한 뒤, 미생물과 숙주는 서로를 어떻게 변화시킬까? 공생 관계가 깨지면 그들은 어떻게 대응할까?

지금까지 열거한 질문들이 바로 마이크로바이옴 분야의 연구자들이 해결하고자 노력하는 심오한 이슈들이다. 나는 이 책에서, 그것들이 얼마나 해결되었는지, 미생물을 이해하고 조작하는 게 얼마나 가능한지 그리고 그 가능성을 얼마나 알아야 하는지를 차근차근 설명할 예정이다. 하지만 지금 당장은 약간의 데이터들만 수집해도 그런 이슈들을 해결할 수 있다는 정도만 알아두고 넘어가기로 하자. 다윈과 월리스가 중요한 항해에서 그랬던 것처럼 말이다. 사실, 스탬프 수집을 방불케 하는 소규모 연구도 중요하지 않은 것은 아니다. 데이비드 쾀멘은 이렇게 썼다.[22] "다윈의 《비글호 항해기》조차도 일종의 과학 여행기에 불과했다. 화려한 동식물과 장소들만 잔뜩 열거할 뿐 진화 이론은 언급조차 하지 않았다. 이론 전에 많은 중노동, 수집, 분류, 목록 작성이 필요했으며, 이론은 맨 마지막 차례였다." 롭 나이트는 이렇게 거든다. "만약 미지의 신대륙에 상륙했다면, 사물들이 그 자리에 존재하게 된 이유를 알기 전에 그것들이 존재하는 자리부터 파악하는 게 순서예요."

나이트가 처음 샌디에이고 동물원을 방문한 것은 이러한 탐험 정신 때문이었다. 그는 상이한 포유동물의 얼굴과 피부에 면봉을 문질러 마이크로바이옴의 특징과 그들이 생성하는 화학물질, 즉 대사물을 파악하고 싶어 했다. 대사물은 미생물이 살며 진화하는 환경을 조성하고, 어떤 미생물이 서식하는지보다는 그 미생물들이 무슨 일을 하는지를 보여준다. 대사물을 조사하는 것은 단순한 인구조사를 넘어 한 도시의 모든 것, 이를테면 예술, 음식, 발명품, 수출품을 조사하는 것과 비슷하다. 나이트는 최근 인간의 얼굴에서도 대사물을 조사하려고 시도했지만, 자외선 차단제나 크림 등의 화장품이 미생물의 천연 대사물을 씻어냈음을 알게 되었다.[23] 그러나 다른 동물들의 얼굴에서는 그런 문제가 발생하지 않는다. 천산갑인 바바가 보습제를 바를 리 없지 않은가. "나는 여기서 동물의 구강 샘플도 채취할 거예요. 어쩌면 질 샘플도 채취할지 모르고요"라고 나이트는 말한다. 내가 문득 눈살을 찌푸리자 그는 다음과 같이 해명한다. "이 동물원의 사육 규칙에 의하면, 치타와 판다의 질을 면봉으로 검사한 다음 결과물을 냉장고에 잔뜩 저장해놓게 되어 있어요. 그러니 질 샘플 조사는 식은 죽 먹기죠."

동물원의 사육사는 우리에게 벌거숭이두더지쥐 집단을 보여준다. 녀석들은 서로 연결된 플라스틱 튜브 주위에서 정신없이 설쳐대고 있는데, 쭈글쭈글한 소시지에 이빨을 달아놓은 듯한 외모에 매력이라고는 한 군데도 찾아볼 수 없다. 게다가 매우 엽기적이기까지 하다. 통증에 둔감하고, 암에 대한 저항력이 강하고, 수명이 극단적으로 길고, 체온조절에 서투르고, 기형적이고 무능한 정자를 갖고 있으니 말이다. 집단에는 개미처럼 여왕과 일꾼이 존재한다. 그들은 또한 땅굴도 파는데, 나이트는 이 점에 관심이 많다. 왜냐하면 그가 최근 연구비를 따낸 주제가 '특정한 형질이나 생활양식을 공유하는 동물들의 마이크로바이옴'이기 때문이다. 그가 주목하는 형질이나 생활양식으로는 땅굴 파기, 비행, 수중 생활, 더위 또는 추위에의 적응, 지능 등이 있다. 그는 이렇게 설명한다. "매우 사변적이지만, 내 아이디어는 이래요. 동물이 보다 이색적인 행동을 하려면 에너지가 필요한데, 그 에너지를 얻기 위해서는 미생물의 전적응pre-adaptation이 필요하다는 거죠." 그의 아이디어가 사변적이라는 건 분명하지만, 내가 보기에 지나치게 앞서나간 생각은 아닌 것 같다. 미생물은 많은 문을 열어줬고, 동물들은 그 문을 통해 평소에는 꿈도 꿀 수 없는 온갖 특이한 생활양식을 도입할 수 있었다. 그리고 동물들이 습관을 공유하면 그들의 마이크로바이옴 역시 종종 수렴한다. 예컨대 나이트와 동료들은 선행 연구에서 "천산갑, 아르마딜로, 개미핥기, 땅돼지, 땅늑대(하이에나의 일종)와 같이 개미를 먹는 포유동물들은 약 1억 년 동안 독립적으로 진화했음에도 불구하고 모두 비슷한 장내 미생물을 갖고 있다"고 보고했다.[24]

미어캣 무리 곁을 지나가며 보니, 그중 일부는 꼿꼿이 서서 바짝 경계하고 일부는 함께 어울려 놀고 있다. 나이트는 홀로 떨어져 있는 여왕에게 어렵사리 면봉을 들이대지만, 여왕이 연로한 데다 심장병까지 앓고 있다는 게 문제다. 나이 든 미어캣이 심장병을 앓는 건 그리 드문 일이 아니다. 미어캣이 가끔 서로의 새끼를 공격하거나 자신의 새끼를 포기하는 경우 사육사들이 개입하여 새끼들을 떼어내 대신 키우게 되는데, 사육사들에 의하면 그들이 기른 새끼들은 생존하지만 어찌 된 일인지 나이가 들면 종종 원인 불명의 심장병에 걸린다고 한다. "매우 흥미로운 사실이군요. 혹시 미어캣의 젖에 대해 아는 게 있나요?" 나이트가 묻는다. 그가 이렇게 되묻는 이유는 포유동물의 젖 속에는 새끼들이 소화할 수 없는 당분이 포함되어 있으며, 특정 미생물이 그것을 소화시키는 작용을 하기 때문이다. 인간의 어머니가 아기에게 모유를 먹일 때, 어머니는 젖만 주는 게 아니라 필요한 미생물까지도 덤으로 준다. 모유에 포함된 미생물은 아기가 세상에 나와 처음으로 섭취하는 미생물로 아기의 장 속에 들어가 자리를 잡게 된다. 나이트는 미어캣의 경우에도 같은 원리가 적용되는지 궁금해한다. 엄마와 헤어진 새끼들은 엄마의 젖을 먹지 않아 잘못된 미생물을 갖고서 일생을 시작하는 게 아닐까? 이 같은 생애 초기의 변화가 만년의 건강에 영향을 미치는 건 아닐까?

나이트는 동물원에서 사육되는 동물들의 건강 증진을 위해 이미 다른 프로젝트를 진행하고 있다. 은색 랑구르로 가득 찬 우리를 지나치며, 그는 동물원에 사는 원숭이들의 특이 사항을 연구하고 있다고 말한다. "어떤 원숭이들은 대장염에 잘 걸리고 어떤 원숭이들은 그렇지 않은데, 거기에는 필시 미생물이 관련되어 있을 거예요." 인간의 경우 IBD를 앓는 환자들은 면역계를 자극하는 미생물이 너무 많은 반면 면역계를 억제하는 미생물은 부족한 것으로 알려져 있다. 다른 질병들, 예컨대 비만이나 당뇨병, 천식, 알레르기, 결장암의 경우에도 비슷한 패턴을 보인다. 이러한 질병들은 생태학적 건강 문제로 해석할 수 있다. 한 가지 종류의 미생물이 잘못되어서가 아니라 마이크로바이옴의 전체적 균형이 불건강한 상태로 이동했기 때문에 발생한 문제라는 얘기다. 다시 말해 공생 관계가 어긋난 사례로 볼 수 있다. 이처럼 왜곡된 마이크로바이옴이 다양한 질병을 초래하는 게 사실이라면 미생물을 조작함으로써 건강을 회복하는 것이 가능할 것이다. 그런데 만약 인과관계가 정반대라면, 즉 미생물 집단의 변화가 질병의 원인이 아니라 결과라면 어떨까? 설사 그렇더라도 마이크로바이옴 검사는 증상이 나타나기 전에 질병을 진단하는 수단으로 유용하게 사용될 수 있을 것이다. 나이트가 동물원의 원숭이들에게 바라는 점도 바로 그것이다. 그는 결장암을 앓는 원숭이와 그렇지 않은 원숭이의 마이크로바이옴을 비교하고 검토하여, 결장암의 징후(특이한 마이크로바이옴 패턴)를 찾아내려 노력하고 있다. 그러면 결장암의 증상이 없는 원숭이들 가운데 고위험군을 찾아낼 수 있을 테고, 이러한 연구는 인간 IBD 환자의 마이크로바이옴 변화를 이해하는 데도 도움이 될 것이다.

마지막으로, 우리는 동물원의 밀실로 들어간다. 많은 동물들이 대중의 눈을 피해 일시적으로 사육되는 곳이다. 한 우리에 빈투롱 한 마리가 있다. 길이 1미터에 까만 털가죽을 가졌고, 형체는 족제비와 비슷하지만 곰의 얼굴을 하고 있다. 빈투롱은 사향고양이의 일종으로, 제럴드 더럴은 크고 텁수룩한 그 모습을 "잘못 만들어진 깔개"로 묘사하기도 했다. 사육사는 어렵잖게 빈투롱의 얼굴과 다리에 면봉을 문지를 수 있으리라 생각하지만, 정말로 중요한 건 그게 아니다. 빈투롱의 항문 양쪽에는 취선臭腺이 있는데 거기서 팝콘을 연상시키는 냄새가 풍긴다. 아마 세균이 그 냄새를 생성하는 듯하다. 과학자들은 이미 오소리, 코끼리, 미어캣, 하이에나의 취선에서 나오는 미생물성 향기의 특징을 파악했다. 빈투롱, 기다려라! 이제 네 차례다.

"항문에 면봉을 넣어도 될까요?" 내가 묻는다.

잔뜩 겁먹은 우리 속의 빈투롱을 바라보던 사육사는 나와 나이트 쪽으로 서서히 돌아선다. "안 될 것 같아요."

미생물이라는 경이로운 렌즈

미생물이라는 렌즈를 통해 동물계를 들여다보면 삶의 가장 익숙한 부분마저 경이로운 모습으로 다가온다. 하이에나가 자신의 취선을 풀잎에 비빌 때면 냄새에 포함된 미생물은 자서전을 기록함으로써 다른 하이에나들로 하여금 그것을 읽게 해준다. 미어캣의 어미가 새끼에게 젖을 먹일 때 새끼의 위장관 속에는 하나의 세상이 형성된다. 아르마딜로가 개미를 한 입 후루룩 들이마실 때 녀석은 수십조에 이르는 미생물 집단에 식량을 제공하고, 미생물 집단은 답례로 아르마딜로에게 에너지를 공급한다. 랑구르나 인간이 병에 걸리면 망가진 생태계(예컨대 조류藻類로 뒤덮인 호수나 잡초로 뒤덮인 초원)와 비슷한 문제를 겪게 된다. 우리의 삶은 체내에 주둔하는 외부 세력의 영향력하에 놓여 있으니, 그들은 수십 조 마리의 미생물로 구성된 군단으로 우리와 별개의 세력임에도 불구하고 우리 삶의 상당히 커다란 부분을 차지한다. 체취, 건강, 소화, 발육 그리고 수십여 가지의 특성에 이르기까지, 외견상 개인의 영역에 속하는 것들도 사실은 숙주와 미생물 간의 복잡한 타협의 산물이다.

이쯤에서 존재론의 문제로 넘어가기로 하자. 미생물의 존재를 감안한다면, 하나의 개체를 어떻게 규정하는 것이 좋을까?[25] 먼저 해부학적 관점에서 보면, 개체란 '특정한 신체의 소유자'를 뜻한다. 그러나 미생물은 숙주와 똑같은 장소를 점유하는 공동 거주자임을 잊어서는 안 된다. 두 번째로, 발생학적 관점에서 보면, 개체란 '하나의 수정란에서 생겨난 모든 것'을 뜻한다. 그러나 오징어에서부터 쥐, 제브라피시에 이르기까지, 많은 동물들은 유전자와 미생물이 공동으로 코딩한 암호를 이용하여 신체를 구성하며, 무균 배양기 속에서는 제대로 성장하지 못한다. 세 번째로, 생리학적 관점에서 보면, 개체는 전체의 이익을 위해 협동하는 여러 부분, 즉 조직과 장기로 구성된다. 그러나 세균과 숙주의 효소가 협동하여 필수영양소를 생성하는 곤충을 생각해보라. 이 경우 미생물은 전체의 한 부분일 뿐만 아니라, 필수 불가결한 부분임이 분명하다. 마지막으로, 유전학적 관점에서 보면, 개체는 동일한 유전체를 공유하는 세포들로 구성된다. 그러나 이 경우에도 우리는 발생학이나 생리학과 똑같은 문제점에 직면한다.

모든 동물은 자신만의 유전체를 보유하고 있지만, 많은 세균의 유전체들도 덤으로 보유하고 있어서 이들에 의해 삶과 발육에 영향을 받는다. 미생물의 유전자가 숙주의 유전체에 영구적으로 침투하는 경우도 있는데, 그런 경우 숙주를 미생물과 독립된 개체로 간주할 수 있을까? 선택지가 다 떨어졌다면 면역계로 눈을 돌려보자. 면역계란 우리의 세포를 침입자의 세포와 구별하기 위해 존재하니 말이다. 유식한 말로는 "자기self와 비자기non-self를 구별한다"고 일컫는다. 그러나 그건 사실이 아니다. 나중에 보게 되겠지만 우리 몸에 상주하는 미생물들은 면역계의 확립을 도와주며, 면역계는 미생물에게 관용을 베푸는 법을 배운다. 어떤 구실을 들이대더라도 미생물이 우리의 개체 관념notion of individuality을 송두리째 뒤집는 것을 막을 수 없다. 그렇다면 미생물도 개체를 형성하는 게 분명하다. 당신의 유전체는 나의 유전체와 대체로 비슷하지만, 마이크로바이옴과 바이롬은 완전히 다를 수 있다. 그러니 "내가 미생물 군단을 포함하고 있다"고 말하기보다는 "나 자신이 미생물 군단이다"라고 말하는 편이 더 옳다.

이런 개념들은 우리를 매우 불안하게 만든다. 독립성, 자유의지, 정체성은 우리 삶의 핵심 관념이기 때문이다. 마이크로바이옴 연구의 선구자인 데이비드 렐먼David Relman은 언젠가 이렇게 지적했다. "자아 정체감 상실, 자아 정체성에 관한 망상, 외부의 힘에 조종당한 경험은 모두 정신병의 잠재적 징후로 간주되어왔다. 그러니 최근 발표된 공생에 관한 연구 결과들을 보고 많은 사람들의 눈이 휘둥그레지는 것도 당연하다."[26] 그러나 그는 또한 다음과 같이 덧붙였다. "그런 연구들은 생물학의 아름다움을 부각시킨다. 인간은 사회적 생물로서, 다른 생물체와의 관련성을 이해하려고 노력한다. 공생은 협동을 통한 성공의 궁극적 사례이며, 친밀한 관계의 큰 혜택이다."

나는 렐먼의 말에 동의한다. 공생은 지구 상의 모든 생명체들을 연결하는 끈을 암시한다. 인간과 세균처럼 이질적인 생물들이 함께 살며 협동할 수 있는 이유는 뭘까? 바로 인간과 세균이 조상을 공유하기 때문이다.

우리는 동일한 부호 체계를 이용하여 DNA에 정보를 저장하고 ATP라는 분자를 에너지의 통화通貨로 사용하는데, 이 시스템은 모든 생물에 적용된다. BLT 샌드위치를 생각해보자. 상추에서 시작하여 토마토, 베이컨에 사용되는 돼지고기, 빵을 굽는 데 사용되는 효모, 샌드위치 표면에 분명히 앉아 있을 미생물에 이르기까지, 모든 구성 요소들은 동일한 분자 언어로 말한다. 네덜란드의 생물학자 알버르트 얀 클라위버르가 언젠가 얘기했듯이 "코끼리에서부터 부티르산 세균에 이르기까지, 구성 요소는 모두 같다".

동물과 미생물이 얼마나 유사한지, 또 양자 간 관계가 얼마나 깊어질 수 있는지를 이해하고 나면 우리가 세상을 바라보는 관점은 헤아릴 수 없이 풍부해질 것이다. 나 역시 그렇다. 나는 평생 동안 자연계를 사랑해왔다. 내 선반에는 야생동물 다큐멘터리가 즐비하고 미어캣, 거미, 카멜레온, 해파리, 공룡에 관한 책들이 수북이 쌓여 있다. 그러나 그중에서 미생물이 숙주의 삶을 움직이거나 고양하거나 조종한다고 알려주는 것은 하나도 없다. 한마디로, 불충분하기 짝이 없다. 액자 없는 그림, 크림 없는 케이크, 폴 매카트니 없는 존 레논처럼 말이다. 하지만 이제 나는 모든 동물들이 보이지 않는 미생물들에 의존하고 있음을 안다. 동물은 미생물과 함께 살면서도 전혀 의식하지 못한다. 미생물은 동물보다 훨씬 더 오랫동안 지구 상에 존재해온 선배로서, 동물들의 능력을 도와주고 때로는 전적으로 책임진다. 이것은 한편 아찔하면서도, 다른 한편으로는 눈부시게 아름다운 관점의 변화다.

나는 아주 어릴 적부터 동물원을 방문해왔는데, 늘 천방지축으로 날뛰기만 했지 뭘 제대로 눈여겨보거나 기억하지 않았다. (그때는 코끼리거북 울타리에 기어 올라가면 안 된다는 규정도 모를 정도로 철이 없었다.) 그러나 나이트와 함께 샌디에이고 동물원을 한 바퀴 돌고 난 지금, 이제는 뭔가 다른 것이 느껴진다. 동물원 전체가 외견상 울긋불긋하고 시끄러운 동물들의 경연장이지만, 나는 이곳에 사는 생물 중 대부분은 보이지도 않고 들리지도 않음을 안다. 인간과 동물들은 모두 미생물로 가득 찬 용기容器라고 할 수 있다. 관람객이라는 용기는 입구에서 돈을 내고 문을 통과하여, 우리와 울타리 속에서 어슬렁거리는 다른 용기, 즉 네발 달린 동물들을 구경한다. 새라는 용기는 깃털로 뒤덮인 채 커다란 새장 안에서 수십조의 미생물들을 싣고 이리저리 날아다닌다. 빈투롱이라는 용기는 새까만 깔개처럼 생겼는데, 그들이 뒤꽁무니에서 내뿜는(세균 집단이 만든) 사향 때문에 우리에서 팝콘 냄새가 진동한다. 온갖 생물들이 어울려 사는 세상의 진짜 모습은 이렇다. 육안으로는 보이지 않지만, 나는 이제 마음의 눈으로 모든 것을 바라볼 수 있게 되었다.

| 2장 |

별천지가 열리다

세균은 어디에나 있지만, 맨눈에 보이는 것만을 기준으로 하면 그 어디에도 없다고 할 수 있다. 그러나 몇 가지 예외는 있다. 에풀로피스키움 피셸소니Epulopiscium fishelsoni가 그중 하나로, 브라운서전피시brown surgeonfish라는 물고기의 소화관에서만 사는 이 세균의 길이는 이 문장 끝에 찍힌 마침표만 하다. 나머지 다른 세균들은 현미경의 도움 없이 볼 수 없으므로 아주 오랜 시간 동안 전혀 눈에 띄지 않았다. 지구의 역사를 1년으로 압축한 상상의 달력에서 세균이 처음 등장한 것은 3월 중순이었지만, 그들이 지구 상에 군림한 후 여덟 달 반 동안 그 존재를 인지한 생물은 전혀 없었다. 그러다가 그들의 익명성이 깨진 것은 12월 31일 자정이 되기 몇 초 전, 한 호기심 많은 네덜란드인 때문이었다. 세계 최고의 수제手製 현미경을 이용하여 물 한 방울을 조사해봐야겠다는 엉뚱한 발상을 떠올린 인물이었다.

안토니 판 레이우엔훅Antony van Leeuwenhoek은 1632년 네덜란드 델프트에서 태어났다. 델프트는 북적거리는 해외무역의 중심지로 운하와 나무와 자갈 깔린 도로가 많은 곳이었다.[1] 그는 낮에는 시市 공무원으로 일하며 작은 남성복점을 운영했고 밤에는 렌즈를 만들었다. 때마침 네덜란드에서 복합 망원경과 현미경이 발명되었던 터라 시공간적으로 렌즈를 만들기에 안성맞춤이었다. 당시 과학자들은 작고 동그란 유리를 통해 너무 멀리 있거나 크기가 너무 작아 맨눈으로 볼 수 없는 사물을 들여다보고 있었다. 영국의 박식가 로버트 훅Robert Hooke도 그런 사람들 중 하나로, 그는 온갖 미세한 사물들, 예컨대 벼룩이나 머리칼에 달라붙은 이, 바늘 끝, 공작의 깃털, 양귀비 씨 등을 관찰했다. 1665년 그는《마이크로그라피아Micrographia》라는 책에 화려하고 세밀한 삽화를 곁들여 자신의 관찰 결과를 발표했다. 그 책은 영국에서 즉시 베스트셀러가 되었고, 조그만 물건으로 큰 시대를 강타하며 센세이션을 일으켰다.

춤추는 미세한 생물과의 첫 만남

레이우엔훅은 훅과 달리 대학을 졸업하지 않은 데다 훈련된 과학자도 아니었으며, 학술어인 라틴어 대신 오직 네덜란드어로만 말했다. 그럼에도 불구하고 그는 독학으로 렌즈를 만들었고, 그의 기술을 따를 자는 아무도 없었다. 그의 기술에 대해서는 정확하고 자세하게 알려진 바가 없지만, 거칠게 말하자면 유리 방울을 갈아 직경 2밀리미터 미만의 매끄럽고 완벽히 대칭적인 렌즈를 만들었다. 그는 이렇게 만든 렌즈를 두 개의 장방형 놋쇠 사이에 끼운 뒤 작은 핀을 이용하여 표본을 렌즈 앞에 고정하고 두 개의 나사를 이용하여 위치를 조정했다. 이렇게 탄생한 현미경은 화려하게 치장된 경첩처럼 보이는, 조절 가능한 확대경에 불과했다. 레이우엔훅은 그것을 얼굴에 닿을 정도로 바짝 갖다 댄 다음 눈을 가늘게 뜨고 작은 렌즈를 들여다봤는데, 주로 밝은 햇빛 아래서 사용했다. 이 단일 렌즈 모델은 훅이 애용했던 멀티 렌즈 복합 현미경보다 훨씬 더 눈을 혹사했지만 선명하고 배율이 높은 이미지를 제공했다. 훅의 현미경은 배율이 20~50배였던 데 반해, 레이우엔훅의 것은 최대 270배였다. 따라서 레이우엔훅의 현미경은 금세 세계 최고의 현미경으로 등극했다.

레이우엔훅의 전기 《선명한 관찰자The Cleere Observer》를 쓴 앨마 스미스 페인은 "레이우엔훅은 훌륭한 현미경 제작자일 뿐만 아니라, 탁월한 현미경 사용자였다"라고 적었다. 레이우엔훅은 관찰을 반복하고, 모든 것을 기록했으며, 체계적 실험을 수행했다. 비록 아마추어였지만 그의 마음 깊은 곳에서는 세상에 대한 과학적 호기심이 한없이 솟아올랐고, 과학적 방법론이 본능적으로 꿈틀거렸다. 그는 자신이 만든 렌즈를 통해 동물의 털, 파리의 머리, 나무, 씨앗, 고래의 근육, 비듬, 황소의 눈알을 관찰했다. 경이로운 것들을 관찰한 뒤에는 그 결과를 친구와 가족과 델프트의 학자들에게 보여줬다.

델프트의 학자 중 하나인 레흐니르 더 흐라프Regnier de Graaf는 내과 의사인 동시에, 새로 창설된 명망 높은 자연과학 학회로서 런던에 근거지를 두고 있던 왕립 학회의 멤버이기도 했다. 그는 박식한 동료들에게 레이우엔훅을 추천하며 "우리가 지금껏 보아온 것들을 훨씬 능가하는 현미경을 만드는 사람이니 한번 만나보세요"라고 강권했다. 왕립 학회의 총무이자 학술지 편집자인 헨리 올덴버그Henry Oldenburg는 흐라프가 시키는 대로 했다. 그리고 결국에는 아웃사이더인 레이우엔훅이 아무렇게나 갈겨쓴 비공식 서한을 번역해 출간했는데, 거기엔 적혈구와 식물 조직과 이louse의 소화관이 엄청나게 세밀하고 꼼꼼하게 기술되어 있었다. 단연 독보적이었다.

그 후 레이우엔훅은 물방울을 들여다보기 시작했다. 주요 관찰 대상은 델프트 근처에 있는 베르켈서 메러 호수에서 떠 온 물이었다. 탁한 물을 유리 피펫으로 빨아들여 현미경에 올려놓고 들여다보니 생명체가 우글거리는 모습이 관찰되었다. 녹조류의 작은 구름 사이에서 수천 마리의 미세한 생물들이 춤추고 있는 게 아닌가![2] 그는 이렇게 썼다. "물방울 속의 극미동물animalcule들이 상하좌우로 너무도 빨리 움직여 경탄을 금할 수 없었다. 판단하기에, 그중 일부는 지금껏 치즈 위에서 봤던 가장 작은 생물보다 수천 배 이상 작았다."[3] 그가 본 것은 원생동물로, 아메바를 비롯한 다양한 단세포 진핵생물들의 집합체였다. 그리하여 레이우엔훅은 세계 최초로 원생동물을 관찰한 사람이 되었다.[4]

1675년, 레이우엔훅은 자신의 렌즈를 이용하여 집 밖의 푸른 연못에서 채집한 빗물을 관찰했다. 그의 눈앞에는 멋진 극미동물의 군무가 또다시 펼쳐졌다. 몸을 칭칭 감은 뱀 모양의 동물과 미세한 다리가 여럿 달린 타원형 동물 등, 다양한 원생동물들이 훨씬 더 많이 발견되었다. 또한 이의 눈보다 천 배나 작은 미세한 생물 집단도 새로 발견되었다. 그들은 바로 세균이었는데, 톱턴top turn 기술을 구사하는 서퍼처럼 순식간에 방향을 전환하는 묘기를 부렸다. 그는 정원의 연못은 물론 자신의 서재, 지붕, 델프트의 운하, 근처의 바다에서도 추가로 물방울을 수집하여 관찰을 이어갔다. 작은 극미동물들은 도처에 널려 있었으며, 생물은 지각 능력의 문턱에 훨씬 못 미치는 영역에서 부지기수로 존재하는 것으로 밝혀졌다. 극미 동물들은 단 한 사람의 눈에만 보였으니, 그는 당대 최고의 렌즈를 눈에 댄 채 별천지를 관람하며 감탄사를 연발했다. 이후 역사가 더글러스 앤더슨이 썼듯이, 그는 새로운 생물을 발견하는 족족 '세계 최초의 관찰자'로 기록되었다.

그런데 이 책의 주제와 관련하여 매우 적절한 질문을 하나 던져보고 싶다. 그가 물을 첫 번째 관찰 대상으로 선정한 이유는 무엇일까? 도대체 그로 하여금 연못에서 수집한 빗방울을 정밀히 조사하게 만든 요인은 무엇일까? 마이크로바이옴 연구사 전체를 통틀어, 수많은 사람들에 대해서도 이와 유사한 질문을 던지고 싶다. 그들은 하나같이 '뭔가 들여다볼 생각을 했던 사람들'이었으니 말이다.

1676년 10월 레이우엔훅은 왕립 학회에 공식 서한을 보내 그동안 자신이 관찰한 것들을 설명했다.[5] 그의 서한은 학술지에 실리는 고리타분한 논문들과 완전히 달랐고, 지방에서 떠도는 소문이나 자신의 건강에 관한 이야기도 뒤섞여 있었다. (앤더슨은 이렇게 논평한다. "학술 기관에 보낼 서한이라기보다는 개인 블로그에 포스팅할 글이었다.") 예컨대 한 편지에서는 델프트의 여름 날씨에 대한 이야기를 잔뜩 늘어놓기도 했는데, 그러나 그게 다가 아니었다. 그 편지에서 그는 극미동물에 대한 세부 사항을 매혹적으로 서술했다. "그들은 믿을 수 없을 만큼 작았다. 아니, 내 눈에는 매우 작게 보였다. 100마리가 손에 손을 잡고 죽 늘어서봤자 모래알 하나의 길이만도 안 될 것 같았다. 그렇다면, 100만 마리가 뭉쳐야 모래알 하나의 부피와 같은 덩어리를 형성하리라는 계산이 나온다." (나중에 그는 모래알 하나의 길이를 약 80분의 1인치라고 못 박았는데, 이 숫자를 기준으로 하여 계산하면 극미 동물의 길이는 3마이크로미터가 된다. 3마이크로미터는 세균의 평균 길이에 해당하므로 그의 추산은 놀랍도록 정확했다고 할 수 있다.)

누군가가 당신에게 갑자기 다가와 "지금껏 아무도 목격하지 못했던 경이롭고 비가시적인 생명체를 봤어요"라고 말한다면, 그 사람의 말을 믿을 수 있을까? 올덴버그의 경우로 보건대, 웬만한 사람들은 분명 의심부터 할 것이다. 왜냐고? 레이우엔훅에게서 극미동물 이야기를 들었을 때 그도 처음에는 믿지 않았기 때문이다. 그럼에도 불구하고 그는 1677년에 레이우엔훅의 편지를 출판했고, 닉 레인은 이를 일컬어 "과학의 열린 회의주의open-minded skepticism를 상징하는 기념비적 사건"이라고 했다. 하지만 올덴버그는 다음과 같은 단서를 붙였다. "왕립 학회는 당신의 자세한 연구 방법을 알고 싶습니다. 그래야만 예상 밖의 관찰을 다른 학자들에게 납득시킬 수 있으니까요." 레이우엔훅은 왕립 학회에 적극적으로 협조하지 않았는데, 그 이유는 렌즈 제작 기술이 중요한 영업 비밀이었기 때문이다. 그래서 비밀을 누설하는 대신 중간에 대리인을 내세웠다. 즉 공증인, 변호사, 의사, 그 밖의 이름난 귀족들에게 극미동물을 보여준 다음, 그들로 하여금 왕립 학회에 가서 "레이우엔훅이 봤다고 주장하는 극미동물을 실제로 봤습니다"라고 증언하게 한 것이다. 한편 다른 현미경 사용자들은 나름대로 레이우엔훅의 관찰을 재현하려고 노력했지만 번번이 실패했다. 막강한 영향력을 가진 훅조차도 처음에는 쩔쩔매다가 (그가 그토록 싫어했던) 단일렌즈 현미경으로 바꾼 뒤에야 겨우 성공했다. 훅의 성공으로 인해 정당성을 인정받자, 레이우엔훅의 명성은 더욱 확고해졌다. 1680년 '훈련받지 않은 남성복점 주인'은 왕립 학회의 회원으로 선출되었다. 그는 여전히 라틴어나 영어를 읽지 못했으므로, 왕립 학회는 그에게 네덜란드어로 인쇄된 회원증을 발급했다.

'미생물을 본 최초의 인간'이 된 레이우엔훅은 이어 '자신의 몸속에 있는 미생물을 본 최초의 인간'이 되었다. 1683년 그는 자신의 치아 사이에 끼여 있는 희고 두꺼운 플라크를 채취하여, 늘 그렇듯 현미경에 올려놓고 들여다봤다. 그런 뒤 관찰 결과를 이렇게 보고했다. "매우 예쁘게 움직이는 생물들이 우글거렸다. 어뢰처럼 생긴 긴 막대기 모양의 생물들이 창槍처럼 물속을 누비고 다녔고, 그보다 작은 생물들은 팽이처럼 빙글빙글 돌았다. 네덜란드 사람들을 다 합쳐도 지금 내 입안에 살고 있는 미생물 수보다 적을 것이다." 그가 자신의 구강 미생물 그림을 이용해 만든 간단한 이미지는 미생물학의 모나리자가 되었다. 다른 델프트 시민들의 구강 세균도 조사했는데, 두 여성과 여덟 살짜리 어린이 한 명, 양치질 안 하기로 소문난 할아버지 한 명이 그 대상이었다. 그는 포도 식초를 플라크에 첨가한 뒤 극미동물들이 죽은 것도 확인했는데, 이는 역사상 최초의 소독 실험이었다.

1723년 아흔 살의 나이로 죽었을 때, 레이우엔훅은 왕립 학회 최고의 유명 인사가 되어 있었다. 그가 왕립 학회에 남긴, 까만 래커로 칠해진 캐비닛 안에 있던 스물여섯 개의 현미경에는 모두 표본이 끼워져 있었다. 기이하게도 그 후 캐비닛은 행방불명되었으니, 이는 과학계의 비극적인 손실이 아닐 수 없다. 레이우엔훅이 명품 현미경의 제작 기술을 아무에게도 정확히 알려주지 않았기 때문이다. 그가 자신의 비법을 후학들에게 전수하지 않은 데는 그럴 만한 이유가 있었다. 그는 한 편지에서 이렇게 개탄했다. "자연 관찰 연구를 할 수 있는 사람은 1000명 중 한 명도 안 된다. 왜냐하면 시간과 돈이 많이 들기 때문이다. 학생들은 '눈에 보이지 않는 것'들을 발견하는 것보다는 돈이나 명성에 더 큰 관심을 쏟는다. 무엇보다 대부분의 학생들은 호기심이 없다. 아니, 심지어 어떤 학생들은 아무런 거리낌 없이 '이걸 알든 말든 무슨 상관이야?'라고 말하기도 한다."[6]

돈과 명성을 좇는 세태에 염증을 느끼고 빗장을 걸어버린 탓에 레이우엔훅은 자신의 전설을 스스로 덮어버린 셈이 되었다. 명품 현미경이 사라진 상황에서 남은 사람들은 조악한 현미경을 통해 아무것도 보지 못하거나 헛것을 상상했고, 그러면서 미생물에 대한 관심도 점차 식어갔다. 이후 1730년대에 칼 폰 린네가 나타나 생물을 분류하기 시작하더니 모든 미생물들을 뭉뚱그려 카오스Chaos('형체가 없다'는 뜻)라는 속屬과 베르메스Vermes('벌레'라는 뜻)라는 문門에 집어넣었다.

이후 미생물의 세계를 발견하고 열심히 탐험할 때까지, 과학자들은 무려 한 세기 반을 허송세월해야 했다.

미생물과의 전쟁

오늘날 미생물은 흔히 먼지나 질병과 연관된 것으로 여겨진다. 따라서 만약 누군가에게 "당신의 입안에 미생물 군단이 살고 있습니다"라고 말해준다면, 그 사람은 역겨워하며 펄쩍 뛸 것이다. 하지만 레이우엔훅에게는 그런 혐오감이 전혀 없었다. "수천 마리의 미생물이 있다고? 내가 마시는 물속에? 내 입안에? 모든 사람의 입안에? 얼마나 흥미로운 일인가!" 설사 미생물이 질병을 초래할 수 있다고 생각했을지 몰라도, 자신의 저술에서는 전혀 그런 내색을 하지 않았다. 그의 저술은 추측을 남발하지 않은 것으로 유명하다. 하지만 다른 학자들은 달랐다. 1762년 빈의 의사 마르쿠스 플렌치츠는 "미생물이 체내에서 증식함으로써 질병을 일으키고, 이는 공기를 통해 전염될 수 있다"고 주장했다. 또한 그는 선견지명을 발휘하여 "모든 질병들은 각자 고유의 미생물을 갖고 있다"고 말하기도 했다. 그러나 유감스럽게도 그에 대한 증거가 없었으므로 외견상 하찮아 보이는 미생물들도 사실은 중요하다는 점을 다른 사람들에게 납득시킬 방법이 없었다. 심지어 한 비평가는 이렇게 대꾸했다. "그처럼 어처구니없는 가설에 반박하느라 시간을 허비할 생각은 없소."[7]

19세기 중반 들어, 자만심에 가득 차 대립을 일삼던 어느 프랑스의 화학자 덕분에 상황이 바뀌기 시작했다. 그의 이름은 루이 파스퇴르였다.[8] 파스퇴르는 세균이 술을 식초로 만들고 고기를 썩게 한다는 사실을 연달아 증명한 뒤 이렇게 주장했다. "만약 세균이 발효와 부패의 주범이라면 질병도 일으킬 수 있을 것이다." 이러한 배종설germ theory은 오랫동안 이어져 내려온 자연발생설spontaneous generation theory에 반박하는 이론으로서 플렌치츠 등에 의해 옹호되었지만 아직 논란이 많았다. 사람들은 흔히 썩어가는 물질이 내뿜는 나쁜 공기, 즉 독기가 질병을 일으킨다고 생각했다. 1865년 파스퇴르는 이러한 생각이 틀렸음을 증명했다. 그는 미생물이 누에에게 두 가지 질병을 일으킨다는 사실을 입증한 뒤, 감염된 알을 분리하여 질병이 전염되는 것을 막음으로써 프랑스의 잠사업蠶絲業을 위기에서 구했다.

한편 독일에서는 로베르트 코흐Robert Koch라는 내과 의사가 지역 농장의 사육동물을 휩쓸던 탄저병을 연구하고 있었다. 때마침 다른 과학자들이 동물의 시체에서 탄저균Bacillus anthracis을 발견하자, 1876년 코흐는 이 미생물을 쥐에게 주입한 뒤 쥐가 죽은 것을 확인했다. 그는 이 암울한 과정을 스무 세대에 걸쳐 집요하게 반복하여 번번이 똑같은 현상이 반복되는 것을 확인했고, 마침내 세균이 탄저병을 일으킨다는 결론을 내렸다. 배종설이 옳았던 것이다.

파스퇴르와 코흐가 미생물을 효과적으로 재발견하자 미생물은 곧 죽음의 아바타로 캐스팅되어 세균과 병원균, 즉 전염병을 옮기는 주범으로 여겨지기 시작했다. 탄저병이 연구된 뒤 20년에 걸쳐 코흐를 비롯한 과학자들은 한센병, 임질, 장티푸스, 결핵, 콜레라, 디프테리아, 파상풍, 페스트의 뒤에 도사리고 있는 세균들을 속속 발견했다. 이러한 발견을 견인한 것은 새로운 도구였다. 레이우엔훅의 렌즈를 능가하는 렌즈가 나왔고, 젤리 비슷한 배양액이 깔린 접시에서 순수한 미생물을 배양하는 방법이 개발되었으며, 새로운 염색제가 등장하여 세균의 발견과 확인을 도왔다. 일단 세균을 확인하자, 과학자들은 거두절미하고 세균을 제거하는 작업에 착수했다. 영국의 외과 의사 조지프 리스터Joseph Lister는 파스퇴르에게서 영감을 얻어 소독 기법을 실무에 도입했다. 그는 자신의 스태프들에게 손과 의료 장비와 수술실을 화학적으로 소독하라고 지시함으로써 수많은 환자들을 극심한 감염으로부터 구해냈다. 다른 과학자들은 질병 치료, 위생 개선, 식품 보존이라는 명분하에 세균 차단 방법을 궁리했다. 세균학은 응용과학이 되어 미생물을 쫓아내거나 파괴하는 데 동원되었다.

이러한 움직임이 본격화되기 직전인 1859년 찰스 다윈이 발표한 《종의 기원》은 불에 기름을 끼얹는 격이었다. 미생물학자인 르네 뒤보René Dubos는 이렇게 말했다. "질병의 배종설은 다윈주의가 꽃피는 시절에 발달했다. 생물 간의 상호작용이 생존경쟁으로 간주되는 상황에서 하나의 생물은 친구와 적 중 하나로 분류될 수밖에 없었고, 자비는 기대할 수 없었다."[9] 그 이후의 과학자들이 미생물병microbial disease에 대처한 방법은 모두 이 시기에 형성되었다고 해도 과언이 아니다. 과학자들은 미생물과의 전쟁을 선포하고, 병든 개인과 사회에서 미생물을 몰아내는 것을 목표로 삼았다. 미생물에 대한 부정적 태도는 오늘날에도 지속되고 있다.

질병과 죽음에 대한 서사는 미생물학에 대한 우리의 관념을 여전히 지배한다. 그러나 책꽂이에서 두툼한 미생물학 교과서를 한 권 뽑아 들고, 이로운 미생물이 하나라도 적혀 있는 페이지들을 모두 찢어보라. 책은 앞표지와 뒤표지만 남아 빈껍데기가 되고 말 것이다.

'공생'이라는 낯선 아이디어

배종설을 옹호하는 학자들이 치명적인 병원균을 하나씩 확인하며 세상에서 각광받을 때, 미생물을 다른 관점에서 바라보며 묵묵히 구슬땀을 흘린 몇몇 생물학자들이 있었다.

네덜란드의 마르티뉘스 베이예링크Martinus Beijerinck는 미생물의 엄청난 중요성을 처음으로 증명한 생물학자들 중 하나다. 은둔적이고 무뚝뚝하며 인기 없던 그는 절친한 동료 몇 명만 제외하고는 사람을 좋아하지 않았다. 의료 미생물학도 좋아하지 않았으며,[10] 질병 또한 그의 관심 밖이었다. 그가 원하는 것은 딱 하나, 천연 서식지(이를테면 토양이나 물이나 식물의 뿌리)에 놓인 있는 그대로의 미생물을 연구하는 것이었다. 1888년에는 공기 중의 질소를 식물이 사용할 수 있는 암모니아로 전환시키는 세균을 발견했고, 나중에는 황黃이 토양과 대기를 순환하도록 도와주는 종種을 분리해냈다. 이러한 연구를 계기로 그가 살던 델프트에서는 미생물학이 부활하는 기적이 일어났다. 델프트로 말하자면, 두 세기 전 레이우엔훅이 미생물을 처음으로 들여다봤던 유서 깊은 도시 아닌가. 새로 탄생한 델프트 학파는 자신들의 지적 동반자인 러시아의 세르게이 비노그라드스키Sergei Winoyradsky와 함께 '미생물 생태학자microbial ecologist'를 자처했다. 그들은 미생물이 인류를 위협하기만 하는 존재가 아니라 세상의 주요 구성 요소이기도 하다는 사실을 밝혔다.

당시 신문에서는 '착한 세균'을 언급하기 시작했는데, 이는 토양을 비옥하게 만들고 양조와 유제품 생산을 돕는 세균을 의미하는 말이었다. 1910년에 사용된 한 교과서에는 다음과 같이 적혀 있다. "우리 모두가 관심을 집중하고 있는 나쁜 세균은 미생물 영역의 작고 특화된 분지分枝에 속할 뿐, 전반적으로 볼 때 그들의 실질적인 중요성은 미미하다. 대부분의 세균들은 분해자로서, 썩어가는 유기물의 영양소를 자연으로 되돌려주는 역할을 한다. 그러므로 세균이 없으면 지구 상의 생물들이 모두 죽을 수밖에 없다는 말은 결코 과장이 아니다."[11]

19세기에서 20세기로 넘어가는 전환기에, 미생물학자들은 많은 미생물들이 동물, 식물, 기타 가시적인 생물들과 신체를 공유한다는 점을 깨달았다. 그들은 담벼락, 바위, 나무껍질, 통나무에서 드문드문 자라는 울긋불긋한 지의류가 복합 생물composite organism임을 알게 되었다. 즉 지의류는 미세한 조류藻類와 균류의 공생체이며, 조류는 균류로부터 미네랄과 수분을 공급받는 대신 영양소를 제공한다는 것이다.[12] 말미잘이나 편형동물의 세포에도 조류가 있고, 왕개미의 세포에도 살아 있는 세균이 존재하는 것으로 밝혀졌다. 또한 나무뿌리에서 자라는 균류는 오랫동안 기생충으로 여겨졌지만, 이제 탄수화물을 공급받는 대가로 질소를 제공하는 것으로 밝혀졌다.

이러한 동반자 관계는 공생symbiosis이라는 새로운 용어를 얻었다. 이는 '함께'와 '삶'이라는 뜻을 가진 그리스어를 합쳐 만든 말로[13] 중립적 의미를 지니며, 모든 형태의 공존을 의미한다. 먼저, 한 파트너가 다른 파트너를 희생하여 이익을 얻는다면 그는 기생자parasite다(질병을 초래하는 기생자는 병원체pathogen라고 한다). 둘째로, 한 파트너가 다른 파트너에게 영향을 미치지 않고 이익을 얻는다면 그는 편리공생자commensal다. 셋째로, 두 파트너가 서로 이익을 주고받는다면 그들은 상리공생자mutualist다. 이처럼 공생이라는 범주에는 여러 가지 형태의 공존이 모두 포함된다.

이러한 개념들은 불행한 시기에 탄생했다. 생물학자들은 다윈주의의 그늘에서 적자생존을 이야기하고 있었다. 자연의 이빨과 발톱은 시뻘겋게 묘사되었고, 다윈의 불도그인 토머스 헉슬리는 동물계를 '검투 쇼'에 비유했다. 협동과 팀워크를 주제로 하는 공생 개념은 갈등과 경쟁이라는 프레임 안에 꿔다놓은 보릿자루처럼 거북하게 놓여 있었으며, 미생물을 악당으로 간주하는 생각과도 어울리지 않았다. 파스퇴르 이후 미생물의 존재는 질병의 징후가, 미생물의 부재는 건강한 조직의 결정적 특징이 되었다. 1884년 프리드리히 블로흐만Friedrich Blochmann이 왕개미에서 세균을 처음으로 관찰했을 때, 무해한 상주 미생물은 직관에 너무나 어긋나는 개념이었다. 그래서 그는 사실 그대로 기술하는 것을 회피하기 위해 말장난을 했다.[14] 왕개미의 세포에 존재하는 세균을 형질 막대plasma rodlet라고 부른 것인데, 이는 그 알egg의 형질이 매우 독특한 섬유 모양으로 분화했음을 뜻하는 표현이었다. 몇 년 동안 엄밀한 연구를 수행한 끝에, 그는 1887년 입장을 분명히 하기로 마음먹고 이렇게 선언했다. "나는 이 조그만 막대 모양의 물체들을 세균이라고 부를 수밖에 없다."

그러는 사이에 다른 과학자들도 인간과 다른 동물들의 소화관에서 공생 세균 군단을 발견했다. 공생 세균들은 뚜렷한 질병이나 염증을 초래하는 일 없이 정상 세균 무리의 자격으로 그냥 거기에 존재하는 것으로 나타났다. 장내 미생물 연구의 선구자인 아서 아이작 켄들Arthur Isaac Kendall은 이렇게 썼다. "태곳적에 지구 상에는 세균만 살고 있었다. 그러다 동물이 등장하자, 세균은 종종 동물의 몸속에 들어갈 수밖에 없었다."[15] 인체를 장내 미생물의 제2서식지로 간주한 켄들은 장내 미생물을 파괴하거나 억제하기보다는 연구할 필요가 있다고 생각했다. 말은 쉽지만 행동으로 옮기기는 어려운 일이었다. 오늘날 실험과학에 사용되는 세균의 대표주자로 떠오른 대장균Escherichia coli을 발견한 테오도어 에셰리히는 언젠가 이렇게 말했다. "장내 미생물 집단이 존재한다는 것은 사실이다. 그러나 통상적인 대변과 장관에서 무작위적으로 출몰하는 세균들을 조사하여 구분한다는 것은 무의미할뿐더러 그 가치가 의심스러워 보인다. 그것은 천 가지 우연들이 어우러져 만들어내는 우연의 극치다."[16]

그럼에도 불구하고, 에셰리히의 동시대인들은 나름의 최선을 다했다. 마이크로바이옴이 유행하기 한 세기 전에 고양이, 개, 늑대, 호랑이, 사자, 말, 소, 양, 염소, 코끼리, 낙타, 인간의 공생 세균을 채취하여 특징을 분석했다.[17] 생태계라는 용어가 만들어진 것은 1935년이지만, 그에 앞서 수십 년 전에 이미 인간 미생물 생태계의 기본 사항들을 스케치한 것이다. 미생물은 우리가 탄생할 때부터 체내에 축적되고 그로 인해 장기 우점종이 서로 달라진다는 사실과, 특히 소화관에는 미생물이 풍부하며 동물에게 상이한 먹이를 먹이면 장내 미생물도 바뀐다는 사실을 밝혀냈다. 1909년 켄들은 이렇게 기술했다. "소화관은 매우 완벽한 미생물 인큐베이터이며, 미생물들의 활동은 숙주의 활동과 능동적으로 대립하지 않는다. 다만 숙주의 저항성이 저하될 때 기회질병opportunistic disease을 초래할 수 있지만, 그게 아닌 경우에는 무해하다."[18]

그렇다면 미생물이 숙주에게 유익할 수도 있을까? 아이러니하게도, 미생물과의 총격전에서 방아쇠를 당겼던 파스퇴르는 그럴 것이라 생각했다. 그는 미생물이 생명에 도움이 되며, 심지어 필수적일 수도 있다고 주장했다. 왜냐하면 소의 위胃에 서식하는 세균은 식물의 셀룰로오스를 소화시키고 영양가 높은 산酸을 만들어 숙주에게 흡수하도록 해주는 것으로 알려져 있었기 때문이다. 켄들은 "인간의 장내 미생물이 음식물의 소화를 도와주지는 않지만, 외래 세균과 싸워 소화관에 발을 붙이지 못하게 한다"고 주장했다.[19] 러시아의 노벨상 수상자인 일리야 메치니코프는 이러한 견해를 극단으로 몰아갔다. 한때 '도스토옙스키 소설에 등장하는 신경질적인 캐릭터'[20]로 불렸던 인물답게, 그는 자기모순 속에서 연구를 수행했다. 두 번 이상 자살을 기도했을 만큼 지독히 염세적이었음에도 불구하고, 1908년에는 《수명 연장The Prolongation of Life》이라는 제목의 책을 썼다. 이 책을 읽어보면 미생물계에 관한 메치니코프의 모순된 견해가 그대로 반영되어 있음을 알 수 있다.

메치니코프는 한편으로 "장내 미생물이 생성하는 독소는 질병, 노쇠, 노화를 초래함으로써 인간의 수명을 단축하는 주요 원인으로 작용한다"고 말했다. 그러나 다른 한편으로는 일부 미생물들이 수명을 연장할 수 있다고 믿었다. 이 믿음은 불가리아의 농부들에게서 얻은 영감으로부터 유래하는데, 그들은 규칙적으로 신 우유를 마시면서 100살이 훨씬 넘도록 살았다. 메치니코프는 신 우유와 장수 사이에 밀접한 관련이 있으리라 생각했다. 발효유에 들어 있는 세균 중에는 그가 불가리안 바실루스Bulgarian bacillus라고 부르는 세균이 포함되어 있었다. 불가리안 바실루스가 젖산을 만들고, 젖산이 농민들의 장 속에서 수명을 단축시키는 유해 세균을 죽이는 것 같았다. 메치니코프는 이 생각을 굳게 확신한 나머지, 몸소 신 우유를 규칙적으로 벌컥벌컥 들이켜기 시작했다. 다른 사람들도 존경받는 과학자인 메치니코프를 믿고 그대로 따라 했다(그의 주장으로 인해 심지어 인공 항문이 유행하기 시작했고, 올더스 헉슬리는 그로부터 영감을 받아 《긴 여름 후After Many a Summer》라는 소설을 썼다. 할리우드의 백만장자가 잉어의 창자를 자기 몸에 집어넣어 장내 미생물을 변화시킴으로써 영생을 얻는다는 내용이었다). 물론 사람들은 수천 년 동안 발효유를 마셔왔지만, 이제 그것은 미생물을 염두에 둔 의도적인 행동이었다. 메치니코프가 일흔한 살에 심부전으로 사망한 뒤에도 이와 같은 유행은 계속되었다.

켄들과 메치니코프를 비롯한 과학자들의 노력에도 불구하고, 병원균에 집중하는 경향이 점차 늘어나면서 공생 세균에 관한 연구는 뒷전으로 밀려났다. 공중 보건 메시지는 몸에서 세균을 제거하고 주변을 항균 제품으로 감싸며 엄격한 위생 원칙을 준수할 것을 대중에게 권장했다. 그러는 동안 과학자들은 최초의 항생제를 발견하여 대량으로 생산했다. 항생제가 세균뿐 아니라 세균을 둘러싼 서사마저 압도하자 의학계는 드디어 '미세한 적'을 완파할 기회를 잡았고, 이와 함께 공생 세균 연구는 긴 가뭄기로 접어들어 20세기 후반 내내 허덕였다. 1938년에 출판된 상세한 세균학사史에는 상주 미생물이 아예 언급조차 되지 않았다.[21] 당대 최고의 세균학 교과서도 공생 세균을 서술하는 데 겨우 한 장章을 할애했을 뿐이며, 그나마도 공생 세균과 병원균을 구별하는 방법을 언급하는 데 주력했다. 공생 세균이 주목받는 경우가 있다면 이유는 단 하나, 보다 흥미로운 미생물과 구분하기 위해서였다. 설상가상으로 과학자들에게 세균학이란 다른 생물을 더 잘 이해하기 위한 수단으로 간주되기 시작했다. 생화학의 많은 측면(이를테면 유전자가 활성화되는 방법이나 에너지가 저장되는 방법)은 계통수 전체를 통틀어 똑같다는 원리에 따라, 과학자들은 대장균을 연구함으로써 코끼리를 이해하기 바랐다. 역사가 푼케 상고데이는 이렇게 언급했다. "세균은 보편적이고 환원적인 생명관을 추구하기 위한 대역代役으로 전락했다. 미생물학은 과학의 시녀였다."[22]

그런 열악한 환경에서도 미생물은 서서히 그리고 꾸준히 중요성을 인정받았는데, 그 첫 번째 요인은 신기술이었다. 동물의 소화관을 지배하는 혐기성 미생물을 배양하는 기술이 개발되어, 종전에는 어림도 없었던 대규모 미생물 군집 연구가 가능하게 되었다.[23] 태도의 변화도 한몫했다. 델프트 학파의 미생물생태학 덕분에 과학자들은 '세균은 시험관 속에 처박힌 고독한 생물이 아니라 서식지(이 경우에는 숙주의 몸속)에 사는 집단의 형태로 연구되어야 한다'는 사실을 깨달았다. 의학계의 주변 분야에 종사하는 사람들(치과 의사와 피부과 의사)은 각각의 장기(치아와 피부)에서 미생물생태학을 연구했다.[24] "그들은 당시의 지배적인 미생물학에 대항하여 자신의 연구를 수행했다"라고 상고데이는 말했다. 이와 마찬가지로 식물학자들은 식물 미생물을 연구하고, 동물학자들은 동물 미생물을 연구했다. 그러나 그들은 고립되어 있었다. 미생물학이 여러 개의 작은 영지로 분할되어 있었기에 그들의 작은 노력들은 무시되기 십상이었다. 공생 세균을 연구하는 과학자들의 단합된 집단이 존재하지 않았으므로 분야의 정체성도 존재하지 않았다. 공생의 기치하에 누군가 총대를 메고 여러 부분들을 하나의 커다란 전체로 모을 필요가 있었다.

1928년 구강 미생물학자인 테오도어 로즈버리Theodor Rosebury가 인간 마이크로바이옴을 위해 총대를 메기 시작했다. 그는 30여 년에 걸쳐 다양한 연구 결과들을 샅샅이 수집했고, 그리하여 1962년 조잡하고 가느다란 가닥들을 모두 엮어 하나의 태피스트리를 만들었다. 《인간 고유의 미생물Microorganisms Indigenous to Man》이라는 두꺼운 책으로, 그야말로 획기적인 업적이었다.[25] 그는 이렇게 말했다. "내가 알기로, 이런 책을 쓰려고 시도했던 사람은 지금껏 한 명도 없었다. 사실 미생물이라는 주제가 하나의 유기적 단위로 취급된 것은 이번이 처음인 것 같다." 옳은 얘기다. 이 책은 상세하고 포괄적이고 선구적인 미생물학 서적이었다.[26] 그는 각각의 신체 부위별로 흔히 서식하는 세균들을 매우 상세히 서술하고, 이러한 미생물들이 갓난아기의 몸에 자리 잡는 과정을 설명했다. 미생물들이 비타민과 항생제를 생성하며, 병원균이 일으키는 감염을 예방할 수 있다는 점도 제시했다. 항생제를 한 차례 투여했을 땐 마이크로바이옴이 정상으로 돌아가지만, 만성적으로 사용하면 마이크로바이옴이 영구적으로 변화할 수 있다고도 했다. 그의 말은 대부분 진실이었다. 그는 이렇게 썼다. "오래전부터 많은 사람들이 정상 세균총에 대한 무관심과 소홀함을 지적하고 바로잡고자 노력했지만 대부분 성공하지 못했다. 이 책의 목표 중 하나는 그러한 노력이 반드시 필요하다는 점을 일깨우는 것이다."

로즈버리의 노력은 결실을 맺었다. 그의 종합을 계기로 비틀거리던 분야가 활력을 얻었고 수많은 논문들이 쏟아져 나왔다.[27] 이 전설에 힘을 보탠 과학자 중 하나가 프랑스 태생의 미국인 과학자 르네 뒤보였다. 이미 명성을 날리던 뒤보는 델프트 학파의 생태학적 가르침에 큰 인상을 받아 토양미생물을 연구한 뒤, 미생물에서 약물을 분리하여 항생제 시대의 도래에 크게 기여했다. 그러나 뒤보는 자신이 분리한 약물을 '살균 무기'가 아닌 '미생물을 길들이는 도구'로 간주했다. 심지어 나중에 결핵과 폐렴에 관한 연구를 할 때도, 미생물을 적으로 삼는 것을 삼가며 군사적 메타포를 회피했다. 속 깊은 자연 애호가인 그에게는 미생물 또한 자연의 일부였다. 그의 전기를 쓴 수전 모베리는 이렇게 밝혔다. "생물은 모든 것과의 관계를 통해서만 이해될 수 있다는 것이 그의 평생 신조였다."[28]

공생자로서 미생물의 가치를 높이 평가한 뒤보는 우리가 미생물들에게서 받은 혜택이 간과되어왔다는 사실에 실망을 느끼며 이렇게 썼다. "미생물이 인간에게 도움을 줄 수 있다는 생각은 대중적인 인기를 얻지 못했다. 왜냐하면 인간은 질병의 위험에 사로잡힌 나머지 자신이 의존하는 생물학적 힘을 소홀히 여기기 때문이다. 전쟁의 역사는 협동의 역사보다 늘 화려했다. 페스트·콜레라·황열은 소설, 연극, 영화의 단골 메뉴가 되었지만, 위나 장에 서식하는 미생물의 유용한 역할을 소재로 하여 성공적인 스토리를 만든 사람은 없었다."[29] 그는 동료인 드웨인 새비지Dwayne Savage, 러셀 새들러Russell Schaedler와 함께 미생물이 수행하는 역할을 연구했다. 항생제를 이용하여 고유종을 제거하자 그동안 맥을 못 추던 열세종이 득세하는 것으로 나타났다. 멸균된 인큐베이터에서 사육한 무균생쥐를 연구해보니 수명이 짧고, 성장이 느리고, 소화관과 면역계가 비정상적으로 발육하며, 스트레스와 감염에 취약한 것으로 나타났다. 이러한 결과를 토대로 세 사람은 다음과 같이 결론지었다. "수많은 미생물 종들은 동물과 인간의 정상적인 발육과 생리 활성 유지에 필수적인 역할을 한다."[30]

그러나 뒤보는 자신의 연구가 고작 수박 겉핥기에 불과함을 알고 이렇게 토로했다. "지금껏 확인된 세균들은 모든 고유종 가운데 극히 일부에 불과하며, 가장 중요한 종도 아니다. 나머지, 아마도 99퍼센트는 실험실에서 배양되기를 거부하고 요리조리 빠져나가는 게 틀림없다. 따라서 이 '미배양된 다수'는 상대하기가 매우 까다로운 적수인 듯하다." 레이우엔훅 이후 별의별 일이 다 일어났지만, 미생물학자들은 아직도 연구 대상 미생물의 대부분에 대해 아는 것이 거의 없었다. 고성능 현미경으로도, 미생물 배양 기법으로도 그 문제를 해결할 수는 없었다. 유일한 해결책은 접근 방법을 바꾸는 것이었다.

유전자분석이 가져온 혁명적 변화

1960년대 후반, 미국의 젊은 과학자 칼 우즈Carl Woese는 엽기적인 '틈새 프로젝트niche project'를 시작했다. 내용인즉, 상이한 세균 종들을 수집하여 16S rRNA라는 분자를 분석한 것이다(16S rRNA는 모든 세균에서 발견되었다). 다른 과학자들은 그 연구의 가치를 알지 못했으므로 우즈에겐 경쟁자가 없었다. 나중에 그는 "한마디로, 나의 완전한 독무대였다"라고 말했다.[31] 그의 연구는 비용이 많이 들고 속도가 느렸으며, 제법 많은 방사성 액체 때문에 위험하기까지 했다. 그러나 한편으로 그것은 혁명적이기도 했다.

당시의 생물학자들은 오로지 물리적 특성에만 의존하여 종간 관계를 유추했다. 즉 크기와 형태, 해부학적 구조 등을 비교하여 그들 간의 관련성을 분석했다. 그러나 우즈는 DNA, RNA, 단백질과 같은 생명 분자를 이용하면 일이 더 수월하지 않을까 생각했다. 생명 분자의 축적량은 시간이 경과함에 따라 변하므로, 가까운 친척들이 먼 친척뻘들보다 좀 더 유사한 버전을 갖고 있기 마련이었다. 그는 이렇게 믿었다. "충분히 넓은 범위의 종들을 대상으로 올바른 분자를 비교한다면, 계통수系統樹의 가지와 줄기가 스스로 정체를 드러낼 것이다."[32]

그가 연구 대상으로 선정한 16S rRNA는 똑같은 이름을 가진 16S rRNA 유전자에 의해 생성되는 분자다. 그것은 필수적인 단백질 생성 기구의 일부를 형성하는데, 이 기구는 모든 생물에서 발견되므로 우즈가 염원하는 보편적 비교의 단위를 제공할 수 있었다. 1976년, 그는 약 서른 종의 상이한 미생물을 대상으로 16S rRNA의 개요를 작성했다. 그리고 그해 6월 드디어 자신의 삶을 바꾸게 될 미생물종을 연구하기 시작했다. 이제는 모두가 아는 바와 같이, 생물학 전체를 송두리째 바꾸게 될 종이었다.

문제의 종은 랄프 울프에게서 건네받은 것이었는데, 울프는 메탄 생산균methanogen이라는 별 볼 일 없는 미생물 그룹의 권위자였다. 메탄 생산균은 이산화탄소와 수소만 먹고 살며 그 결과로 메탄을 생성한다. 그들은 습지와 바다와 인간의 소화관에 서식하는데, 울프가 우즈에게 건네준 메타노박테륨 테르모아우토트로피쿰Methanobacterium thermoautotrophicum은 뜨거운 오니汚泥에서 발견되었다. 누구나 그랬듯, 우즈 또한 그것이 (다소 이상한 성향을 보이고 있기는 하지만) 여러 세균 중 하나일 거라고 생각했다. 그러나 16S rRNA를 분석해보고 생각이 180도 달라졌다. 그것은 세균이 아닌 게 분명했다. 그가 자신이 본 것을 얼마나 완전히 파악했는지, 얼마나 덤벙대거나 신중했는지, 팀원들에게 실험을 다시 해보라고 요구했는지에 대해서는 이론이 분분하다. 그러나 분명한 것은, 그의 연구 팀이 그해 12월까지 여러 마리의 메탄 생산균을 분석하여 모두 동일한 결과를 얻었다는 것이다. 울프의 기억에 의하면 우즈가 자신에게 이렇게 말했다고 한다. "이건 심지어 세균도 아니에요."

우즈는 메탄 생산균의 이름을 아르카이박테리아archaebacteria(고세균)로 바꿔 1977년 출판된 논문에 실었으며, 나중에는 간단히 아르카이아archaea로 바꿨다.[33] "그것들은 이상한 세균이 아니라 완전히 다른 형태의 생물이다." 우즈의 말은 충격적인 주장이었다. 별 볼 일 없는 세균을 하수구에서 꺼내 '온 천하에 존재하는 세균', '막강한 진핵생물'과 대등한 지위를 부여했으니 말이다. 다들 먼 산만 바라보는 중에 유독 우즈 한 사람만 땅 밑에 묻혀 있던 '제3의 아이템'을 조용히 꺼내 펼쳐 보인 셈이었다.

예상했던 대로 그의 주장은, 심지어 뜻을 같이하는 우상 파괴자iconoclast들에게조차 맹렬한 비판을 받았다. 이후 〈사이언스〉는 그에게 '미생물학이 두려워하는 혁명가'라는 별명을 붙였고, 그는 2012년 세상을 떠날 때까지 지울 수 없는 마음의 상처를 견뎌야 했다.[34] 오늘날 그의 전설은 부인할 수 없는 사실이 되었다. "고세균은 세균과 다르다"고 했던 그의 주장은 옳다. 하지만 그보다 더 중요한 것은, 그가 옹호했던 접근 방법(유전자 비교를 통해 종간 상호 관련성을 분석하는 것)이 현대 생물학에서 가장 중요한 방법 중 하나로 자리 잡았다는 점이다.[35] 그의 분석 방법은 다른 과학자들에게도 문을 열어줬다. 예컨대 그의 오랜 친구인 노먼 페이스 Norman Pace는 그 방법을 이용하여 미생물계를 본격적으로 탐험하기 시작했다.

페이스는 1980년대에 극열極熱 환경에서 서식하는 고세균의 rRNA를 연구하기 시작했다. 그는 특히 옥토퍼스 스프링Octopus Spring에 관심을 가졌는데, 이는 옐로스톤 국립공원의 깊고 푸른 온천으로 온도가 무려 섭씨 91도에 달하는 곳이었다. 미확인 호열好熱 미생물들이 우글거리고 거대한 군집을 형성한 탓에 마치 핑크빛 필라멘트처럼 보일 정도였다. 페이스는 연구실로 부리나케 돌아와 각종 수치가 적힌 메모지를 연구원들에게 보여주며 외쳤다. "이것 좀 보게, 자그마치 몇 킬로그램이나 되는군! 당장 양동이를 들고 달려가세." 그러자 한 연구원이 말했다. "하지만 미생물의 이름이 뭔지도 모르잖아요."

페이스는 이렇게 간단히 응수했다. "상관없어. rRNA의 염기 서열을 분석하면 되잖아."

그가 유레카를 외친 데는 그럴 만한 이유가 있었다. 친구 우즈가 개발한 방법을 이용하면 굳이 배양해보지 않더라도 미생물을 얼마든지 연구할 수 있었기 때문이다. 심지어 미생물을 들여다볼 필요도 없었다. 주변 환경에서 DNA나 RNA를 채취하여 염기 서열을 분석할 수도 있었으니 말이다. 그렇게 하면 그곳에 서식하는 미생물의 정체와 미생물이 계통수에서 차지하는 위치까지 척척 알아낼 수 있었다. 생물지리학과 진화생물학을 한꺼번에 해결할 수 있으니, 일거양득이란 바로 이를 두고 하는 말이리라. "우리는 당장 양동이를 들고 옐로스톤으로 달려가 작업을 수행했어요"라고 페이스는 술회한다. 잔잔하고 아름답고 치명적인 이곳에서, 페이스가 이끄는 연구진은 두 가지 세균과 한 가지 고세균을 발견했다.

셋 다 배양된 적이 없었으므로 모두 새로운 종들이었다. 그들은 1984년 그 결과를 논문으로 발표했는데,[36] 유전자분석만으로 새로운 생물을 발견한 최초의 사건이었다.

이는 단지 작은 시작일 뿐이었다. 그동안 엉성했던 미생물의 계통수에서 서서히 새로운 이파리와 잔가지가 돋아나고, 때로는 굵은 줄기가 뻗어 나오기 시작했다. 1991년 페이스는 에드 들롱Ed DeLong이라는 학생과 함께 태평양에서 채취한 플랑크톤 샘플을 분석했다. 분석 결과 옐로스톤에서보다 훨씬 더 복잡한 미생물 군집이 발견되었다. 자그마치 열다섯 가지 새로운 종이 발견되었는데, 그중 두 종류는 기존의 미생물들과 전혀 달랐다. 1980년대에는 모든 세균들이 열두 개의 주요 그룹, 즉 문門으로 분류되었다가 1998년에는 그 수가 약 마흔 개로 늘어났다. 2015년 페이스에게 물었을 땐 "지금까지 약 100가지 문이 발견됐으며, 그중 여든 가지는 전혀 배양된 적이 없어요"라는 대답이 돌아왔다. 그로부터 한 달 뒤, 질 밴필드는 콜로라도의 단일 대수층•에서 서른다섯 가지 문을 새로 발견했다고 발표했다.[37]

이제 미생물학자들은 배양과 현미경이라는 굴레에서 벗어나 지구 상에 서식하는 미생물에 대해 보다 광범위한 인구조사를 실시할 수 있게 되었다. 페이스는 이렇게 말한다. "광범위한 인구조사는 미생물학자들의 영원한 목표였어요. 하지만 미생물생태학은 빈사 상태에 빠져 소멸하기 일보직전이었죠. 사람들은 밖으로 나가 바위를 들춰 미생물 하나를 찾아내고는, 그것이 거기 존재하는 종의 본보기라고 생각했으니까요. 하지만 그것은 어리석은 행동이었어요. 옐로스톤에서 새로운 미생물을 발견했

• 지하수를 품고 있는 지층.

을 때, 나는 내가 미생물계의 문을 활짝 열어젖혔음을 직감했어요. 나중에 내가 죽거든 묘비명에 이 말을 꼭 적어줘요. '그것은 참으로 경이로운 느낌이었고, 지금도 마찬가지다.'"

연구는 16S rRNA에만 국한되지 않았다. 페이스와 들롱을 비롯한 과학자들은 이내 흙 한 덩어리와 물 한 숟갈에서 모든 미생물의 유전자를 분석하는 방법을 개발했다.[38] 그들은 모든 미생물에서 DNA를 추출한 다음, 그것을 작은 조각으로 잘라 한꺼번에 염기 서열을 분석했다. "우리는 원하는 유전자라면 뭐든 찾아낼 수 있었어요"라고 페이스는 말한다. 그들은 16S rRNA를 이용하여 '미생물의 신원'뿐 아니라, 비타민을 합성하는 유전자나 섬유소를 분해하는 유전자, 혹은 항생제 저항성을 획득하는 유전자 등을 찾아냄으로써 '미생물이 하는 일'까지도 알아낼 수 있었다.

새로운 기법이 미생물학의 혁명을 약속했으니, 이제 남은 일은 기억하기 쉬운 이름을 붙이는 것밖에 없었다. 1998년 조 한델스만은 '집단의 유전체학'이라는 의미로 메타유전체학metagenomics이라는 이름을 제시했다.[39] "메타유전체학은 현미경이 발명된 이후로 미생물학계에서 일어난 가장 중요한 사건이다. 마침내 우리는 지구 상에 존재하는 생물들을 완전히 이해할 수 있게 되었다"라고 그녀는 선언했다. 한델스만을 비롯한 과학자들은 알래스카의 토양, 위스콘신의 초원, 캘리포니아의 광산에서 채취한 산성 지표수, 사르가소 해역의 물, 심해 벌레의 몸, 곤충의 소화관에서 서식하는 미생물들을 연구했다. 물론 일부 미생물학자들은 레이우엔훅과 마찬가지로 자기 자신의 몸에 눈을 돌렸는데, 그중 대표적인 사람이 데이비드 렐먼이었다.

뒤보 등의 선배들과 마찬가지로, 렐먼은 감염병을 치료하기 위해 미생물을 때려잡는 임상의로 경력을 시작했다가 마침내는 미생물과 사랑에 빠지고 말았다. 1980년대 후반, 그는 페이스의 새로운 기법을 이용하여 수수께끼 질병의 배후에 도사리고 있는 미지의 미생물을 발견했다. 처음에는 큰 좌절을 맛봤는데, 왜냐하면 새로운 병원균이 우글거리리라 생각했던 조직 샘플에서 정상 미생물총이 속출했기 때문이다. 이 상주자들은 렐먼의 집중력을 떨어뜨리는 성가신 존재였지만, 마침내 렐먼은 그들이 의당 흥미로운 존재임을 깨닫게 되었다. 그는 스스로에게 이렇게 반문했다. "이쯤 됐으면, 소수파인 병원균보다 다수파인 정상 미생물총을 연구하는 게 타당하지 않을까?"

렐먼은 방향을 돌려 위대한 미생물학자의 길에 발을 들였다. 자기 자신의 마이크로바이옴을 분석하는 작업을 시작한 것이다. 치과 의사들에게 자신의 잇몸 틈새에 있는 플라크를 제거해달라고 한 뒤, 그것을 멸균된 수집관에 담가놓았다. 이후 끈적거리는 물질(플라크)을 연구실로 갖고 와 DNA 분석을 시도했지만, 결과는 허탕이었다. 인간의 구강은 인체에서 가장 잘 연구된 미생물 서식지였다. 일찍이 레이우엔훅이 그것을 들여다봤고, 로즈버리가 자세히 검사했으며, 여러 미생물학자들이 다양한 틈새에서 거의 500여 가지에 달하는 균주를 배양했기 때문이다. 그러니 새로운 미생물이 더 이상 발견되지 않을 곳을 한 가지만 들라면, 누구라도 구강을 지목했을 터였다.

그러나 렐먼은 단념하지 않고 연구에 몰두했고, 결국 다양한 세균을 발견하는 데 성공했다. 평소 배양접시에서 찾아볼 수 없었던 신종 세균들이었다.[40] 더 이상 나올 게 없으리라 소문난 세균 서식지에서 셀 수 없이 많은 세균들이 발견을 기다리고 있었던 것이다. 2005년, 렐먼은 소화관에서도 동일한 현상을 발견했다. 세 명의 지원자를 대상으로 장의 여러 곳에서 샘플들을 채취하여 400여 종의 세균과 한 종의 고세균을 발견했는데, 그중 80퍼센트는 과학자들이 그때까지 듣도 보도 못하던 것들이었다.[41] 결국 "우리 시대의 미생물학자들은 인간의 정상 미생물총 중 극소수만을 발견했을 것"이라던 뒤보의 예감이 보기 좋게 적중한 셈이다.

2000년대 초 많은 연구자들이 인간의 전신을 대상으로 마이크로바이옴 분석을 수행함에 따라 상황은 급변하기 시작했다. 다른 장章에서 언급하겠지만, 선구자 중 한 명인 제프 고든Jeff Gordon은 "마이크로바이옴이 지방의 저장과 혈관 신생에 관여하며, 뚱뚱한 사람과 날씬한 사람은 장내 미생물이 다르다"는 사실을 밝혀냈다.[42] 렐먼 자신은 마이크로바이옴을 필수 장기라고 부르기 시작했다. 이들 개척자들로 인해 유명 언론들이 마이크로바이옴을 주목했고 수백만 달러의 기금이 대규모 국제적 프로젝트에 몰려들었을 뿐 아니라, 다양한 생물학 분야의 연구자들이 미생물학의 문을 두드리게 되었다.[43] 인간 마이크로바이옴은 지난 수 세기 동안 생물학의 변방에서 소수의 반역자와 우상 파괴자들의 옹호를 받아왔지만, 이제 생물학의 중추적 분야로 자리 잡았다. 지금껏 풀어놓은 마이크로바이옴의 이야기보따리를 간단히 요약하면, '인체와 과학에 대한 아이디어가 변방에서 중심부로 옮겨온 과정'이라 할 수 있다.

미생물을 위한 박물관

나는 네덜란드 암스테르담에 있는 아르티스 왕립 동물원 앞에 서 있다. 동물원 입구 옆에 있는 2층짜리 빌딩의 측벽에는 커다란 사람 그림이 그려져 있다. 그 사람은 솜털로 뒤덮인 듯한 작은 공들로 이루어져 있는데, 공의 색깔은 오렌지색, 베이지색, 노란색, 파란색이다. 인간의 마이크로바이옴을 상징하는 그는 친근하게 손을 흔들며 행인들을 마이크로피아Micropia로 초대한다. 마이크로피아는 오로지 미생물을 위해 지어진, 세계 최초의 미생물 박물관이다.[44]

마이크로피아는 12년간 1000만 유로를 들여 건축된 곳으로 2014년 9월에 문을 열었다. 그런 박물관이 네덜란드에서 문을 열었다는 사실은 일견 당연하다. 그곳에서 64킬로미터 떨어진 델프트에서 레이우엔훅이 세계 최초로 미생물의 숨겨진 세계를 소개했으니 말이다. 마이크로피아의 매표소를 지나칠 때 제일 먼저 눈에 띄는 것은 레이우엔훅이 발명한 명품 현미경의 모조품 중 하나다. 현미경에는 명성에 어울리지 않는 단순하고 수수한 유리병을 거꾸로 씌워놓았고 그 주변에는 레이우엔훅이 관찰했던 샘플들을 배치해놓았는데, 그중에는 연못에서 가져온 좀개구리밥과 치아에서 떼어낸 플라크, 심지어 후추액도 포함되어 있다.

나는 한 친구와 어떤 가족과 함께 엘리베이터를 탄다. 무심코 천장을 올려다보니 우리의 모습을 담은 영상이 상영된다. 엘리베이터가 출발하자 영상은 우리의 얼굴을 점점 더 크게 확대하며 속눈썹 진드기, 피부세포, 세균, 마지막으로 바이러스까지 보여준다. 2층에서 엘리베이터 문이 열리자 바늘구멍만 한 빛이 살아 있는 세균 군집처럼 아른거린다. "저게 뭐지?" 하고 자세히 들여다보려는데 스피커에서 이런 음성이 흘러나온다. "자세히 들여다보면, 세상은 당신에게 새로운 모습을 드러냅니다. 세상은 당신이 지금껏 생각해온 것보다 훨씬 더 아름답고 장엄합니다. 마이크로피아에 오신 걸 환영합니다."

우리 앞에는 현미경들이 즐비하다. 우리는 표본대에 놓인 모기 유충, 물벼룩, 선충류, 점균류, 조류, 녹색세균을 통해 새로운 세상을 직접 들여다본다. 녹색세균의 배율이 200배라는 사실을 알고, '1층에서 봤던 현미경이 레이우엔훅에게 이런 모습을 보여줬겠구나!' 하는 생각에 경이로움을 느낀다. 그 역시 경이로움을 느꼈겠지만 자세가 매우 불편했으리라 생각하니 문득 측은하고 애처롭다. 나는 부드러운 패드가 장착된 접안렌즈에 가볍게 눈을 대고 디지털 화면을 통해 선명한 이미지를 편안히 감상하는 반면, 그는 가늘게 뜬 눈을 미세한 렌즈에 바짝 들이대고 힘겹게 샘플을 들여다봤을 테니 말이다.

현미경 말고도, 2층에는 인간 마이크로바이옴의 생물지리학을 보여주는 대형 스크린이 설치되어 있다. 방문객들이 카메라 앞에 서면 카메라는 그들의 신체를 자동으로 스캔하여 미생물 아바타를 스크린에 투사해 준다. 아바타의 피부는 하얀 점으로, 장기는 밝은 색으로 표시되어 여러 신체 부위에 서식하는 미생물의 움직임을 실시간으로 보여준다. 방문객들이 발을 움직이면 아바타의 발에 있는 미생물도 움직이고, 손을 흔들면 아바타의 손에 있는 미생물도 흔들린다. 방문객들은 손을 움직여 특정 장기를 선택할 수 있는데, 그들이 피부, 위, 장, 두피, 입, 코 등을 선택하면 그곳에 서식하는 미생물들에 관한 정보가 스크린에 표시된다. 어떤 미생물이 어느 곳에 사는지, 그곳에서 하는 일이 무엇인지 알 수 있다. 켄들, 로즈버리, 렐먼이 수십 년간 땀 흘려 이룩한 성과를 우리는 하나의 스크린을 통해 편안하게 감상한다. 사실 이 박물관 전체는 역사에 바쳐진 셈이다. 19세기 과학자들에게 공생의 중요성을 일깨워줬던 복합 생물인 지의류가 줄줄이 전시되어 있으며, 메치니코프를 그렇게 매혹시켰던 유산균도 현미경으로 들여다볼 수 있다(배율은 630배로, 조그만 공 모양 세균의 귀여운 움직임을 볼 수 있다).

나는 전시된 정보의 당당함에 놀라고, 미생물계의 개념을 신속히 받아들이는 방문객들의 태도에 또 한 번 놀란다. 이 모든 것을 보고도 움찔하거나 눈살을 찌푸리거나 코를 찡그리는 사람은 단 한 명도 없다. 한 커플이 빨간 심장 모양의 플랫폼 위에 서더니, 키스오미터Kiss-o-Meter• 앞에서 진한 키스를 나눈다. 한 여성은 대변 샘플이 전시된 벽을 응시하고 있는데 거기에는 고릴라, 카피바라, 너구리판다, 왈라비, 사자, 개미핥기, 코끼리, 나무늘보, 술라웨시에 서식하는 검정짧은꼬리원숭이 등의 대변이 있다. 이 대변들은 모두 인근의 동물원에서 수집한 것으로, 밀폐된 병과 퍼스펙스Perspex 케이스로 2중 밀봉되어 있다. 한 무리의 10대 청소년들이 조명과 함께 벽면에 전시된 세균 배양접시 앞에 서 있는데, 그 위에서 배양되는 곰팡이와 세균은 일상적인 물건(열쇠, 전화, 컴퓨터 마우스, 리모컨, 이쑤시개, 문고리, 유로화 지폐의 직사각형 테두리 등)에서 채취된 것이다. 청소년들은 클렙시엘라Klebsiella의 오렌지색 점과 장내 구균의 파란색 덩어리, 그리고 연필로 그린 명암처럼 보이는 포도상구균의 회색 얼룩을 넋 놓고 바라본다.

나와 엘리베이터에 동승했던 가족은 벽면 하나를 완전히 뒤덮은 칼 우즈의 아름다운 생명 나무, 즉 계통수를 응시하고 있다. 동물과 식물은 구석의 작은 동그라미 속으로 밀려나고, 세균과 고세균이 생명 나무의 몸통과 가지들을 지배한다. 아빠는 고세균이 존재하는지도 모르던 시절에 태어난 게 분명해 보이고, 아이들은 많은 여행객들의 관광 명소가 된 이곳에서 고세균에 대해 배우고 있다.

마이크로피아는 지난 350년에 걸쳐 누적되어온 미생물에 대한 지식과 태도 변화를 총망라한다. 이 박물관은 그동안 소홀히 취급받아온 B급 미생물이나 사악한 악당들도 누락시키지 않았다. 여기서는 그들 역시 매혹

• 두 사람이 얼마나 많은 세균을 교환했는지 알려주는 장치.

적이고, 아름답고, 주목받을 가치가 있는 것으로 여겨진다. 다시 말해 그들도 스타인 셈이다. 조지 엘리엇은 장편소설 《미들마치》에 이렇게 썼다. "위대한 창시자들이 기라성 같은 무리 가운데 두각을 나타내 우리의 운명을 지배할 때까지, 우리들 대부분은 그들에 대해 거의 알지 못하는 게 현실이다." 이 말은 미생물을 우리에게 보여준 과학자들과 미생물 자체에도 적용할 수 있으리라.

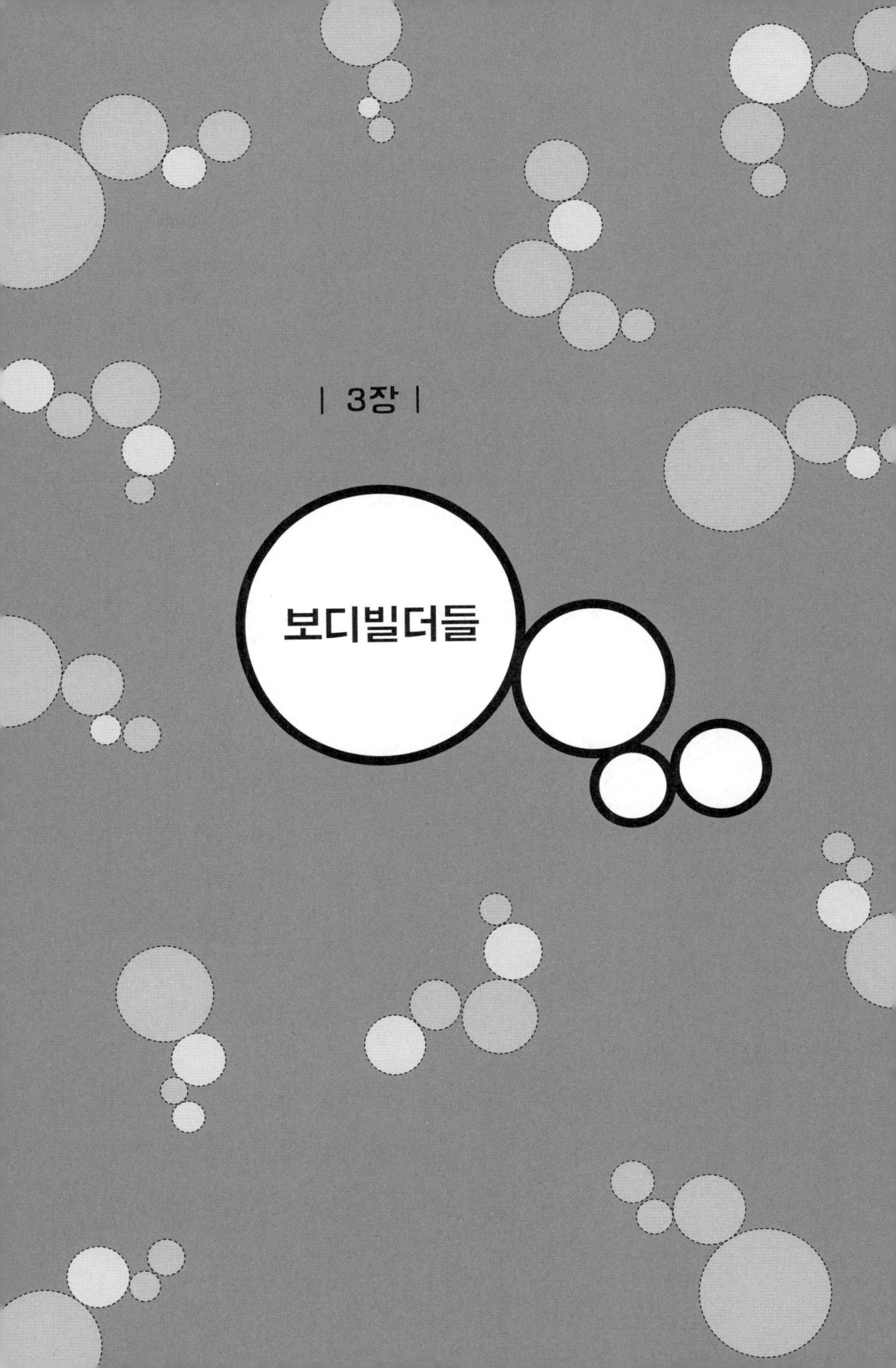

| 3장 |

보디빌더들

"힌트를 드릴게요. 당신이 찾고 있는 것은 골프공만 해요"라고 넬 베키아레스Nell Bekiares가 말한다.[1]

위스콘신매디슨 대학 연구실에 있는 수족관을 아무리 들여다봐도, 내 눈에는 텅 빈 것처럼 보일 뿐이다. 골프공만 한 물체는커녕, 수족관 바닥에 모래 한 겹 쌓여 있는 게 전부다. 구부정한 자세로 눈을 부라리고 있는 내가 측은해 보였던지, 베키아레스가 다가와 손으로 물속을 휘젓는다. 그러자 뭔가 불쑥 튀어나와 끈끈하고 시커먼 잉크를 자욱하게 내뿜는다. 하와이산 짧은꼬리오징어 암컷으로 덩치는 겨우 내 엄지손가락만 하다. 베키아레스가 우묵한 그릇으로 퍼 올리자, 오징어는 흥분한 나머지 희끄무레한 물질을 사방으로 분사하고, 팔을 쭉 편 채 지느러미를 사납게 흔든다. 잠시 뒤 흥분이 가라앉자, 오징어는 팔을 거둬들여 몸 아래 집어넣은 다음 서서히 움직인다. 동시에 오징어의 몸은 화살 모양에서 커다란 젤리빈• 모양으로 변한다. 몸의 형태만이 아니라 피부 빛깔도 변한다. 바늘 끝만큼 미세한 색깔들이 원반형으로 재빨리 확장되면서 짙은 갈색, 빨간색, 노란색 동그라미와 보는 각도에 따라 색깔이 변하는 얼룩들이 나타난다. 오징어는 밋밋한 백지가 아니라 조르주 쇠라가 그린 한 점의 가을 풍경화

• 겉은 딱딱하고 속은 젤리로 된 콩 모양의 과자.

같다.

"갈색은 매우 좋은 징조예요. 저런 갈색이 나타나면 오징어들이 행복하다는 뜻이니까요." 베키아레스가 말한다. "수컷들은 암컷보다 성질이 난폭해요. 종종 화를 내며, 잉크를 사방팔방에 뿌려대죠. 만약 녀석들이 당신의 얼굴이나 가슴에 물을 뿌리면, 그건 의도적인 행동이 분명해요!"

나는 큰 감명을 받았다. 오징어가 개성을 그렇게 한껏 발산하다니, 그리고 그토록 아름답다니! 그야말로 장관이었다.

오징어의 생존 파트너

수족관에 들어 있는 동물이라고는 오징어 한 마리뿐이지만, 그 오징어는 사실 혼자가 아니다. 오징어의 밑면에는 두 개의 방房, 다름 아닌 발광기관이 있다. 그 속에는 비브리오 피셰리Vibrio fischeri(V. fischeri)라는 발광세균이 가득한데, 그들은 아래쪽을 향해 빛을 발사한다. 이 빛은 매우 약해서 연구실의 형광등 아래서는 보이지 않지만 하와이 주변의 얕은 거초면裾礁面에서라면 이야기가 달라진다. 밤이 되면 발광세균이 아래로 뿜어내는 빛의 세기가 하늘에서 쏟아져 내리는 달빛과 거의 맞먹어, 오징어의 실루엣은 지워져버린다. 게다가 오징어는 그림자를 드리우지도 않으니, 결국 포식자의 눈에 보이지 않는 투명 생물이 되는 셈이다.

하지만 바다 밑에서 올려다보면 보이지 않는 오징어도, 수면 위에서 내려다보면 잘 보인다. 오징어를 보고 싶은 사람들은 하와이로 날아가 땅거미가 질 때까지 기다리면 된다. 헤드램프와 그물을 준비하고 무릎 깊이의 바다를 거닐면, 반사 신경이 뛰어난 사람은 해 뜨기 전까지 대여섯 마리의 오징어를 낚아챌 수 있다. 일단 생포한 오징어는 기르기도 쉽다. 짧은꼬리오징어 연구실을 총지휘하는 동물학자 마거릿 맥폴-응아이는 이렇게 말한다. "위스콘신 중부지방에서 살 수 있는 오징어는 어디서나 살아갈 수 있어요." 명쾌하고 적극적이며 철저한 연구자인 맥폴-응아이는 거의 30년간 오징어와 발광세균을 연구해왔다. 그녀는 오징어를 공생의 아이콘으로 부각시키고, 그 과정에서 자기 자신도 그 분야의 아이콘으로 떠올랐다. 동료들은 그녀를 일컬어 '남의 눈치 안 보는 우상 파괴자', '마이크로바이옴이라는 단어가 유행하기 훨씬 전부터 줄기차게 미생물을 옹호하던 사람', '새로운 생물학을 입버릇처럼 말하며 늘 대문자로 뉴 바이올로지The New Biology라고 쓰는 사람'이라고 부른다. 그러나 한 생물학자에 의하면, 그녀가 처음부터 그랬던 건 아니며, 그녀의 마음을 결정적으로 바꾼 것은 바로 오징어였다고 한다.[2]

맥폴-응아이는 대학원 시절에 어떤 물고기를 연구하기 시작했는데, 그 물고기 역시 발광세균을 보유하고 있었다. 그녀는 물고기와 세균 간의 공생 관계에 매혹되었지만 곧 절망했다. 왜냐하면 그 물고기는 인공 사육이 불가능해서 물고기가 맨 처음 세균과 만나 감염되는 과정을 실험실에서 연구할 수 없었기 때문이다(그녀가 연구하는 물고기들은 이미 세균과 공생하는 상태였다). 그래서 그녀는 정말로 궁금한 의문에 답을 찾을 수가 없었다. "물고기와 세균이 처음 만났을 때 어떤 일이 일어날까?", "둘 사이의 공생 관계는 어떻게 확립될까?", "다른 세균이 물고기를 감염시킬 수 없는 이유는 뭘까?" 그러자 한 동료가 사진을 보여주며 이렇게 물었다. "이봐, 이 오징어에 대해 들어본 적 있어?"

그 오징어가 바로 하와이산 짧은꼬리오징어였다. 발생학자들은 그 오징어에 익숙했고, 미생물학자들은 그 오징어가 보유한 발광세균을 익히 알고 있었지만, 오징어와 발광세균 간의 동반자 관계는 그들의 관심 밖이었다. 때마침 맥폴-응아이는 그들 간의 공생 관계에 관심이 많았으므로 녀석을 연구하기로 했다. 그러나 그러려면 파트너가 필요했다. 동물학에는 전문가였지만 세균학에 대해서는 문외한이었으니 말이다. 그녀는 네드 루비Ned Ruby라는 미생물학자를 파트너로 구했다. "두 명의 미생물학자에게 퇴짜를 맞고, 세 번째 미생물학자인 나에게 겨우 동의를 구한 거죠"라고 루비는 말한다. 두 사람은 연구의 파트너로 만났지만, 곧 로맨틱한 관계로 발전했다. 느긋한 성격의 남성 루비와 적극적인 여장부 맥폴-응아이는 음양의 조화를 잘 이루었다. 두 사람을 모두 아는 한 친구는 이렇게 말한다. "두 사람이야말로 진정한 공생 관계였어요." 그들은 지금도 인접한 연구실을 쓰며 같은 오징어를 연구한다.

비좁은 통로를 따라 오징어가 들어 있는 수족관들이 일렬로 늘어선 이 연구실은 24시간 내내 운영된다. 새로운 배치batch•가 들어오면 연구반장인 베키아레스가 알파벳을 하나 고르고, 모든 학생들은 그 글자를 이용하여 동물에게 이름을 붙인다. 내가 만난 암컷 오징어는 요시Yoshi이고, 야후Yahoo, 이졸데Ysolde, 야들리Yardley, 야라Yara, 이브Yves, 유수프Yusuf, 유크Yuk(수컷)는 서로 인근의 수족관에 산다. 암컷들은 2주마다 한 번씩 데이트를 하고, 짝짓기가 끝난 뒤에는 신생아실에 머물며 수백 개의 알을 낳는다. 알은 PVC 관을 통해 밖으로 나오는데 부화하기까지는 몇 주가 소요된다. 내가 신생아실을 방문했을 때 선반 위에 플라스틱 컵이 하나 놓여 있었는데, 그 속에서는 겨우 몇 밀리미터 길이에 불과한 수십 마리의 새끼 오징어들이 꿈틀거리고 있었다. 열 마리의 암컷이 1년에 6만

• 일괄적으로 처리되는 집단.

마리의 새끼를 낳으며, 그들이 경이로운 연구용 동물로 간주되는 이유 중 하나도 바로 이 때문이다. 하와이산 짧은꼬리오징어가 경이로운 연구용 동물로 간주되는 두 번째 이유는, 갓 부화한 새끼가 무균 상태라는 점이다. 야생에서는 몇 시간 안에 V. 피셰리에 감염되지만, 연구실에서는 맥폴-응아이와 루비가 감염을 통제할 수 있다. 그들은 V. 피셰리에 형광 단백질을 붙여 그들이 오징어의 발광 기관으로 들어가는 과정을 추적한다. 이렇게 함으로써 오징어와 세균의 동반자 관계가 시작되는 과정을 실시간으로 지켜볼 수 있다.

공생 관계는 물리학에서부터 시작된다. 발광 기관의 표면은 점액과 섬모로 뒤덮여 있다. 부지런히 움직이는 섬모들이 와류渦流를 일으켜 세균 크기의 입자들을 끌어들이는데, 이것은 시작에 불과하다. 와류에 휘말린 미생물들은 점액에 달라붙어 덩어리를 형성하고, 그중에는 V. 피셰리뿐 아니라 다른 미생물들까지 포함되어 있다. 이 시점에서 물리학은 물러가고 화학이 등장한다. V. 피셰리 한 마리가 오징어를 건드리면 아무 일도 일어나지 않으며, 두 마리가 건드려도 사정은 마찬가지다. 그러나 다섯 마리가 건드리면, 오징어의 수많은 유전자들이 활성화된다. 어떤 유전자들은 항균물질의 칵테일을 생성하여 다른 미생물들을 처치하고 V. 피셰리만 살려주는가 하면, 또 어떤 유전자들은 효소를 분비하여 오징어의 점액을 분해하고 보다 많은 V. 피셰리를 유인하는 물질을 생성한다. 처음에는 다른 미생물들의 숫자가 1000배나 많아 V. 피셰리를 압도하지만, 순식간에 V. 피셰리가 우점종으로 부상하게 되는 것은 바로 이 유전자들이 생성하는 화학물질들 때문이다. 그리하여 오징어의 표면에는 V. 피셰리에게 유리한 환경이 조성되고, 더욱 많은 V. 피셰리들이 몰려들어 경쟁자들을 몰아낸다. V. 피셰리는 과학소설의 주인공을 연상시킨다. 낯선 행성에 착륙한 주인공이 동분서주하며 그곳을 살기 좋은 곳으로 만드는 것처럼, V. 피셰리는 오징어를 공생에 적합한 숙주로 변화시킨다.

일단 오징어의 표면이 변화하면 V. 피셰리 무리는 오징어의 내부로 진입하기 시작한다. 긴 통로를 따라 행진하며 몇 개의 구멍과 하나의 병목 지역을 통과한 V. 피셰리가 마침내 움crypt(막힌 틈)에 도착하면 오징어는 더욱 변화한다. 움 내부를 둘러싸고 있던 기둥 모양의 세포들이 더욱 크고 조밀해져 도착한 미생물들을 꼭 껴안는 것이다. 새롭게 리모델링된 움에 세균들이 모두 입주하면 움의 문이 뒤에서 닫히고 진입로와 통로가 좁아지며 표면을 뒤덮고 있던 섬모도 사라진다. 이렇게 하여 발광 기관이 완성된다. 하와이산 짧은꼬리오징어의 발광 기관에 들어갈 수 있는 세균은 오직 V. 피셰리뿐이다. 일단 올바른 세균이 자리 잡고 나면, 발광 기관으로 이어지는 통로와 출입구는 봉쇄되어 두 번 다시 열리지 않는다.

이쯤 되면 이렇게 묻는 독자들도 있을 것이다. "그게 뭐 어쨌다고? 만물의 영장인 인간이, 엄지손가락만 한 오징어의 비밀을 그렇게 꼬치꼬치 캘 필요가 있나?" 그러나 이 오징어의 비밀에는 특별한 시사점이 있었고, 맥폴-응아이는 그것을 곧바로 간파했다. 1994년 1차로 오징어 연구가 마무리되었을 때 그녀는 이렇게 썼다. "이 연구들은 특정 공생 세균이 동물의 발생을 유도한다는 사실을 시사한다. 달리 말하면, 미생물이 동물의 몸을 빚어낸다는 뜻이다."

2004년 맥폴-응아이가 이끄는 연구진은 더욱 놀라운 사실을 발견했다. V. 피셰리의 표면에 존재하는 두 가지 분자가 오징어의 변형 과정에서 주도적인 역할을 수행한다는 점이었다. 연구진이 제시한 분자는 펩티도글리칸peptidoglycan(PGN)과 지질 다당체lipopolysaccharide(LPS)였다. 충격적이었다. 당시 PGN과 LPS는 병원균과 관련한 분자 패턴pathogenassociated molecular patterns(PAMPs)으로 알려져 있었는데, PAMPs란 동물의 면역계에게 '감염이 급진전되고 있으니 조심하라'는 경고를 보내는 물질들을 총칭한다. 그런데 V. 피셰리는 병원균이 아니었다(물론 인간에게 콜레라를 초래하는 세균과 친척뻘이기는 하지만, 오징어에게는 아무런 해를 끼치지 않는다). 그래서 맥폴-응아이는 병원균pathogen에서 유래하는 P를, 좀 더 포괄적 개념인 미생물microbe에서 유래하는 M으로 바꿔, MAMPs(microbe-associated molecular patterns)라는 용어를 새로 만들었다. MAMPs는 마이크로바이옴 과학 전체를 상징하는 상징으로서, 세균 표면의 분자가 질병을 일으키기만 하는 게 아니라는 사실을 만방에 선포한다. 이는 치명적인 염증을 초래할 수도 있지만 동물과 세균의 아름다운 우정을 매개하는 징검다리가 되기도 한다. 이 분자들이 없다면 발광 기관은 정상적인 상태에 도달할 수 없다. 오징어는 살아남을 수 있을지 몰라도, 성숙 과정을 완전히 마무리할 수 없기 때문이다.

동물의 발생과 성장을 돕는 외주업체

오늘날에는 물고기에서부터 생쥐에 이르기까지 많은 동물들이 세균 파트너의 영향력하에 성장하며, 그 과정에서 종종 V. 피셰리의 MAMPs와 똑같은 분자들이 매개 역할을 하는 것으로 밝혀졌다.[3] 이러한 발견 덕분에 과학자들은 동물의 발생 과정, 즉 단일세포가 완전한 기능을 발휘하는 성체로 변화하는 과정을 새로운 시각에서 바라보기 시작했다.

인간이 됐든 오징어가 됐든, 하나의 수정란을 신중히 채취하여 현미경으로 들여다보면 하나의 세포가 둘로, 그리고 넷으로, 다음에는 여덟으로 분열하는 것을 관찰할 수 있을 것이다. 세포들로 구성된 덩어리는 더욱 커져 접히고, 불룩해지고, 뒤틀릴 것이고, 세포들은 서로 분자 신호를 주고받으며 서로에게 어떤 조직이나 장기를 형성하라고 말해줄 것이다. 그러면서 다양한 신체 부위가 형성되기 시작한다. 하나의 배아가 자라면서 충분한 영양소를 섭취하는 한, 그런 움직임은 계속된다. 모든 과정은 자족적으로 신속하게 진행될 것이다. 마치 엄청나게 복잡한 컴퓨터 프로그램이 스스로 돌아가는 것처럼 말이다. 그러나 오징어나 그 밖의 동물들의 사례를 보면, 배아 발생 과정이 단순한 자동 실행 프로그램이 아님을 알 수 있다. 동물의 배아 발생은 기본적으로 그 동물의 유전자에 기록된 지시 사항에 따라 전개되지만 중간에 수많은 미생물들의 유전자가 끼어들 수 있다. 실제로 성장하는 것은 동물이라도, 그 과정에서 수많은 종들이 대화를 나눈다. 한 동물이 성장하는 동안 생태계 전체의 드라마가 펼쳐지는 것이다.

하나의 동물이 적절하게 성장하기 위해 특정한 미생물이 필요한지 여부를 확인하고 싶을 때, 가장 손쉬운 방법은 그 미생물을 제거해보는 것이다. 어떤 동물의 경우에는 머지않아 사망한다. 예컨대 뎅기열을 옮기는 이집트숲모기의 경우, 공생 세균이 없으면 유충기를 넘기지 못한다.[4] 무균상태를 제법 잘 견디는 동물들도 있다. 짧은꼬리오징어의 경우에는 V. 피셰리가 없으면 빛을 발하지 못하지만, 맥폴-응아이의 연구실에 있는 오징어에게는 별 문제가 없다. 그러나 자연계에서 빛을 발하지 못하는 오징어는 몸을 숨길 수 없으므로 포식자의 쉬운 표적이 된다. 과학자들은 제브라피시, 파리, 생쥐 등 거의 모든 실험동물들의 무균버전을 만들어 길러봤다. 그 결과 무균동물들은 살아남기는 하지만 상황이 크게 달라지는 것으로 나타났다. 테오도어 로즈버리는 이렇게 말했다. "무균동물들은 대체로 비참한 피조물이다. 거의 모든 부분에서 결핍된 세균에 대한 인공 대체물을 필요로 하니 말이다. 야생에 방사될 경우 마치 물가에 내놓은 어린아이처럼 언제 무슨 변을 당할지 모른다."[5]

무균동물에서 나타나는 기이한 생물학적 현상은 소화관에서 가장 두드러진다. 소화관이 제대로 기능을 수행하려면 일단 표면적이 넓어야 한다. 그래야 영양소를 잘 흡수할 수 있기 때문이다. 소화관의 내벽이 기다란 손가락 모양의 돌기로 가득 찬 것은 바로 그 때문이다. 둘째로, 소화관 표면의 세포들은 지나가는 음식물로 인해 수시로 제거되므로 지속적인 복구가 가능해야 한다. 셋째로, 영양분을 잘 흡수하기 위해 세포 아래 깔려 있는 혈관망이 풍부해야 한다. 넷째로, 외래 분자나 미생물이 혈관 속으로 침투하는 것을 막기 위해 세포들 사이의 연결부가 밀봉되어야 한다. 만약 장내 미생물이 없다면, 이상과 같은 네 가지 필수 요건들이 모두 충족되지 않는다. 예컨대 제브라피시나 생쥐를 무균 조건에서 사육하면 그들의 소화관은 제대로 발달하지 않고, 돌기가 짧아지며, 내벽에 균열이 생기고, 혈관망이 시골의 도로망처럼 엉성해지며, 표면의 복구 속도가 느려진다. 이러한 문제점들은 동물에게 정상 미생물총을 보충해주거나 정제된 미생물 분자를 투여함으로써 간단히 해결된다.[6]

그렇다고 해서 세균이 소화관을 물리적으로 재형성하는 것은 아니다. 미생물은 숙주를 경유하여 간접적으로 작용하므로, 노동자보다는 관리자 유형이라고 할 수 있다. 로라 후퍼Lora Hooper는 무균 생쥐에게 박테로이데스 테타이오타오미크론Bacteroides thetaiotaomicron(B-theta)이라는 흔한 장내 미생물을 주입함으로써 이 사실을 증명했다.[7] 그녀에 의하면, B-테타는 생쥐의 유전자들을 광범위하게 활성화하여 영양소 흡수, 장벽 기능 강화, 독소 분해, 혈관 신생, 세포의 성숙을 도와준다고 한다. 다시 말해 B-테타는 '당신의 유전자를 이용하여 건강한 소화관을 만들라'고 일러준다는 것이다.[8] 발생생물학자인 스콧 길버트Scott Gilbert는 이러한 아이디어를 공발생co-development이라고 부른다. 미생물이 우리를 위협한다는 생각이 아직도 당신의 머리에 맴돈다면, 당장 그런 생각을 떨쳐버리기 바란다. 정반대로, 미생물은 '지금 우리의 모습who we are'이 형성되는 데 실질적인 도움을 준다.[9]

회의론자들은 주장한다. 생쥐, 제브라피시, 짧은꼬리오징어의 발육에 미생물은 필요없다고. 외견상 무균생쥐도 여전히 생쥐처럼 보이고, 생쥐처럼 걸으며, 생쥐처럼 찍찍 소리를 내니 말이다. 그러나 그건 무균동물이 안정적인 환경, 즉 온도와 습도가 적절히 조절되고, 먹이와 물이 풍부하고, 포식자가 없고, 어떤 감염병에도 걸리지 않는 환경에서 사육된다는 전제를 간과한 주장이다. 대부분의 사람들은 세균을 제거하면 동물이 완전히 다른 동물로 급변한다는 말을 이해하지 못하겠지만, 무균동물을 야생의 세계에 풀어놓으면 곧바로 진실을 보게 될 것이다. 설사 당장 죽지는 않더라도 그들은 오래 버틸 수 없다. 혼자 힘으로 발육에 성공할 수도 있지만 미생물 파트너와 함께한다면 훨씬 더 건강하고 튼튼하게 자랄 수 있을 것이다.

공생이란 동물들이 자신의 발생 과정 중 일부를 다른 종에게 외주화하는 것이라고 할 수 있다. 그런데 모든 것을 스스로 처리하는 대신 핵심 부분을 외주에 의존하는 이유가 뭘까? 혼자서 할 수는 없는 걸까? 무균 생쥐와 무균 오징어를 오랫동안 연구해온 존 롤스John Rawls에 의하면, 외주화는 불가피한 선택이다. "미생물은 동물의 삶을 구성하는 필수 요소이므로 그들을 제거하면 큰일 나요." 동물이 지구 상에 처음 등장했을 때, 그 땅에는 이미 미생물이 수십억 년 동안이나 우글거리고 있었다는 점을 상기하라. 즉 동물이 지구에 도착하기 훨씬 전부터 미생물은 지구를 지배하고 있었다는 이야기다. 물론 인류도 예외가 될 수 없다. 따라서 동물과 인간은 온 세상을 점령하고 있는 미생물들과 상호작용하는 방법을 진화시키지 않고 배겨낼 재간이 없었다. 미생물의 존재를 염두에 두지 않는다는 건 눈가리개와 귀마개와 입마개를 한 채 새로운 도시로 이주하는 것만큼이나 터무니없는 일이었다. 게다가 미생물은 불가피한 존재일 뿐 아니라 매우 유용한 존재이기도 했다. 그들은 동물들을 먹여 살릴 수 있는 능력을 보유하고 있었으며, 영양분이 풍부한 곳과 기온이 적당한 곳, 평탄한 정착지를 찾는 데 필요한 단서를 제공했다. 변방을 개척하는 동물들은 미생물들로부터 이러한 단서를 포착함으로써 주변 세상에 대해 가치 있는 정보를 수집했다. 그리고 나중에 보게 되겠지만, 동물과 미생물이 태곳적부터 상호작용했음을 암시하는 증거들은 오늘날에도 풍부하게 존재한다.

진화의 블랙박스

니콜 킹Nicole King은 자택에서 아주 멀리 떨어진 곳에 머무르고 있다. 평소에는 UC 버클리의 연구실에서 일하지만, 지금은 런던에서 휴가를 보내는 중이다. 그녀는 여덟 살짜리 아들 네이트를 뮤지컬 〈빌리 엘리어트〉 낮 공연에 데려갈 예정인데, 여기에는 한 가지 조건이 있다. 그것은 나와 킹이 깃편모충류choanoflagellate라는 생소한 그룹에 대해 이야기하는 동안 옆에 있는 공원 벤치에 앉아 30분 동안 얌전히 기다리는 것이다. 킹은 깃편모충류를 열정적으로 연구하는 몇 안 되는 과학자들 중 하나다.

그녀가 깃편모충류를 코아노스choanos(그리스어로 '옷깃'을 의미한다)라는 애칭으로 부르므로, 나도 이제부터 되도록이면 그렇게 할 생각이다.

코아노스는 열대지방의 강에서부터 남극의 얼음 밑에 있는 바다에 이르기까지 전 세계의 물속에서 발견된다. 나와 킹이 한창 이야기를 나누는 중, 메모지에 잠자코 뭔가를 끼적이던 네이트가 흥분한 듯 목소리를 높이며 그림을 그리기 시작한다. 네이트는 타원형을 하나 그렸는데, 구불구불한 꼬리와 가느다랗고 빳빳한 깃들이 달려 있다. 코아노스를 묘사한 그림으로 마치 '스커트를 걸친 정자'와 같은 꼴이다. 코아노스가 꼬리를 흔들면 세균과 기타 찌꺼기들이 깃 쪽으로 밀려가 포획되고 삼켜지고 소화된다. 코아노스는 이처럼 활발한 포식자다.

네이트의 그림은 코아노스의 핵심적인 특징을 멋지게 표현했다. 특히 코아노스가 단세포생물이라는 점을 잘 드러냈다. 코아노스는 나나 당신과 마찬가지로 진핵생물이므로 미토콘드리아나 핵과 같은 소기관들(이는 세균들이 갖고 있지 않은 고급스러운 장비들이다)을 갖고 있다. 그러나 다른 한편으로는 세균들과 마찬가지로 단 하나의 자유 유영 세포free-swimming cell로 구성되어 있다.[10]

이따금씩 코아노스는 사회적 성격을 드러낸다. 킹이 선호하는 종인 살핑고이카 로제타Salpingoeca rosetta(S. rosetta)의 경우 종종 장미꽃 모양의 군집을 이루는데 이것을 로제트rosette라 부른다. 네이트는 이 군집도 그릴 수 있는데, 수십 마리의 코아노스가 머리를 안쪽으로 모은 채 꼬리를 밖으로 마구 흔들고 있어서 마치 털북숭이 산딸기를 연상시키는 모양이다. 얼핏 보면 한 무리의 코아노스가 머리를 맞대고 서로 밀어붙이는 것 같지만, 이것은 사실 충돌이라기보다 특이한 분열의 결과라고 할 수 있다. 코아노스는 2분법으로 증식하며 때때로 두 개의 딸세포가 완전히 분리되지 않고 짧은 가교로 연결된다. 이러한 현상이 계속 반복되면 여러 개의 세포들이 연결되어 하나의 덮개로 둘러싸인 구형을 이루게 된다. 이게 바로 로제트로, 코아노스가 '현존하는 생물 가운데 모든 동물들의 가장 가까운 친척'만 아니라면 로제트는 별 볼 일 없는 생물학적 해프닝으로 치부되었을 것이다.[11]

코아노스가 모든 개구리, 전갈, 지렁이, 굴뚝새, 불가사리의 먼 사촌뻘이라는 점은 매우 중요하다. 동물계가 최초로 진화한 과정을 알고 싶어 하는 킹에게 코아노스는 매력 그 자체이며, 단세포가 다세포 군집을 이룸으로써 로제트를 형성하는 과정도 특별한 흥밋거리다.

"최초의 동물들이 어떤 모습이었을까?" 이 의문이 아직 해결되지 않는 이유는, 그들의 부드러운 몸이 화석화되지 않았기 때문이다. 그들은 어느 틈엔가 슬그머니 지구 상에 나타나 아무런 흔적도 남기지 않고 겨울의 숨결처럼 사라졌다. 그러나 우리는 어느 정도 합리적인 추론을 할 수 있다. 모든 현생동물들은 속이 빈 공 모양의 다세포로서 삶을 시작하며 생명을 유지하기 위해 다른 생물들을 먹으므로, 이들의 공통 조상이 동일한 속성을 공유했으리라 생각하는 것은 꽤나 합리적이다.[12] 그렇다면 로제트는 태곳적에 처음으로 나타난 동물들의 모습을 표상한다고 볼 수 있다. 그리고 로제트가 생성되는 과정을 살펴보면 하나의 세포가 분열하여 결합된 군집을 형성하기까지의 메커니즘을 알 수 있는데, 이는 원생동물은 물론 궁극적으로 다람쥐, 비둘기, 오리를 비롯하여 나와 킹이 이야기를 나누고 있는 공원에 서식하는 모든 동물들과 어린이를 탄생시킨 진화 과정의 개요를 보여준다. 코아노스처럼 무해하고 잘 알려져 있지 않은 단세포동물을 연구하는 것은 동물계를 둘러싼 출생의 비밀을 파헤치는 과학 영화를 찍는 일이나 마찬가지다.

킹과 S. 로제타의 인연에는 위기가 많았다. S. 로제타가 야생에서 군집을 형성한다는 사실은 알고 있었지만, 연구실에서 인위적으로 군집을 형성하게 할 수는 없었기 때문이다. 그녀는 물론 다른 과학자들의 연구실에서도 마찬가지였다. 사회적 성격을 가진 S. 로제타가 유독 연구실에서만 따로 놀기를 고집한다니, 불가사의한 일이었다. 온도, 영양소의 농도, 산성도 등의 배양 조건을 다양한 조합으로 바꿔봤지만 모두 헛수고였다. 실패를 거듭하던 킹은 결국 모든 것을 포기하고, S. 로제타의 유전자를 분석하는 쪽으로 방향을 틀었다. 그러나 유전자를 분석하는 데도 나름의 문제가 있었다. 킹은 그동안 S. 로제타에게 세균을 먹여왔는데, 세균의 유전자가 유전자 분석 결과를 오염시킬 수 있으므로 세균의 세포들을 제거해야 했다. 그래서 그녀는 코아노스에게 항생제를 먹였고, 그러자 갑자기 놀라운 일이 일어났다. 항생제가 S. 로제타의 군집을 완전히 파괴한 것이다. 즉, 종전에는 S. 로제타가 마지못해 군집을 형성하는 시늉이라도 했었는데 이제는 군집 형성을 완강히 거부하는 것으로 나타났다. 그렇다면 결론은 하나였다. 사회성의 열쇠를 쥐고 있는 쪽은 S. 로제타 자신이 아니라 세균임이 분명했다.

대학원생인 로지 알레가두Rosie Alegado에게 세균 덩어리(S. 로제타의 먹이)를 맡겨, 그 속에서 분리해낸 미생물을 한 종씩 코아노스에게 먹이도록 해보았다. 그랬더니 예순네 종의 세균 중 오직 한 종만이 로제트를 복구하는 것이 아닌가! 킹은 그제야 진실을 깨달았다. 지금껏 그녀의 실험이 실패했던 것은 세균 때문이었다. S. 로제타는 올바른 미생물을 만날 때만 군집을 형성하며, 다른 미생물을 만나면 따로 놀기를 고집했던 것이다. 알레가두는 주범의 신원을 확인하여 알고리파구스 마키퐁고넨시스Algoriphagus machipongonensis(A. machipongonensis)라고 명명했다(A. 마키퐁고넨시스는 새로운 종이지만, 인간의 장을 지배하는 박테로이데테스Bacteroidetes의 일종이다.[13]) 알레가두는 한 걸음 더 나아가 로제트의 형성을 유도하는 요인을 찾아냈는데, 그것은 세균이 분비하는 RIF-1 rosette-inducing factor-1이라는 지질 유사 분자fat-like molecule였다. "RIF는 '로제트를 유도하는 인자'라는 뜻이고, 끝에 숫자를 붙인 것은 또 다른 인자가 존재할 거라고 확신했기 때문이에요"라고 그녀는 말한다. 그녀의 생각이 옳았다. 킹이 이끄는 연구진은 이후 다른 미생물들에게서 여러 개의 분자들을 동정했고, 그것들은 모두 코아노스를 군집 생활로 유도하는 것으로 밝혀졌다.

알레가두는 RIF가 '먹이가 가까이 있다'는 신호라고 생각한다. 코아노스는 수영 속도가 느리므로 혼자일 때보다 동료들과 협동할 때 세균을 더 잘 사냥할 수 있다. 따라서 그들은 세균이 근처에 있을 때 뭉치는 경향이 있다. "내 생각에는 코아노스가 세균들이 주고받는 신호를 엿듣는 것 같아요. 즉, 박테로이데테스가 분비하는 RIF를 이용하여 세균의 존재를 탐지하는 거죠. RIF는 근처에 자원과 먹이가 많다는 사실을 알려주는 좋은 지표예요. 그래서 그들은 RIF를 탐지하는 즉시 합체하여 로제트를 만드는 거고요."

이 모든 것들을 어떻게 해석해야 할까? 세균이 우리의 단세포 조상들에게 신호를 보내 다세포 군집을 형성하도록 자극했으므로, 결국 동물의 진화를 추동한 것은 세균이라는 결론을 내려도 될까? 킹은 섣부른 판단을 경계한다. 오늘날의 코아노스는 우리의 사촌이지 조상이 아니기 때문이다. "오늘날 코아노스의 행동을 근거로 '고대의 코아노스는 이러이러한 행동을 했을 것이다'라고 유추하는 것은 지나친 비약이에요. 나는 고대의 코아노스가 고대의 미생물에게 어떻게 반응했는지에 대해 결론을 내릴 준비가 아직 되어 있지 않아요."

그러나 킹은 동물의 기원이라는 문제를 집요하게 파고들 생각이다. 그녀는 현대의 동물들이 코아노스와 같은 방식으로 세균에게 반응하는지 확인하고 싶어 한다. 만약 A. 마키퐁고넨시스와 RIF가 동물들의 발생을 유도한다면, 최초의 동물이 탄생하는 과정에서도 그런 현상이 일어났으리라고 생각할 수 있을 것이다. 킹의 보충 설명을 들어보자. "최초의 동물이 진화한 바닷속에 어마어마한 양, 예컨대 1톤의 세균이 존재했으리라는 생각에 반박하는 사람은 아무도 없을 거예요. 다양한 세균들이 태곳적부터 세상을 지배해왔고, 동물들은 그 상황에 어떻게든 적응해야 했을 테니 말이에요. 그때 세균들이 생성한 분자들 중 일부가 최초의 동물이 탄생하는 데 영향을 미쳤을 거라고 생각해도 큰 무리는 아니지요." 나도 킹의 생각에 동의한다. 그녀의 생각이 큰 무리는 아닌 듯싶다. 특히 진주만에서 아직도 일어나고 있는 사건을 감안하면 더더욱 그렇다.

관벌레가 어른이 되는 방법

1941년 12월 7일 아침, 일본군 전투기의 대규모 비행대대가 하와이 진주만의 미국 해군기지에 대한 기습을 감행했다. USS 애리조나호가 1차로 큰 타격을 받았고, 그 배가 침몰하면서 1000여 명의 장교와 승무원들이 목숨을 잃었다. 항구에 정박해 있던 다른 전함 일곱 척, 선박 열여덟 척, 비행기 300대도 파괴되거나 큰 손상을 입었다. 오늘날 진주만 항구는 외견상 매우 평온해 보이지만, 실상은 그렇지 않다. 여전히 중요한 해군기지이고 수많은 대형 선박들이 정박해 있는 가운데 위협이 상존한다. 단, 가장 큰 위협은 하늘이 아니라 바다에서 온다.

금속조각 하나를 집어 들어 바다에 던지면 선박에 무슨 일이 일어나는지 알 수 있다. 몇 시간 안에 금속조각 위에서 세균이 증식하기 시작하고, 조류가 그 뒤를 이으며, 조개나 따개비도 질세라 모습을 드러낸다. 그러다 며칠 안에 조그맣고 흰 튜브들이 나타나는데, 처음엔 길이 몇 센티미터, 너비 몇 밀리미터에 불과한 것들이다. 튜브들은 이내 수백 개, 수천 개, 수백만 개로 불어나 마침내 표면 전체가 거친 양탄자처럼 보이게 된다. 이런 튜브들은 바위, 말뚝, 어망, 선박 등 어디에나 등장한다. 만약 항공모함 한 척이 항구에 몇 개월 동안 정박해 있으면 튜브들은 선체에 몇 센티미터 두께로 축적될 것이다. 이를 전문용어로 생물 부착biofouling이라고 하며, 일반인들은 골칫거리pain in the ass라고 부른다. 해군에서는 가끔씩 선박의 고장을 방지하기 위해 잠수부들을 배 밑부분으로 내려보내 프로펠러와 기타 민감한 구조물을 비닐로 덮는다.[14]

이러한 백색 튜브들 속에는 동물이 한 마리씩 들어 있는데, 바로 이 동물이 튜브를 만든 장본인이다. 정식 명칭은 관벌레tube worm이지만, 해군 병사들에게 보여주면 인상을 찌푸리며 '꾸불이the squiggly worm'라고 부른다. 하와이 대학의 해양생물학자인 마이클 해드필드Michael Hadfield에 의하면, 관벌레의 학명은 히드로이데스 엘레간스Hydroides elegans라고 한다. 관벌레가 처음 기술된 것은 시드니 항구였고, 이후 지중해 연안과 카리브해 연안과 일본과 하와이의 해안에서 발견되었다. 따뜻한 물과 선박이 공존하는 만灣이라면 어디에서든 찾아볼 수 있다. 이 '밀항의 달인'은 인간이 만든 선박에 달라붙어 전 세계로 퍼져나갔다.

해드필드는 해군의 명령을 받아 1990년부터 '꾸불이'를 연구하기 시작했다. 이미 바다 유충의 전문가였던 그에게 미 해군은 일련의 오염 방지 도료들을 테스트하여 관벌레를 확실히 쫓을 수 있는 무기를 찾아달라고

의뢰했다. 그러나 그의 생각은 다른 데 있었다. 그는 그 벌레가 전 세계 항구에 정착하게 된 이유를 밝혀내고 싶었다.

인간이 만든 선박에 벌레들이 갑자기 등장한 이유는 뭘까? 그것은 오랜 의문이었다. 아르망 마리 르루아는 유명한 아리스토텔레스 전기에 이렇게 썼다. "한 해군 함대가 로도스 해안에 정박했을 때 빈 도자기들이 잔뜩 배에 실렸다. 나중에 보니 도자기들에 진흙과 생굴이 들어 있었는데, 그 굴은 어디에서 온 것일까? 아리스토텔레스는 말하길, '굴이 도자기에 제 발로 기어 들어갔을 리 만무하므로, 아마도 흙에서 저절로 생겨난 게 틀림없다'고 했다."[15] 수 세기 동안 자연발생설이 유행했지만, 굴과 관벌레가 저절로 생겨난다는 건 어림 반 푼어치도 없는 소리다. 굴과 관벌레의 갑작스러운 등장 이면에 숨어 있는 진실은 지극히 평범하다. 산호, 성게, 홍합, 바닷가재와 마찬가지로, 관벌레는 유충기에 외해外海를 떠돌아다니다가 어딘가에 상륙한다. 관벌레의 유충은 현미경으로만 볼 수 있는데, 물 한 방울에서 100마리나 나올 정도로 엄청나게 많으며 성충의 모습과는 완전히 딴판이다. 관벌레의 성충은 기다란 튜브 모양의 벌레지만 유충은 마치 눈 달린 스크루 앵커screw anchor처럼 생겨서 양쪽이 같은 동물이라고 상상하기 어렵다. 참고로 성게의 경우 성충은 바늘꽂이처럼 생겼지만, 유충은 셔틀콕처럼 생겼다.

관벌레의 유충은 어떤 시점이 되면 방랑벽을 포기하고 정착하는데, 그때 몸을 리모델링하여 고착성 성충sedentary adult이 된다. 이 변태變態의 과정은 그들의 생활사를 통틀어 가장 중요한 부분으로 간주된다. 과학자들은 한때 관벌레의 유충이 임의의 장소에서 무작위적으로 변태하며, 운이 좋아 환경이 쾌적한 경우 생존한다고 생각했다. 그러나 천만의 말씀, 사실 그들은 지극히 합목적적이고 선택적이다. 화학적 자취, 온도기울기temperature gradient, 심지어 소리와 같은 단서를 추적하여 변태에 가장 적합한 장소를 찾아낸다.

그러나 그게 전부가 아니었다. 해드필드는 관벌레가 세균, 특히 바이오필름biofilm에 이끌린다는 사실을 알아냈다. 바이오필름이란 세균이 밀집하여 형성된 미끄러운 막으로 물속에 잠긴 선체 등의 표면에서 신속하게 생겨난다. 일단 바이오필름이 발견되면, 유충은 그리로 헤엄쳐 가서 얼굴로 세균들을 짓누른다. 몇 분 뒤에는 꼬리에서 끈끈한 실을 뽑어내 몸을 바이오필름에 고정하고 온몸에 투명한 스타킹을 뒤집어쓰는데, 이렇게 몸이 바이오필름에 단단히 고정되면 변태가 시작된다. 먼저 한때 항해에 사용하던 작은 털들을 잃고 몸이 점점 더 길어진다. 다음으로 머리를 빙 둘러가며 동그란 촉수들이 돋아나 소량의 먹이를 낚아챌 수 있게 된다. 마지막으로, 단단한 튜브로 몸을 에워싼다. 변태가 완료되면, 관벌레는 성충이 되어 평생 이동하지 않는다. 이와 같은 변신은 전적으로 세균에 달려 있으므로, 세균이 없으면 관벌레 성충도 없다. 그러니 관벌레에게 있어서 깨끗한 멸균 시험관은 영원한 미성숙의 땅, 네버랜드인 셈이다.

그렇다고 해서, 관벌레가 아무 미생물들에게나 반응하는 건 아니다. 해드필드가 연구한 바에 따르면, 하와이 해안에 서식하는 수많은 미생물 가운데 겨우 몇 종류의 미생물만이 관벌레의 변태를 유도하며, 그중에서도 변태를 강력하게 유도하는 것은 단 하나뿐이라고 한다. 그 미생물은 슈도알테로모나스 루테오비올라케아Pseudoalteromonas luteoviolacea로, 이름이 길고 발음하기가 어려운 것을 감안하여 해드필드는 P-루테오라는 약칭을 사용하는 자비를 베풀었다. P-루테오는 다른 어떤 미생물들보다도 관벌레의 유충을 성충으로 전환시키는 데 탁월한 능력을 발휘하므로

이 세균이 없다면 관벌레는 영원히 어른이 될 수 없다.[16]

사실 관벌레가 미생물에 반응하는 유일한 종은 아니다. 일부 해면의 유충도 표면으로 기어 올라와 세균을 만났을 때 변신을 한다. 홍합, 따개비, 멍게, 산호도 마찬가지다. 아차, 굴을 빠뜨렸다(아리스토텔레스에게는 미안하다). 해파리와 말미잘의 친척으로서 촉수를 보유하고 있는 집게히드라도 마찬가지여서, 소라게의 껍질에서 사는 세균과 접촉할 때 성체가 된다. 이처럼 바다에는 세균과 접촉할 때만 생활사를 마감하는 유충들이 우글거린다.[17]

유충의 변태를 유도하는 미생물이 모두 사라지면 어떻게 될까? 성체로 성숙하여 생식을 할 수 없으니 방금 언급한 동물들은 멸종할까? 바다를 떠돌던 유충들이 처음에 올바른 표면을 찾아내지 못하면 어떻게 될까? 가장 풍요로운 해양생태계인 산호초가 형성되지 않는 건 아닐까? 늘 유의 사항을 덧붙이는 과학자들처럼 해드필드는 다음과 같이 말한다. "그렇게 생각하지 않아요. 난 그렇게 거창한 이야기를 한 적이 없거든요. 모든 바다 유충들이 세균의 자극을 필요로 하는 게 아닌 건 분명하고, 아직 테스트를 해보지 않은 유충들도 수두룩하죠." 그러나 그는 곧 이런 말을 덧붙여 나를 놀라게 한다. "하지만 세균의 자극을 필요로 하는 동물들을 말해보라면 얼마든지 열거할 수 있어요. 관벌레, 산호, 말미잘, 따개비, 태형동물bryozoan, 해면… 솔직히 말해서 모든 해양 동물 그룹에는 세균에 결정적으로 의존하는 종들이 하나 이상 포함되어 있는 것 같아요."

혹자는 이런 반론을 제기할지도 모른다. "유충은 왜 미생물이 제공하는 단서에만 의존했을까요? 미생물이 유충으로 하여금 표면을 움켜쥘 수 있도록 도와줬거나, 항균물질(병원균을 물리치는 분자)을 제공했던 건 아닐까요?" 그러나 해드필드는 바이오필름의 가치를 중시한다. 그에 의하면,

바이오필름의 존재는 표면의 특성에 대한 중요한 정보 네 가지를 제공한다. 첫째는 고형 표면이 존재한다는 것, 둘째는 표면이 상당한 기간 동안 존재했다는 것, 셋째는 표면의 독성이 별로 강하지 않다는 것, 넷째는 미생물이 오랫동안 버티는 데 충분한 영양분을 포함하고 있다는 것이다. 동물이 정착 여부를 결정하는 데 필요한 정보가 이것 말고 또 뭐가 있겠는가? 그러니 내가 그들에게 되묻고 싶은 질문은 이것이다. 세균이 제공하는 단서에 의존하지 않을 이유가 무엇인지, 나아가 다른 옵션은 뭐가 있는지. "최초의 해양 동물이 정착할 준비가 되었을 때를 생각해보세요. 그때는 깨끗한 표면이 하나도 없었을걸요." 해드필드의 대답이 내게는 마치 롤스와 킹의 음성이 메아리치는 듯 들린다. "그때는 모든 게 미생물로 온통 뒤덮여 있었어요. 그런 상황에서 세균 집단, 즉 바이오필름의 차이가 정착 여부를 판단하는 데 중요한 단서였다는 것은 그리 놀랍지 않죠."

항상성 유지를 위한 끝없는 대화

킹이 연구하는 코아노스와 해드필드가 연구하는 관벌레는 미생물의 존재에 크게 의존하며, 미생물로 인해 극적으로 변신한다. 세균이 없다면 사교적인 코아노스는 영원히 외톨이로 지낼 것이고, 관벌레의 유충은 영원히 성숙하지 못할 것이다. 미생물이 동물의 몸을 얼마나 철저히 빚어내는지를 보여주는 좋은 사례다. 하지만 코아노스와 관벌레는 공생의 고전적 사례와 조금 다르다. 관벌레는 체내에 P-루테오를 보유하지 않으며, 성충이 된 뒤에는 세균과 상호작용을 하지 않는 것 같다. 요컨대 그들과 세균 간의 관계는 일시적이다. 마치 여행자와 같이, 그들은 거리에서 마주친 행인에게 방향을 묻고는 그쪽으로 이동할 뿐이다.

그러나 미생물과 보다 지속적이고 상호 의존적인 관계를 맺는 동물들도 얼마든지 있으니, 일례로 파라카테눌라Paracatenula를 들 수 있다. 파라카테눌라는 전 세계의 따뜻한 해양 침전물 속에 사는 조그만 편형동물로 공생의 극단을 보여준다. 길이 1밀리미터의 몸 중 절반은 공생 세균으로 구성되어 있고, 공생 세균은 트로포솜trophosome이라는 영양체 구획 안에 빽빽이 들어차 있다(트로포솜은 파라카테눌라의 90퍼센트를 차지한다). 파라카테눌라의 뇌는 거의 모두 미생물이거나 미생물의 서식처로 쓰인다. 편형동물을 연구하는 해럴드 그루버-보디카Harald Gruber-Vodicka는 세균을 "파라카테눌라의 모터이자 배터리'라고 부르는데, 그도 그럴 것이 세균들은 숙주에게 에너지를 공급하며 그 에너지를 지방이나 황 화합물의 형태로 저장하기 때문이다. 파라카테눌라가 밝은 백색을 띠는 것도 이 저장된 에너지에 기인한다.

또한 세균은 파라카테눌라에게 특출한 능력을 선사한다.[18] 파라카테눌라는 재생의 대가로, 칼로 가운데를 잘라 두 토막을 내면 양쪽 모두 완전히 기능적인 성체가 된다. 더욱 놀라운 것은 잘린 하반신에서도 머리와 뇌가 재생된다는 사실이다. 그루버-보디카는 이렇게 말한다. "잘게 썰면 열 마리까지 얻을 수 있어요. 자연계에서 으레 그러는 것 같아요. 점점 더 길어지다가, 한쪽 끝이 떨어져 나가 두 마리가 되는 거죠." 이러한 신통방통한 능력은 세 가지 요소, 즉 트로포솜과 그 속에 들어 있는 세균, 그리고 세균이 저장해둔 에너지에 전적으로 의존한다. 공생 세균이 들어 있는 한, 편형동물의 조각은 완전한 성체를 생성할 수 있다. 만약 공생 세균이 너무 부족한 경우 그 조각은 죽는다. 직관에 반하는 듯 들리겠지만 여러 조각으로 잘린 파라카테눌라 중에서 재생될 수 없는 부분은 단한 군데, '세균이 들어 있지 않은 머리 조각'이다. 꼬리에서는 머리가 재생될 수 있지만 머리만 가지고서는 꼬리를 만들 수 없다니, 어쩐지 어이가 없다.

파라카테눌라와 미생물의 동반자 관계는 동물계 전체(당신과 나도 포함한)에서 찾아볼 수 있는 공생 관계의 전형적인 사례다. 편형동물처럼 경이로운 치유 능력은 없지만, 우리는 체내에 미생물을 보유하고 있으며 그들과 평생에 걸쳐 상호작용을 한다. 해드필드가 연구하는, 일생의 어느 시점에 주변에 서식하는 세균에 의해 변형되는 관벌레와는 달리 우리의 몸은 체내에 사는 세균에 의해 지속적으로 형성되고 재형성된다. 즉, 우리와 공생 세균과의 관계는 일회성 교환이 아니라 지속적 협상이다.

지금까지 나는 미생물이 소화관과 기타 장기의 발달에 영향을 미친다고 설명했는데, 미생물들은 임무를 수행한 뒤 휴식을 취하는 법이 없다. 동물의 신체를 유지시키기 위해서는 일을 계속해야 하기 때문이다. 올리버 색스가 말했듯이, 코끼리가 됐든 원생동물이 됐든 생물이 생존하고 독립성을 유지하는 데 있어서 일정한 내부 환경을 유지하는 것보다 더 긴요한 것은 없다.[19] 그리고 그런 항상성을 유지하는 데 미생물은 필수 불가결하다. 미생물들은 소화관의 내벽과 피부 복구를 돕고, 손상되어 죽어가는 세포들이 새로운 세포로 대체되도록 해준다. 그들은 혈뇌 장벽blood-brain barrier(BBB)•의 든든함을 지켜주며, 심지어 골격의 치열한 리모델링••에도 영향을 미친다.[20]

미생물의 지속적인 영향력이 가장 명확하게 나타나는 곳은 면역계다.

• 빽빽이 다져진 세포망으로, 혈액 속의 영양소와 작은 분자들을 뇌로 들여보내지만 커다란 물질과 살아 있는 세포들은 뇌 안으로 들어가지 못하도록 막는 역할을 한다.

•• 오래된 뼈가 재흡수되고 새로운 뼈가 형성되는 과정을 말한다.

면역계란 인체를 감염과 기타 위협에서 지켜주는 세포와 분자들을 집합적으로 일컫는데, 그 복잡성이 상상을 초월한다. 면역계에 대한 개념을 얻기 위해, 먼저 전형적인 '루브 골드버그식 기계장치Rube Goldberg-esque machine'를 생각해보자. 무수한 부품들로 구성된 이 장치는 외견상 모든 부품들이 맞물려 돌아가며, 부품들끼리 서로 자극하고 신호를 보내며 일사불란하게 움직이는 듯 보인다. 이번에는 다소 느슨한 골드버그식 장치를 생각해보자. 그것은 삐걱거리고 반쯤 완성된 기계장치로, 미완성 부품들이 부정확하게 연결되어 있을 뿐만 아니라 개수도 턱없이 부족하다. 무균생쥐의 면역계는 마치 후자와 같다. 테오도어 로즈버리가 무균생쥐를 일컬어 "전반적인 감염에 취약하며 세상의 위험에 대해 유치할 정도의 미숙함을 드러낸다"고 말한 것은 바로 이 때문이다.[21]

무균생쥐의 면역계가 그렇게 미숙하고 취약하다는 것은 동물의 유전체가 성숙한 면역계를 형성하는 데 필요한 요소들을 모두 제공하지 않음을 시사한다. 따라서 성숙한 면역계가 형성되려면 마이크로바이옴이 제공하는 요소들이 추가되어야 한다.[22] 생쥐, 체체파리, 제브라피시를 대상으로 실시된 수백 건의 연구에 의하면 미생물들이 모종의 방법으로 면역계의 형성에 기여한다고 한다. 구체적으로 그들은 모든 면역 세포의 생성에 영향을 미치며, 면역 세포를 만들고 저장하는 장기의 발달에도 영향력을 행사한다. 이는 생애 초기에 특히 중요한데, 왜냐하면 면역계가 그 시기에 처음으로 형성되어 크고 험난한 세상에 적응하기 위해 조율을 시도하기 때문이다. 그리고 면역계가 형성된 이후에도, 미생물은 부상이나 감염 같은 위협에 대한 반응을 끊임없이 조율하고 갱신한다.[23]

여기서 염증에 대해 잠깐 생각해보자. 염증이란 면역 세포들이 손상되거나 감염된 부위로 출동하여 부종, 발적發赤, 발열을 초래하는 것을 말한다. 인체를 위협에서 보호하는 것은 매우 중요하며, 염증이 없다면 우리는 감염으로 만신창이가 될 것이다. 그러나 염증이 전신으로 퍼져나가 너무 오래 지속되거나 신체 조직을 자극하는 것도 문제다. 그러한 자극은 천식, 관절염, 그 밖의 염증성 자가면역질환을 일으킬 수 있기 때문이다. 따라서 염증은 적시에 일어나고 적절히 조절되어야 하며, 염증을 억제하는 것은 염증을 활성화하는 것만큼이나 중요하다. 그런데 어떤 미생물종들은 염증을 촉진하는 '매파 면역 세포'의 생성을 촉진하는 반면, 어떤 미생물종들은 염증을 억제하는 '비둘기파 면역 세포'의 생성을 유도한다.[24] 인체는 두 미생물 간의 적절한 균형을 통해 과잉 반응 없이 위협에 대응할 수 있으며, 미생물이 사라지면 균형이 깨져 감염에 적절히 대응할 수 없다. 무균생쥐가 감염과 자가면역질환에 취약한 것은 바로 이 때문이리라 여겨진다. 즉, 그들은 정작 필요할 때 적절한 면역반응을 일으키지 못하고, 불필요한 시기에 부적절한 면역반응을 막지 못하게 된 것이다.

내가 이야기하는 면역계에 대한 개념이 너무나 색달라서 깜짝 놀라는 독자들이 있을지도 모르겠다. 면역계에 대한 전통적 견해는 군사적 메타포와 적대적인 용어들로 가득 차 있었으니 말이다. 과거에는 자기self(나 자신의 세포)를 비자기non-self(미생물과 그 밖의 모든 외래 물질)와 구별한 다음, 비자기를 뿌리 뽑는 방어 세력으로 면역계를 간주해왔다. 그러나 오늘날에는 사정이 완전히 달라졌다. 과학자들은 이제 우리의 면역계를 맨 처음 형성하고 조율해 주는 은인으로 미생물을 꼽는다.

비근한 예로 박테로이데스 프라길리스Bacteroides fragilis, 간단히 줄여 B-프라그라는 흔한 세균의 경우만 해도 그렇다. 2002년 사르키스 매즈매니언Sarkis Mazmanian은 "B-프라그가 무균생쥐의 일부 면역 장애를 치료할 수 있다"고 보고했다. 특히 B-프라그는 도움 T 세포helper T cell(Th

세포)의 수준을 정상으로 회복시키는 것으로 밝혀졌는데, Th세포는 중요한 면역 세포로서 면역계의 조화를 중개하고 조정하는 역할을 수행하는 것으로 알려져 있다.[25] 더욱 놀라운 것은, 면역계를 정상화하는 데 미생물 전체가 필요한 것도 아니라는 점이다. 매즈매니언에 의하면 미생물의 표면에 있는 A 다당체polysaccharide A(PSA)라는 당 분자 하나만으로도 Th세포의 수를 증가시킬 수 있다고 한다. 하나의 미생물, 아니 하나의 미생물 분자로 특정 면역 장애를 치료할 수 있다는 사실을 밝힌 사람은 매즈매니언이 처음이다. 이후 매즈매니언이 이끄는 연구진은 생쥐를 대상으로 한 실험에서,[26] PSA를 이용하여 대장염 등 소화관에 영향을 미치는 염증 질환이나 신경세포에 영향을 미치는 다발성 경화 등의 질환을 예방하고 치료할 수 있음을 밝혔다.

그러나 여기서 명심할 게 하나 있으니, 그것은 PSA가 세균 분자라는 사실이다. 상식적으로 보면 세균 분자란 면역계가 위협으로 간주하는 물질이다. 그렇다면 PSA는 염증을 유발해야 하는데 그와 정반대로 염증을 진압하고 면역계를 진정시키다니, 이게 도대체 어찌 된 일일까? 매즈매니언은 PSA를 공생 인자라고 부르는데, 이것은 미생물이 사용하는 일종의 화학적 메시지로서 숙주에게 이런 뜻을 전달한다고 한다. "나는 싸우기 위해 온 게 아니라, 화친을 맺기 위해 왔노라."[27]이는 무해한 공생 세균과 위협적인 병원균을 구분하는 것이 면역계 본연의 임무가 아님을 시사한다. 다시 말해서, 그러한 구분을 명확하게 하는 것은 면역계가 아니라 미생물이다.

이쯤 되면 의문이 꼬리에 꼬리를 물고 일어난다. 그러면 면역계를 '미생물 파괴에 혈안이 된 무적함대'라고 볼 수 있을까? 면역계를 그렇게 단편적으로 말하는 것은 좀 문제가 있는 듯하다. 예컨대 1형 당뇨병이나 다발성 경화와 같은 자가면역질환의 경우엔 면역계가 인체 내에서 펄펄 끓어오를 수 있다. 그러나 B-프라그와 같은 우호적 세균들이 우글거릴 경우 면역계는 따뜻한 온기를 느낄 정도로 서서히 가열된다. 나는 면역계를 '국립공원의 순찰 팀' 정도로 보는 게 좀 더 정확하다고 생각한다. 그들은 생태계 관리인으로 국립공원에 상주하는 종들의 수를 신중하게 통제하며, 문제를 일으키는 침입종들은 발견 즉시 쫓아낸다.

그런데 여기에 반전이 있다. 공원에 상주하는 동물들이 맨 처음 순찰 팀을 고용했다고 가정하자. 그들은 순찰 팀에게 '이러이러한 종은 잘 보살피고, 저러저러한 종은 쫓아내라'고 훈련시켰다. 그런 뒤 자신들은 PSA라는 화학물질을 끊임없이 생성하여 순찰 팀의 경계심과 반응성에 영향력을 행사했다. 이 가정대로라면 면역계는 미생물을 통제하는 기관일 뿐만 아니라, 최소한 부분적으로 미생물의 통제를 받는 시스템이라 할 수 있다. 어떤가, 대단하지 않은가? 그러나 마이크로바이옴의 역할은 여기서 멈추지 않는다. 그들은 또 다른 경로를 통해 인체를 최적의 상태로 보존해준다.

하이에나의 신상명세서

특정 마이크로바이옴에 포함된 종들의 목록을 작성하면 마이크로바이옴의 구성원이 어떤 미생물인지를 알 수 있다. 또 특정 미생물들이 보유한 유전자들의 목록을 작성하면 그들이 무슨 일을 할 수 있는지를 알게 된다.[28] 반면에 미생물들이 생성한 화학물질, 즉 대사물metabolite의 목록을 작성하는 경우에는 '그들이 실제로 무슨 일을 하고 있는지'가 보인다.

나는 앞서 이런 화학물질들을 많이 언급했는데, 공생 인자인 PSA와 맥폴-응아이가 짧은꼬리오징어의 행동을 조작하는 물질로 지목한 MAMPs가 그것이다. 그 밖에도 수십만 가지의 화학물질들이 더 있지만, 우리는 이제야 그것들이 하는 일을 이해하기 시작했다.[29] 이런 물질들은 동물들이 자신의 공생 세균과 대화하기 위해 사용하는 수단이라고 할 수 있다. 많은 과학자들이 이런 대화를 엿들으려 노력하고 있는데, 사실 대화를 엿듣는 것은 그들뿐만이 아니다. 미생물들이 만드는 분자들은 숙주의 몸을 떠나 공중을 떠돌아다니다가 먼 곳에까지 메시지를 전달한다. 그것은 일종의 성명서로, 만약 아프리카의 사바나로 간다면 당신도 그중 일부를 훔쳐볼 수 있으리라.

아프리카에 서식하는 대형 포식자들 중에서 가장 사회성이 높은 동물은 점박이하이에나다. 사자 무리는 열두 마리의 개체로 구성되지만, 하이에나 무리는 무려 마흔 마리에서 여든 마리의 개체들로 구성된다. 하이에나 무리는 한곳에 모여 있기보다는, 하루 종일 끊임없이 소그룹을 형성하고 해체하며 이합집산을 반복한다. 이러한 역동성 때문에 신생 분야의 생물학자들에게 하이에나는 멋진 연구 대상이 된다. 하이에나광狂인 케빈 타이스Kevin Theis는 이렇게 말한다. "사자나 늑대는 재미가 없어요. 들판에서 사자를 관찰할 수는 있지만, 기껏해야 한자리에 누워 가끔씩 버둥거리겠죠. 몇 년 동안 늑대를 연구해봤자, 고작해야 스캣 송• 부르는 장면을 구경하거나 울부짖는 소리를 들을 거고요. 하이에나는 달라요. 그들은 안부, 소개, 지배, 항복을 의미하는 신호를 수시로 주고받습니다. 새끼들은 무리에서 자신의 위치를 파악하려고 노력하고, 새로 이주해 온 수컷들은

• 재즈에서 목소리로 가사 없이 연주하듯 음을 내는 창법.

구성원들의 면면을 훑어보느라 바쁘죠. 그들의 사회생활은 믿기 힘들 정도로 복잡합니다."

하이에나들은 이렇게 복잡한 상황을 다양한 신호를 이용하여 해결하는데, 그중 하나가 화학 신호다. 점박이하이에나는 기다란 풀줄기 위에 다리를 벌리고 걸터앉아 엉덩이의 취선에 힘을 준 상태로 줄기를 한 번 훑는다. 그러면 줄기 위에 얇은 반죽이 남게 되는데, 시간이 지나면서 색깔은 까만색에서 오렌지색으로 변하고, 점도는 백악질에서 묽은 액체 상태로 변한다. 그렇다면 냄새는 어떨까? "나한테는 식물 껍질이 발효하는 냄새 같은데, 다른 사람들은 체다 치즈나 싸구려 비누 냄새 같다더군요." 타이스의 말이다.

하이에나가 취선에서 분비한 반죽을 몇 년 동안 연구해오던 중 그는 한 동료에게서 "그 냄새가 혹시 세균과 관련된 건 아닐까요?"라는 말을 들었다. 그래서 관련 문헌을 뒤져본 결과 1970년대에 다른 과학자들이 그런 아이디어를 제시했음을 알게 되었는데, 그들의 주장은 이러했다. "많은 포유동물들의 취선에는 세균이 들어 있다. 세균은 지방과 단백질을 발효하여 공기 중에 떠다니는 냄새 분자를 생성한다. 상이한 동물 종들이 특유의 향기를 풍기는 이유는 미생물의 종류가 각기 다르기 때문이다." 내가 1장에서 샌디에이고 동물원의 빈투롱에게서 팝콘 냄새가 난다고 했던 것을 기억하시는지?[30] 동물의 향기는 명찰과 마찬가지이며, 숙주의 건강 상태나 지위에 관한 정보를 제공하기도 한다. 또한 무리의 구성원들끼리 놀거나 거칠게 밀치거나 짝짓기를 할 때 마이크로바이옴이 공유되므로, 그 과정에서 그룹 전체를 특징짓는 독특한 향기가 생겨나게 된다.

타이스가 선행 논문에서 발견한 가설은 타당성이 있지만, 과학자들은 그 가설을 검증하느라 무진 애를 먹었다. 하지만 그로부터 수십 년이 지난 오늘날에는 유전학적 분석 도구들이 많이 개발되어 타이스는 가설 검증에 그다지 어려움을 느끼지 않는다. 케냐에서 연구하는 그는 일흔세 마리의 하이에나를 마취시켜 취선에서 분비되는 반죽 샘플을 채취했다. 반죽에 상주하는 미생물들의 DNA를 분석한 결과, 선행 연구에서 발견된 것들을 모두 합친 것보다 더 많은 세균들이 발견되었다. 그리고 세균 및 그들이 생성한 화학물질들은 점박이하이에나와 줄무늬하이에나, 수컷 하이에나와 암컷 하이에나, 생식력이 있는 하이에나와 생식력이 없는 하이에나별로 각각 다른 것으로 나타났다.[31] 이와 같은 차이를 종합하여 판단한 결과, 하이에나의 취선에서 분비되는 반죽은 일종의 그래피티graffiti로서 하이에나의 신원, 소속된 종, 나이, 생식 가능 여부 등에 관한 정보를 담고 있는 것으로 밝혀졌다. 취선에서 분비된 냄새나는 반죽을 초원의 풀줄기에 묻혀놓음으로써, 하이에나는 자신의 신상 정보를 아프리카 사바나 전체에 유포하는 셈이다.

그러나 하이에나가 냄새나는 미생물을 이용하여 신호를 주고받는다는 것은 아직 가설일 뿐이다. "우리는 먼저 마이크로바이옴을 조작함으로써 냄새의 프로파일이 바뀌는지 확인해봐야 해요. 그런 다음 하이에나가 바뀐 냄새에 주의를 기울이는지, 그리고 어떤 반응을 보이는지를 확인해야 하고요." 타이스의 말이다. 한편 다른 과학자들은 코끼리, 미어캣, 오소리, 생쥐, 박쥐 등 다른 포유동물의 취선과 소변에서 타이스의 연구 결과와 비슷한 패턴을 발견했다. 즉, 늙은 미어캣의 체취는 젊은 미어캣의 채취와 다르고, 수컷 코끼리의 악취는 암컷 코끼리와 다른 것으로 나타났다.

이번에는 인간의 겨드랑이 냄새, 즉 암내를 생각해보자. 인간의 겨드랑이는 하이에나의 취선과 다르지 않다. 그곳은 따뜻하고 축축하고 세균이 풍부하며, 각각의 세균은 고유의 향기를 만들어낸다. 코리네박테륨Corynebacterium은 겨드랑이의 땀을 양파 냄새나는 물질로 전환시키고, 테스토스테론을 냄새 맡는 사람의 유전자에 따라 바닐라 향, 소변 냄새, 또는 무취의 물질로 전환시킨다. 이러한 냄새들이 유용한 신호가 될 수 있을까? 물론이다. 겨드랑이에 서식하는 마이크로바이옴은 놀라울 정도로 안정적이므로 우리의 암내도 일정할 수밖에 없다. 모든 사람들은 자신만의 독특한 암내를 갖고 있으며, 많은 실험에서 지원자들은 티셔츠 냄새로 사람을 구별할 수 있는 것으로 밝혀졌다. 심지어 일란성쌍둥이까지도 냄새로 구분할 수 있다. 어쩌면 하이에나와 마찬가지로, 우리도 마이크로바이옴이 발송하는 메시지를 코로 접수함으로써 상대방에 대한 정보를 얻을 수 있을지도 모른다.

비단 포유동물뿐만이 아니다. 이집트땅메뚜기의 장내 미생물은 집합페로몬•의 일부를 만듦으로써 고립된 개체들로 하여금 하늘을 새까맣게 뒤덮는 메뚜기 떼를 형성하게 한다. 독일바퀴German cockroach들이 깡충뛰어 서로의 대변 주위로 모여드는 경향이 있는 것도 장내 미생물 때문이다. 자이언트 메스키트 버그giant mesquite bug는 페로몬을 이용하여 서로에게 경고신호를 보내는데, 이 페로몬을 만드는 것도 공생 세균이라고 한다.[32]

동물들이 화학 신호를 보내기 위해 미생물에게 의존하는 이유는 뭘까? 타이스는 롤스, 킹, 해드필드와 똑같은 이유를 제시한다. 점막을 포함한 모든 표면에는 미생물들이 우글거리고, 그들은 휘발성 화합물을 방출한다. 그러한 화학 신호가 유용한 신상 정보(성별, 힘, 생식능력 등)를 담

• 집단의 형성과 유지에 관여하는 페로몬.

고 있다면, 숙주 동물은 취기관臭器官을 진화시켜 특정 미생물들에게 숙식을 제공할 것이다. 그리하여 당초에는 비의도적 신호였지만, 결국에는 필요한 신상 정보를 모두 갖춘 신호가 완성된다. 나아가 미생물들은 공기 중에 떠다니는 메시지를 만듦으로써 숙주와 멀리 떨어진 곳에 서식하는 동물의 행동에도 영향을 미칠 수 있다. 만약 그게 사실이라면, 미생물이 보다 원격적인 방법을 이용하여 동물의 행동에 영향을 미칠 수 있다는 사실도 별로 놀랍지 않다.

미생물이 뇌와 행동에 미치는 영향

2001년, 신경과학자인 폴 패터슨Paul Patterson은 임신한 생쥐에게 바이러스 모방체를 주입하여 면역반응을 일으켰다. 어미가 낳은 새끼들은 외견상 건강해 보였지만 성장하면서 점차 흥미로운 기행을 보였다. 선천적으로 개방된 공간을 꺼리는 여느 생쥐와 달리 그들은 개방된 공간을 유난히 꺼리는 것으로 나타났다. 그뿐만이 아니었다. 큰 소음에도 쉽게 놀라고 몸단장을 끊임없이 반복했으며, 구슬을 자꾸만 땅에 묻으려 했다. 건강한 새끼들보다 의사소통이 드물고 사회적 접촉을 기피했다. 이처럼 불안, 반복 행동, 사회성 결핍을 보이는 생쥐들을 보며 패터슨은 두 가지 인간 질병의 증상과 유사하다고 생각했는데, 하나는 자폐증이고 다른 하나는 조현병이었다. 그런 유사성을 전혀 예상하지 못했던 건 아니었다. 패터슨은 언젠가 인플루엔자나 홍역 같은 심각한 감염병에 걸린 임신부는 자폐증이나 조현병을 앓는 자녀를 낳을 가능성이 높다는 내용의 논문을 읽은 적이 있던 터였다. 그래서 그는 어미의 면역반응이 어찌어찌 새끼의

뇌에 영향을 미쳤나보다고 생각하고 넘어갔다.[33]

그로부터 몇 년 뒤, 장내 미생물인 B-프라그의 항염 효과를 발견한 동료 매즈매니언과 점심을 먹던 중 패터슨은 그동안 간과했던 점을 알게 되었다. 매즈매니언은 장내 미생물이 면역계에 영향을 미친다는 사실을 발견했고, 패터슨은 면역계가 발육 중인 뇌에 영향을 미친다는 사실을 발견했는데, 두 사람이 그간 자신들이 동일한 문제의 양면을 바라보고 있었음을 깨닫게 된 것이다. 그들은 패터슨이 실험에 사용한 생쥐가 자폐증에 걸린 어린이와 똑같은 소화관 문제를 겪는다는 점에 주목했다. 즉, 실험 쥐와 자폐아는 설사나 기타 소화관 장애를 앓는 경우가 많았는데, 양쪽 모두 장내 미생물의 구성이 비정상적이었다. 그래서 두 사람은 이렇게 추론했다. "아마도 장내 미생물이 실험 쥐와 자폐아의 행동 증상에 영향을 미친 것 같은데, 소화관 장애를 치료하면 행동도 변화하지 않을까?"

자신들의 아이디어를 테스트하기 위해 패터슨의 실험 쥐에게 B-프라그를 먹인 결과,[34] 그들은 괄목할 성과를 얻었다. 생쥐는 모험심이 강해졌고 잘 놀라지 않게 되었을 뿐 아니라, 반복 행동이 감소했으며 의사소통은 증가했다. 여전히 다른 생쥐들에게 접근하는 것을 꺼렸지만, 그 점만 제외하면 B-프라그를 투여함으로써 실험 쥐의 행동 장애(어미의 면역계가 새끼에게 초래했던 증상)를 모두 역전시킬 수 있었다.

그렇다면 B-프라그가 실험 쥐의 증상을 치료한 방법과 이유는 무엇일까? 최선의 추론은 이러했다. "패터슨은 임신한 쥐에게 바이러스 유사체를 주입함으로써 면역반응을 일으켰고, 그로 말미암아 새끼들의 소화관 투과성이 비정상적으로 증가함과 동시에 특이한 장내 미생물이 등장했다. 그 미생물들이 생성한 화학물질이 혈류를 통해 뇌까지 이동하여 비정상적 행동을 초래했던 것이다. 행동 장애를 초래한 주범은 4-에틸페닐설 페이트4-ethylphenylsulfate(4EPS)로, 건강한 동물들에게 불안증을 초래할 수 있다. 패터슨이 실험 쥐들에게 B-프라그를 먹이자, 이 미생물들은 소화관의 투과성을 감소시키고 4EPS가 뇌로 이동하는 것을 차단함으로써 비정상적 행동증상을 역전시켰다."

패터슨은 2014년에 사망하고 이제는 매즈매니언이 친구의 연구를 이어가고 있다. 그의 장기적인 목표는 자폐증 증상을 치료하는 미생물을 개발하는 것인데, 가장 유망한 후보는 B-프라그다. B-프라그가 실험 쥐에서 좋은 성과를 거둔 데다 자폐증 환자의 소화관에 가장 결핍된 미생물로 알려져 있기 때문이다. 그의 연구 결과를 접한 자폐아의 부모들은 그에게 정기적으로 메일을 보내 어디서 B-프라그를 구입할 수 있는지 문의한다. 많은 부모들은 이미 자녀들의 소화관 장애를 완화하기 위해 활생균인 프로바이오틱스probiotics를 먹이고 있으며, 그중 일부는 행동 장애가 개선되었다고 주장한다. 매즈매니언은 이러한 일화들을 입증할 만한 임상적 근거들을 찾으며 전망을 낙관하고 있다.

그러나 회의론자들도 있다. 가장 두드러진 비판은 과학 작가인 에밀리 윌링엄Emily Willingham이 말했듯이 "생쥐는 자폐증을 앓지 않는다"는 것이다. 자폐증이란 인간의 신경 생물학적 산물로서, 사회적·문화적으로 인식된 정상을 기준으로 규정된 것이기 때문이다.[35] 생쥐가 구슬을 반복적으로 땅속에 파묻는 것과 어린이가 앞뒤로 왔다 갔다 하는 게 똑같은 것일까? 찍찍 소리를 덜 내는 게 다른 사람에게 말을 걸지 못하는 것과 똑같은 것일까? 하지만 웬만한 사람들은 첫눈에 유사성을 발견할 것이며, 더 유심히 살펴보면 다른 질환에서도 유사성을 발견하게 될 것이다(사실 패터슨이 실험에 사용한 생쥐는 원래 자폐증보다는 조현병을 모델링하기 위해 만들어졌다). 매즈매니언이 이끄는 연구진은 최근 실시한 실험으로부터 생쥐의 이상행동과 인간의 자폐증이 서로 연관되어 있음을 시사하는 결과를 얻었다. 자폐아에게서 채취한 장내 미생물을 생쥐에게 이식한 결과, 생쥐들이 패터슨의 실험에서 관찰된 것과 똑같은 반복이나 사회적 기피 등 이상행동을 보이더라는 것이다.[36] 이는 미생물이 최소한 부분적으로 이러한 행동 증상에 관여한다는 것을 시사한다. 매즈매니언은 낙관적으로 말한다. "모든 사람들이 인간의 자폐증을 생쥐 모델에서 재현할 수 있다고 믿는 건 아니에요. 하지만 제한적이기는 해도 보시다시피 이런 긍정적 연구 결과가 나오는 걸 어떡하란 말이죠?"

다른 건 차치하더라도, 패터슨과 매즈매니언은 장내 미생물 조작이나 4EPS 주입을 통해 생쥐의 행동을 바꿀 수 있음을 증명했다. 그리고 나는 지금까지 미생물이 소화관, 골격, 혈관, T세포의 발육에 영향을 미친 사례를 제시했으며, 조금 전에는 미생물이 뇌에 영향을 미친 사례까지 소개했다. 우리의 현재 모습을 만드는 데 가장 많이 기여하는 장기인 뇌가 미생물의 영향을 받는다니, 생각만 해도 끔찍한 기분이다. 우리는 자유의지를 매우 가치 있게 여기므로 '보이지 않는 세력 때문에 독립성을 상실했다'는 생각은 사회 전체를 깊은 공포로 몰아넣을지 모른다. 조지 오웰식 디스토피아, 어둠의 무리, 마음을 조종하는 악당들로 가득 찬 최악의 상황이 떠오를 수도 있다. 그러나 미안하지만, 우리는 이미 마리오네트 인형이나 마찬가지다. 우리의 몸속에 살고 있는, 뇌도 없고 현미경으로나 볼 수 있는 단세포생물들이 지금껏 줄곧 줄을 잡아당겨왔다는 것은 움직일 수 없는 사실이다.

1822년 6월 6일 오대호의 한 섬에서, 알렉시스 생마르탱Alexis St Martin이라는 스무 살짜리 모피상은 사고로 자기의 옆구리에 머스킷 총을 발사했다. 그 섬에 거주하는 유일한 의사는 윌리엄 보몬트William Beaumont라는 군의관이었다. 보몬트가 현장에 도착했을 때, 생마르탱은 30분째 피를 흘리고 있었다. 갈비뼈가 부서지고 근육은 갈가리 찢긴 채였다. 옆구리에는 화상을 입은 폐가 삐죽 튀어나오고 위장에는 손가락 너비만 한 구멍이 뚫려 있었는데, 그 구멍을 통해 음식물이 새어 나왔다. 나중에 보몬트가 쓴 회고록에는 이렇게 적혀 있다. "나는 그의 생명을 살리려는 시도가 전적으로 무의미하다고 생각했다."[37]

그러나 보몬트는 치료를 시도했다. 생마르탱을 자신의 집으로 옮긴 다음, 모든 역경을 무릅쓰고 몇 번의 수술과 몇 달간의 보살핌을 통해 그의 상태를 안정화시켰다. 그러나 생마르탱은 완쾌되지 않았다. 그의 위장이 피부에 뚫린 구멍에 달라붙어 외부와 통하는 영구적인 현창舷窓•을 형성했는데, 보몬트는 그것을 '돌발적인 구멍accidental orifice'이라고 불렀다. 사냥과 모피 거래가 불가능해지자 먹고살 길이 막막해진 생마르탱은 보몬트의 잡역부 겸 하인으로 취직했다. 보몬트는 그를 기니피그 취급했다. 당시는 사람들이 소화가 어떻게 진행되는지에 대해 아무것도 모를 때였다. 때마침 생마르탱의 배에 구멍이 뚫려 있으니 보몬트는 '이게 웬 떡이냐' 하며 문자 그대로 이 기회의 창window of opportunity을 들여다봤다. 그는 위산 샘플을 잔뜩 수집했고, 간혹 음식을 구멍에 집어넣어 소화 과정을 실시간으로 관찰했다. 실험은 1833년까지 계속되었고, 그 후 두 사람은 결별했다. 생마르탱은 퀘벡으로 돌아가 농사를 짓다가 일흔여덟 살을 일기로 세상을 떠나고, 보몬트는 위 생리학의 아버지로 유명세를 얻었다.[38]

많은 관찰 중에서도 보몬트가 주목한 것은 '생마르탱의 기분이 그의

• 채광과 통풍을 위해 뱃전에 낸 창문.

위장에 영향을 미치는가'였다. 생마르탱이 화를 내거나 짜증을 낼 때 의사가 구멍 속으로 음식을 집어넣는다면 어떨까? 그러잖아도 화가 난 마당에 음식을 강제로 집어넣으면 분기탱천할 것이 뻔하다. 어쨌든 생마르탱이 화를 내면 소화 속도가 변하는 것으로 나타났다. 뇌가 위장에 영향을 미친다는 사실이 처음으로 밝혀진 것이다. 그로부터 약 두 세기가 지난 뒤, 뇌와 위장의 관계는 상식이 되었다. 우리는 기분이 상했을 때 입맛이 떨어지며, 반대로 배가 고플 때는 기분이 변한다. 심리적 문제와 소화 장애는 종종 동시에 발생한다. 생물학자들은 장-뇌 축gut-brain axis을 종종 언급하는데, 이것은 장과 뇌 사이의 양방향 커뮤니케이션 경로를 말한다.

한 단계 더 나아가, 우리는 장내 미생물이 장-뇌 축의 일부임을 잘 알고 있다. 물론 양방향으로 말이다. 1970년대 이후 발표된 논문들에 의하면, 굶주림, 불면, 어미와의 이별, 공격적인 개체의 갑작스런 등장, 초고온이나 초저온, 붐빔, 커다란 소음 등 다양한 스트레스가 생쥐의 마이크로바이옴을 바꿀 수 있다고 한다. 그런데 그 역逆도 성립한다. 즉 마이크로바이옴이 숙주의 행동, 사회적 태도, 스트레스 대처 능력에 영향을 미칠 수 있다.[39]

사이코바이오틱스

2011년에는 장-뇌 축에 관한 논문들이 봇물처럼 쏟아져 나왔다. 불과 몇 달 사이에 여러 과학자들이 흥미로운 논문을 발표하여 미생물이 뇌와 행동에 영향을 미친다는 사실을 만방에 알렸다.[40] 스웨덴 카롤린스카 연구소의 스벤 페테르손Sven Petterson은 "무균생쥐는 미생물을 보유한 생쥐보다 덜 불안해하고 더 용감하지만, 어릴 때 미생물을 이식하면 여느 생쥐들처럼 조심성 많은 어른으로 성장한다"고 보고했다. 대서양 건너편에 있는 캐나다 맥마스터 대학의 스티븐 콜린스Stephen Collins도 우연히 비슷한 발견을 했다. 위장병학 전문가인 그는 프로바이오틱스가 무균생쥐의 소화관에 영향을 미치는 과정을 연구하던 중이었다. "기술자 중 한 명이 내게 이렇게 말했어요. '이 프로바이오틱스는 좀 이상해요. 이걸 먹으면 생쥐들이 불안해하거든요. 아무리 생각해봐도 생쥐들이 달라지는 것 같아요.'" 그래서 콜린스는 흔한 실험 쥐 두 품종을 갖고서 실험에 착수했는데, 그중 하나는 '성격이 대담한 품종'이고 다른 하나는 '성격이 소심한 품종'이었다. 결과는 드라마틱했다. 대담한 품종의 무균 버전(항생제를 투여하여 미생물을 제거한 버전)을 소심한 품종과 함께 사육하니 소심해졌고, 소심한 품종의 무균 버전을 대담한 품종과 함께 사육하니 대담해졌다. 다른 품종과 숙식을 함께하다보니 그들의 미생물을 받아들여 성격이 바뀐 것이다. 콜린스는 이렇게 결론지었다. "두 품종의 장내 미생물이 바뀌면 성격도 바뀐다."

페테르손과 콜린스의 연구 결과는 인상적이었지만, 무균 버전을 사용했다는 데 문제가 있었다. 왜냐하면 무균생쥐는 생리적 변화가 많아 연구 결과에 영향을 미칠 수 있는 특이한 동물이기 때문이다. 그래서 아일랜드 코크 대학의 존 크라이언John Cryan과 테드 디낭Ted Dinan은 정상 버전(마이크로바이옴을 제거하지 않은 생쥐)을 대상으로 실험을 실시했다. 그들은 콜린스가 연구했던 소심한 품종(정상 버전)에게 락토바실루스 람노수스Lactobacillus rhamnosus(요구르트와 유제품에 흔히 사용되는 세균으로 JB-1이라 불린다)를 먹였다. 생쥐들은 이 JB-1 세균을 섭취하고 난 뒤 불안감을 보다 수월하게 극복하여 미로의 노출된 부분이나 개방된 장소의 한복판에서 더 오랜 시간을 보냈다. 또한 우울한 기분을 견뎌내는 데도 일가견을 보였다. 즉, 수조 속에 넣었더니 목적 없이 떠다니기보다 물장구 놀이에 더 많은 시간을 보냈다.[41] 미로, 개방된 공간, 수조를 이용한 이러한 실험들은 정신과 약물의 효능 확인에 흔히 사용되는데, JB-1은 이들 실험에서 항불안제나 항우울제와 유사한 효과를 발휘했다. "생쥐들은 마치 저용량의 푸로작Prozac(항우울제)이나 바륨Valium(항불안제)을 복용한 것처럼 행동했어요"라고 크라이언은 말한다.

JB-1이 무슨 일을 하는지 알아내기 위해, 크라이언과 디낭은 생쥐의 뇌를 해부해보았다. 그 결과 JB-1은 뇌의 여러 부분들(학습, 기억, 감정 조절에 관여하는 부분)에서 GABA(흥분성 뉴런을 진정시키는 억제성 신경전달물질)에 반응하는 방법을 바꾼 것으로 나타났다. 이 역시 인간의 정신장애와 유사한 점이 있다. GABA에 문제가 발생하면 불안증과 우울증이 발생하며, 벤조디아제핀benzodiazepine이라는 항불안제는 GABA를 활성화함으로써 효과를 발휘하는 것으로 알려져 있기 때문이다. 또한 연구진은 JB-1이 뇌에 영향을 미치는 경로를 추적했는데, 그들이 지목한 것은 미주신경迷走神經이었다. 미주신경은 길고 가지를 많이 치는 신경으로서, 뇌와 소화관 같은 내장 사이에서 신호를 전달하는 것으로 알려져 있다. 그러므로 미주신경은 장-뇌 축을 물리적으로 구현한다고 할 수 있다. 연구진이 미주신경을 절단해보니, 아니나 다를까 생쥐의 마음을 바꿨던 JB-1은 모든 영향력을 상실하는 것으로 나타났다.[42]

크라이언과 디낭의 연구는 물론 많은 후속 연구에서도 생쥐의 마이크로바이옴을 바꿈으로써 행동과 뇌의 화학물질, 불안증, 우울증에 영향을 미칠 수 있는 것으로 밝혀졌다. 그러나 연구들 사이에는 상충되는 점도 많았다. 어떤 연구는 미생물이 어린 생쥐의 뇌에만 영향을 미친다고 보고한 반면, 어떤 연구는 청소년 및 어른 생쥐에게도 영향을 미친다고 보고했다. 어떤 연구는 미생물이 설치류의 불안을 감소시킨다고 보고했고, 어떤 연구는 불안을 증가시킨다고 보고했다. 어떤 연구는 미주신경이 핵심 경로라고 보고했고, 어떤 연구는 미생물이 도파민이나 세로토닌과 같은 신경전달물질을 생성할 수 있다고 강조했다.[43] 하지만 이러한 불일치는 충분히 예상할 만하다. 마이크로바이옴과 뇌라는 복잡한 요인들이 충돌하는데 명확한 결과가 나오리라고 예상하는 사람이 오히려 순진한 것 아닐까?

핵심적인 이슈는 '이런 문제가 실생활에서 얼마나 중요한가?'이다. 실험실이라는 통제된 환경에서 나타난 미생물의 미묘한 영향이 현실 세계에서 정말로 중요한 의미를 가질 수 있을까? 크라이언도 이 같은 회의적 시각을 충분히 이해하며, 그런 의문을 잠재울 수 있는 방법은 단 하나라고 주장한다. 그것은 동물실험에서 벗어나, 임상으로 진입해야 한다는 것이다. "우리는 이제 인간에게로 눈을 돌려야 해요"라고 그는 말한다.

지금껏 '인간이 항생제나 프로바이오틱스를 복용한 뒤 다르게 행동하는가?'라는 의문을 해결하기 위해 실시된 시험들은 부지기수다. 그러나 기존의 시험들은 방법론의 문제와 애매한 결과 때문에 논란에 휩쓸려왔다. 소규모 실험이기는 하지만, 그중에서 가장 유망한 것 중 하나는 커스틴 틸리시Kirsten Tillisch가 실시한 것으로, "미생물이 풍부한 요구르트를 하루 두 번씩 섭취한 여성들은 미생물이 함유되지 않은 유제품을 섭취한 여성들에 비해 뇌의 특정 영역(감정 처리를 담당하는 부분)의 활성이 감소했다"는 보고가 나왔다. 이 시험 결과를 어떻게 해석할 것인지에 대해서는 논란이 많지만, 최소한 세균이 인간의 뇌 활성에 영향을 미칠 수 있다는

점을 증명했다는 것만은 분명하다.[44]

진정한 임상시험이라면 세균이 인간의 스트레스, 불안, 우울증, 기타 정신 건강 문제를 해결하는 데 도움이 될 수 있는지를 밝혀야 할 것이다. 이미 성공의 징후를 보이고 있는 임상 시험이 몇 건 있다. 스티븐 콜린스는 최근 소규모 임상시험을 완료했는데, 한 식품 회사가 특허권을 보유한 비피도박테륨 균주가 과민대장증후군irritable bowel syndrome(IBS) 환자의 우울증 증상을 감소시킨 것으로 나타났다고 한다.[45] "내가 알기로, 프로바이오틱스가 특정 질병에 걸린 환자의 비정상적 행동을 감소시킨다는 사실이 증명된 것은 이것이 처음이에요"라고 그는 말한다. 크라이언과 디낭이 이끄는 임상시험은 현재 막바지에 도달한 상태다. 그들은 프로바이오틱스(그들은 사이코바이오틱스psychobiotics라고 부른다)가 스트레스 해소에 도움을 주는지 여부를 테스트하고 있다. 정신과 의사로서 우울증 환자를 위한 클리닉을 운영하는 디낭은 속마음을 솔직히 털어놓는다. "나는 동물에게 미생물을 먹여 행동을 바꿀 수 있다는 주장에 회의를 품어왔어요. 하지만 지금은 미생물의 효능을 확신합니다." 그는 이어 다음과 같이 생각을 밝혔다. "프로바이오틱스 칵테일을 이용하여 심각한 우울증 환자를 치료하는 것은 매우 어렵지만, 경미한 환자를 치료하는 것은 얼마든지 가능하다고 봐요. 항우울제나 고가의 치료법을 원하지 않는 환자들이 많은데, 그들에게 효과적인 프로바이오틱스를 권할 수 있다면 정신 건강 의학이 진일보할 수 있을 거예요."

많은 연구를 통해 과학자들은 미생물이라는 렌즈로 인간 행동의 다른 측면을 바라보고 있다. 술을 많이 마시면 소화관 벽의 투과성이 증가하여 세균이 뇌에 미치는 영향력 또한 증가한다. 그렇다면 알코올중독자들이 종종 우울증이나 불안증을 경험하는 건 바로 그 때문이 아닐까? 우리의 식단이 소화관 속의 미생물을 재형성하므로, 그런 변화가 결국 마음에까지 영향을 미치는 것 아닐까?[46] 나이가 들수록 소화관에 서식하는 마이크로바이옴의 안정성은 떨어진다. 그렇다면 노인기에 뇌질환이 증가하는 것도 그 때문이 아닐까? 그리고 당신이 초콜릿 바나 햄버거에 손을 내밀었다면, 그 손을 뻗게 한 것은 정확히 무엇일까? 우리의 식욕을 1차적으로 조작하는 것은 마이크로바이옴이 아닐까?

일반적인 관점에서 볼 때, 메뉴판에서 올바른 음식을 고르는 기준은 '좋은 음식'과 '나쁜 음식'의 차이일 것이다. 그러나 장내 미생물의 관점에서 보면 선택 기준은 좀 더 중요해진다. 미생물마다 좋아하는 음식이 다르다. 예컨대 어떤 미생물은 식물성섬유를 소화시키는 데 일가견이 있고, 어떤 미생물은 지방을 보면 환장을 한다. 음식을 선택할 때, 우리는 '어떤 미생물이 배불리 먹을 것인지'와 '어떤 미생물이 비교 우위를 누릴 것인지'도 결정하게 된다. 그러나 그들은 소화관 속에 잠자코 앉아 당신의 결정을 감지덕지하며 받아들일 필요가 없다. 곧 알게 되겠지만, 세균들은 신경계를 해킹하는 방법을 알고 있으니 말이다. 만약 우리가 올바른 음식을 먹었을 때 그들이 도파민, 즉 쾌락과 보상에 관여하는 신경전달물질을 분비하게 한다면 결국 당신으로 하여금 특정 음식을 선호하도록 훈련시킬 수 있지 않을까? 그렇다면 메뉴 선택 과정에서 주도권을 행사하는 것은 도파민을 분비하는 세균인 셈이다.[47]

당장으로서는 가설에 불과하지만, 그렇다고 너무 앞서 나간 이야기는 아니리라. 자연계에는 숙주의 마음을 조종하는 기생충이 즐비하다.[48] 예컨대 광견병 바이러스는 신경계를 감염시켜 보균견을 난폭하고 공격적으로 만든다. 만약 보균견이 동료들을 공격하거나 깨물거나 할퀴면, 바이러스는 동료들에게로 옮아간다. 뇌에 기생하는 톡소포자충Toxoplasma gondii도 꼭두각시를 조종하는 전문가다. 이 녀석은 고양이의 몸속에서 유성생식을 통해 번식하는데, 쥐에게 침입할 경우 고양이의 냄새에 대한 선천적 공포심을 억제하고 그것을 성적 매력 비슷한 것으로 받아들이게 한다. 그리하여 겁을 상실한 설치류는 고양이에게 무턱대고 접근하여 처참한 죽음을 맞게 되는 것이다. 그렇게 고양이가 쥐를 잡아먹음으로써 톡소포자충은 생활사를 완성한다.[49]

광견병 바이러스와 톡소포자충은 노골적인 기생충으로 이기적이게도 숙주의 희생을 발판 삼아 번식하는데, 이때 숙주는 해롭고 때로는 치명적인 결과를 맞이하게 된다. 그러나 우리의 장에 서식하는 미생물들은 다르다. 그들은 우리의 자연스러운 삶의 일부이며 소화관, 면역계, 신경계 등 우리 신체의 구성을 돕는다. 그들은 우리에게 이롭다. 그러나 그런 사실에 현혹되어 장내 미생물은 무조건 안전하다고 오해해서는 안 된다. 공생하는 미생물도 하나의 실체이므로 자신의 이익을 추구하며 진화적 전쟁을 치른다. 그들은 우리의 동반자가 될 수 있지만, 친구는 아닐 수 있다. 아무리 궁합이 잘 맞는 공생 관계라 할지라도 갈등과 이기심과 배반은 상존하기 마련이다.

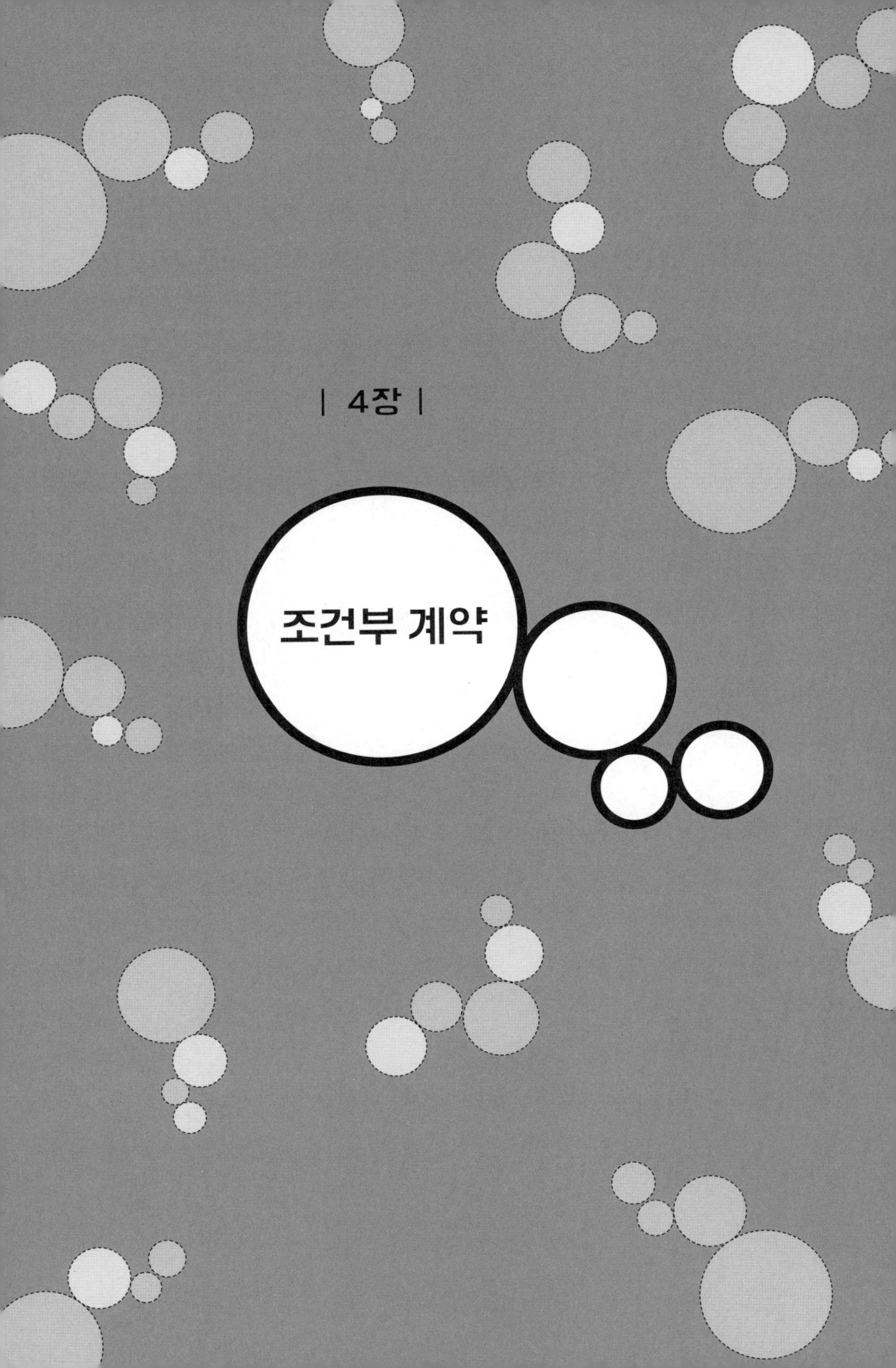

| 4장 |

조건부 계약

1924년, 마셜 허티그Marshall Hertig와 시미언 버트 월바크Simeon Burt Wolbach는 보스턴과 미니애폴리스에서 채집한 흔한 갈색 모기인 빨간집모기Culex pipiens의 몸속에서 새로운 미생물을 발견했다.[1] 그 미생물은 월바크가 전에 로키산홍반열Rocky Mountain spotted fever 및 발진티푸스의 원인균으로 지목한 리케차균과 약간 비슷해 보였다. 그러나 새로 발견된 미생물은 어떤 질병과도 관련이 없는 듯했기에 거의 무시되었고, 12년이 지나서야 허티그는 친구(월바크)와 세균을 옮기는 모기(피피엔스)를 기념하여 볼바키아 피피엔티스Wolbachia pipienntis라고 공식적으로 명명했다. 그리고 생물학자들이 그 세균의 실상을 깨달은 것은 그로부터 또다시 수십 년이 지나서였다.

미생물학에 대해 정기적으로 글을 쓰는 과학 작가들에게 각각 좋아하는 세균이 있는 경우는 그리 드물지 않다. 일반인들에게 저마다 좋아하는 영화나 밴드가 있는 것처럼 말이다. 내가 좋아하는 세균은 볼바키아다. 그 행동은 놀랍고 아름다워 숨이 막힐 지경이며, 공간적 분포가 위풍당당하고 장엄하기까지 하기 때문이다. 또한 녀석은 공생 파트너이자 기생충이라는 미생물의 이중성을 보여주는 완벽한 사례다.

숙주의 생식을 교란하는 볼바키아

생물학계의 혁명가 칼 우즈가 유전자 염기 서열 분석을 통해 미생물의 신원을 확인하는 방법을 세상에 보여주던 1980년대와 1990년대에, 생물학자들은 볼바키아를 도처에서 발견하기 시작했다. 숙주의 성생활을 조작할 수 있는 세균을 각기 독자적으로 연구하던 생물학자들은 그제야 손뼉을 탁 치며 "우리 모두가 똑같은 것을 연구하고 있었구나!" 하고 입을 모았다. 리처드 스타우트해머Richard Stouthamer는 무성생식을 하는 벌의 무리를 발견했는데, 그들은 모두 암컷이었으며 오직 자기복제를 통해서만 번식하는 것으로 나타났다. 그런데 알고 보니 그런 생식 방법은 세균, 즉 볼바키아의 농간에 의한 것이었다. 스타우트해머가 항생제 처리로 벌에서 볼바키아를 제거하자 갑자기 수컷이 재등장하여 양성생식이 재개된 것이다. 한편 티에리 리고Thierry Rigaud는 쥐며느리에서 세균을 하나 발견했는데, 그 세균은 수컷의 호르몬 생성에 간섭함으로써 수컷을 암컷으로 변형시키는 것으로 나타났다. 그런데 그 세균도 볼바키아였다. 피지와 사모아에서 연구하던 그레그 허스트Greg Hurst는 한 세균이 수컷 남방오색나비Hypolimnas bolina의 배아를 죽여 암수 비율을 100대 1로 만드는 것을 관찰했다. 아니나 다를까, 그 세균 역시 볼바키아였다. 혈통이 완전히 같지는 않았지만, 생물학자들이 발견한 세균들은 허티그와 월바크가 빨간집모기에서 발견한 세균의 다른 버전들이었다.[2]

볼바키아가 수컷에게 불리한 전략을 선택한 데는 그만한 이유가 있다. 볼바키아는 생식세포, 즉 난자와 정자를 통해서만 숙주의 다음 세대로 전염되는데, 난자는 크고 넓어서 편안한 반면 정자는 작고 좁은 것이 옹색하기 짝이 없기 때문이다. 볼바키아 입장에서 숙주의 암컷은 '미래를 보장하는 티켓'인 반면에 수컷은 '진화의 막다른 골목'에 불과하다. 따라서 볼바키아는 다양한 방법을 진화시켜 수컷 숙주를 골탕 먹이고 암컷의 개체 수를 확대했다. 그렇게 허스트의 나비에서는 수컷을 죽이고, 리고의 쥐며느리에서는 수컷을 암컷으로 만든 것이다. 그리고 스타우트해머의 벌에서는 암컷에게 무성생식을 시킴으로써 수컷의 필요성을 아예 없애버렸다. 이상과 같은 세 가지 전략을 볼바키아의 전유물이라고 할 수는 없지만, 세 가지 전략을 모두 사용하는 세균은 볼바키아가 유일하다.

수컷의 생존을 허용하는 경우에도, 볼바키아는 여전히 그들을 조작한다. 볼바키아는 종종 수컷의 정자를 변형시켜 자신과 동일한 볼바키아에 감염되지 않은 난자를 수정시킬 수 없게 만든다. 암컷의 관점에서 볼 때, 이러한 '불일치'는 감염된 암컷이 감염되지 않은 암컷보다 비교 우위에 선다는 것을 의미한다. 왜냐하면 감염된 암컷은 어느 수컷과 짝짓기를 해도 생존 가능한 알을 낳을 수 있지만, 감염되지 않은 암컷은 감염되지 않은 수컷과 짝짓기를 해야만 생존 가능한 알을 낳을 수 있기 때문이다. 이렇게 되면 세대를 거듭할수록 감염된 암컷이 점점 더 흔해질 것이므로 그들을 감염시키는 볼바키아도 점점 더 흔해질 것이다. 이런 전략을 세포질 불일치cytoplasmic incompatibility(CI)•라고 부르는데, 이는 볼바키아가 가장 많이 사용하며 성공률도 가장 높은 전략이다. 이 전략을 사용하는 볼바키아는 숙주 집단 전체에 신속하게 퍼짐으로써 집단을 100퍼센트 감염시키는 게 상례다.

이상과 같은 수컷 혐오misandry 트릭은 차치하더라도, 볼바키아는 난소에 침입하여 알세포에 잠입하는 데도 탁월한 재능을 발휘한다. 말하자면 볼바키아는 곤충이 자손에게 물려주는 가보인 셈이다. 볼바키아는 새로운 숙주로 갈아타는 데도 매우 능숙해서, 설사 하나의 종과 결별하더라도 수십 가지의 새로운 종에 정착할 수 있다. 볼바키아를 연구하는 잭 워렌Jack Werren은 이렇게 말한다. "나는 호주에 사는 딱정벌레와 유럽에 사는 파리에서 동일한 혈통의 볼바키아를 발견했어요." 볼바키아가 유난히 흔한 세균이 된 것은 바로 이 때문이다. 최근 발표된 논문에 따르면 볼바키아는 곤충, 거미, 전갈, 진드기, 쥐며느리를 포함한 모든 절지동물을 열 종당 네 종꼴로 감염시키는 것으로 추산된다. 엄청난 숫자다. 현재 지구상에 살아 있는 780만 종의 동물 중 대다수가 절지동물인데 그중 40퍼센트가 볼바키아에 감염되어 있다면,[3] 볼바키아는 육지에서 가장 성공한 세균임이 분명하다.[4] 그러나 안타깝게도 월바크는 이런 사실을 전혀 몰랐다. 생명의 역사에서 가장 위대한 생물 중 하나에 자기 이름이 들어가리라는 것도 모른 채 1954년에 세상을 떠났다.

볼바키아는 많은 동물들의 몸에 기생하여 활발히 번식한다. 숙주의 성생활을 조작함으로써 자신의 목적을 달성하므로 숙주에게는 고통을 안기게 된다. 그리하여 어떤 숙주는 죽고, 어떤 숙주는 불임이 되며, 심지어

• 볼바키아의 세포질 불일치 전략을 도식화하면 다음과 같다.

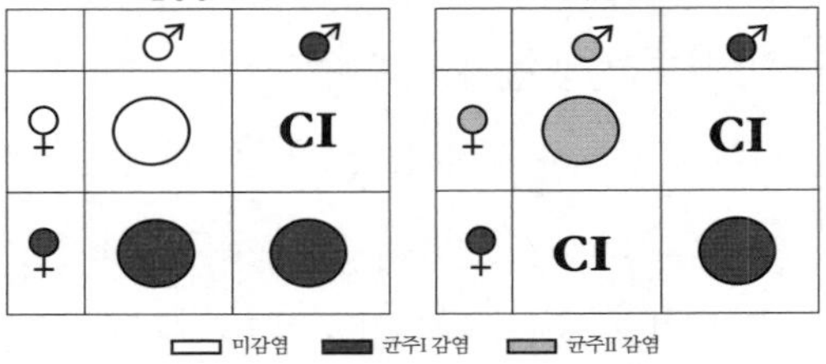

단방향 CI

	♂	♂
♀		CI
♀		

양방향 CI

	♂	♂
♀		CI
♀	CI	

미감염 균주I 감염 균주II 감염

(1) 단방향 CI: 감염된 수컷과 미감염 암컷이 짝짓기를 할 경우, 세포질이 불일치하므로 암컷은 생존 불가능한 알을 낳는다. 다른 경우, 암컷은 모두 생존가능한 알을 낳을 수 있다.
(2) 양방향 CI: 볼바키아 균주I에 감염된 수컷과 볼바키아 균주II에 감염된 암컷이 짝짓기를 할 경우, 세포질이 불일치하므로 암컷은 생존 불가능한 알을 낳는다. 암컷이 생존 가능한 알을 낳으려면 수컷과 동일한 균주에 감염되어야 한다.

감염되지 않은 개체들도 남은 배우자감이 별로 없는 왜곡된 세상에서 살아야 한다. 이쯤 되면 볼바키아는 전형적인 '나쁜 미생물'로 여겨질지 모르지만, 선행을 베푸는 측면도 있다. 볼바키아가 베푸는 미지의 혜택이 없으면 특정 선충들은 살 수 없다. 또한 일부 파리와 모기들을 바이러스와 기타 병원체에게서 보호해준다. 아소바라 타비다Asobara tabida라는 벌은 볼바키아가 없으면 알을 만들 수 없다. 볼바키아는 빈대에게 영양분을 보충해주는데, 그 방법은 빈대가 기생하는 숙주의 혈액 속에 부족한 비타민 B를 만드는 것이다. 그러니 볼바키아가 없으면 빈대는 성장이 저해되어 알을 낳을 수 없다.[5]

볼바키아가 얼마나 쓸모 있는 미생물인지 알고 싶다면 가을 무렵 유럽의 사과 농장을 거닐어보면 된다. 노란색이나 오렌지색으로 시든 잎 가운데 당신은 쇠락의 계절에 과감히 도전하는 작은 '녹색 섬'들을 발견하게 될 것이다. 그 섬들은 점박이천막잎나방Phyllonorycter blancardella의 솜씨로, 이 나방의 유충은 사과나무의 잎 속에 산다. 유충들은 거의 대부분 볼바키아에 감염되어 있으며 볼바키아는 호르몬을 분비함으로써 잎이 시들어 죽는 것을 막아준다. 이 호르몬이 나방 유충들로 하여금 계절 변화에 거역하게 하여 성충으로 성장하는 데 필요한 시간을 벌어주는 것이다. 그러므로 볼바키아를 제거한다면, 나방 유충이 죽으면서 사과나무 잎도 죽어 떨어지리라.

볼바키아는 다양한 모습을 가진 미생물이다. 어떤 균주는 진정한 기생자이자 온갖 술수를 부리는 이기적인 존재로서, 숙주 군단의 날개와 다리를 이용하여 전 세계로 퍼져나간다. 그들은 동물을 죽이고 그들의 생물학을 변형시키며 선택권을 제한한다. 반면 어떤 균주는 상리공생자로서, 요긴한 존재이자 필수 불가결한 동맹군이다. 또한 때로는 기생자가 되고 때로는 상리공생자가 되는 균주도 있다. 자연의 본질이 다양성임을 감안할 때, 이 같은 다양성이 볼바키아만의 주특기는 아닐 것이다.

악당도 영웅도 없다

'미생물과 함께 산다는 것'의 혜택을 논하는 이 책에서, 이상야릇하면서도 매우 중요한 감정을 건드려야 할 것 같다. 그것은 '좋은 미생물'과 '나쁜 미생물'에 관한 감정이다. 단도직입적으로 말하자면, 이 세상에 '좋은 미생물'이나 '나쁜 미생물' 같은 것은 존재하지 않는다. 그런 용어는 어린이들 동화책에나 나오는 것일 뿐, 자연계에 존재하는 복잡하고 괴팍하고 맥락적인 관계를 기술하는 데는 적합하지 않다.[6]

현실에서 모든 세균들은 기생자와 상리공생자라는 극단적 생활 방식 사이의 어디쯤엔가 존재한다. 이를테면 볼바키아는 균주와 숙주에 따라 기생자-상리공생자 스펙트럼의 양극단을 오간다. 그러나 많은 세균들은 양극단에 동시에 존재해서, 예컨대 위장에 사는 헬리코박터 파일로리 Helicobacter pylori는 위궤양과 위암을 초래하지만 식도암을 예방해주기도 한다. 어이없게도, 이때 악과 선을 행하는 세균은 동일하다.[7] 어떤 세균들은 같은 숙주 안에서도 상황에 따라 역할을 바꾼다. 이런 사실들로 미루어볼 때 상리공생자, 편리공생자, 병원균, 기생자와 같은 꼬리표는 고정된 정체를 알려주는 명찰이 아니라 배고픔, 살아 있음, 깨어 있음 등과 같은 '존재의 상태'나 협동, 투쟁 같은 '행동'을 지칭하는 용어라고 할 수 있다. 다시 말해 그런 용어들은 명사가 아니라 형용사나 동사에 가까우며, 특정 시간과 장소에서 두 파트너 간의 관계를 기술할 뿐이다.

니콜 브로데릭Nichole Broderich은 바실루스 투린지엔시스Bacillus thuringiensis(Bt)라는 토양미생물을 연구하던 중 엄청난 사례를 발견했다. Bt가 생성하는 독소는 소화관에 구멍을 뚫음으로써 곤충을 죽이는데, 농부들은 1920년대 이후 이 능력을 이용하기 위해 Bt를 산 채로 농작물에 살포해왔다. 심지어 유기농 기법으로 농사를 짓는 사람들도 이런 방법을 이용한다. Bt의 효과는 부정할 수 없지만, 과학자들은 지난 수십 년 동안 Bt가 곤충을 죽이는 방법을 잘못 이해해왔다. 그들은 독소가 너무 많은 손상을 입히기 때문에 곤충들이 굶어 죽는다고 가정한 터였다. 그러나 그것은 이야기의 전부가 아니었다. 유충들이 굶어 죽는 데는 일주일 이상이 소요되지만 Bt는 그들을 사나흘 안에 죽이기 때문이다.

브로데릭은 우연한 기회에 실상을 알게 되었다.[8] 그녀는 장내 미생물이 곤충의 유충들을 Bt의 독소로부터 보호함으로써 생명을 연장시키는 것이라 생각하여, 그들을 항생제로 처리한 뒤 Bt에 노출시켰다. 미생물이 사라졌으니 유충들은 훨씬 더 빨리 죽을 것이었다. 그러나 결과는 완전히 딴판이었다. 유충들이 전부 살아남은 것이다. 면밀히 분석해본 결과 놀라운 비밀이 밝혀졌다. 장내 미생물은 유충을 보호하는 우군이 아니라 되레 Bt와 내통하여 유충을 죽이는 반란군이었다. 그들은 소화관에 머무는 동안에는 유충에게 해를 끼치지 않았지만 Bt의 독소가 소화관에 구멍을 뚫은 뒤부터는 행동이 돌변했다. 장내 미생물이 그 구멍을 통해 혈류로 침투하자 이를 감지한 면역계가 흥분했고, 그 결과 유충의 전신에서 면역반응이 일어나 장기를 손상시켰으며 혈액순환을 가로막았다. 이것은 패혈증의 전형적인 증상으로 Bt에 노출된 유충이 그렇게 빨리 사망한 건 Bt의 독소 때문이 아니라 장내 미생물이 일으킨 패혈증 때문이었다.

인간의 경우에도 매년 수백만 명이 이와 비슷한 현상을 경험하는 것으로 보인다. 인간도 소화관에 구멍을 뚫는 세균에 감염되며, 이로 인해 평소 소화관에 머물던 장내 미생물이 혈류로 침투하면 역시 패혈증에 걸리게 된다. 앞에서 설명한 곤충 유충의 경우처럼, 동일한 미생물이 소화관에서는 좋은 미생물이지만 혈류 속에서는 나쁜 미생물로 행동하는 것이다. 그들이 상리공생자 행세를 하는 것은 그들 자체의 속성 때문만이 아니라 그들이 살고 있는 서식처 때문이기도 하다. 기회감염균opportunistic bacteria의 경우에도 동일한 원리가 적용된다. 인체 내에 서식하는 그들은 평소에는 무해하지만, 면역계가 약화된 사람들에게는 치명적 감염을 초래할 수 있다.[9]

즉, 모든 것은 상황에 달려 있다. 미토콘드리아는 세포의 필수적인 소기관인 동시에 장기적으로 체류하는 공생 세균으로 모든 동물의 세포 내에 존재하는 발전소라고 할 수 있지만, 번지수가 틀린 곳으로 이동할 경우 조직을 손상시키기도 한다. 예컨대 우리가 칼에 베이거나 타박상을 입을 경우, 세포의 일부가 파열되어 미토콘드리아 조각이 혈류 속으로 누출될 수 있다. 그런데 미토콘드리아는 아직도 고대 세균의 성질을 일부 보유하고 있어서, 미토콘드리아를 발견한 당신의 면역계는 '감염이 진행되고 있나보다'라고 착각하고 강력한 방어 행동을 시작한다. 만약 손상이 심각할 경우 더욱 많은 미토콘드리아가 방출되므로, 전신에 염증이 일어나 전신성 염증 반응 증후군systemic inflammatory response syndrome(SIRS)이라는 치명적인 질병으로 발전한다.[10] SIRS는 원래의 상처나 손상보다 더 심각한 결과를 초래할 수 있다. 인체가 20억 년 이상 길들여진 미생물(미토콘드리아)에게 실수로 과잉 반응을 보이다니, 참으로 어처구니없는 일이다. 잡초도 자리만 잘 잡으면 화초가 되듯이 장내 미생물들도 장기 속에 있을 때는 필수 불가결하지만 다른 장소로 이동하면 위험할 수 있고, 미토콘드리아도 세포 속에 있을 때는 필수적이지만 세포 밖으로 나가면 치명적일 수 있다는 얘기다. 산호 생물학자인 포리스트 로워Forest Rohwer는 이렇게 말한다. "당신의 면역력이 잠시라도 약화되면 미생물들은 당신을 죽일 것이다. 당신이 죽으면 그들은 당신을 먹어치울 것이다. 그들은 아무것도 상관하지 않는다. 그들과 우리는 조건 없이 사이좋게 지내는 게 아니라, 단지 생물학적 원리에 따라 움직일 뿐이다."

결국 공생의 세계는 영구불변한 것이 아니다. 동맹군이 우리를 실망시킬 수도 있고, 적군이 우리 편에 가담할 수도 있다. 단지 몇 밀리미터가 걸린 문제 때문에, 상리공생이 한순간에 박살 날 수도 있다.

부정행위와 배신이 난무하는 세계

세균과 숙주 간의 관계는 왜 그처럼 유동적일까? 미생물들이 병원균과 상리공생자 사이를 쉽게 오갈 수 있는 이유는 뭘까? 우선, 병원균과 상리공생자의 역할은 독자들이 생각하는 것만큼 상반된 것이 아니다. 우호적인 장내 미생물이 숙주와 안정적인 관계를 맺기 위해서는 어떤 일을 해야 하는지 생각해보자. 그들은 소화관 안에서 생존해야 하고, 소화된 음식물에 휩쓸려 가지 않기 위해 닻을 내려야 하며, 숙주의 세포와 상호작용을 해야 한다. 그런데 이런 일들은 병원균에게도 필요하다. 그러므로 상리공생자와 병원균, 영웅과 악당이라는 상반된 캐릭터들은 종종 동일한 목표를 달성하기 위해 동일한 분자들을 이용한다. 그러다보니 분자들 중 일부는 독성인자virulence factor와 같은 이름이 붙는 억울함을 겪었다. 처음에는 질병이라는 상황에서 발견되었다가 나중에야 본래 중립적인 것으로 밝혀졌기 때문이다. 분자들은 컴퓨터, 펜, 칼과 같은 도구일 뿐이라 좋은 일을 위해 쓰일 수도 있고 나쁜 일에 쓰일 수도 있다.

심지어 숙주에게 도움이 되는 것으로 알려진 미생물들조차도 간접적으로 숙주에게 해를 끼칠 수 있다. 그들로 인해 숙주의 취약성이 드러날 경우 다른 기생충이나 병원균이 그것을 이용할 수 있기 때문이다. 예를 들면 미생물이 존재한다는 사실만으로도 예기치 않은 허점이 생기게 된다. 진딧물이 보유한 미생물은 숙주에게 필수적이지만 공기 중에 떠도는 분자를 방출하여 호리꽃등에marmalade hoverfly를 유인한다. 흑백 무늬를 가진 호리꽃등에는 벌과 비슷하게 생긴 곤충으로, 진딧물에게는 저승사자나 마찬가지다. 호리꽃등에의 유충은 평생 수백 마리의 진딧물을 먹고, 성충이 되면 자손에게 줄 먹잇감을 구하기 위해 마이크로바이옴이 내뿜는 향기를 맡는다(진딧물의 몸에서 나는 향기 또한 미생물이 생성한 것이다). 자연계에는 이처럼 의도하지 않은 유혹이 존재하기 마련이다. 이 글을 읽는 당신만 해도 지금 이 순간 본의 아니게 몇 가지 유혹 물질을 방출하고 있다. 특정 세균을 보유한 사람은 말라리아모기를 끌어모으고, 어떤 세균을 보유한 사람은 모기를 쫓아버린다. 두 사람이 나란히 숲 속을 걷는데 한 사람에게만 수십 마리의 모기가 달려들어 물어뜯고 다른 한 사람은 여유있게 미소 짓는 모습을 보고 신기하다고 생각한 적은 없는가? 그 열쇠의 일부분은 미생물이 쥐고 있다.[11]

병원균이 침입할 때 다른 미생물을 발판으로 삼는 경우도 있는데, 소아마비를 초래하는 폴리오바이러스Poliovirus가 그 대표적인 사례다. 폴리오바이러스는 장내 미생물의 등에 올라타 표면의 분자들을 마치 고삐처럼 쥐고 숙주의 세포를 향해 몰아간다. 목표물에 도달하면 말을 재빨리 갈아탐으로써 포유동물의 세포를 장악하고, 따뜻한 체온에서 보다 안정적으로 활동하게 된다. 장내 미생물이 본의 아니게 폴리오바이러스를 더욱 효과적인 바이러스로 전환시키는 셈이다.[12]

그러므로 숙주는 공짜로 공생 세균을 맞아들일 수 없다. 설사 숙주에게 도움이 되는 경우에도, 공생 세균들은 숙주를 취약하게 만든다. 그들이 먹고 자고 이동하는 데 드는 비용을 모두 숙주가 부담해야 하기 때문이다. 그리고 가장 중요한 것은, 다른 모든 생물들과 마찬가지로 그들 역시 그들만의 이해관계를 갖고 있으며 이것이 숙주의 이해관계와 종종 상충된다는 점이다. 만약 어미에게 물려받은 볼바키아가 수컷 숙주들을 모두 제거한다면 볼바키아는 단기적으로 더 많은 숙주들을 확보하게 되겠지만 숙주는 장기적으로 멸종할 위험을 감수해야 한다. 짧은꼬리오징어와 공생하는 세균이 발광을 중단한다면 세균들은 에너지를 절약할 수 있겠지만, 상당히 많은 세균들이 발광을 멈추는 경우 오징어는 보호용 불빛을 잃어 끊임없이 감시의 눈을 번득이며 기다리던 포식자에게 잡아먹힐 것이다. 만약 나의 장내 미생물이 면역계를 억제한다면 미생물들의 삶은 한결 수월해지겠지만 나는 질병에 쉽게 걸릴 것이다.

자연계에 존재하는 동반자 관계는 거의 다 이런 식이다. 부정행위가 늘 도마에 오르며, 지평선 너머에는 언제나 배신이 도사린다. 겉보기에 잘 지내는 것 같아도, 어느 한쪽이 에너지나 노력을 별로 들이지 않고 동일한 이익을 얻을 수 있다면 그는 처벌당하거나 들키지 않는 범위 내에서 그렇게 할 것이다. 영국의 소설가이자 문명 비평가인 허버트 조지 웰스는 일찍이 1930년에 이런 글을 남겼다. "정도의 차이는 있지만, 자연계에 존재하는 모든 공생 관계의 밑바탕에는 적의가 깔려 있다. 그러므로 적절한 규제와 종종 정교한 조정이 없다면 호혜 상태는 유지될 수 없다. 심지어 인간사에 있어서도, 호혜적 동반자 관계를 유지하는 것은 그리 쉽지 않다. 동반자 관계의 의미를 제대로 파악할 수 있는 지성을 지닌 사람들이 버젓이 있는데도 말이다. 하물며 하등 생물의 경우, 그런 관계가 유지되도록 협동해야 한다는 공감대가 형성되어 있을 리 만무하다. 그들에게 호혜적 동반자 관계란 다른 형질과 다를 게 없다. 그저 무심결에 유발되어 맹목적으로 도입된 순응 형태들 중 하나일 뿐이다."[13]

이러한 기본 원리는 쉽게 망각된다. 왜냐하면 우리는 영웅과 악당이 분명한 권선징악 서사를 좋아하기 때문이다. 나는 지난 몇 년 동안 '세균들은 다 죽여야 한다'는 견해가 '세균은 우리의 친구이며, 우리를 돕고 싶어한다'는 견해에 슬그머니 자리를 내주는 과정을 지켜봐왔다. 그러나 후자 역시 전자만큼이나 잘못된 견해다. 특정 세균이 우리 몸속에 산다는 이유 하나만으로 그를 '착하다'고 가정할 수는 없다. 심지어 과학자들도 이 점을 깜빡 잊곤 한다. 2장에서 언급했던 것처럼 공생이란 본래 '희로애락을 함께하며 산다'는 중립적 의미를 가진 용어인데, 여기에 긍정적 감정이 이입되면서 '대립과 갈등'은 쏙 빠지고 '협동과 화합'만을 암시하는 개념으로 변질되었다. 그러나 진화는 그런 식으로 진행되지 않는다. 설사 협동이 모두의 관심사라 할지라도 진화가 반드시 협동을 선호하는 것은 아니므로 가장 조화로운 관계조차 갈등 앞에 무릎을 꿇을 수 있다.

미생물의 세계를 잠깐 떠나 좀 더 크게 생각하면 이 점을 명확히 이해할 수 있다. 첫 번째로, 소등쪼기새oxpecker를 떠올려보자. 그들은 아프리카에서 발견되는 갈색 새로 기린과 영양의 옆구리에 찰싹 달라붙는다. 고전적으로 청소부로 간주되며, 숙주의 몸에서 진드기나 흡혈 기생충을 쪼아 먹는 것으로 알려져 있다. 그러나 그들은 개방된 상처를 쪼기도 하는데 이는 치유 과정을 방해하고 감염의 위험을 증가시키므로 결국 숙주에게 도움이 되지 않는 행동이다. 요컨대 흡혈을 원하는 소등쪼기새들은 두 가지 방법, 즉 숙주를 이롭게 하는 방법이나 숙주를 괴롭히는 방법으로 이 욕구를 충족시키는 것이다. 두 번째로, 산호초 주변에서도 이와 비슷한 역학이 작용한다. 산호초 주변에서는 청소놀래기cleaner wrasse라는 작은 물고기가 '헬스 스파'를 운영한다. 고객(커다란 물고기)이 방문하면, 청소부(청소놀래기)는 고객의 턱, 아가미, 기타 고객의 주둥이가 잘 닿지 않는 곳에서 기생충을 뽑아 먹는다. 따라서 청소부는 배불리 먹는 대가로 고객의 건강관리를 해주는 셈이다. 그러나 청소부는 가끔 고객의 점액과 건강한 조직을 한 입 베어 먹는 부정행위를 저지른다. 그러면 고객은 동네방네 다니며 흉을 봄으로써 청소부를 응징하고, 청소부는 그를 '잠재 고객에게 선동질을 하는 악덕 고객'이라고 혹평한다. 세 번째로, 남아프리카에서는 개미가 아카시아 나무를 위해 잡초와 해충과 초식동물을 쫓아준다. 일종의 경호원인 셈이다. 아카시아 나무는 그 대가로 경호원에게 당분이 듬뿍 들어 있는 스낵을 제공하고, 동시에 텅 빈 가시나무를 숙소로 제공한다. 아카시아 나무와 개미는 외견상 공평한 관계를 맺은 것 같지만, 아카시아 나무는 스낵에 특정 효소를 첨가함으로써 개미가 다른 먹이를 전혀 소화시킬 수 없게 만든다. 그러니 개미는 노예 계약을 맺은 하인이나 마찬가지라고 할 수 있다. 지금까지 언급한 세 가지 사례는 생물학 교과서와 야생동물 다큐멘터리에서 수집한 것으로, 모두 갈등과 조작과 속임수의 요소가 가미되어 있음을 알 수 있다.[14]

진화생물학자 토비 키어스Toby Kiers는 이렇게 말한다.[15] "우리는 중요함과 조화로움을 구분해야 한다. 공생은 매우 중요하지만, 중요함이 반드시 조화로움을 의미하는 것은 아니기 때문이다. 잘 작동하는 동반자 관계에서 상호 착취 사례가 발견되기도 한다. 양쪽 파트너는 동반자 관계에서 모두 이익을 얻지만, 거기에는 늘 긴장이 내재한다. 공생에는 언제나 갈등이 끼어들기 마련이므로, 이것을 완전히 해결할 수는 없다."

그러나 공생은 관리되고 안정화될 수 있다. 하와이 앞바다가 불 꺼진 오징어로 가득 찬 것은 아니라는 점,[16] 그리고 볼바키아에 감염된 곤충들 중 상당수가 수컷이라는 점을 주목하라! 모든 동물들은 미생물과의 관계를 안정화하는 방법을 터득했으며, 파트너로 하여금 변심하기보다는 지조를 지키게 하는 방법을 발견했다. 숙주는 공생 세균을 선택하고 그들이 서식할 장소를 제한하며 그들의 행동을 통제하는 방법, 즉 병원균이 아니라 상리공생자로 활동하게 하는 방법을 진화시켰다. 최상의 관계가 늘 그러하듯 공생을 관리하고 안정화시키는 일에는 노력이 필요하다. 생명의 역사에 있어서 생명체가 맞닥뜨린 굵직굵직한 진화 단계(단세포생물에서 다세포생물로, 개체에서 공생체로)도 똑같은 문제의 해결을 요구했다. 바로 이러한 문제 말이다. '개체의 이기적인 이해관계를 극복하고 협동 그룹을 형성하려면 어떻게 해야 할까?'

바꿔 말하면, 문제는 이것이다. '미생물 군단을 내 몸속에 주둔시키려면 어떻게 해야 할까?'

미생물 농장에는 울타리가 필요하다

미생물 군단을 동물의 체내에 주둔시키는 것은 농사짓는 일과 별반 다르지 않다. 먼저, 농사일의 경우를 생각해 보자. 우리는 울타리와 장벽으로 정원의 경계를 표시한다. 비료를 이용하여 식물에 영양분을 제공하고, 잡초의 싹을 제거하기 위해 뿌리째 뽑거나 제초제를 뿌린다. 그리고 적당한 기온과 토양과 일조량을 갖춘 장소를 선택하여 정원을 조성하고, 원하는 작물을 재배한다. 미생물 군단을 동물의 체내에 주둔시키는 경우에도 기본 원리는 같다. 이상에서 언급한 조건과 상황에 상응하는 요소들을 준비한 뒤,[17] 정해진 순서에 따라 차례로 진행하면 된다.

동물의 모든 신체 부위는 각자 독특한 동물학적 영역을 갖고 있는데, 체온이나 산성도나 산소 농도 등의 조건이 제각기 다르므로 서식할 수 있는 미생물의 종류가 제한된다. 음식과 물이 풍족하게 구비된 인간의 소화관은 미생물들이 언뜻 보기에 마치 열반涅槃처럼 보일 것이다. 그러나 그곳은 온갖 도전으로 가득한 환경이기도 하다. 음식물이 급류처럼 마구 쏟아져 들어오니 미생물들은 빠르게 성장하거나 거점을 확보하기 위한 분자 닻molecular anchor을 가지고 있어야 한다. 소화관 속은 어두컴컴하기 때문에 햇빛을 이용하여 식량을 만드는 미생물들은 살 수 없다. 그곳에는 산소가 부족하므로 혐기균anaerobe이 장내 미생물의 압도적 다수를 차지한다. 그들은 산소 없이도 음식물을 발효시키고 성장할 수 있는데, 그중 일부는 산소가 없는 환경에 전적으로 의존하므로 산소가 있으면 오히려 죽게 된다.

피부의 조건과 상태는 위장관과 달리 매우 다양하다. 팔뚝은 저온 건조한 사막과 비슷하고, 사타구니와 겨드랑이는 고온 다습한 정글과 비슷하다. 햇빛이 풍부해서 좋아 보이지만, 자외선에 노출되기 때문에 다른 문제가 발생한다. 산소도 마찬가지로 문제를 야기하는데, 왜냐하면 신선한 공기에 노출되는데도 불구하고 대부분의 피부에는 혐기균이 살고 있기 때문이다. 그러나 땀샘과 같이 깊숙한 틈새는 프로피오니박테륨 아크네Propionibacterium acne(여드름을 유발하는 세균)와 같이 산소를 싫어하는 혐기균의 증식에 유리하다. 이 같은 물리학적·화학적 법칙은 전신에 걸쳐 다양한 생물학적 환경을 조성한다.

동물은 특정 지역에 매트를 깔거나 저지선을 구축함으로써 체내에 능동적으로 환경을 조성하기도 한다. 우리의 위장은 강력한 산酸을 분비하여 대부분의 세균들을 위기에 몰아넣지만, 헬리코박터 파일로리처럼 위산에 저항성을 가진 몇몇 전문가들은 예외다. 산을 분비하는 위장을 갖고 있지 않은 왕개미는 뒤꽁무니에서 포름산formic acid을 생성한다. 왕개미는 이 포름산을 주요 방어 무기로 사용하며, 자신의 엉덩이를 핥아 소화관을 산성으로 만듦으로써 원치 않는 미생물의 침입을 막기도 한다.[18]

이렇게 조성된 환경은 체내에 서식할 미생물들에게 일종의 입학 조건을 요구한다. 그것은 엉성한 필터로, 우리와 함께 생활할 미생물의 종류를 개략적으로 정하는 한편 그들이 서식할 수 있는 지역을 대충 표시하기도 한다. 그러나 우리는 미생물 집단을 미세하게 조정하고 그들이 특정 지역을 벗어나지 못하도록 단단히 봉쇄할 필요가 있다. 앞에서 언급했듯이, 미생물들은 자리 잡은 장소에 따라 이로운 협력자가 될 수도 있고 치명적인 위협이 될 수도 있으므로 그 위치가 중요하다는 점을 명심하라. 따라서 많은 동물들은 미생물 농장 주변에 높은 담장을 설치한다. 인간은 좋은 이웃을 만들기 위해 장벽腸壁이라는 훌륭한 울타리를 진화시켰으며, 짧은꼬리오징어는 발광세균을 수용하기 위해 움을 진화시켰다. 재생의 대가로 알려진 편형동물 파라카테눌라는 대부분의 신체를 미생물을 수용하는 데 할애한다. 노린재의 경우 소화관 한가운데 매우 협소한 통로가 있는데, 이를 이용해 음식물의 흐름을 차단함으로써 소화관의 전반부를 미생물을 위한 널찍한 아파트로 개조한다. 그리고 곤충의 20퍼센트는 공생 세균을 균세포bacteriocyte라는 특별한 세포에 격리 수용한다.[19]

균세포는 다양한 계통의 곤충에서 여러 차례 진화되었다. 어떤 곤충들은 균세포를 다른 세포들 사이에 끼우고, 어떤 곤충들은 균세포들을 한데

묶어 박테리옴bacteriome이라는 기관에 집어넣는데, 이 기관은 마치 포도송이처럼 소화관에서 나뉘고 갈린다. 기원이야 어찌 됐든 균세포의 기능은 모두 똑같아서 공생 세균을 수용·통제하고, 그들이 다른 조직으로 확산되는 것을 막으며, 면역계에 들키지 않도록 숨겨준다. 그러나 균세포가 럭셔리한 호텔은 아니다. 하나의 세포 속에 수만 마리의 세균들이 빈틈없이 들어차 있으니 콩나물시루도 그보다는 넓을 것이다.

균세포의 용도는 다양한데, 일례로 통제 수단으로 사용되는 경우가 있다. 많은 곤충들은 공생 세균과 오랫동안 상호 의존 관계를 맺어왔지만 그들 사이에는 여전히 갈등의 여지가 많다. 만일 내 말이 이상하게 들린다면 매년 수백만 명의 사람들이 암 진단을 받는다는 사실을 생각해보라. 암이란 세포가 반란을 일으킴으로써 발생하는 질병으로, 하나의 세포가 인체의 통제와 단속에 반발하며 파업을 일으키며 시작된다. 암세포는 걷잡을 수 없이 성장하고 분열하여 종양을 만들어 숙주의 생명을 위태롭게 만든다. 인체의 한 부분인 암세포가 이렇게 막무가내로 행동하는 마당에, 숙주와 별개의 개체인 공생 세균이야 더 말해 무엇하겠는가! 개미의 공생 세균인 블로크만니아Blochmannia는 일종의 공생 암symbiont cancer으로 돌변하여, 걷잡을 수 없이 복제하고 개미가 사용할 에너지를 가로채며 출입이 금지된 세포 속으로 침투하기도 한다.[20]

곤충은 균세포를 이용하여 공생 세균의 반란을 막을 수 있다. 즉, 균세포 전체에 영양소가 배급되는 과정을 통제함으로써 부정행위를 저지르는(임대차계약 조건을 어기고, 숙주에게 약속한 혜택을 제공하지 않는) 공생 세균에게 영양소를 공급하지 않을 수 있다. 손아귀에 들어 있는 미생물에게 해로운 효소와 항균물질을 쏟아부음으로써 공생 세균의 개체 수를 깐깐하게 통제할 수도 있다. 이 분야의 최고봉은 단연 곡물바구미cereal weevil•라고 할 수 있다. 곡물바구미는 자신의 균세포 속에 있는 소달리스 속Sodalis 세균에게 야박한 짓을 한다. 소달리스는 바구미의 딱딱한 껍질을 만드는 데 필요한 화학물질을 생성하는데, 바구미가 성충이 된 후 처음으로 껍질을 만들 때는 소달리스에 대한 통제를 느슨히 하여 개체 수를 네 배로 늘린다. 그러나 일단 껍질이 완성되면 공생 세균이 더 이상 쓸모없으므로 그들을 모조리 죽여버리는 것이다. 이쯤 되면 바구미는 달면 삼키고 쓰면 뱉기의 일인자이자 얌체 중의 얌체라 할 수 있다.[21] 하지만 바구미의 야박한 짓은 여기서 멈추지 않는다. 놈은 균세포를 최종적으로 자폭시킴으로써 소달리스를 포함한 그 내용물을 모두 재활용한다.

우리와 같은 척추동물의 경우에는, 곤충들과 달리 공생 세균을 통제하기가 매우 어렵다. 우리는 곤충보다 훨씬 더 큰 미생물 컨소시엄을 통제해야 하며, 균세포와 같은 훌륭한 수단도 갖고 있지 않다. 그러므로 우리의 공생 세균들은 대부분 세포 내부가 아니라 세포 주위에 서식한다. 어렵게 생각할 것 없이 당신의 소화관을 한번 떠올려보라. 심하게 접힌 그 기다란 튜브를 완전히 펼친다면 축구장을 뒤덮을 것이다. 소화관 속에는 수조 마리의 세균들이 우글거린다. 내벽은 한 겹의 상피세포로 덮여 있어 세균이 소화관을 뚫고 혈관에 도달하지 않도록 막아주는 역할을 한다(만약 세균이 혈관에 도달하게 되면 혈류를 타고 다른 신체 부위로 쉽게 이동할 수 있다). 소화관의 상피는 공생 세균과의 주요 접촉점이면서도 우리의 가장 큰 취약점이기도 하다. 산호나 해면과 같은 간단한 수서동물들은 더욱 심각하다. 그들은 상피 한 겹을 뒤집어쓴 채 미생물이 담긴 욕조에 몸을 푹 담그고 있는 것이나 마찬가지다. 그러나 놀랍게도, 그들 역시 우리와 마

• 주둥이가 뾰족한 딱정벌레목 곤충으로, 쌀과 각종 곡물들을 게걸스럽게 먹어치우는 것으로 유명하다.

찬가지로 자신의 공생 세균을 곧잘 통제한다. 그 비결은 뭘까?

첫째로, 그들은 점액을 사용한다. 감기에 걸렸을 때 우리의 콧구멍을 꽉 막는 미끄럽고 찐득거리는 물질 말이다. "점액이 분비된다고 해서 뭐가 잘못되는 건 아니다. 왜냐하면 그건 멋진 물질이니까." 포리스트 로워의 말이다.[22] 다년간 동물계를 휩쓸며 다양한 물질들을 수집했다고 하니, 뭘 좀 아는 사람이 분명하다. 거의 모든 동물들은 점액을 이용하여 바깥세상에 노출된 조직을 뒤덮는다. 우리의 경우 바깥세상에 노출된 조직이란 소화관, 폐, 코, 성기를 의미하는 데 비해 산호는 전신이 모두 노출되어 있는데, 어떤 경우든 점액은 언제나 물리적 장벽으로 작용한다. 점액의 주요 성분은 뮤신mucin이라는 거대분자로, 각각의 뮤신은 단백질로 이루어진 중심 뼈대에서 수천 개의 당糖 분자가 삐져나온 형태를 띠고 있다. 당 분자들은 개별 뮤신들을 엮어 조밀하고 물 샐 틈 없는 점액 만리장성을 형성함으로써 다루기 힘든 미생물들이 신체 깊숙이 침투하지 못하도록 막는다.

그런데 만약 만리장성의 방어가 불충분하면, 이를 어떻게 보완해야 할까? 놀라지 마시라, 그럴 때는 바이러스가 동원된다. 바이러스라고 하면 언뜻 에볼라 바이러스나 인간 면역 결핍 바이러스HIV 또는 인플루엔자 바이러스를 떠올릴지 모른다. 이들은 우리를 병들게 하는 악당 삼총사로 유명하니, 그럴 만도 하다. 그러나 대부분의 바이러스들은 미생물을 감염시켜 죽이며, 이들을 박테리오파지bacteriophage, 즉 살균 바이러스라고 한다. 박테리오란 '세균', 파지phage는 '먹는 자'를 뜻하므로 문자 그대로 '박테리아를 먹는 바이러스'를 말하며, 간단히 줄여 '파지'라고도 부른다. 파지는 하나같이 동그란 머리와 가느다란 다리를 갖고 있어 닐 암스트롱을 달에 데려다준 달 착륙선을 연상시킨다. 미생물의 몸에 착륙한 파지는

DNA를 주입하여 미생물을 '파지 생산 공장'으로 개조하고, 대량생산 되어 공장을 가득 메운 파지들은 궁극적으로 공장을 파괴하며 밖으로 쏟아져 나온다. 파지는 동물을 감염시키지 않으며, 동물을 감염시키는 바이러스들을 수적으로 크게 능가한다.

몇 년 전 로워가 이끄는 연구진의 멤버인 제러미 바Jeremy Barr는 파지가 점액을 좋아한다는 사실에 주목했다. 전형적인 환경에서는 세균 한 마리당 열 마리의 파지가 존재하지만,[23] 점액으로 뒤덮인 점막의 경우에는 마흔 마리가 존재하니 말이다. 1대 40이라는 비율은 인간의 잇몸, 생쥐의 소화관, 물고기의 피부, 바다 벌레, 말미잘, 산호에도 적용된다. 세균보다 마흔 배나 많은 파지들이 겹겹이 진을 치고 있는 광경을 상상해보라. 파지들은 앞다투어 점액 속으로 머리를 들이밀고 다리를 쭉 편 채, 지나가는 미생물들을 먼저 부둥켜안으려고 기회만 노리고 있다. 점액에 상주하는 파지들을 허접한 사냥 도구로 얕잡아보면 안 될 것이다. 로워에 의하면 "동물들은 점액의 화학적 구성을 바꿔 특별한 파지를 동원함으로써 어떤 세균은 살해하고 어떤 세균은 통과시키는 것 같다"니 말이다. 만약 그게 사실이라면 인체는 파지를 이용하여 자신이 선호하는 미생물을 선별한다는 이야기가 된다.

이러한 개념은 큰 시사점을 주는데, 바로 파지가 인간을 비롯한 동물들과 호혜 관계를 맺고 있다는 사실이다(파지가 바이러스의 일종이라는 점을 상기하라). 즉, 파지는 우리의 공생 세균을 감독해주고, 우리는 답례로 그들을 숙주(세균)가 우글거리는 세상에 들여보내준다. 그들이 점액에 달라붙어 있을 경우 먹잇감을 찾을 가능성은 열다섯 배로 증가한다. 그런데 점액은 모든 동물의 체내에 보편적으로 존재하고 파지는 모든 점액에 보편적으로 존재하므로, 동물과 파지의 동반자 관계는 아마도 동물계의 여

명기에 시작되었을 것이다. 사실 로워는 파지를 '면역계의 원조元祖'로 생각하고 있다. 즉, 미생물을 문전에서 통제하는 가장 간단한 수단이 바로 파지라는 것이다.[24] 생각해보자. 파지는 이미 환경에 풍부하게 존재하고 있었으므로 초기 동물들이 점액층을 개방하자마자 우르르 몰려들어 닻을 내렸을 것이다. 그리고 이를 시발점으로 좀 더 복잡한 통제 방법들이 등장했으리라.

점액 말고 포유동물의 공생 세균을 통제하는 방법에는 또 뭐가 있는지 알고 싶다면 포유동물의 소화관을 생각해보자. 소화관 내벽을 뒤덮은 점액은 두 개의 층으로 구성되어 있는데, 하나는 상피세포 바로 위에 자리 잡은 '조밀한 내층內層'이며, 다른 하나는 내층 위에 자리 잡은 '느슨한 외층外層'이다. 외층에는 파지가 우글거리지만, 미생물들 역시 이곳에 닻을 내리고 번성하는 군집을 형성한다. 이와 대조적으로 조밀한 내층에는 미생물이 극소수밖에 없는데, 그 이유는 상피세포들이 항균성 펩타이드antimicrobial peptides(AMPs)를 마구 살포하기 때문이다. AMPs란 조그만 분자 총알로, 내층에 침투하는 미생물들을 모조리 사살한다. 그러므로 로라 후퍼는 이곳을 '비무장지대'라고 부른다. 소화관 내벽 바로 윗부분, 미생물이 정착할 수 없는 곳을 뜻한다.[25]

점액의 외층을 통과하여 내층에 용케 진입한 미생물이 있다면 파지와 AMPs의 호된 공격을 받을 것이며, 상피를 살그머니 통과한 미생물이 있다면 반대편에서 기다리던 면역 세포 군단이 그들을 삼키거나 파괴할 것이다. 하지만 면역 세포가 가만히 앉아서만 미생물들을 기다리는 건 아니다. 그들은 놀랍도록 활동적이어서, 일부는 상피 속으로 위족僞足을 집어넣어 반대편에 있는 미생물들의 동태를 파악한다. 마치 울타리를 이리저리 더듬다가 낌새가 이상하면 손을 쑥 집어넣는 것처럼 말이다. 비무장지대에 있는 미생물을 발견하는 경우엔 얼른 낚아챈 다음 위족을 거둬들인다. 면역계는 이렇게 체포한 침입자들을 취조함으로써 점액층을 지배하는 미생물종에 대한 정보를 정기적으로 수집하고, 항체나 기타 적절한 대응 수단을 강구한다.[26]

지금까지 설명한 바와 같이, 척추동물은 세 가지 수단(점액, AMPs, 면역세포)을 이용하여 소화관에 머무는 미생물종을 결정한다.[27] 과학자들은 수많은 돌연변이 생쥐들을 이용하여 이 사실을 밝혀냈다. 돌연변이로 인해 셋 중 하나 이상이 결핍된 생쥐들은 마이크로바이옴이 불규칙하게 되어, 일종의 염증 질환 증상을 보이는 게 상례였다. 따라서 소화관의 면역계는 무차별적인 장벽이 아니며, 가까이 다가오는 미생물들을 무조건 제거하는 것이 아님을 알 수 있다. 즉, 소화관의 면역계는 선택적인 통제 수단이지만 반응적이기도 하다. 예컨대 많은 세균 분자들은 소화관 세포를 자극하여 점액 생산을 증가시키며, 세균이 많을수록 소화관은 더욱 강화된다. 이와 마찬가지로 소화관 세포들은 세균의 신호에 반응하여 AMPs를 분비한다. 이때 비무장지대를 향해 끊임없이 기관총을 발사한다기보다는, 표적이 너무 가까이 접근했을 때만 그렇게 한다.[28]

이러한 시스템을 일컬어 '면역계가 마이크로바이옴을 교정하는 시스템'이라고 할 수 있다. 즉, 미생물이 증가할수록 면역계의 견제가 더욱 심해진다. 그러나 관점을 바꿔 '미생물이 면역계를 교정하는 시스템'이라고 말할 수도 있다. 요컨대 미생물들이 면역계를 자극하여 반응을 이끌어냄으로써 경쟁자들을 밀어내고 자신만의 적절한 틈새를 만든다고 말이다. 우리가 가장 흔히 보유하고 있는 장내 미생물들 가운데 상당수가 면역계와 공존하기 위해 적응했다는 점을 감안하면 두 번째 견해가 좀 더 설득력 있어 보인다. 하지만 이 두 견해는 면역에 대한 고전적 견해와 크게 상반된다는 공통점을 지닌다. 지금까지의 통념은 '미생물은 우리를 병들게 하겠다고 위협하며, 면역계는 미생물을 파괴한다'는 것이었다. 지금 위키피디아를 검색해보니, 면역계는 "생물 안에 존재하는 생물학적 구조 및 과정으로서, 질병을 방어하는 시스템"이라고 정의되어 있다. 이 정의대로라면 면역계는 병원균을 감지할 때만 활성화되어 병원균의 위협을 제거한다는 이야기가 된다. 그러나 많은 과학자들은 면역계가 병원균을 물리치는 것은 단지 보너스 트릭에 불과하다고 생각하고 있다. 면역계의 주요 기능은 숙주와 상주 미생물 간의 관계를 관리하는 것이며, 그 핵심은 '현명한 관리와 균형'이지 '방어와 파괴'가 아니라는 얘기이다.

우리와 같은 척추동물의 경우 특히 복잡한 면역계를 보유하고 있는데, 이는 특정 위협에 대해 장기적인 맞춤형 방어를 제공할 수 있다. 우리가 백신을 접종받은 뒤 홍역과 같은 소아기 감염병에 대한 면역력을 유지하는 것은 그 때문이다. 그러나 우리가 면역계를 진화시킨 이유는 다른 동물들보다 감염에 더 취약해서가 아니었다. 오징어 연구 전문가인 맥폴-응아이에 의하면 "우리가 정교한 면역계를 진화시킨 이유는 복잡한 미생물을 통제하기 위해서였으며, 그 결과 척추동물들은 공생 세균을 정확히 선별하고 시간이 경과함에 따라 그들과의 관계를 미세하게 조정할 수 있게 되었다". 그녀의 논리에 따르면 우리의 면역계는 미생물을 제한하기 위해 진화한 게 아니라, 오히려 그들을 지원하기 위해 진화한 셈이다.[29]

내가 3장에서 면역계를 '국립공원을 신중하게 관리하는 순찰 팀'으로 묘사했던 것을 기억하는가? 만약 미생물(공생 세균)이 울타리(점액)를 부수고 나온다면, 순찰 팀(면역 세포)이 달려와 미생물들을 안으로 집어넣고 울타리를 튼튼하게 보수할 것이다. 그런 뒤 과잉 증식한 종들을 솎아내고, 외계에서 흘러든 침입종(병원균)들을 쫓아낼 것이다. 그리하여 그들은 공동체의 균형을 유지하고, 안팎에서 균형을 위협하는 문제들을 해결한다.

우리의 일생에서 순찰 팀의 활동이 뜸할 때는 단 한 번, 삶의 초창기라고 할 수 있는데, 미생물학자들은 이때를 '빈 서판blank slate 시기'라고 부른다. 최초의 미생물들이 신생아의 몸속에 정착하도록 허용하기 위해, 특수 임무를 지닌 면역 세포들이 등장하여 면역계 전체를 침묵시킨다. 생후 6개월 미만의 아기들이 감염에 취약한 것은 바로 이 때문이다.[30] 흔히 생각하는 것과 달리 이 시기의 유아들이 감염에 취약한 것은 면역계가 미숙해서가 아니라 고의로 침묵하기 때문이다. 면역계는 미생물들에게 자유 통행권을 발급한 다음, 그들이 전신에 정착할 때까지 숨을 죽이고 기다리는 것이다.

그러나 이쯤 되면 이런 질문을 던지는 사람이 있을 것이다. "면역계의 선별력이 불완전한 상태에서, 포유류의 아기가 올바른 마이크로바이옴을 보유할 거라고 어떻게 장담할 수 있죠?" 이때 어머니가 해결사로 등장한다. 모유에는 성인의 미생물 군집을 통제하는 항체가 듬뿍 들어 있으며, 아기들은 수유기 동안 이 항체들을 받아들여 미생물을 통제하게 된다. 면역학자 샬럿 케첼Charlotte Kaetzel이 유전자조작을 통해 돌연변이 생쥐(모유 속에 있는 항체 중 하나를 생산할 수 없는 생쥐)를 만들어본 결과, 그 생쥐는 수상한 장내 미생물을 보유한 생쥐로 성장했다고 한다.[31] 수상한 장내 미생물들 중 상당수는 염증성 장 질환에서 전형적으로 발견되는 것으로, 장벽 속을 파고들어 그 밑에 있는 림프샘에 염증을 초래하는 것으로 나타났다. 앞에서도 언급한 바 있지만, 많은 무해 세균들은 천성이 착해서 선량한 게 아니라 올바른 장소에 있기 때문에 선량하다. 모유는 무해 세균들이 천방지축으로 날뛰지 못하도록 억누르는 역할을 한다.

그러나 모유의 역할은 거기에 그치지 않는다. 모유는 포유동물들이 미생물을 통제하는 가장 놀라운 수단 중의 하나로, 이 점에 대해서는 단락을 바꾸어 자세히 설명하고자 한다.

모유, 포유동물의 혁신적 발명품

UC 데이비스에서는 테라코타 벽돌로 지어진 건물들이 대규모 포도밭과 여름 채소가 넘쳐나는 정원을 굽어보고 있다. 미국 서부로 순간 이동한 토스카나 빌라처럼 보이는 이 건물들은 사실 연구 단지이고, 건물에 거주하는 사람들은 하나같이 '모유의 과학'에 사로잡혀 있다. 그들을 이끄는 브루스 저먼Bruce German은 늘 활력이 넘치는 과학자로, 모유의 장점을 열거하는 분야에서 둘째가라면 서러워할 사람이다. 연구실에서 그를 만나 악수를 하며 "모유에 관심을 갖는 이유가 뭐죠?"라고 물었더니, 그의 답변은 30분이 넘도록 그칠 줄 몰랐다. 한술 더 떠서, 그는 짐볼에 앉아 몸을 통통 튕기고 버블랩•을 터뜨려가며 독백을 계속했다.

그는 이렇게 말한다. "모유는 완벽한 에너지원이에요. '수퍼푸드superfood'라 불려 마땅합니다. 그럼에도 불구하고 지금껏 발표된 모유에 관한 논문의 수는 다른 체액들, 이를테면 혈액이나 타액, 심지어 소변보다도 적죠. 낙농업에서는 우유를 한 방울이라도 더 짜내려고 상상할 수 없는 돈을 쏟아부었지만, 정작 그 백색 액체의 정체가 뭐고 어떤 작용을

• 완충작용을 하도록 기포를 넣은 비닐 포장재.

하는지를 이해하는 데는 쥐꼬리만 한 비용도 지출하지 않았고요. 게다가 의학 연구비를 지원하는 단체들은 그런 연구를 부질없는 것으로 간주하고 있어요. 왜냐고요? 모유는 중년의 백인 남성이 앓는 질병과 아무런 관련이 없다고 생각하기 때문이죠. 그리고 영양학자들은 모유를 지방과 당분의 단순한 칵테일로 여겨, 쉽게 복제하거나 유동식으로 대체할 수 있다고 생각합니다. 사람들은 모유가 화학물질의 집합체에 불과하다고들 해요."

모유는 포유동물의 혁신적 발명품이다. 오리너구리든 천산갑이든, 인간이든 하마든, 모든 포유류 엄마들은 새끼들에게 모유를 먹이는데, 이는 문자 그대로 '엄마가 자기 몸을 녹여 흰 액체로 만든 다음, 젖꼭지를 통해 분비하는 진액津液'이다. 모유의 성분은 2억 년의 진화를 통해 개량되고 완성되어 유아가 필요로 하는 영양소를 모두 제공하게 되었다. 모유의 성분 중에는 올리고당이라는 복합 당류가 포함되어 있는데, 모든 포유동물들이 올리고당을 만들지만 어쩐 까닭인지 유독 인간 엄마들만 이례적인 다양성을 보인다. 그리하여 과학자들은 지금까지 200가지가 넘는 인간 모유 올리고당human milk oligosaccharides(HMOs)을 관찰해왔다.[32] HMOs는 젖당과 지방에 이어 세 번째로 많은 모유 성분으로, 성장하는 아기들을 위한 풍부한 에너지 공급원임에 틀림없어 보인다.

그러나 정작 아기들은 HMOs를 소화시킬 수 없다. 이게 대체 무슨 꿍꿍이속인가?

HMOs에 대해 처음 알았을 때, 저먼은 소스라치게 놀랐다. 만약 HMOs가 소화되지 않아 아기에게 무용지물이라면, 어머니가 그 복잡한 화합물들을 만드느라 그렇게 많은 에너지를 소비한 이유가 뭘까? 자연선택이 그토록 낭비적 관행을 밀어붙이는 이유가 뭘까? 해결의 실마리는 여기에 있다. "HMOs라는 당분은 위장과 소장을 온전히 통과한 다음 대장에 안착하는데, 대장은 대부분의 미생물이 서식하는 곳이다." 그렇다면 HMOs는 아기들이 아니라 혹시 미생물을 위한 식량인 것은 아닐까?

HMOs가 미생물의 식량이라는 생각의 시작은 20세기 초로 거슬러 올라간다. 당시 완전히 다른 분야에 종사하는 두 과학자 그룹이 중대한 사실을 하나씩 발견했는데, 양쪽 그룹은 정작 그것들이 서로 밀접하게 연관된 것임을 알지 못했다.[33] 정신과학자 진영에서는 "모유를 먹은 아기들의 대변에서 우유를 먹은 아기들보다 더 많은 비피더스균Bifidobacteria이 발견되었다"고 보고했다. 그들은 "인간의 모유에는 비피더스균에 영양분을 공급하는 성분이 들어 있다"고 주장했는데, 후에 과학자들은 이 성분을 비피더스 인자라고 불렀다. 한편 화학자 진영에서는 "인간의 모유에는 소젖에 없는 탄수화물이 함유되어 있다"고 발표한 뒤 그 '신비로운 혼합물'을 계속 연구하여 마침내 개별 성분을 알아냈는데, 그중에는 여러 가지 올리고당이 포함되어 있었다.

두 진영의 만남은 1954년 이루어졌으니, 이는 오스트리아의 화학자로 노벨상 수상자인 리하르트 쿤Richard Kuhn과 헝가리 출신 미국인으로 소아과 의사이자 모유 옹호자인 폴 조지Paul Gyorgy가 맺은 제휴 관계 덕분이었다. 두 사람은 공동으로 "신비로운 비피더스 인자와 모유 올리고당은 동일성분이며, 장내 미생물에게 영양분을 공급한다"고 발표했다(상이한 생물계 간의 동반자 관계를 이해하기 위해 상이한 분야의 과학자들이 제휴하는 일은 종종 벌어진다).

과학자들은 1990년대까지 100여 가지의 HMOs가 모유 속에 존재한다는 것을 알게 되었지만, 그중에서 특징이 밝혀진 것은 극소수였다. 대부분의 HMOs가 어떻게 생겼는지, 어떤 미생물종이 어떤 HMOs를 먹는지 아는 사람은 아무도 없었다. 그저 모든 HMOs가 모든 비피더스균을 동등하게 먹여 살린다는 생각이 지배적이었는데, 저먼은 그런 통념에 만족할 수 없었다. 그는 레스토랑을 방문한 고객들이 누구인지, 그들이 주문한 메뉴가 무엇인지를 정확히 밝히고 싶었다. 그래서 그는 관련 문헌을 샅샅이 뒤지는 한편 화학자, 미생물학자, 식품공학자 등으로 이루어진 연구 팀을 구성했다.[34] 연구 팀은 공동 연구를 통해 모든 HMOs를 살피고 모유에서 그 성분들을 추출하여 세균들에게 먹여봤다. 그러나 유감스럽게도, HMOs를 먹고 성장하는 세균은 하나도 없었다.

문제의 본질이 뭔지는 곧 밝혀졌다. HMOs는 모든 비피더스균이 먹는 만능 식품이 아니었던 것이다. 2006년 연구 팀은 HMOs가 비피도박테륨 론굼 인판티스Bifidobacterium longum infantis(B. infantis)라는 변종을 선택적으로 먹여 살린다는 사실을 발견했다. HMOs를 제공하는 한, B. 인판티스는 다른 장내 미생물들과의 경쟁에서 승리할 수 있다. 예컨대 B. 인판티스와 근연 관계에 있는 비피도박테륨 론굼 론굼Bifidobacterium longum lonum은 B. 인판티스와 똑같은 당분을 먹어도 느리게 성장하며, 비피도박테륨 락티스bifidobacterium lactis(B. lactis)라는 아이러니한 이름을 가진 미생물(프로바이오틱 요구르트에 단골로 첨가되는)은 아예 성장하지 않는다. 프로바이오틱스에 단골로 첨가되는 또 하나의 미생물인 비피도박테륨 비피덤bifidobacterium bifidum의 경우, B. 락티스보다는 잘 성장하지만 신경질적이고 지저분한 먹보로 몇 가지 HMOs를 분해하여 자기가 좋아하는 조각들만 흡수한다. 이와 대조적으로 B. 인판티스는 서른 개의 유전자군群(이 유전자군은 HMOs를 섭취하는 데 필요한, 광범위한 날붙이류 세트라고 할 수 있다)으로 무장하고, 마지막 남은 한 조각의 부스러기까지 게걸스럽게 먹어치운다.[35] 그 어떤 비피더스균도 B. 인판티스가 보유한 유전자군을 보유하고 있지 않으니, 그 유전자군은 B. 인판티스만이 가진 독특한 무기라고 할 수 있다. 인간의 모유가 B. 인판티스를 먹여 살리기 위해 진화하자, 이번에는 B. 인판티스가 원숙한 HMOs 먹보로 진화한 셈이다. 그러니 B. 인판티스가 모유를 먹는 유아들의 소화관을 종종 지배하는 것도 그리 놀랄 일이 아니다.

B. 인판티스는 밥값을 톡톡히 한다. 그는 HMOs를 소화시킬 때 단쇄지방산short-chain fatty acids(SCFAs)을 방출하는데, 이것은 유아의 소화관 세포의 먹이가 된다. 요컨대, 엄마는 B. 인판티스에게 HMOs를 먹이고, B. 인판티스는 아기에게 단쇄 지방산을 먹인다는 이야기다. B. 인판티스가 하는 일은 그뿐만이 아니다. B. 인판티스는 소화관 세포와 직접 접촉함으로써 접착성 단백질adhesive protein과 항염 분자anti-inflammatory molecule를 생성하도록 유도하는데, 접착성 단백질은 소화관 세포 사이의 틈을 메우는 역할을, 항염 분자는 면역계를 조정하는 역할을 한다. 이러한 사건들은 B. 인판티스가 HMOs를 먹고 자랄 때만 일어나며, 만약 그 대신 젖산을 먹는다면 생존하기야 하지만 아기의 소화관 세포와는 아무런 대화도 나누지 않는다. B. 인판티스는 모유를 먹을 때만 자신이 보유한 잠재적 혜택을 100퍼센트 제공한다. 이와 마찬가지로, 아기가 모유의 혜택을 완전히 누리려면 B. 인판티스를 반드시 보유해야 한다.[36] 저먼과 함께 연구한 데이비드 밀스David Mills가 "B. 인판티스는 유방에서 생성되지 않지만, 사실상 모유의 일부분이다"라고 선언한 것은 바로 이 때문이다.[37]

인간의 모유는 모든 포유동물의 모유 중에서도 단연 돋보인다. HMOs는 소젖보다 종류가 다섯 가지나 많고, 총량은 수백 배나 되니 말이다. 침팬지의 모유도 인간의 모유에 비하면 초라한 수준이다. 포유동물들 사이에 이런 차이가 존재하는 이유를 아는 사람은 아무도 없지만, 밀스는 설득력 있는 두 가지 이유를 제시한다. 첫 번째 이유는 우리의 뇌다. 우리는 몸집에 비해 큰 뇌를 가진 영장류로 유명하며, 뇌는 출생 후 첫 1년 사이 놀랍도록 빠르게 성장한다. 이 같은 신속한 성장은 부분적으로 시알산sialic acid에 의존하는데, 이는 공교롭게도 B. 인판티스가 HMOs를 먹고 방출하는 화학물질들 중 하나다. 따라서 엄마가 미생물들에게 HMOs를 배불리 먹일 경우 아기가 보다 영리해질 수 있다는 말은 타당성이 있다. 원숭이와 유인원들 가운데 사회생활을 하는 종의 모유 속 올리고당이 단독 생활을 하는 종보다 많고 다양한 것도 마찬가지다. 사회생활을 하면 그룹의 규모가 커지고, 그룹의 규모가 커진다는 것은 기억해야 할 인간관계나 관리해야 할 교우 관계, 상대해야 할 라이벌이 많다는 것을 의미한다. 많은 과학자들은 이런 사회적 필요성들이 영장류의 지능을 진화시키는 원동력으로 작용했으며, 이로 인해 HMOs의 다양성도 증가했다고 믿는다.

두 번째 이유는 질병이다. 병원균은 숙주를 쉽게 갈아탈 수 있으므로, 단체생활을 하는 동물들은 만연하는 감염병으로부터 자신을 보호할 필요가 있다. HMOs는 그런 방어 수단 중 하나가 된다. 우리의 소화관을 처음 감염시킬 때, 거의 모든 병원균은 장 세포의 표면에 존재하는 당 분자의 일종인 글리칸glycan에 달라붙는다. 그러나 HMOs는 글리칸과 매우 비슷하므로 병원균들은 간혹 글리칸 대신 HMOs에 달라붙기도 한다. 즉, HMOs는 바람잡이로 행동하여 아기의 장 세포에 달라붙으려는 병원균을 유인하는 역할을 하는 것이다. 또한 소화관에서 활동하는 악당들을 교란시킬 수 있는데 그중에는 살모넬라균, 리스테리아균, 콜레라균은 물론 캄필로박터 제주니Campylobacter jejuni(세균성 설사의 가장 흔한 원인균), 이질아메바(이질을 초래하는 왕성한 아메바로 매년 10만 명의 목숨을 앗아 감) 등 수많은 병독성 대장균 등이 있다. HMOs는 심지어 HIV도 차단할 수 있는데,

HIV에 감염된 엄마의 젖을 빠는 아기들이 바이러스가 들어 있는 모유를 몇 달이나 먹으면서도 HIV에 감염되지 않는 것은 바로 이 때문인 것으로 보인다. 과학자들이 실험한 바에 의하면 "HMOs와 함께 배양 중인 세포에 병원균을 투입해보았지만 세포들은 끄떡도 하지 않았다". 모유를 먹는 아기들이 우유를 먹는 아기들보다 소화관 감염이 적고 소화관 속에 HMOs가 많이 존재하는 것은 이 때문이다. "바이러스에서부터 세균에 이르기까지 다양한 병원균들을 다루려면 HMOs가 다양해야 해요. 우리가 수많은 질병에 걸리지 않고 버틸 수 있는 건 놀랍도록 다양한 HMOs 때문이죠"라고 밀스는 말한다.[38]

저먼이 이끄는 팀의 연구는 이제 막 시작되었다. 그들은 가장 익숙한 체액에 얽힌 수많은 낯선 비밀들을 캐내기 위해 토스카나를 닮은 연구소에 멋진 모유 처리 장치를 설치해놓았다. 밀스와 식품 과학자인 다니엘라 바릴레Daniela Barile와 함께 운영하는 연구실에는 거대한 철제 금속 드럼통이 두 개 있고, 그 속에 모유가 저장되어 있다. 그것은 대형 카푸치노 머신처럼 보이는 저온살균기로, 모유를 여과한 다음 분해하여 구성 요소를 분리해내는 기존의 장비에 대한 반란이다. 주변의 선반에는 수백 개의 흰 통들이 쌓여 있는데, 바릴레에 의하면 그 통들은 평소 가득 채워진 상태라고 한다.

가득 찬 통들은 대형 냉장고로 운반되어 섭씨 영하 32도의 저온에 저장된다. 냉장고 옆 벤치에는 장화, 얼음 깨는 망치, 햄 써는 도구가 놓여 있다. 바릴레는 이렇게 설명한다. "냉장고 바닥이 온통 모유로 뒤덮이기 때문에 모유를 처리할 때는 장화가 꼭 필요해요. 그리고 냉장고 문이 꽁꽁 얼어붙으니 망치도 필요하고요." 그러나 바릴레는 '햄 써는 도구'의 용도가 뭔지는 끝내 밝히지 않으며 나도 꼬치꼬치 캐묻지 않는다. 냉장고

안으로 머리를 들이밀어 내부를 살펴보니 흰 통들이 죽 늘어서 있는데, 그 속에는 어림잡아 약 600갤런의 모유가 들어 있다. 그중 상당 부분은 유제품 업체에서 기증받은 소젖이지만 인간의 유방에서 짜낸 모유도 의외로 많다. 어리둥절해하는 나를 보고 밀스는 이렇게 설명한다. "많은 엄마들은 젖을 짜내어 보관했다가 아기들이 젖을 뗀 뒤 남은 모유를 어떻게 처리해야 할지 몰라 고민에 빠지죠. 그러다가 우리가 모유를 연구한다는 얘기를 듣고는 결국 기증을 결정하게 돼요. 우리는 지난 2년간 인간 모유를 80리터나 모았죠. 한번은 스탠퍼드 대학에서 누군가 아이스박스를 들고 찾아와 '이 속에 모유가 잔뜩 들어 있는데, 혹시 필요하세요?'라고 묻기에 냉큼 받았죠." 그들은 각지에서 찾아오는 기증자들을 그대로 돌려보낸 적이 단 한 번도 없다.

그들의 계획은 모유의 구성 성분, 즉 HMOs와 기타 화합물을 분석하는 것이다. 글리칸과 결합한 지방과 단백질도 연구 대상이며(글리칸과 결합된 지방과 단백질은 B. 인판티스와 다른 비피더스균에 어떻게 영향을 미칠까?) 모유에 많이 들어 있는 파지도 빼놓을 수 없다. 저먼은 제러미 바와 팀을 이루어 엄마들이 모유를 통해 아기들에게 공생 바이러스 '시동 팩starter pack'을 제공하는 것은 아닌지 연구한다. 그들은 이미 특이한 점을 하나 발견했는데, '파지는 본래 점액에 잘 달라붙지만 주변에 모유가 있을 경우에는 열 배나 더 효율적으로 달라붙는다'는 점이 그것이다. 아마도 모유에 들어 있는 모종의 물질이 파지로 하여금 닻을 내리도록 도와주는 것으로 보이며, 작은 지방구脂肪球(단백질 막으로 둘러싸인 지방 입자로, 여기서 막을 이루는 단백질은 점액 속에 들어있는 단백질과 유사하다)가 그 유력한 후보로 지목된다. 우유 한 잔을 공기 중에 놓으면 표면에 형성되는 지방층에 지방구들이 가득한 것을 볼 수 있다. 이 지방구들은 아기에게 영양분을 공급하지만, 아기와 처음 만나는 바이러스들에게 소화관에 정착할 수 있는 발판을 제공하기도 할 것이다.

바의 이야기를 듣던 중 나는 큰 충격을 받았다. 왜냐하면 우리가 마이크로바이옴을 형성하고 통제하는 데 사용하는 도구들(파지, 점액, 다양한 면역 세포 그리고 모유의 구성 성분)이 모두 연결되어 있다는 사실을 깨달았기 때문이다. 나는 지금까지 이 네 가지 도구들이 별개인 것처럼 이야기해왔지만, 사실 이들은 인간과 미생물 간의 관계를 안정시키기 위한 거대 시스템의 구성 요소로서 서로 엮여 있었다. 이처럼 직관과 어긋나는 현실에서 바이러스는 우리의 동맹군이 될 수 있고, 면역계가 미생물을 지원하며, 모유를 먹이는 엄마는 아기에게 영양분을 공급하기만 하는 게 아니라 체내 생태계 전체를 확립한다.

그렇다면 모유란 뭘까? 저먼의 말대로 그것은 화학물질의 단순한 집합체라기보다 아기와 세균, 즉 유아infant와 B. 인판티스를 동시에 먹여 살리는 양식이다. 또한 그것은 예비 면역계로서 악의적인 미생물들을 처치하기도 하며, 아기로 하여금 생애 첫 며칠 동안 올바른 동료들을 만나도록 도와주고[39] 앞으로의 삶에 대비하도록 해준다.

일단 젖을 떼고 나면 우리는 스스로의 힘으로 자신의 미생물들을 먹여 살려야 한다. 부분적으로는 식사를 통해 이 문제를 해결하는데 식사는 가지 달린 당 분자, 즉 글리칸을 다양하게 제공함으로써 상실된 HMOs를 대체한다. 그러나 인체는 자신만의 글리칸도 만든다. 우리 소화관의 점액은 이런 글리칸들로 가득 차 있어 장내 미생물에게 풍성한 목초지를 제공한다. 우리는 올바른 식생활을 통해 유익한 세균들을 양육하는 한편 위험한 세균들을 배제한다. 미생물을 먹여 살리는 일은 매우 중요하므로, 식사를 중단하는 경우에도 그 일은 멈추지 않는다. 동물이 질병에 걸렸을 때 종종 식욕을 잃는 것은 수렵 채취에 사용할 에너지를 건강 회복 쪽으로 전용轉用하는, 매우 현명한 전술이다. 하지만 그것은 장내 미생물들이 일시적인 기근을 겪는다는 것을 의미한다. 병든 생쥐들은 비상식량을 방출함으로써 이 문제를 해결하는데, 그 비상식량이란 푸코오스fucose라는 단당류다. 장내 미생물들은 이 당분을 찾아 먹음으로써 허기를 달래며 숙주가 정상적인 서비스를 회복하기를 손꼽아 기다린다.[40]

글리칸을 먹는 데 탁월한 능력을 발휘하는 박테로이데스 그룹은 순식간에 소화관에서 가장 흔한 미생물로 발돋움한다. 그러나 여기서 명심할 것이 하나 있으니, 글리칸의 종류가 너무 다양해서 하나의 미생물 종이 모든 글리칸을 먹어치울 수는 없다는 사실이다. 그래서 우리는 광범위한 글리칸을 섭취하거나 만듦으로써 다양하고 풍부한 세균들을 지원한다. (하지만 다른 동물들의 경우에는 다르다. 예컨대 비둘기나 미국너구리와 같이 뭐든 가리지 않고 잘 먹는 동물이 있는가 하면, 팬더나 개미핥기와 같이 식성이 까다로운 동물도 있다.) 미생물들 간에는 복잡한 먹이사슬이 형성되는데, 어떤 미생물들은 가장 크고 단단한 분자를 분해하여 작은 조각들을 방출함으로써 다른 미생물들에게 먹을 것을 제공한다. 그들은 '두 가지 종이 서로에게 먹이를 제공하는 계약'을 체결하는데, 그 내용은 쌍방이 각각 상이한 먹이를 소화시켜 상대방이 사용할 수 있는 부산물을 생성한다는 것이다. 또 이웃 간의 경쟁을 회피하기 위해, 이상야릇한 대사물들을 조절하는 평화협정을 체결하기도 한다.[41]

미생물 간의 이 같은 상호작용은 매우 중요한데, 그렇게 함으로써 미생물 군집 전체의 안정성을 강화할 수 있기 때문이다. 하나의 세균이 글리칸을 효과적으로 수확하는 독보적인 능력을 보유한다면 점액 장벽 자체를 먹어치움으로써 다른 미생물들이 침입할 수 있는 틈새를 형성하게 된다. 그러나 수백 종의 미생물들이 서로 경쟁할 경우에는 우리가 제공한 먹이를 특정 종이 탐욕스럽게 독점하는 상황을 막을 수 있다. 우리는 광범위한 영양소를 제공하여 광범위한 미생물들을 먹임으로써 거대하고 다양한 미생물 군집을 안정화할 수 있다. 미생물 군집이 안정화되면 병원균이 침투하기가 어려워진다. 밥상을 제대로 차려야만 점잖은 손님들을 식탁으로 이끌어내고 불청객들을 차단할 수 있다는 얘기다. 우리의 어머니들은 생애 초기에 모유를 제공함으로써 그런 전통을 확립했고, 우리는 그 전통을 이어받아 올바른 식습관을 이어나간다.

공생에는 대가가 따른다

극단적인 사례이긴 하지만, 숙주가 미생물과의 갈등을 줄이는 방법이 또 하나 있다. 쌍방의 상호 의존성이 너무 강해 마치 하나의 개체처럼 효과적으로 행동하는 경우다.[42] 이러한 현상은 세균이 숙주의 세포 속에 자리 잡은 다음 부모에게서 자손에게로 충실히 전달될 때 일어나는데, 그럴 때 양자의 운명은 뒤엉키게 된다. 여전히 각자의 이해관계를 갖고 있지만, 어떠한 불일치가 존재하더라도 무시해도 좋을 정도로 이해관계가 중첩되는 것이다.

특히 곤충들 사이에서 흔히 볼 수 있는 이러한 방식은 미생물을 예측 가능한 단순화의 소용돌이spiral of simplification에 가두는 경향이 있다. 미생물은 숙주의 세포 속에서 작은 집단으로 국한되어 다른 미생물들과 격리되며, 이러한 고립으로 세균의 DNA 속에는 유해한 돌연변이가 축적될 수 있다. 그리하여 불요불급한 유전자들은 모두 불완전하거나 소용없는 것으로 변형되어 궁극적으로는 완전히 사라져버린다.[43] 만약 하나의 새로운 공생 세균을 곤충의 몸속에 넣은 후 진화의 테이프를 빨리 감아보면 세균의 유전체가 뒤틀리고 으스러지고 비뚤어지고 위축되면서 격렬한 혼란에 빠지는 모습을 보게 될 것이다. 세균의 유전체는 쪼그라들 대로 쪼그라들어, 마침내 미니멀 유전자(삶에 필요한 최소한의 유전자들)만 남는다. 전형적인 자유 생활 미생물free-living microbe인 대장균의 유전체는 약 460만 개의 DNA 글자로 이루어진다. 지금까지 알려진 것 가운데 가장 작은 공생 세균인 나수이아Nasuia의 유전체는 겨우 11만 2000개의 DNA 글자로 이루어져 있다. 만약 대장균의 유전체가 이 책만 한 크기라면, 나수이아만 한 세균을 얻기 위해서는 프롤로그 이후의 내용을 모두 지워야 할 것이다. 나수이아는 완전히 길들여진 세균으로, 혼자 힘으로는 살 수 없고 '숙주 곤충의 환경'이라는 온실 속에 영원히 머물러야 한다.[44] 그리고 숙주는 영양분이나 기타 필수 혜택을 얻기 위해 쭈그러든 공생 세균에 종종 의존한다. 고세균도 이와 똑같은 과정을 거쳐 우리에게 필수 불가결한 구조물인 미토콘드리아로 전환되었다.

이러한 융합은 숙주와 미생물 간의 갈등을 완화하는 강력한 방법이지만, 어두운 측면이 수반된다. 키가 크고 안경 낀 얼굴에 항상 싱글벙글인 대머리 생물학자 존 맥커친John McCutcheon은 13년매미13-year periodical cicada를 연구한 뒤 이 사실을 깨달았다. 빨간 눈에 새까만 몸을 가진 13년매미는 일생의 대부분을 땅속에서 유충으로 지내며 식물의 뿌리에서 수분을 빨아먹는다. 13년간 이렇게 나태하게 살던 매미들은 일시에 단체로 등장하여 시끄러운 불협화음으로 공간을 가득 메우고 광란의 섹스 파티를 벌인 다음, 단체로 사망하여 온 땅을 썩어가는 시체로 가득 메운다. 이 같은 기이한 생활 방식 때문에, 맥커친은 '매미들의 공생 세균도 숙주만큼이나 기이하겠군' 하고 생각했다. 그의 예감은 적중했지만, 매미의 공생 세균이 도대체 얼마나 기이할지는 그도 짐작하지 못했다.

매미의 공생 세균을 대상으로 DNA 염기 서열을 분석해보니, 한마디로 엉망진창이었다. 동일한 유전체에서 유래하는 것처럼 보이긴 했으나, 마치 동일한 직소 퍼즐의 불완전한 복사본 여러 개 중에서 아무 조각이나 마구잡이로 가져온 듯한 형국이었다. 정신이 산란해진 그는 다른 매미, 남아메리카에서 서식하는 수명이 짧고 털이 보송보송한 종으로 눈을 돌렸다. 그런데 그 종에서도 똑같은 문제가 발견되었다. DNA 조각들이 하나의 유전체로 조립되지 않았던 것이다. 단, 13년매미보다는 덜 복잡하여 두 개의 유전체로 조립이 가능했다.

두 개의 유전체는 두 가지 미생물종의 것으로, 모두 호드그키니아Hodgkinia라는 공생 세균의 후손이었다. 호드그키니아는 일단 털북숭이 매미의 몸에 기생한 뒤, 어찌 된 일인지 두 개의 종으로 쪼개졌다.[45] 이렇게 탄생한 두 딸종daughter species은 호드그키니아 원래의 유전자들을 일부 상실했는데, 그 종류가 각각 서로 달랐다. 따라서 두 딸의 유전체들은 원래의 유전자를 각각 절반씩 갖게 되었으며, 이는 완벽하게 상호 보완적이었다. 두 딸들이 공동으로 할 수 없는 일이라면, 오리지널 호드그키니아도 할 수 없었다.

맥커친은 매미의 몸속에서 무슨 일이 일어나는지를 파악하느라 거의 1년을 고생했지만, 일단 진상을 파악하고 나니 13년매미가 보유한 무질서한 공생 세균의 정체가 좀 더 명확해졌다. 13년매미의 공생 세균도 호드그키니아를 조상으로 모시고 있기는 하지만, 털북숭이 매미와 달리 두 종이 아니라 수없이 많은 종으로 갈라진 것 같았다. 면밀히 분석해보니 호드그키니아의 DNA는 최소한 열일곱 개, 최대 쉰 개의 묶음으로 엮일 수 있는 것으로 밝혀졌다. 그렇다면 이 묶음들이 각각 별도의 종일까, 아니면 종은 똑같고 계통만 다를까? 아직 결론을 내리지는 못했지만, 과학자들은 다른 매미들에게서도 종종 동일한 패턴을 관찰한다. 예컨대 한 칠레매미의 경우, 호드그키니아의 유전체가 여섯 개의 상보적 유전체로 나뉜 것으로 밝혀졌다.[46]

이때, 필수 비타민을 만드는 유전자들은 매미와 수많은 공생 세균들의 유전체에 뿔뿔이 흩어져 있으므로, 모든 유전자 조각들이 동시에 존재해야만 집단 전체가 생존하게 된다. 단기적으로는 별문제가 없겠지만 장기적인 운명은 아무도 모른다. 만약 호드그키니아의 유전체가 계속 잘게 쪼개지고 그 조각들이 모두 중요한 것이라면, 전체 집단은 엄청나게 위태로워질 것이다. 그중 하나라도 상실할 경우 전체가 파멸할 수 있기 때문이다. "그건 마치 열차 사고나 서서히 진행되는 멸종을 바라보는 것과 같아요. 공생을 달리 생각하게 만들죠." 맥커친의 말이다. 그는 지금껏 공생을 쌍방 모두에게 혜택과 기회를 제공하는 긍정적인 힘으로 간주해왔다. 그러나 공생은 파트너들의 발목을 잡아 자립 능력을 점점 더 약화시킬 수도 있다. 맥커친에게 자문을 제공했던 낸시 모런Nancy Moran은 이것을 '진화의 토끼 굴evolutionary rabbit hole'이라고 부른다. '이상한 나라를 향한 비가역적 여행'을 의미하는 메타포로, 이상한 나라에서는 일반법칙이 적용되지 않는 법이다.[47] 두 파트너가 일단 토끼 굴로 굴러떨어지면 빠져나오기가 어렵다. 그리고 맨 밑바닥에는, 원더랜드는커녕 오직 멸종이 있을 뿐이다.

공생에는 이처럼 치러야할 대가가 있다. 매미의 공생 세균만큼 숙주에게 필수적이지 않더라도, 미생물은 우리의 삶과 건강에 여전히 강력한 영향력을 행사한다. 그들이 말썽을 부리면 심각한 결과가 초래될 수 있다.

인간과 다른 동물들이 미생물 군단을 안정화하기 위해 수많은 방법을 개발한 것은 바로 그 때문이다. 우리는 인체의 화학을 이용하여 그들을 제한하고, 물리적 장벽을 이용하여 울타리 안에 가둔다. 그들에게 전용 식량을 먹임으로써 당근을 제공하는가 하면, 파지나 항체나 기타 면역계를 이용하여 채찍질을 하기도 한다. 우리는 미생물과의 끊임없는 갈등을 해소하는 비법을 많이 개발했고, 계약 이행을 종용하는 방법도 여럿 보유하고 있다.

그러나 불행하게도, 우리 인간은 자신도 모르는 사이에 미생물과의 계약을 파기하는 방법 역시 개발했다.

| 5장 |

건강과 질병의 열쇠

지구본을 붙들고 온통 새파란 지점이 나올 때까지 돌려보라. 이제 주눅이 들 정도로 넓고 깊은 태평양을 응시하고 있을 것이다. 이번에는 손가락으로 태평양 한복판을 찌른 뒤 약간 아래로, 그리고 약간 오른쪽으로 움직여보자. 당신이 지금 찌르고 있는 곳은 라인제도Line Islands다. 라인제도는 열한 개의 작은 땅덩어리가 일렬로 서있는 군도로서, 망망한 태평양의 한가운데로 돌진할 듯한 모양새다. 캘리포니아에서 5600킬로미터, 호주에서 6000킬로미터, 일본에서 7800킬로미터 떨어져 있는 라인제도는 고립의 끝이라 할 수 있다. 그보다 더 완벽하게 고립된 곳을 찾으려면 지구를 떠나야 하리라. 포리스트 로워가 "세상에서 가장 아름다운 산호초"를 찾아 여행을 떠나야 했던 곳이 바로 이곳이다.

2005년 8월, 로워는 화이트홀리호號의 갑판에서 뛰어내려 킹맨환초Kingman Reef 주변의 물속으로 잠수했다. 킹맨환초는 라인제도의 북단에 있는 섬으로, 태평양 한가운데로 돌진하던 군도가 발걸음을 멈추는 곳이다.[1] 영롱하게 맑은 물을 헤쳐나가던 그는, 심해에서 출발하여 해저를 카펫처럼 뒤덮으며 솟아오른 거대한 산호의 벽을 보았다. 픽사에서 제작된 〈니모를 찾아서〉에 등장하는 할리우드 산호초였다. 할리우드 산호초는 아름답게 빛나는 생태계로 만타가오리, 돌고래, 줄전갱이, 쿠베라 스내퍼Cubera snapper, 상어와 같은 A급 배역들이 무더기로 총출동하는 곳이다. 최소한 쉰 마리의 그레이 리프 샤크grey reef shark가 잠수부들 주위를 맴돌았는데, 덩치가 사람만 했다. 그러나 로워와 동료 과학자들은 개의치 않았다. 건강한 산호초의 상징인 상어가 그렇게나 많이 사는 것을 보고 그저 황홀할 따름이었다. 게다가 상어들은 주로 밤에 사냥을 하는데 그들은 해 지기 전에 배로 돌아갈 예정이니 걱정할 필요는 없었다. 그들은 시간을 칼같이 지켜서, 태양이 수평선에서 가물거릴 때쯤엔 마지막 과학자가 배에 기어올랐다. 로워는 이후 그 순간을 이렇게 기록했다. "해가 수평선 너머로 뉘엿뉘엿 넘어가면서 상어들이 한두 마리씩 몰려들기 시작했다. 하느님 맙소사, 조금만 늦었으면 큰일 날 뻔했다."

킹맨환초에서 남동쪽으로 700킬로미터 떨어진 크리스마스섬(키리티마티섬으로도 알려진)의 경우에는 상황이 180도 다르다. 로워는 그곳에서 사상 최악의 산호초를 목격했다. 여러 층으로 구성된 활기차고 풍성한 킹맨환초의 풍경과 달리 끈적이는 물질로 뒤덮인 산호의 뼈대들이 즐비했다. 마치 어떤 어둠의 세력이 휩쓸고 지나가며 산호의 생명과 색깔을 빼앗아 유령으로 만든 것 같았다. 혼탁한 물에는 각양각색의 입자들만 가득할 뿐, 물고기는 찾아보기 힘들었다. 상어도 자취를 감춰, 과학자들은 100시간이나 잠수를 하면서 단 한 마리의 상어도 구경하지 못했다.

크리스마스섬 주변의 바다가 원래부터 그랬던 건 아니다. 1777년 제임스 쿡James Cook이 크리스마스섬에 처음 상륙했을 때 그의 항해사들은 "상어가 셀 수 없이 많다"고 기록했다. 20세기 후반까지 대형 포식자들은 바다를 누볐고 산호도 여전히 건강했다. 그러나 1888년 사람들이 크리스마스섬에 본격적으로 정착하기 시작하면서 사정이 달라지기 시작했다. 오늘날 크리스마스섬에 사는 주민들은 겨우 5000여 명에 불과하지만, 상어를 싹쓸이하고 산호를 파괴하는 데는 그 정도로도 충분하다. 이와 대조적으로 킹맨환초는 사람이 살았던 적이 한 번도 없다. 그도 그럴 것이, 축구장 세 개만한 건조지라 사람이 정착할 만한 여지가 없었기 때문이다. 지상에 사람이 없다보니 물속은 해양 생물의 낙원이 되었다. 로워에게 있어서 킹맨환초의 바다는 과거를 되돌아보는 창문이다. 1777년에는 크리스마스섬에도 산호가 우거져 처음 발을 들여놓는 쿡 선장을 우아하게 맞이했을 것이다. 하지만 이제 크리스마스섬은 미래를 내다보는 창문이다. 우리는 장차 산호도 없고, (잠시 후 살펴보겠지만) 수많은 질병들이 창궐하는 황폐한 세상에 살게 될지도 모른다.

산호의 죽음

산호는 부드러운 관상管狀 몸체부를 가진 동물로서 윗부분은 날카로운 촉수로 덮여 있다. 그러나 평소에 이런 모습은 거의 보이지 않는다. 산호는 자신이 분비한 석회질 속에 숨어 사니까 말이다. 석회질 골격은 결합하여 튼튼한 산호초를 형성하며, 이것은 바닷속에 가지와 선반과 바위들로 이루어진 풍경을 만듦으로써 수많은 해양 동물들에게 보금자리를 제공한다. 산호는 지난 수억 년 동안 산호초를 건설해왔지만, 그들이 물속에 건축물을 짓던 시대는 이제 종말을 고하는 중이다. 카리브해의 산호 군락은 크게 붕괴하고, 호주의 웅장한 그레이트배리어리프Great Barrier Reef는 대부분의 산호를 잃었다. 산호초를 형성하는 산호종의 3분의 1은 멸종에 직면했고, 수많은 위협 요인으로 인해 사면초가의 상황에 놓여 있다.

인간이 대기로 내뿜는 이산화탄소는 태양열을 포집함으로써 바닷물을 데운다. 바닷물이 따뜻해지면 산호가 조류를 배출하는데, 조류를 내보낸 산호는 허약하고 흐물흐물해진다. 왜냐하면 조류는 산호의 세포 안에 살면서 숙주에게 영양분을 공급하기 때문이다. 또한 이산화탄소는 바다에 직접 녹아 바닷물을 산성화시키는데, 바닷물이 산성화되면 산호초 건설에 필요한 광물질이 고갈되어 산호초가 차츰 마모되기 시작한다.• 설상가상으로 허리케인, 선박, 불가사리는 산호초를 더욱 침식시킨다. 그리하여 굶주리고, 창백하고, 집 잃고, 지지 기반을 상실한 가엾은 산호는 병치레가 잦아지고 병에 걸린 산호는 하양, 검정, 핑크, 빨강 등 다양한 빛깔을 띤다. 산호가 앓는 질병에는 수십 가지가 있는데, 최근 수십 년 동안 발병 빈도가 눈에 띄게 증가했다.

이는 이례적인 경향이다. 자고로 인구밀도가 높을 때 병원균의 전염이 촉진되면서 감염병 환자도 늘어나기 마련인데, 산호의 질병은 개체 수가 감소하는 상황에서 기승을 부리고 있기 때문이다. 아마도 병원체가 초래하는 질병은 일부에 불과하고, 나머지 질병은 발병 원인이 복잡하기 때문인 듯하다. 예컨대 커다란 미생물 군집들이 단체 행동을 하거나 산호의 정상 세균총이 말썽을 일으키는 것인지도 모른다. 로워의 관심을 끈 것이 바로 이 부분이었다.

듬성한 검은 머리와 느긋한 태도를 지닌 로워는 높은 음성의 소유자로, 새까만 옷을 즐겨 입으며 은銀으로 만든 장신구를 착용한다. 그는 2장에서 소개한 바 있는 메타유전체학의 선구자이기도 하다. 모든 유전자들의 염기 서열을 해독함으로써 미생물을 조사하는 획기적인 연구 방법인 메타유전체학을 이용하여 로워는 난바다에 서식하는 바이러스 목록을

• 최근, 바닷물이 웬만큼 산성화되어도 산호의 석회질 골격이 안전하다는 연구 결과가 발표되었다. http://www.sciencemag.org/news/2017/06/corals-can-still-grow-their-bones-acid-waters

처음으로 작성했다. 그런 다음에는 산호의 미생물로 눈을 돌렸다. 다른 과학자들이 선행 연구에서 "현미경으로 바라본 산호는 이미 질식사한 상태다"라고 밝힌 바 있지만, 로워는 그 정도의 연구에 만족할 수 없었다. 산호의 표면에는 1제곱센티미터당 1억 마리의 세균이 서식하고 있는데, 이는 인간의 피부나 숲의 토양보다 열 배나 많은 수치다. 그래서 산호초는 한때 다양성을 품은 원더랜드로 명성이 자자했지만, 그 다양성은 대부분 자취를 감춘 지 오래다. 가오리, 거북, 뱀장어 따위는 모두 잊어라. 산호초의 생물학 중 대부분을 차지하는 주인공은 세균과 바이러스이고, 그 대부분은 전혀 연구된 바가 없는 것들이다.

그런데 미생물들이 산호의 몸에서 하는 일은 뭘까? 로워는 이렇게 말한다. "우선, 그들은 공간을 점령해요." 산호의 몸에는 미생물이 서식할 틈새가 많고, 식량원도 풍부하다. 만약 '얌전한 종'이 그 틈새들을 채운다면 '위험한 종'들은 발붙일 틈이 없으므로, 다양한 마이크로바이옴이 존재한다는 사실 하나만으로도 질병을 차단할 수 있다. 이것을 생물학자들은 집락화 저항colonization resistance이라고 부르는데, 이 효과가 약해질 경우 감염이 더욱 빈번히 발생하는 요인으로 작용할 것이다. 로워는 수많은 산호초들이 사라진 사건의 밑바탕에 이러한 원인이 도사리고 있으리라 생각했다. 바닷물의 온도 상승이나 산성화, 부영양화처럼 산호를 약화시키는 스트레스 인자들은 산호와 미생물 간의 동반자 관계를 교란함으로써 빈곤하고 왜곡된 미생물 군집을 만드는데, 이렇게 생긴 미생물 군집은 질병에 취약하며 심지어 질병을 초래하기까지 한다.[2]

이러한 생각을 확인하기 위해, 로워는 오염되지 않은 산호초에서부터 망가진 산호초에 이르기까지 다양한 산호초들을 연구했다. 그가 화이트홀리호에 승선한 것도 그 때문이었다. 화이트홀리호를 타고 두 달 동안 라인제도 북부의 섬 네 개를 차례로 훑으며 내려오면서 보니, 아래로 내려올수록 섬의 거주자가 점점 더 증가하는 추세가 나타났다. 킹맨환초는 무인도였고, 팔미라환초Palmyra Atoll에는 수십 명이 살고 있는데 반해 패닝섬Fanning Island에는 2500명, 크리스마스섬에는 5500명의 주민이 살고 있었다. 다른 과학자들은 물고기 수를 세고 산호를 퍼 올렸지만, 로워와 그의 동료 리즈 딘스데일Liz Dinsdale은 미생물을 연구했다. 그들은 각각의 연구 장소에서 바닷물을 채취한 뒤 바이러스조차도 통과할 수 없는 미세한 구멍이 뚫린 글라스 웨이퍼glass wafer로 여과했다. 그러고는 글라스 웨이퍼 윗부분에서 미생물을 긁어내어 형광염료로 염색한 다음 현미경으로 들여다보니, 바늘 끝만 한 불빛들이 여럿 보였다. 로워는 후에 그 순간을 이렇게 기록했다. "이 작은 불빛들에는 산호의 운명에 관한 정보가 모두 기록되어 있다. 건강하게 살 것인지, 아니면 몰락할 것인지."

면밀한 분석 결과, 인간이 흔해짐에 따라 바닷속의 미생물도 흔해지는 것으로 나타났다. 킹맨에서 크리스마스섬까지 내려가는 동안 상어와 같은 최상위 포식자는 주연에서 조연으로 전락하고 산호가 차지하는 지역은 45퍼센트에서 15퍼센트로 감소한 반면, 바닷물에 포함된 세균과 바이러스는 열 배로 늘어난 것이다. 이 모든 추세들은 태곳적부터 오래된 라이벌 관계인 산호와 다육성 조류fleshy algae 간의 영역 다툼을 둘러싼 복잡한 인과관계의 사슬과 연결되어 있다.

뜻밖의 암살범

일부 조류는 산호의 협력자로서 산호의 세포 속에 살며 식량을 제공하거나, 단단한 핑크색 껍질을 형성하여 소규모 군집들을 연결함으로써 견고한 통합체로 만든다. 그러나 다육성 조류는 산호의 적대 세력으로서 공간을 차지하기 위해 산호와 경쟁을 벌인다. 만약 조류가 흥하면 산호는 몰락하고, 산호가 흥하면 조류가 몰락한다. 대부분의 산호초에서는 서전피시나 패럿피시와 같은 '풀 뜯는 어류'가 다육성 조류를 관리한다. 그들은 웃자란 다육성 조류를 베어 먹음으로써 잘 정돈된 목초지를 유지한다. 그러나 인간은 두 가지 방법으로 조류를 밀어줬다. 첫째로, 인간은 창과 갈고리와 그물을 이용해 '풀 뜯는 어류'를 남획했다. 둘째로, 인간이 상어와 같은 최상위 포식자들까지 살육하면서 중위 포식자들이 폭증했고, 이들까지 '풀 뜯는 어류'를 공격하는 데 가세했다. 그리하여 잘 관리되던 목초지는 웃자란 다육성 조류가 만발한 들판으로 돌변했고, 잡초(다육성 조류)에 뒤덮인 산호들이 떼죽음을 당하기 시작했다.

라인제도 탐사에 참여한 제니퍼 스미스는 간단한 실험을 통해 이 가설을 증명했다. 그녀는 산호와 조류를 인접한 수족관에 각각 넣은 다음, 파이프로 두 수족관을 연결하여 물이 흐를 수 있도록 하되 파이프 가운데 초미세 필터를 설치함으로써 화학물질만 통과하고 세균은 통과하지 못하도록 만들었다. 그러자 이틀도 채 지나지 않아 모든 산호가 죽었다. 산호의 사인死因은 무엇이었을까? 세균은 필터를 통과하지 못하므로, 조류가 분비한 모종의 수용성 물질이 필터를 통과하여 산호를 죽였다는 추론이 가능하다. 그렇다면 그 물질이 뭘까? 독소? 물론 그럴 수도 있다. 하지만 스미스가 산호를 항생제로 치료하자 치료받은 산호들은 살아남았다. 따라서 범인은 독소가 아니라 세균이라고 할 수 있다. 여기서 조류와 공생하던 미생물이 범인일 리는 없다. 필터가 그들의 경로를 가로막았으니 말이다. 결국 범인은 산호의 공생 세균이라는 최종 결론이 나온다.

이게 말이 되는가? 산호와 동고동락하던 세균이 어떻게 갑자기 살인마로 돌변할 수 있단 말인가? 스미스는 복잡한 시나리오를 하나 생각해냈다. 그것은 조류가 모종의 물질을 만들었고, 이 물질이 필터를 통과하여 산호에 접근한 다음 산호의 공생 세균에게 지령을 내려 산호를 죽였다는 것이다.

스미스가 상정한 모종의 물질은 용존 유기 탄소dissolved organic carbon(DOC)인 것으로 밝혀졌다. DOC란 본질적으로 물속에 용해된 당분과 탄수화물이다. 산호초 주위에 조류가 너무 많이 서식하면 조류는 다량의 DOC를 만들어 미생물을 위한 잔치를 벌인다. 조류가 만든 당분은 먹이사슬을 타고 상승하여 풀 뜯는 어류의 몸에 축적되고, 궁극적으로 상어의 체내에 축적된다. 그러므로 상어 한 마리에는 조류 수 톤의 에너지가 저장되어 있다고 할 수 있다. 그러나 상어가 모두 죽으면 그 당분들이 먹이사슬의 밑바닥에 남아 물고기의 살을 찌우는 대신 미생물을 배불리 먹이게 된다. 진수성찬을 받은 미생물들은 폭발적으로 증식하여 주변의 모든 산소들을 흡수하며 산호를 질식시킨다.

그러나 DOC가 모든 미생물들을 똑같이 배불리는 건 아니다. DOC는 에너지가 많고 소화가 잘되므로(로워는 DOC를 햄버거에 비유한다) 가장 빨리 성장하는 종, 즉 병원균들을 우선적으로 배불린다. 킹맨환초에 사는 미생물의 경우 겨우 10퍼센트가 병원균(산호에게 질병을 초래하는 미생물)으로 분류되었지만, 크리스마스섬 주변의 미생물은 절반이 병원균이었다. 로워는 이렇게 썼다. "당신이라면 그런 곳에서 살고 싶지 않을 것이다. 하지만 불행하게도, 산호에게는 선택권이 없다." 크리스마스섬 주변의 산호 수가 킹맨환초의 4분의 1 수준에 불과한데도, 환자(병든 산호) 수는 두 배나 많다는 것은 그리 이상한 일이 아니다. (아이러니하게도, 훗날 실시된 조사에는 "크리스마스섬에 산호초 몇 개가 여전히 건재하다"는 결과가 나올지도 모른다. 왜냐고? 크리스마스섬은 과거에 미국이 핵실험을 한 곳이다. 그러니 방사선이 무서워 어부들이 접근하지 않을 테고, 덕분에 물고기와 산호는 목숨을 부지할 것이니 말이다.) 크리스마스섬의 바다는 지저분한 병동과 마찬가지로 면역력이 저하된 환자들로 가득 차 있는데, 그런 환자들이 으레 그렇듯 아득히 먼 곳에서 유입된 이국적인 병원균에 의해 목숨을 빼앗기는 경우는 거의 없다. 그들을 감염시키는 병원균은 대부분 마이크로바이옴 출신의 기회감염 병원균opportunistic pathogen으로, 자신의 숙주를 훼손하며 풍부한 DOC를 착취한다.

로워가 기술한 일련의 연속적인 사건들은 악순환을 일으킨다. 산호가 죽으면 조류의 서식 공간이 더욱 넓어지고, 조류는 더 많은 DOC를 방출한다. 그러면 더 많은 병원균들이 배불리 먹고 무럭무럭 자라 훨씬 더 많은 산호를 살해할 것이다. 궁극적으로 이러한 악순환은 매우 빠르게 진행되어, 산호초 전체의 균형이 '물고기와 산호가 어우러진 상태'에서 '조류가 비정상적으로 우거진 상태'로 극적이며 비가역적으로 기울게 된다. "매우 끔찍한 사건이 매우 빠르게 벌어지고 있어요. 하나의 산호초가 1년 만에 몰락하고, 아름다운 산호들이 흉측한 주검으로 변할 거예요."

산호초를 약화시키는 주요 스트레스 인자들 중 어느 것이라도 악순환에 시동을 걸 수 있다. 2009년 로워가 이끄는 연구 팀은 따뜻하고 산성화되고 영양분이 풍부해진(즉 DOC가 증가한) 바닷물에 산호 조각을 노출시켜봤다. 그 결과 산호의 미생물 군락은 건강한 산호초에서 발견되는 정상 미생물총에서 병든 산호에서 우글거리는 병원성 군락으로 변하는 것으로 나타났다. 설상가상으로 세균이 숙주를 감염시키는 데 사용하는 병독성 유전자와 바이러스도 증가했다. 산호에서 발견된 바이러스는 인간에게 포진을 일으키는 헤르페스바이러스herpes virus와 친척뻘로, 헤르페스바이러스는 숙주의 유전체에 침입한 다음 일부 스트레스 인자에 의해 재활성화될 때까지 잠복기를 갖는다. 잠복했던 바이러스는 나중에 재등장할 때 인간에게 구순口脣 포진을 초래하는데, 그 친척뻘 되는 바이러스들이 산호에게도 악영향을 미치는지는 확실하지 않지만 질병을 초래하는 것은 가능하다.[3]

인간은 예상치 못한 방법으로 이러한 악순환에 시동을 걸었다. 2007년 길이 26미터짜리 어선이 킹맨환초에 좌초되었는데, 원인은 아마도 엔진에 일어난 화재였던 것 같다. 그 어선의 국적과 이름, 선원들의 운명은 알려져 있지 않지만 그 영향은 놀라울 정도로 뚜렷하다. 어선이 완전히 망가지면서 파편이 바닷속의 산호초에 우박처럼 쏟아져 장장 1킬로미터에 걸친 데드존dead zone•을 형성했다. 이는 통상적인 백화현상과는 차원이 다르다. 산호들은 매우 탁한 물속에서 시커먼 조류에 뒤덮이는데, 검은 암초black reef라 불리는 이 광경은 톨킨이 쓴 《반지의 제왕》에 나오는 죽음의 땅 모르도르Mordor를 연상시킨다. 검은 암초는 어선 하나 분량의 쇳덩어리가 척박한(영양분이 전반적으로 부족한) 생태계에 가라앉으면서 생겨났다. 철분이 비료로 작용하여 다육성 조류가 맹렬히 증식하는 바람에 풀 뜯는 물고기조차 벌초 작업을 신속히 진행할 수 없었다. 뒤이어 다육성 조류는 로워의 악순환에 시동을 걸어 'DOC 증가 → 미생물 증가 → 병원균 증가 → 질병 증가 → 산호의 시체 증가'라는 일련의 사태를 초래했다.

로워의 연구 팀은 라인제도의 다른 부분에서도 검은 암초를 몇 개 발견했는데, 공통점이 하나 있었다. 모두 선박이 난파하여 부서진 파편이

• 물속에서 산소가 충분하지 않아 생물이 살 수 없는 지역.

바닷속으로 가라앉았다는 점이다. 수질이 전반적으로 악화되어 산호가 거의 균일하게 붕괴된 크리스마스섬 등에서와 달리, 검은 암초는 킹맨환초와 같은 청정 해역에도 나타날 수 있다. "전체적으로는 훌륭한 산호초인데도 유독 한 군데서만 죽은 산호가 나타날 수 있어요"라고 로워는 말한다. 그는 탁자를 가리키더니 한가운데를 손으로 때리며 말을 이었다. "어느 곳에든 쇳조각 하나, 심지어 볼트 하나만 존재하면, 그 주변에 조그만 검은 암초가 생겨날 겁니다."

2013년 미국 어류 및 야생동식물 보호국은 킹맨환초에 좌초된 선박을 제거했다. 한 무리의 작업자들이 수 톤에 달하는 찌꺼기들을 플라스마 절단기와 동력 사슬톱으로 썬 다음 뗏목에 실어 물 위로 끌어 올렸다. 이제 남은 것은 엔진 하나뿐인데, 자그마치 2톤짜리 쇳덩어리여서 어찌해볼 도리가 없다. 그러나 대부분의 찌꺼기들을 제거했으니, 산호는 차츰 건강을 회복할 것으로 보인다.

다른 검은 암초들은 운이 별로 좋지 않다. 그들의 비애는 한꺼번에 쏟아져 내린 쇳조각들이 아니라 지속적으로 가해진 인간 활동의 압력에서 기인한다. 로워의 연구 팀은 태평양 전역의 아흔아홉 개 지점에서 인간의 활동을 측정하여, 어업, 산업, 오염, 해상운송 활동을 종합적으로 반영한 단일 지표를 만들었다. 또한 연구 팀은 동일한 지점에서 미생물화microbialisation라는 지표를 만들었는데, 이것은 '물고기 대신 미생물에 투입된 생태계 에너지의 비율'을 뜻하는 지표였다. 이 두 지표는 서로 비례한다. 인간의 활동이 두드러질수록 산호와 미생물 간의 오랜 관계가 파괴되어, 물고기로 가득 찬 산호초의 발랄하고 장엄한 풍경이 '병원균 수프pathogenic soup'에 푹 잠긴 조류의 음산한 황무지로 전환되는 것이다.

로워에 의하면, 산호는 수많은 위협에 시달려 연약해지다가 종국에는 미생물들에게 제압당해 쓸쓸히 죽어간다. 이는 일부 나약한 산호만이 아니라 모든 산호에 적용되는 포괄적이고 설득력 있는 이론으로 '산호의 죽음에 관한 대통합 이론Grand Unified Theory of Coral Death'이라 할 수 있다. 한 문장으로 요약하면 "가장 커다란 상어와 가장 작은 바이러스는 먹이사슬을 통해 연결되어 있으며, 보이지 않는 부분이 궁극적으로 산호초의 운명을 결정한다"는 것이다. 로워는 쉬운 말로 이렇게 설명한다. "산호초가 제아무리 복잡해도 그들의 건강과 몰락을 결정하는 핵심 세력은 미생물이에요."

미생물이 일으키는 세균성 질병들을 떠올려보라. 인플루엔자, 에이즈, 홍역, 에볼라, 볼거리, 광견병, 천연두, 결핵, 흑사병, 콜레라, 매독. 이 모든 질병들은 서로 다르지만 공통적인 발병 패턴을 보이는데, 하나의 미생물이 주도하는 일괄 공정이라는 점이다. 즉, 하나의 바이러스나 세균이 우리의 세포를 감염시킨 다음 신체 조직을 야금야금 훼손하며 번식하는 과정에서 예측 가능한 증상들을 일으킨다. 이 병원체들은 확인과 분리와 연구가 가능하며, 운이 좋으면 제거함으로써 감염을 종식시키는 것도 가능하다.

그러나 산호의 경우는 다르다. 로워의 연구에 따르면 "산호들의 세균성 질병은 인간의 질병과 성질이 달라, 하나의 주범이 하나의 질병을 일으키지 않는다"고 한다.[4] 산호가 앓는 질병은 미생물 군집에 의해 발병하는데, 평소에는 얌전하던 미생물들이 어느새 대형을 갖추어 숙주를 해치는 것이 특징이다. 다시 말해, 어느 미생물도 그 자체로서는 병원균이 아니지만 특정한 배열을 통해 병원성 상태pathogenic state로 전환되는 것이다. 이런 상태를 지칭하는 용어가 하나 있으니, 미생물 불균형dysbiosis이 바로 그것이다.[5] 이 용어는 '공생symbiosis의 어두운 그림자'로서 우리가 지금껏 봐왔던 조화와 협동 대신 불균형과 불일치를 떠올리게 한다.

인간이든 산호든, 모든 개체들은 단독자單獨者가 아니라 하나의 생태계라는 사실을 상기하라. 모든 동물들은 미생물들의 영향하에 성장하며 그들과의 활발한 협상이 평생에 걸쳐 지속적으로 펼쳐진다. 또한 숙주와 미생물의 이해관계가 종종 상충하므로 숙주는 미생물들을 제대로 먹이고, 특정한 조직에 국한시키고, 면역계의 감시하에 둠으로써 통제하고 질서를 유지해야 한다는 점도 명심하라. 그런 통제 활동에 뭔가 문제가 생겼다고 생각해보자. 그것은 마이크로바이옴을 들쑤셔 그 속에 포함된 미생물들의 비율을 변화시킬 것이다. 그렇게 되면 활성화되는 미생물의 유전자도 달라지고 생성되는 화학물질도 달라진다. 변형된 미생물 군집은 여전히 숙주와 대화를 계속하지만, 대화의 취지와 내용이 달라지는 것이다. 그리하여 미생물이 통제구역에 발을 들여놓거나 면역계를 과도하게 자극하게 되면 염증 반응이 일어나는데, 이를 유식한 말로 기회감염opportunistic infection이라고 한다.

기회감염은 미생물 불균형의 종착역이라고 할 수 있다. 미생물 불균형은 병원균을 물리치는 데 실패한 개체와 관련된 것이 아니라, 의사소통에 실패한 동거자들(숙주와 공생자)과 관련된다. 미생물 불균형도 질병임이 분명하며, 최근 생태계의 문제로 재조명을 받고 있다. 건강한 개체는 처녀 열대우림 또는 킹맨환초의 우거진 초원이나 마찬가지이며, 병든 개체는 휴한지나 부유물로 뒤덮인 호수 또는 크리스마스섬의 혼란스러운 생태계(백화된 산호초)나 마찬가지다. 이것은 건강을 바라보는 매우 복잡한 관점이므로 독자들은 많은 질문들을 던질 것이다. 그중에서 가장 중요한 질문은 이것이다. "그런 변화는 질병의 원인일까요, 아니면 단지 결과에 불과할까요?"

날씬한 생쥐와 살찐 생쥐 실험

나는 세인트루이스에 있는 워싱턴 대학에서 제프 고든 및 두 명의 학생들과 함께 엘리베이터에 있다. 마침 한 여학생이 아이스박스를 들고 있는 것을 보고 이렇게 묻는다. "그 아이스박스 안에는 뭐가 있죠?"

"튜브가 여러 개 들어 있고요, 튜브에는 콩알만 한 쥐똥들이 담겨 있어요"라고 그녀가 대답한다.

"건강한 어린이와 영양실조 어린이들에게서 채취한 미생물이에요. 우리는 그걸 생쥐에게 이식했죠." 마치 세상에서 가장 자연스러운 일이라도 되는 듯 고든이 설명한다.

고든은 오늘날 인간 마이크로바이옴을 연구하는 과학자들 가운데 가장 막강한 영향력을 행사하는 인물이다. 그는 연락하기가 가장 어려운 과학자 중의 한 명이기도 해서, 나는 지난 6년 동안 여러 과학 잡지와 과학 사이트에 그의 연구를 소개하며 이메일 답장을 기다린 끝에 마침내 그의 연구실 방문을 허락받는 영광을 누리게 되었다. 처음에는 무뚝뚝하고 서먹서먹한 이미지를 떠올렸는데, 막상 만나보니 잔주름이 많은 눈에 친절한 미소, 기발한 태도가 눈에 띄는 사랑스럽고 상냥한 남자다. 그는 실험실을 둘러보면서, 학생을 포함한 마주치는 사람들 모두에게 '선생님'이라고 부른다. 그가 언론을 기피하는 이유는 무관심한 성격 때문이 아니라 자기도취를 체질적으로 싫어하기 때문이다. 심지어 학회에 참가하는 것도 삼가며 세간의 이목을 피해 연구실에 머무르는 것을 선호한다. 연구에 파묻혀 미생물이 우리의 건강에 미치는 영향을 파헤치고 인과적causal 관계와 우연적casual 관계를 구별하는 데만 몰두하는 것이다. 그러나 "지금의 위치에 오르게 된 비결이 뭔가요?"라는 질문을 받으면, 과거와 현재

의 학생들과 공동 연구자들에게 공을 돌리는 것을 잊지 않는다.[6]

고든이 마이크로바이옴 분야에서 우뚝 서게 된 이유는 마이크로바이옴을 연구해야겠다는 생각이 떠오르기 훨씬 전부터 인간의 소화관 발달 과정에 대해 수백 편의 논문을 발표함으로써 이미 확고한 과학자로 자리매김했기 때문이다. 그는 1990년대부터 세균이 소화관 발달에 영향을 미칠지 모른다고 짐작했지만, 그 아이디어를 검증하려면 가시밭길을 걸어야 한다는 생각에 머뭇거렸다. 당시 미생물이 오징어의 발생에 영향을 미친다는 사실을 증명해낸 맥폴-응아이는 고작 한 종의 세균을 연구했을 뿐이었다. 반면 인간의 소화관에는 수천 종의 미생물이 서식하므로 고든은 그중 일부를 분리하여 통제된 조건하에 연구를 수행해야 했다. 그러려면 모든 과학자들이 요구하지만 생물학자들에게는 곤혹스러운 필수 요소, 즉 대조군이 필요했다. 특히 마이크로바이옴을 연구하려면 무균생쥐라는 대조군이 대량으로 필요했다.

엘리베이터 문이 열리자 나는 고든, 학생들, 냉동된 쥐똥이 담긴 아이스박스와 함께 커다란 방으로 들어간다. 투명한 플라스틱으로 만든 상자들이 가득한 방인데, 그 상자들은 완전 무균 서식처로서 거기 들어 있는 생명체라고는 생쥐밖에 없다. 무균 상자에는 생쥐들이 원하는 물품들, 예컨대 음료수와 갈색 너겟(작고 동그란 먹이), 밀짚(깔개용), 흰색 스티로폼으로 만든 밀실(짝짓기용) 등이 모두 구비되어 있다. 물품들은 2단계 공정을 거쳐 무균 상자로 투입된다. 먼저 연구원들은 물품들을 방사선으로 멸균처리한 다음 적재용 원통에 넣고, 이어 원통을 고온 고압 증기로 살균하여 뒷부분의 구멍과 연결된 통로를 통해 무균 상자에 반입한다(연결 통로 역시 살균처리 되어 있다).

무균 상자에 물품을 반입하는 작업은 매우 까다롭고 힘들지만, 연구진은 미생물 없이 세상에 태어난 생쥐로 하여금 미생물과 접촉하지 않고 성장하도록 도와줘야 한다는 점을 명심하고 늘 최선을 다한다. 무균사육gnotobiosis 개념의 전형적 사례다. 무균사육이란 '알려진gnostos'과 '생명bios'이라는 뜻의 그리스어를 합성하여 만든 용어로, 무균동물 또는 기지旣知의 미생물만을 보유한 동물을 사육하는 것을 뜻한다. 우리는 무균생쥐의 체내에 어떤 미생물이 살고 있는지 잘 안다. 그 속에는 아무런 미생물도 없다. 지구 상에 존재하는 다른 생쥐들과 달리, 각각의 무균생쥐들은 생쥐 자체일 뿐 그 이상은 아니다. 쉽게 말해서 텅 빈 용기, 또는 알맹이 없는 실루엣이라고 할 수 있다. 이들은 단 하나의 생명체로 구성된 생태계로, 미생물 군단을 거느리지 않는다.[7]

모든 무균 상자에는 구멍이 두 개씩 뚫려 있고 각각의 구멍에는 까만 고무장갑이 부착되어 있어서, 연구원들은 고무장갑에 손을 넣어 내부의 물체를 조작할 수 있다. 장갑이 얼마나 두꺼운지 손을 넣어보니 금세 땀이 나기 시작한다. 나는 서툴게 생쥐 한 마리의 꼬리를 잡아본다. 하얀 털가죽에 핑크빛 눈을 가진 생쥐는 내 손바닥에 편안한 자세로 앉는다. 왠지 기분이 묘하다. 외부 세계와 철저히 단절된 세상을 향해 돌출한 두 개의 까만 고무장갑을 통해 동물 한 마리를 만지고 있다니! 녀석은 내 손바닥에 앉아 있지만 나와는 완전히 격리되어 있다. 샌디에이고 동물원에 있는 천산갑 바바를 건드릴 때, 나는 바바와 미생물을 교환했다. 지금은 생쥐 한 마리를 건드리고 있지만, 그 녀석과 아무것도 교환하지 않는다.

현재 전 세계에는 수십 개의 비슷한 무균 시설이 설치되어 있으며, 이것은 미생물의 작용을 이해하는 가장 강력한 수단 중의 하나다. 이런 격리 수용 시설은 1940년대에 처음 개발되어 10년 뒤 개선되었지만 과학계에서는 주목을 받지 못했다.[8] 무균동물을 사용할 사람이 아무도 없었기 때문이다. 그러나 고든은 무균동물이 자신의 요구 사항을 완전히 충족한다는 것을 깨달았다. 특정한 미생물을 무균생쥐에 적재한 뒤, 통제되고 반복 가능한 상황에서 미리 정해진 먹이를 지속적으로 공급할 수 있으니 말이다. 그는 무균생쥐들을 살아 있는 생물반응기bioreactor로 사용할 수 있었으며, 이를 통해 까다롭고 복잡하기로 소문난 마이크로바이옴을 관리 가능한 요소로 전환시켜 체계적인 연구를 수행할 수 있는 길을 열었다.

2004년 고든이 이끄는 연구진은 무균생쥐를 이용하여 야심 찬 연구를 수행하는 데 총력을 기울였다.[9] 통상적인 방법으로 사육된 생쥐로부터 미생물을 수확하여 무균생쥐에게 접종한 것이다. 무균생쥐는 배가 터지도록 먹어도 체중이 늘지 않는 게 상례다. 그러나 그들의 소화관에 미생물이 정착하자, 선망의 대상이던 '아무리 먹어도 살찌지 않는 능력'은 사라졌다. 그들은 과식을 중단하기 시작했지만(어느 편이냐 하면 오히려 식사량이 약간 줄었다) 섭취한 먹이가 지방으로 전환됨으로써 체중이 불었다. 생쥐는 인간과 분명히 다르지만 그들의 생물학은 인간과 비슷하므로 약효 실험에서 뇌 연구에 이르기까지 모든 연구에서 인간의 대역으로 사용되기에 충분하다. 물론 그들이 보유한 미생물 역시 인간이 보유한 미생물의 대역으로 사용될 수 있다. 고든은 이렇게 추론했다. "내 초기 연구의 결과가 인간에게도 적용된다면, 인간의 미생물은 인체가 음식물에서 추출하는 영양소에 영향을 미치는 게 분명하며 나아가 체중에도 영향을 미칠 것이다." 고든이 이끄는 연구진은 무균생쥐를 이용하여 '사실적이고 매력적이며 의학적으로 유의미한 연구'에 뛰어든 것이다.

연구진은 두 번째 연구에서 "비만한 사람(혹은 생쥐)은 날씬한 사람(혹은 생쥐)과는 다른 장내 미생물 군집을 보유하고 있다"고 보고했다.[10] 가장 뚜렷한 차이는 두 가지 장내 미생물 그룹의 비율이었는데, 비만한 사람은 날씬한 사람보다 피르미쿠테스Firmicutes가 많은 반면, 박테로이데테스가 적은 것으로 나타났다. 이 연구 결과는 한 가지 명확한 의문을 제기했다. "과도한 체지방이 박테로이데테스/피르미쿠테스 시소를 한쪽으로 기울이는 걸까, 아니면 시소가 기울어서 사람이 뚱뚱해지는 걸까?" 단순 비교를 통해서는 이 질문에 답변할 수 없었으므로 연구진에게는 후속 실험이 필요했다.

이 대목에서 등장한 인물이 피터 턴보Peter Turnbaugh였다. 당시 연구실에 머물던 대학원생 턴보는 살찐 생쥐와 날씬한 생쥐로부터 미생물을 수확한 다음 두 그룹의 무균생쥐에게 각각 투입했다. 그 결과 뚱뚱한 생쥐의 미생물을 받은 무균생쥐는 체지방이 27퍼센트 증가했고, 날씬한 생쥐의 미생물을 주입받은 무균생쥐는 체지방이 47퍼센트 감소했다. 단지 미생물을 한 동물에서 다른 동물에게로 이동시킴으로써 비만을 이식하다니, 너무나 충격적인 결과였다. "우리는 '오 마이 갓!'을 연발했어요. 머릿속에서는 스릴과 영감이 교차했죠"라고 고든은 회상한다. 턴보의 연구 결과는 최소한 일부 상황에서 변형된 마이크로바이옴이 비만을 초래할 수 있다는 점을 시사한다. 그렇다면 그 메커니즘은 뭘까? 변형된 마이크로바이옴은 섭취된 음식물에서 칼로리를 더 많이 추출하거나 지방이 저장되는 방식에 영향을 미치는 것으로 보인다. 과정이야 어찌 됐든, 미생물은 승용차에 편승하여 건성으로 드라이브만 하는 게 아니라 간혹 운전대를 잡기도 한다는 게 분명해진 셈이다.

미생물은 핸들을 좌우로 모두 돌릴 수 있다. 턴보는 "특정 장내 미생물이 체중을 증가시킬 수 있다"고 보고한 반면, 다른 연구진은 "동일한 장내 미생물이 체중 감소를 유도할 수 있다"고 보고했다. 예컨대 흔한 장내 미생물 가운데 하나인 아커만시아 뮤시니필라Akkermansia muciniphila는 비만 생쥐보다 평균 체중을 가진 생쥐에서 3000배 이상 많이 서식하는데, 비만 생쥐가 이 세균을 섭취하면 체중이 감소하고 2형 당뇨병의 징후가 감소하는 것으로 밝혀졌다.

장내 미생물은 위 우회술迂廻術의 괄목할 성공을 부분적으로 설명하기도 한다. 위 우회술은 위장의 크기를 달걀만 한 주머니로 줄여 소장에 직접 연결하는 근치 수술이다. 이 수술이 끝나면 환자의 체중이 수십 킬로그램 감소하는 경향이 있는데, 이는 전형적으로 '쪼그라든 위장'에 기인한 현상이다. 그러나 위 우회술은 장내 미생물을 재구성함으로써 다양한 미생물들을 증가시키며, 그중에는 아커만시아도 포함된다. 그리고 재구성된 마이크로바이옴을 무균생쥐들에게 이식하면 그들의 체중 역시 감소할 것이다.[11]

전 세계의 언론은 고든의 발견을 '체중 때문에 고민하는 사람들을 위한 구원과 사면'으로 취급했다. 미생물을 이용한 신속한 치료가 눈앞에 있는데 엄격한 식사 지침을 고수할 사람이 어디 있겠는가? 세균이 저울 눈금을 조작하는 것으로 밝혀졌는데 칼로리 과잉을 탓할 필요가 뭐 있겠는가? 한 신문이 "지방? 당신의 장내 미생물을 탓하라"라고 쓰자, 다른 신문은 "과체중? 미생물이 주범이다"라며 맞장구를 쳤다. 그러나 그런 헤드라인들은 틀렸다. 마이크로바이옴은 오랫동안 금과옥조로 여겨져온 식사 지침을 대체하거나 부정하지 않으며, 그것들과 상호 보완적인 관계에 있기 때문이다. 고든에게 지도받은 또 한 명의 대학원생인 바네사 리다우라Vanessa Ridaura는 생쥐의 몸속에서 '날씬이 미생물(날씬한 사람의 장내 미생물)'과 '뚱뚱이 미생물(뚱뚱한 사람의 장내 미생물)' 간의 전쟁을 유도함으로써 이 사실을 증명했다.[12] 그녀는 사람의 장에서 두 가지 미생물을 채취하여 각각 무균생쥐에게 이식한 뒤 두 생쥐를 같은 우리에 수용했다. 무슨 일이 일어났을까? (생쥐들은 서로 상대방의 배설물을 먹음으로써 자신의 소화관을 이웃 생쥐들의 미생물로 채운다는 사실을 상기하라.) 날씬이 미생물과 뚱뚱이 미생물 간에 전쟁이 일어났고, 날씬이 미생물이 뚱뚱이 미생물의 영토를 침범하여 뚱뚱한 생쥐들의 체중이 불어나는 것을 중단시킨 것으로 나타났다. 여기까지는 좋았다. 그런데 이상하게도 그 역逆은 성립하지 않았다. 다시 말해서, 날씬이 미생물들이 주변에 있는 경우 뚱뚱이 미생물 군집은 발붙일 곳을 찾지 못한 것이다. 그 이유는 뭘까? 날씬이 미생물이 뚱뚱이 미생물보다 본질적으로 우월해서?

아니었다. 날씬이 미생물이 뚱뚱이 미생물을 제압한 이유는 성격이 호전적이거나 기운이 장사여서가 아니라, 생쥐의 식생활 때문이었다. 리다우라가 생쥐들에게 제공한 먹이는 식물성이었는데, 식물성 먹이 속에는 복합 섬유질이 함유되어 있어 섬유질을 잘 분해하는 미생물들에게 적합하다. 그런데 채식을 좋아하는 날씬이 미생물 군단에는 B-테타와 같은 섬유질 분해 전문가들이 수두룩한 데 반해, 기름진 먹이를 좋아하는 뚱뚱이 미생물 군단에는 채식주의자들이 거의 없었던 것이다. 그러니 처음부터 게임은 끝난 상황이었다. 뚱뚱이 미생물 군단이 날씬한 생쥐의 소화관으로 쳐들어갔을 때 먹이는 이미 바닥이 났고, 영양 상태가 양호한 날씬이 미생물 군단이 곳곳에 진을 치고 있었다. 그래서 뚱뚱이 미생물들은 싸움 한번 제대로 해보지 못하고 맞아 죽거나 굶어 죽었다. 반대로 날씬이 미생물 군단이 뚱뚱한 생쥐의 소화관으로 쳐들어갔을 때는 곳곳에 섬유질 먹이들이 흘러넘쳤고, 제대로 먹지 못한 뚱뚱이 미생물들은 전의를 상실한 상태였다. 그래서 날씬이 미생물들은 식물성 먹이를 배불리 먹고 비실비실하는 뚱뚱이 미생물들을 도륙했다. 하지만 리다우라가 메뉴를 바꾸자 전세는 완전히 역전되었다. 리다우라가 최악의 서구식 식단인 고지방에 저섬유 먹이를 공급하자, 날씬이 미생물 군단은 뚱뚱이 미생물 군단을 제압하지 못하여 뚱뚱한 생쥐의 체중 증가를 막을 수 없었다. 그들은 채식을 하는 생쥐의 소화관 속에서만 명맥을 유지했다. 결국 오래된 식사 지침은 여전히 건재하는 것으로 밝혀졌으니, 흥분한 나머지 모든 것을 미생물 탓으로 돌린 언론들은 비난을 받아 마땅했다.

과학자들은 여기서 중요한 교훈을 하나 얻었다. 미생물이 중요한 건 사실이지만, 숙주인 우리도 중요하다는 사실이다. 다른 생태계와 마찬가지로, 우리의 소화관은 그 속에 서식하는 미생물뿐만이 아니라 우리가 공급하는 영양소에 의해 규정된다. 열대우림이 열대우림인 것은 거기 사는 새, 곤충, 원숭이, 식물 때문만이 아니라, 하늘에서 내려오는 비와 햇빛 그리고 땅에서 솟아나는 영양소 때문이기도 하다. 만약 숲 속에 사는 동물들을 끌어내 사막으로 보낸다면 그들은 고전을 면치 못할 것이다. 고든이 이끄는 연구진은 여러 번의 실험에서 이 교훈을 뼈저리게 깨달았다. 그리고 아프리카의 말라위에서도 사정은 마찬가지였다.

영양실조의 주범

말라위는 세계에서 유아 사망률이 가장 높은 나라 가운데 하나이며, 사망 원인의 절반은 영양실조다. 영양실조에는 여러 가지 형태가 있다. 그중 소모증marasmus이라는 질병에 걸리면 몸이 수척해져 뼈만 앙상하게 남게 된다. 또한 단백열량부족증kwashiorkor이라는 질병도 있는데, 이 질병에 걸리면 체액이 혈관에서 누출되어 사지가 퉁퉁 붓고 배가 부풀어 오르며 피부가 손상된다. 단백열량부족증은 오랫동안 베일에 가려져 있었다. 일각에서는 단백질이 부족한 음식을 먹어서 그렇다고 하지만, 문제는 단백열량부족증에 걸린 어린이들이 소모증에 걸린 어린이들보다 단백질을 덜 섭취하지도 않는다는 점이다. 게다가 구호 기관들이 단백열량부족증에 걸린 어린이들에게 단백질이 풍부한 음식을 제공함에도 불구하고 어린이들의 증상은 종종 개선되지 않는다. 일란성쌍둥이 중 한 명은 단백열량부족증에 걸리고 다른 한 명은 소모증에 걸리는 경우도 있다. 유전자, 거주지, 먹는 음식이 똑같은데도 말이다.

고든은 장내 미생물이 영양실조의 주범이며, 서류상 동일해 보이는 어린이들의 건강 상태가 다르게 나타나는 것도 장내 미생물 때문이라고 생각한다. 연구진과 함께 세상을 뒤흔든 비만 실험을 수행한 뒤, 고든은 다음과 같은 의문을 품기 시작했다. "세균이 비만에 영향을 미칠 수 있다면, 반대쪽 극단에 있는 영양실조에도 영향을 미칠 수 있지 않을까?" 상당수의 동료들은 가능성이 낮을 거라고 생각했지만, 고든은 단념하지 않고 원대한 연구에 착수했다. 그는 연구진을 이끌고 말라위로 날아가 유아들의 대변 샘플을 생후 1년부터 3년까지 채취하여 분석했다. 분석 결과, 단백열량부족증에 걸린 유아들은 장내 미생물이 정상적으로 발달하지 않는 것으로 밝혀졌다. 즉 건강한 유아들은 나이가 듦에 따라 장내 미생물이 다양화되고 성숙해지지만, 단백열량부족증에 걸린 유아들은 장내 생태계가 정체함으로써 미생물학적 연령이 생물학적 연령에 뒤처지게 되는 것이다.[13]

연구진은 미성숙한 미생물 군집을 무균생쥐에 이식하고 생쥐의 체중이 어떻게 변하는지를 관찰했다. 관찰 결과, 체중은 먹이에 따라 달라지는 것으로 나타났다. 영양분이 결핍된 먹이(말라위식 식단과 유사함)를 먹은 생쥐들은 체중이 감소했지만, 표준 먹이(표준 식단과 유사함)을 먹은 생쥐들은 체중이 별로 감소하지 않는 것으로 나타났다. 리다우라의 연구 결과와 마찬가지로, 중요한 것은 제대로 된 식사와 올바른 미생물의 결합이었다. 단백열량부족증과 관련된 미생물은 세포에 열량을 공급하는 화학적 연쇄반응을 방해하므로 영양분이 풍부한 음식을 아무리 먹어도 에너지를 수확하기가 어려웠다. 설상가상으로, 말라위 어린이들이 먹는 음식 자체가 부실하여 열량이 턱없이 부족했다.

영양실조의 표준 치료법은 에너지가 풍부하고 영양소가 강화된 땅콩버터와 설탕과 식물성기름과 우유의 배합식을 먹이는 것이다. 그러나 고든이 이끄는 연구 팀은 "표준 치료법은 단백열량부족증에 걸린 어린이의 장내 미생물에 일시적인 영향만을 미칠 뿐"이라는 결론을 내렸다. 사실 표준 치료법은 언제까지나 효과를 보이는 것이 아니며, 치료가 끝난 뒤 말라위인의 통상적인 식단으로 돌아가면 장내 미생물이 원래 상태로 복귀하는 경우가 다반사다. 그 이유는 뭘까?

계곡 한복판에 공이 하나 놓여 있고 양쪽에는 가파른 산비탈이 버티고 있다고 상상해보자. 만약 당신이 공을 한쪽으로 힘차게 굴린다면, 산비탈을 올라가면서 속도가 점점 감소하다가 멈출 것이고, 결국에는 방향을 바꿔 출발점으로 되돌아올 것이다. 공이 정상을 통과하여 옆 계곡으로 넘어가게 하려면 한 번 세게 걷어차거나 굴리는 힘을 조금씩 증가시켜야 한다. 생태계의 작동 원리도 마찬가지다. 생태계는 일정한 회복력을 갖고 있기에 한 상태에서 다른 상태로 넘기려면 그 회복력을 극복해야 한다. 건강한 산호초를 공이라고 생각해보자. 수온이 상승하면 공이 살짝 밀려간다. 조류가 급증하면 공은 더 높이 올라가고, 쇳덩어리로 때리면 훨씬 더 높이 올라간다. 마지막으로, 상어가 사라지면 공은 정상을 넘어 옆 계곡으로 굴러떨어진다. 그곳은 조류가 지배하는 생태계로서, 미생물의 균형이 깨져 건강에 해로운 곳이다. 그곳에도 나름의 회복력이 있어서 물고기가 풍부한 건강한 산호초로 돌아가려면 엄청난 노력이 필요하다.[14]

인체 내에서도 똑같은 변화가 일어난다. 이제 공이 어린이의 소화관 속에 있다고 생각해보자. 부실한 식사는 장내 미생물을 변화시키고, 어린이의 면역계를 손상시킨다. 면역계가 손상되면 장내 미생물을 통제하는 능력이 약해져 유해한 감염병으로 들어가는 문을 열어준다. 감염병은 미생물 군집을 더욱 교란시킨다. 그리고 미생물 군집이 소화관을 파괴하기 시작하면 소화관은 영양분을 효과적으로 흡수할 수 없다. 그러면 영양실조가 악화되고, 면역 문제는 더욱 심각해지고, 마이크로바이옴이 더욱 왜곡되는 등의 일이 벌어진다. 그러는 과정에서 공은 계속 높이 올라가 정상을 넘어 생물 불균형 계곡으로 굴러 내려간다. 마이크로바이옴이 일단 그 계곡으로 들어가면 원상태로 되돌리기란 매우 어렵다.

염증성 장 질환

내 책상 옆의 벽에는 오래된 온도 조절 장치가 설치되어 있는데, 워낙 구식인지라 디지털 화면 대신 다이얼과 눈금이 장착되어 있다. 다이얼을 시계 방향으로 돌리면 저온으로, 반대 방향으로 돌리면 고온으로 설정된다. 그때그때 조금씩 다르긴 해도 이상적인 설정은 중간 어디쯤인데, 정중앙에서 좌우로 한 눈금 더 돌릴 때 완벽한 쾌적감을 선사한다.

인체의 면역계는 매우 복잡하지만 기본 원리는 온도 조절 장치와 매우 흡사하다. 말하자면 온도 대신 면역을 취급하는 면역 조절 장치로서, 우리와 미생물 간의 관계를 안정화시킨다.[15] 즉, 얌전한 수조 마리의 미생물을 잘 관리하는 한편 병원성이 있는 사나운 소수의 침입을 막는 것이다. 만약 설정치가 너무 낮으면 감시를 소홀히 하여 위협을 간과함으로써 우리를 감염에 노출시키고, 설정치가 너무 높으면 신경이 예민해져 얌전한 미생물을 불필요하게 공격함으로써 만성 염증을 일으킨다. 면역계는 양극단 사이에 섬세한 선을 그어, 염증을 유도하는 세포 및 분자와 염증을 억제하는 세포 및 분자 간의 균형을 유지해야 한다. 그러나 지난 반세기 동안 우리는 위생과 항생제와 현대 식단을 결합하여 면역 조절 장치의 설정치를 계속 상향 조정해왔고, 그리하여 우리의 면역계는 무해한 물질(먼지, 식품 속 분자, 체내에 상주하는 미생물, 심지어 우리 자신의 세포)만 봐도 흥분하여 길길이 날뛰게 되었다.

대표적인 사례로 염증성 장 질환IBD을 들 수 있다.[16] IBD는 소화관의 심각한 염증을 통해 만성 통증과 설사, 체중 감소, 피로 등의 증상을 초래하는 질병이다. IBD는 10대나 청년기에 시작되어 삶의 전성기에 극성을 부리며 사회적 오명을 씌우고 가혹한 치료를 받게 한다. 설사 약물이나 수술을 통해 증상을 제어하더라도 평생 재발의 위험을 안고 살아가야 한다. IBD의 주요 형태인 궤양대장염ulcerative과 크론병Crohn's disease은 수세기 동안 우리 주변을 기웃거렸고, 제2차 세계대전 이후 특히 선진국에서 유병률이 급등했다.

IBD의 원인은 아직 분명히 밝혀지지 않았다. 과학자들은 지금까지 무려 160여 가지의 돌연변이들을 확인했다. 그러나 이러한 변이들은 일반인들 사이에서 흔히 발견되는 데다 일반인의 유병률이 비교적 안정적이므로 IBD의 발병이 급등한 이유를 설명하기 어렵다. 하지만 이를 감안하여 색다른 주범을 지목할 수는 있다. 대부분의 변이들은 점액 생성에 관여하는데, 점액은 소화관의 내벽을 강화하거나 면역계를 조절하는 역할을 수행하므로 이 두 가지 역할은 모두 미생물 질서 유지와 관련되어 있다고 할 수 있다. 그리고 인간의 유전자는 IBD의 급증을 설명할 수 있을 정도로 빠르게 변화하지 않지만, 미생물은 그럴 수 있다.

과학자들은 오랫동안 미생물이 IBD의 주범이라는 심증을 갖고 있지만, 광범위한 연구에도 불구하고 특정 병원균을 성공적으로 기소起訴하지 못했다. 어쩌면 단일 병원균이 아니라, 로워의 산호 연구나 고든의 영양실조 어린이 연구와 마찬가지로 평상시에 얌전하던 정상 세균총이 말썽을 일으킨 건지도 모른다. IBD 환자의 장내 미생물은 건강한 사람과 확실히 다르지만, 새로운 연구 결과가 발표될 때마다 유력한 용의자가 계속 바뀌는 듯하다. (사실 별로 놀라운 일은 아니다. IBD란 본래 그렇게 다양하기 때문이다.) 그럼에도 불구하고 일부 광범위한 패턴들이 꾸준히 나타나고 있는데, 그 내용인즉 IBD 환자의 마이크로바이옴은 건강한 사람의 마이크로바이옴보다 다양성이 떨어지는 경향이 있다는 것이다. 예컨대 IBD 환자의 마이크로바이옴에는 항염증성 미생물(예를 들면 섬유소를 발효하는 파이칼리박테륨 프라우스니트지이Faecalibacterium prausnitzii와 B-프라그)이 부족하고, 염증성 미생물(푸소박테륨 누클레아툼Fusobacterium nucleatum과 침습성 대장균invasive E. coli)이 우글거린다.

이런 미생물들이 뭔가 중요한 역할을 수행하는 것은 분명하지만, 단일 종이 생태계를 건설하거나 파괴하는 것은 아니다. 그러므로 IBD는 미생물 군집 전체의 불균형과 관련한 질병으로 보인다. 염증성 미생물 군집이 세를 불려 마이크로바이옴을 장악하면 숙주는 면역 조절 장치의 설정치를 상향 조정하기 때문이다. 그렇다면 염증성 미생물 군집의 세력이 부상하는 원인은 무엇일까? 몇 가지 가설을 생각해볼 수 있다. 첫째, 음식물이 염증성 미생물의 성장과 증식을 촉진한다는 것. 둘째, 항생제가 항염증성 미생물을 학살할 수 있다는 것. 셋째로는 유전자 돌연변이로 인해 숙주의 면역계가 변형되어 미생물을 관리하는 능력이 손상될 수 있다는 것이다. 웬디 개럿Wendy Garret은 동물실험에서 세 번째 가설을 지지하는 결론을 얻었다. 즉 "유전자조작으로 중요한 면역 유전자가 결핍된 생쥐는 장내 미생물의 구성이 비정상적으로 변했고, 이러한 장내 미생물을 건강한 생쥐에게 이식했더니 IBD의 징후가 나타났다"는 내용이었다. 이는 마이크로바이옴이 IBD에 단순히 반응한다기보다는 IBD의 발병에 기여한다는 점을 시사한다. 그러나 IBD의 핵심인 염증의 메커니즘은 매우 복잡하므로 다음과 같은 의문이 꼬리를 물고 제기될 수 있다. "마이크로바이옴은 염증을 실제로 부추기는 것일까, 아니면 일단 발생한 염증을 영속화시키는 것일까?" 만약 마이크로바이옴이 염증을 영속화시킬 뿐이라면, 맨 처음 소화관에 염증을 일으키는 원인은 무엇일까? 그 원인은 감염일 수도 있고, 환경 독소일 수도 있다. 아니면 일부 식품이 소화관 벽을 손상시켰거나, 유전자 돌연변이로 인해 숙주의 면역계가 마이크로바이옴에 과민 반응을 보이게 되었을 수도 있다.

지금까지 제기된 가설 모두 신빙성이 있지만 복잡하게 얽힌 실타래를 풀기란 매우 까다롭다. 왜냐하면 고위험군(IBD에 걸리기 쉬운 사람)을 사전에 탐지할 수가 없기 때문이다. 고위험군을 선별할 수 없다면, IBD 증상이 처음 나타나기 전에 마이크로바이옴이 변화하는 과정을 관찰하는 것이 거의 불가능하므로 진정한 인과관계를 확립하기 힘들다. 따라서 현재로서 최선의 방법은 최근 IBD로 진단받은 사람의 마이크로바이옴을 검사하는 것인데, 실제로 2014년 발표된 한 논문에 의하면 "IBD로 진단받은 직후의 환자를 대상으로 마이크로바이옴을 검사해보니 미생물 불균형 판정이 나왔다".[17] 하지만 이 밖에도 여러 가지 요인들이 IBD를 초래한다는 것이 거의 확실시되므로, 소화관의 생태계가 염증 상태로 전이되려면 그 이전에 수많은 사건이 벌어져야 할 것이다.

허버트 '스킵' 버진은 사례연구를 통해 이러한 생각을 우아하게 뒷받침했다.[18] 그는 만성 장염 환자들에게 흔한 돌연변이를 보유한 생쥐를 대상으로 연구를 실시했고, 다음과 같은 세 가지 전제 조건을 충족하는 경우에만 소화관에 염증이 생긴다는 점을 밝혀냈다. 첫째, 면역계의 일부를 무력화하는 바이러스에 감염될 것. 둘째, 염증성 독소에 노출될 것. 셋째, 소화관 내에 비정상적인 미생물총을 보유하고 있을 것. 이 세 가지 촉발 요인 가운데 어느 하나라도 누락되는 경우 그 생쥐는 건강을 유지하는 것으로 나타났다. 다시 말해서 IBD는 유전적 감수성, 바이러스 감염, 면역 문제, 환경 독소, 마이크로바이옴의 합작품이었다. 이러한 복잡성은 "IBD가 왜 그리 다양한가?"라는 의문을 해결하는 데 도움이 된다. 모든 환자들은 나름의 우여곡절을 통해 IBD에 걸리기 때문이다.

이 원칙은 1형 당뇨병, 다발성 경화, 알레르기, 천식, 류머티즘 관절염 등 다른 염증 질환에도 적용된다.[19] 모든 염증 질환은 흥분한 면역계와 관련되어 있으며, 흥분한 면역계는 상상 속의 위협을 향한 오인 공격을 감행한다. 고든 연구 팀의 일원이었던 저스틴 소넨버그Justin Sonnenburg는 이렇게 말한다. "염증 질환의 공통분모 가운데 하나는 숙주의 염증 수준이 매우 높다는 거예요. 모든 문제의 핵심에는 염증이 있죠." 그의 말은 이렇게 이어진다. "모종의 요인이 염증 유발 측면을 부각시키는 반면 염증 억제 측면을 위축시켰어요. 서구인들이 고염증 상태에 있는 이유는 뭘까요? 그리고 최근 반세기 동안 온갖 희귀 질병들이 만연하는 가운데 우리가 IBD의 경우처럼 고염증 상태로 이동한 이유는 뭘까요? 모든 현대 질병들은 일제히 한 방향으로 흘러가는데, 그중 상당수는 몇몇 현대적 생활 방식과 밀접히 관련되어 있어요." 그의 마지막 말은 의미심장하다. "서른 가지 질병을 일으키는 원인은 서른 가지가 아닌 게 분명해요. 내 생각으로는 다섯 가지 또는 세 가지, 심지어 한 가지 생활 방식이 모든 질병의 90퍼센트와 모든 사례의 90퍼센트를 설명하는 것 같아요. 바야흐로 통합된 단일 요인이 군림하는 시대죠."

'오랜 친구들'이 사라지는 이유

1976년 존 제라드John Gerrard라는 소아과 의사는 그가 20년 동안 고향이라 부르던 캐나다 사스카툰의 사람들 가운데 특이한 질병 패턴을 발견했다. 사스카툰에 사는 백인들은 메티스족 원주민들보다 천식, 습진, 두드러기와 같은 질병에 더 잘 걸리는 것으로 나타난 것이다. 반면에 메티스족 사람들은 촌충, 세균, 바이러스에 더 잘 감염되는 것으로 드러났다. 제라드는 두 가지 현상이 서로 연관되어 있을지 모른다고 생각하며 이런 의문을 품었다. '사스카툰 사람들은 바이러스, 세균, 기생충에 덜 감염되는 대가로 알레르기질환에 잘 걸리는 게 아닐까?' 1989년에는 대서양 건너편에서 데이비드 스트라찬David Strachan이라는 역학자가 1만 7000명의 영국 어린이들을 연구한 뒤 이와 비슷한 결론을 내렸다. 내용인즉, 형이나 누나가 많은 어린이일수록 건초열에 걸릴 가능성이 낮다는 것이었다. 스트라찬은 '건초열, 위생 그리고 가족의 크기Hay fever, hygiene, and household size'라는, 머릿글자를 맞춘 제목의 논문에서 이렇게 주장했다. "이러한 관찰은 다음과 같은 가설을 뒷받침하는 것으로 보인다. 알레르기질환은 어린 시절의 촌충, 세균, 바이러스 감염에 의해 예방되고 감염은 형이나 누나와의 비위생적 접촉에 의해 전염된다." H가 세 개 들어간 스트라찬의 논문 제목에서 두 번째가 특히 중요하다. 왜냐하면 그의 논문은 결국 '위생 가설hygiene hypothesis'의 원조가 되었기 때문이다.[20]

위생 가설은 문자 그대로 이렇게 주장한다. "선진국의 어린이들은 전통적인 감염병의 공격에 더 이상 시달리지 않는데, 그 이유는 '경험 미숙으로 인해 걸핏하면 날뛰는 면역계'를 갖고서 태어났기 때문이다."[21] 선진국 어린이들은 단기적으로 건강하지만, 꽃가루처럼 무해한 촉발 요인에도 패닉에 빠져 면역반응을 일으킨다. 이러한 개념은 감염병과 알레르기질환 간의 상충 관계라는 달갑잖은 현상을 설명한다. 즉, 우리는 선천적으로 둘 중 하나로 고통받을 운명을 갖고 태어난다는 것이다. 후에 위생 가설은 병원균을 벗어나 착한 미생물, 환경 속의 미생물, 기생충에 방점을 두고 이 삼총사에게 '오랜 친구들'이라는 세례명을 주었다. 착한 미생물은 우리의 면역계를 훈련시키고, 환경 속의 미생물은 진흙과 먼지 속에 숨어 있으며, 기생충은 장기적으로 지속되지만 참을 만한 감염을 일으킨다.[22] 오랜 친구들은 유구한 진화사를 통해 우리 삶의 일부가 되었는데, 최근 들어 그들의 종신 재직권이 위기를 맞고 있다.

위생이라는 단어는 우리에게 불필요한 선입관을 주지만 '오랜 친구들'이 사라진 것은 단지 엄격한 개인위생만이 아니라, 도시화의 다양한 함정 때문이기도 하다. 도시화의 함정으로는 핵가족화, 시골의 진흙땅에서 도시의 콘트리트 숲으로의 이동, 염소 처리된 수돗물 선호, 가축이나 반려동물 등과의 소원한 관계를 들 수 있다. 이러한 변화는 우리가 노출되는 미생물의 범위를 줄여, 알레르기 및 염증 질환의 위험을 일관되게 상승시켜왔다. 반려견 한 마리만 해도 어마어마한 영향을 미칠 수 있다. 수전 린치Susan Lynch가 열여섯 개 가정의 먼지를 진공청소기로 빨아들여 분석한 결과, 털가죽이 있는 반려동물을 기르지 않는 가정은 '미생물 사막'으로 나타났다. 반면에 고양이가 있는 집에는 미생물이 풍부했고, 개가 있는 집에는 훨씬 더 풍부한 것으로 드러났다.[23] 즉, 인간의 가장 좋은 친구인 개와 고양이는 '오랜 친구들'을 모시고 다니는 승용차로 밝혀진 셈이다.

개는 외부의 미생물을 실내로 들여옴으로써 우리의 마이크로바이옴에 합류하는 미생물의 구색을 늘려준다. 린치는 개에게서 유래하는 집 먼지 속 미생물을 생쥐에게 이식한 뒤 다양한 알레르기항원에 대한 생쥐의 민감도가 감소한다는 결론을 내렸다. 또한 먹이에 묻은 먼지는 고양이의 소화관에 100여 종의 미생물을 추가했는데, 그중 하나 이상은 생쥐를 알레르기에서 보호해주는 것으로 나타났다. 이는 위생 가설의 핵심인 동시에 다양한 파생 효과를 창출한다. 다양한 미생물에 노출되면 마이크로바이옴이 변하여, 최소한 생쥐의 경우 알레르기성 염증이 억제될 수 있다.

그러나 우리에게 '오랜 친구들'을 공급해주는 가장 중요한 원천은 반려동물이 아니다. 그 영예는 우리의 어머니들에게 돌아간다. 어머니는 자궁에서 나온 아기에게 질 내 미생물을 제공하며, 이는 대대손손 이어져 내려온 모성애의 발로로서 '미생물 대물림'의 사슬을 창조한다. 그러나 오늘날에는 이런 전통이 변하고 있다. 영국의 경우 넷 중 하나, 미국의 경우 셋 중 하나가 제왕절개를 통해 태어나며 그중 상당수는 불요불급한 선택적 제왕절개이기 때문이다. 마리아 글로리아 도밍게스-벨로Maria Gloria Dominguez-Bello의 연구 결과에 따르면, 제왕절개를 통해 태어난 아기들은 엄마의 피부와 병원의 환경에서 미생물을 받아들여 '선발 미생물starter microbe'을 구성한다고 한다.[24] 선발 미생물의 차이가 장기적으로 어떤 의미를 갖는지는 분명치 않지만, 섬에 제일 처음 정착한 이주민들이 그 섬의 궁극적인 주민 구성에 영향을 미치듯 아기의 선발 미생물은 미래의 미생물 군집에 오랜 파급효과를 미칠 것으로 보인다. 제왕절개로 태어난 어린이들이 알레르기, 천식, 셀리악병Celiac disease에 걸릴 위험이 높고, 성인이 되어 비만해질 가능성이 높은 것도 그 때문인 듯하다. "세상에 갓 태어난 아기의 면역계는 순진무구한 상태이며, 맨 처음 만나는 미생물들이 아기의 면역계를 교육하기 시작한다"고 도밍게스-벨로는 말한다. "면역계가 맨 처음 '선량한 친구들' 대신 '삐딱한 친구들'을 만나 악수를 하면, 아기의 일생이 달라질지 모른다."

우유는 이러한 문제점을 더욱 악화시킬 수 있다. 4장에서 살펴본 바와 같이, 모유는 아기의 생태계를 설계한다. 아기의 소화관에 많은 미생물을 공급하고, HMOs와 같은 당분을 제공함으로써 B. 인판티스와 같은 '상호적응 미생물co-adapted microbe'을 육성하는 것이다. 이러한 능력은 제왕절개로 빚어진 초기의 차이점들을 어느 정도 상쇄하지만, 만약 제왕절개로 태어난 아기가 우유를 먹는다면 이야기는 달라진다. "제왕절개와 우유가 결합된 아기는 전혀 다른 길을 걷게 된다"라고 모유 전문가인 데이비드 밀스는 말한다. 아기가 젖을 떼고 고형식을 먹을 때 미생물 친구들에게 올바른 음식을 먹이지 않는다면 길은 더욱 어긋나게 된다. 포화지방산은 염증 유발 미생물의 배를 불릴 수 있으며 아이스크림, 냉동 디저트, 기타 가공식품의 보존 기간을 늘리기 위해 흔히 첨가하는 CMC와 P80은 염증 억제 미생물을 억누를 수 있다.[25]

식이섬유는 제왕절개, 우유, 포화지방산, 식품 첨가제와 정반대의 효과를 발휘한다. 식이섬유는 우리의 미생물들이 분해하는 다양한 식물성 복합 탄수화물을 총칭하는 용어다. 아일랜드의 외과 의사 데니스 버킷Denis Burkitt이 "우간다의 시골 사람들은 서구인들보다 섬유질을 일곱 배나 많이 섭취한다"라고 지적한 후, 식이섬유는 줄곧 건강 상담의 주류를 이루어왔다. 우간다인의 대변은 무게가 다섯 배나 많이 나가지만 장을 두 배 빨리 통과한다. 1970년대에 버킷은 "선진국 국민들이 흔히 앓는 당뇨병, 심장병, 결장암 등을 우간다인들은 거의 앓지 않는 이유가 섬유질이 풍부한 식사를 하기 때문"이라는 주장을 복음처럼 퍼뜨렸다. 서구인과 우간다인간의 차이 중 일부는 수명과 관련되어 있는 게 분명하다. 그도 그럴 것이 당뇨병이나 심장병, 결장암 등은 노년층에 흔한 만성질환이니 수명이 긴 서구인들에게 많이 나타날 수밖에. 그럼에도 불구하고 버킷의 생각은 기본적으로 옳았다. 그는 단도직입적으로 이렇게 말했다. "미국은 변비 공화국이다. 콩알만 한 똥을 누기 때문에 큰 병원에 가야 한다."[26]

그러나 버킷은 그 이유를 몰랐다. 그는 섬유질을 '결장의 빗자루'로 여기고 장에서 발암물질과 기타 독소들을 쓸어버린다고 생각했다. 미생물을 염두에 두지 않았던 것이다. 그러나 오늘날 우리는 잘 알고 있다. 세균이 섬유질을 분해하면 단쇄 지방산이라는 화학물질이 생기며, 이것이 염증 억제 세포의 유입을 촉진함으로써 들끓는 면역계를 잔잔하고 따끈따끈한 상태로 되돌린다는 것을 말이다. 섬유질이 없으면 면역 조절 장치의 설정치가 높아져 염증 질환에 시달릴 위험이 상승하게 된다. 설상가상으로 섬유질이 부족하면 굶주린 세균들이 아무것이나 닥치는 대로 먹어치우는데, 그중에는 소화관을 감싸는 점액층까지 포함된다. 점액층이 사라져감에 따라 세균은 소화관 벽에 점점 더 가까이 접근하여 바로 밑에 있는 면역 세포의 반응을 촉발할 수 있다. 그리고 단쇄 지방산 없이는 염증 억제 세포의 유입이 촉진되지 않으므로, 면역반응의 빈도가 극단적으로 상승하게 된다.[27]

섬유질이 없으면 소화관의 마이크로바이옴이 재형성된다. 4장에서 살펴보았듯이, 섬유질은 너무 복잡하기 때문에 적절한 소화효소를 지닌 다양한 미생물들에게 문호를 개방할 수 있다. 그러나 섬유질이 오랫동안 부족하면 소화관 내에 서식하는 미생물의 개체가 줄어든다. 저스틴의 아내이자 동료인 에리카 소넨버그Erica Sonnenburg는 생쥐에게 몇 달 동안 저섬유식을 먹여보고 장내 미생물의 다양성이 급감한 것을 확인함으로써 이 점을 증명했다.[28] 생쥐에게 섬유질을 공급하자 다양성은 다소 회복되었지만 완전하지 않았다(마이크로바이옴을 이탈한 종들 가운데 상당수는 두 번 다시 돌아오지 않았다). 장내 미생물의 다양성이 부족한 생쥐들을 교배하자 마이크로바이옴이 빈약한 새끼들을 낳았고, 그 새끼들에게 저섬유식을 먹였더니 좀 더 많은 미생물들이 레이더에서 사라졌다. 후손들 간의 교배를 통해 세대가 거듭될수록 '오랜 친구들'이 하나둘씩 자취를 감춰 마이크로바이옴의 상태는 더욱 악화되었다. 서구인들의 장내 미생물 다양성이 부르키나파소, 말라위, 베네수엘라 등지의 시골 사람들보다 훨씬 더 낮아진 것도 이 때문이다.[29] 게다가 우리는 채소를 너무 적게 먹을 뿐 아니라 우리가 먹는 음식물을 과도하게 가공한다. 예를 들어 밀을 빻아 밀가루로 만드는 과정에서 알곡에 들어 있는 섬유질이 손실되는데, 이는 장내 미생물에 악영향을 미치게 된다. 소넨버그의 말을 빌리자면 "우리는 저섬유식과 과도한 곡물 가공을 통해 제2의 자아인 미생물들을 굶기고 있다".

항생제의 무차별 살상

미생물이 우리에게 다가오는 경로를 차단하고 용케 마지노선을 돌파

한 미생물들을 굶기는 것도 모자라, 우리는 항생제라는 최종 병기를 이용하여 그나마 살아남아 있던 미생물들을 완전히 소탕한다. 하지만 항생물질은 본래 미생물들이 수십억 년간 사용해온 무기였다. 미생물은 지구 상에 태어난 이래 줄곧 항생물질을 이용하여 서로 전쟁을 벌여왔고, 인간은 1928년에 와서야 이 태곳적 무기에 처음으로 손을 댔다. 그것도 우발적 사고로.

휴일을 보내고 연구실로 돌아온 영국의 화학자 플레밍은 세균 배양 접시 중 하나에 곰팡이가 내려앉은 것을 발견했다. 그런데 그 주변의 미생물들이 대량 학살되어 동그란 살상 지역이 형성되어 있는 것이 아닌가! 플레밍은 그 곰팡이에서 화학물질을 분리해내 페니실린이라고 명명했다. 그로부터 10년 뒤, 하워드 플로리Howard Florey와 언스트 체인Ernst Chain은 페니실린을 대량으로 생산하는 방법을 개발했다. 그리하여 '곰팡이에서 추출한 미미한 화학물질'은 제2차 세계대전 동안 수많은 연합군 병사들의 구세주로 변신했고, 뒤이어 현대 항생제 시대의 막이 열렸다. 과학자들은 새로운 계열의 항생제를 연거푸 개발했고, 많은 치명적 질병들이 의약품이라는 장화의 뒷굽에 짓밟혔다.[30]

그러나 항생제는 충격과 공포를 안겨주는 무기다. 특히 광범위 항생제는 '원하는 미생물'과 '원치 않는 미생물'을 무차별적으로 살상하는데, 이는 생쥐 한 마리를 처치하려고 도시 전체를 핵무기로 공격하는 것이나 마찬가지다. 생쥐의 정확한 위치를 확인하지도 않고서 말이다. 많은 의사들이 바이러스 감염을 치료하기 위해 항생제를 처방하지만, 바이러스를 퇴치할 수 있는 항생제란 없다. 그럼에도 1년 365일 중 아무 날이나 골라 전 세계를 살펴보면 선진국 국민의 1~3퍼센트가 항생제를 복용한다고 하니, 항생제가 얼마나 마구잡이로 사용되는지 짐작할 만하다. 한 추정치에 따르면 평균적인 미국 어린이는 두 살이 될 때까지 세 코스•, 열 살이 될 때까지는 열 코스의 항생제를 복용한다.[31]

몇몇 연구 결과는 아무리 단기적으로 복용한다 하더라도 항생제로 인해 마이크로바이옴이 바뀔 수 있음을 밝혀냈다. 예컨대, 마이크로바이옴의 전반적인 다양성이 급속도로 저하하는 가운데 어떤 미생물은 일시적으로 사라진다. 항생제 복용을 중단할 경우 마이크로바이옴은 원래 상태를 거의 회복하지만 완전하지는 않다. 소넨버그가 섬유질 실험에서 밝힌 바와 같이 생태계를 한 번 두드리면 약간 홈이 파이며, 계속 두드릴 때마다 그 홈은 더욱 깊어질 수밖에 없다.

풍요롭고 번성하는 마이크로바이옴이 침습적 병원균에 대항하는 장벽으로 작용한다는 점을 상기하라. 아이러니하게도 항생제 사용에 수반되는 마이크로바이옴 손상은 더 많은 질병에게 침입로를 열어줄 수 있다. 마이크로바이옴을 구성하는 '오랜 친구들'이 사라지면 장벽도 무너지고, 호시탐탐 기회를 노리던 위험한 세균들이 침입하여 친구들이 남긴 공터와 식량을 차지하기 때문이다.[32] 이러한 세균들을 일컬어 기회감염 미생물이라고 하는데, 식중독과 장티푸스를 일으키는 살모넬라균과 심한 설사를 유발하는 클로스트리듐 디피실리균Clostridium difficile(C. difficile)이 그 대표적인 사례다. 이들은 무주공산이 된 소화관을 헤집고 다니며 경쟁자들이 먹던 먹이들을 하이에나처럼 게걸스럽게 먹어치운다. C. 디피실리가 주로 항생제를 복용한 사람들을 감염시키며 대부분의 감염이 병원, 요양원, 기타 건강관리 시설에서 일어나는 것은 바로 이 때문이다. 그래서 C. 디피실리 감염증을 인공 질병, 즉 인간의 건강을 지키기 위해 만든 시

• 1코스는 한 차례의 치료 과정을 말하며, 약물치료의 경우에는 '1회 투여량×하루 투여 횟수×총 투여 일수'로 표시된다.

설에서 발생하는 질병이라고 부르는 사람들도 있다. 인공 질병은 미생물을 무차별적으로 살상함으로써 발생한 예기치 않은 결과다. 질병을 치료한답시고 광범위 항생제를 함부로 사용하는 것은 잡초가 무성한 정원에 살충제를 마구 뿌리며 꽃이 자라나기를 바라는 것이나 마찬가지다. 그럴 경우 꽃은커녕 잡초만 더 무성해질 것이다.[33]

저용량 항생제도 뜻밖의 결과를 초래할 수 있다. 2012년 마틴 블레이저Martin Blaser는 어린 생쥐들에게 어떤 질병도 치료하지 못할 정도의 저용량 항생제를 투여하고 결과를 지켜봤다. 그랬더니 생쥐의 장내 미생물이 변화하여 뚱뚱이 미생물(음식물에서 에너지를 수확하는 데 실력을 발휘하는 미생물)들이 소화관을 장악하는 것으로 나타났다. 그러니 그 생쥐는 뚱뚱해질 수밖에. 다음으로 블레이저는 생쥐들이 출생한 직후와 젖을 뗄 무렵에 저용량 페니실린을 투여해봤다. 그러자 출생 직후에 페니실린을 투여받은 생쥐들의 체중이 더 많이 증가하는 것으로 나타났다. 페니실린 투여를 중단한 뒤 마이크로바이옴이 정상화되었음에도 불구하고 생쥐의 체중은 계속 늘어났으며, 체중이 증가한 생쥐의 마이크로바이옴을 무균 생쥐에게 이식하자 무균 생쥐의 체중도 늘어났다.

블레이저의 연구 결과는 두 가지 중요한 시사점을 준다. 첫째, 생애 초기에 항생제가 강력한 영향력을 발휘하는 결정적 시기가 존재한다. 둘째, 항생제의 영향력은 마이크로바이옴과 관련되어 있지만 마이크로바이옴이 거의 정상으로 회복된 뒤에도 영향력은 지속된다. 여기서 너무 오래된 내용이라 식상하기까지 한 첫 번째 시사점은 제쳐두고, 특히 중요한 두 번째 시사점을 살펴보자. 1950년대 이후 미국의 농부들은 가축들에게 저용량 항생제를 먹여 살을 찌움으로써 본의 아니게 블레이저와 동일한 실험을 수행해왔다. 실험에 사용된 항생제의 종류나 동물의 종을 불문하고 결과는 항상 같았다. 저용량 항생제를 투여받은 동물은 빨리 성장하고 체중이 증가한다는 것. 항생제가 동물의 성장을 촉진한다는 사실은 공공연한 비밀이지만 지금껏 그 원인을 아는 사람은 아무도 없었다. 그러나 블레이저의 실험을 통해 한 가지 설명이 가능해졌다. 바로 '항생제가 동물의 마이크로바이옴을 교란하여 체중 증가를 초래한다'는 것이다.[34]

블레이저는 귀에 못이 박히도록 말해왔다. "항생제를 남용하면 다른 현대 질병은 두말할 나위도 없고 비만과 같은 질환의 위험이 극적으로 증가합니다." 정말 그럴까? 그의 실험에서 나온 결과는 비교적 미미한 편이었다. 항생제를 투여받은 생쥐의 체중은 겨우 10퍼센트 증가했을 뿐이니까. 그러나 70킬로그램 나가는 인간으로 환산하면 7킬로그램 증가, 체질량 지수로는 '+2'에 해당한다. 물론 '생쥐와 인간은 다르다'는 사실을 유념해야 한다. 인간을 대상으로 한 연구에서는 항생제와 비만의 관계가 매우 모호하게 도출되기 때문이다. 블레이저도 한 연구에서 "항생제를 여러 차례 투여받은 유아도 일곱 살 무렵에는 더 이상 과체중이 아니었다"고 보고한 바 있다. 심지어 동물을 대상으로 한 연구들도 결론이 엇갈린다. 어떤 과학자들은 다른 동물을 대상으로 한 연구에서 생애 초기에 일부 항생제를 고용량으로 투여하자 오히려 성장이 중단되거나 체지방이 감소했다고 보고하기도 했다.

생애 초기에 항생제에 노출될 경우 마이크로바이옴이 결정적인 시점에서 변형됨으로써 알레르기, 천식, 자가면역 질환의 위험이 증가한다는 이론 또한 설득력이 있다. 그러나 비만의 경우와 마찬가지로 발병 위험이 애매하거나 부정확한 경우도 많다. 반면 이에 비하면 항생제의 이점은 훨씬 명확한 편이다. 노벨상 수상자 배리 마셜Barry Marshall은 이렇게 말한 적이 있다. "나는 항생제를 투여함으로써 사람을 죽인 적이 없다. 그러나 항생제를 먹지 않아 죽은 사람은 부지기수다."[35] 구구절절 옳은 소리다. 항생제가 개발되기 전을 생각해보라. 헤아릴 수 없이 많은 사람들이 단순한 찰과상, 교상, 폐렴, 출산 등으로 목숨을 잃지 않았던가! 그러나 항생제가 나온 이후로는 치명적인 가능성이 있는 사건들을 통제할 수 있게 되었으며, 그리하여 일상생활은 더욱 안전해지고 치명적 감염의 위험을 수반하는 의료 절차가 실현 가능해지거나 흔해졌다. 성형수술, 제왕절개수술, 소화관과 같이 세균이 풍부하게 존재하는 기관의 수술, 암 화학요법이나 장기이식처럼 면역계 억제를 수반하는 치료, 신장 투석이나 심장 우회술이나 고관절 대치술처럼 카테터, 스텐트, 임플란트가 필요한 수술은 예전에는 꿈도 못 꾸던 것들이었다. 현대 의학의 상당 부분은 항생제의 토대 위에 서 있지만, 이제 그 토대가 흔들리고 있다. 항생제를 무차별적으로 사용하는 바람에 수많은 항생제 저항성 세균들이 등장했고, 그중에는 어떤 항생제에도 끄떡하지 않는 천하무적 세균도 있지 않은가.[36] 동시에 한물간 기존의 항생제들을 대체할 신약은 전혀 개발되지 않으니, 우리는 바야흐로 끔찍한 포스트 항생제 시대로 접어들고 있는 셈이다.

항생제 사용의 가장 큰 문제점은 뭐니 뭐니 해도 과용過用이다. 항생제 과용은 마이크로바이옴을 파괴함과 동시에 항생제 저항성 세균의 등장을 조장한다. 그렇다고 해서 항생제를 악마로 취급해서는 안 되며, 신중하게 사용하는 방안을 강구해야 한다. 즉 '실제로 필요한 경우'에 '위험과 이익을 충분히 고려하여' 사용하는 것이다. 지금껏 항생제는 긍정적으로만 여겨져왔다. 의사들은 이렇게 말할지 모른다. "설사 항생제가 도움이 되지 않을지언정, 해가 되는 일은 없어요." 그러나 일단 해롭다고 판단되는 경우가 있다면, 모든 것을 전면적으로 재검토해야 한다. 롭 나이트가 그랬다. 자신의 딸이 포도상구균에 감염되자 그는 항생제 사용을 다시 생각할 필요가 있음을 절실히 깨달았다. 그는 이렇게 말한다. "포도상구균 감염은 치명적일 수 있고 당장 엄청난 통증을 초래할 수도 있어요. 다른 한편으로, 내 딸이 항생제를 먹으면 여덟 살 때 BMI 수치가 1만큼 상승할 수 있죠. 나는 웬만하면 딸에게 항생제를 먹이지 않으려고 노력하지만 항생제의 효과가 정말 놀랍긴 합니다."

과도한 위생 관리도 마이크로바이옴을 파괴할 수 있다. 철저한 위생은 공중보건에 유익하며 우리를 많은 감염병으로부터 보호하는 것으로 당연시되어 왔다. 그러나 이러한 생각은 도가 지나쳤다. 테오도어 로즈버리는 1969년 이렇게 말했다.[37] "청결은 단순한 경건함을 넘어 아예 종교가 되었다. 우리는 목욕, 문지르기, 악취 제거가 일상화된 노이로제 환자다." 오늘날에는 상황이 더욱 악화되어 항균 물티슈, 항균 비누, 항균 샴푸, 항균 칫솔, 항균 빗, 항균 세제, 항균 그릇, 항균 침구류, 항균 양말이 넘쳐난다. 그리고 치약, 화장품, 데오드란트, 주방기구, 장난감, 의복 등의 소비재와 건축자재는 트리클로산triclosan이라는 항균물질이 첨가되어 있다고 선전된다. 청결이라고 하면 '세균 없는 세상'을 떠올리겠지만, 어쩌면 우리는 세균 없는 세상이 정말로 뭘 의미하는지 깨닫지 못하고 있는지도 모른다. 세균이 반드시 필요한 존재라는 사실도 모른 채, 세균에 적개심을 품고 너무나 오랫동안 세균을 공격해왔던 것은 아닐까?

사라지는 미생물의 경고

마틴 블레이저는 사람들의 마이크로바이옴을 분석한 뒤, 중요한 미생물들이 종종 부족한 것으로 나타난다고 염려하는 수준을 넘어 "중요한 미생물들 중 일부가 아예 사라지고 있다"고 몹시 걱정한다. 블레이저가 제일 좋아하는 헬리코박터 파일로리를 생각해보자. 블레이저는 1990년대에 H. 파일로리를 해코지하는 데 일조했다. 과학자들은 H. 파일로리가 위궤양을 일으킨다는 사실을 이미 알고 있었지만, 블레이저는 다른 과학자들과 함께 H. 파일로리가 위암의 위험까지도 증가시킨다는 것을 확인했다. 그러나 그는 나중에 가서야 긍정적인 면을 깨달았는데, 그것은 H. 파일로리가 위산역류, 식도암, 그리고 아마도 천식의 위험을 감소시킨다는 점이었다. 오늘날 블레이저는 H. 파일로리를 애정 어린 시선으로 바라보고 있다. H. 파일로리는 우리의 '오랜 친구들' 중 하나로, 최소한 5만 8000년 동안 인간을 감염시켜왔다.

H. 파일로리는 현재 멸종 위기종 목록에 올라 있다. 병원균으로 악명이 높다보니, H. 파일로리를 뿌리 뽑으려는 진지한 시도가 이어져 승리의 팡파르가 울려 퍼지고 있다. 한 전문가는 〈랜싯Lancet〉에 투고한 글에서 "유익한 H. 파일로리는 죽은 H. 파일로리뿐이다"라고 일갈하기도 했다. H. 파일로리는 한때 매우 보편적인 세균이었지만, 오늘날은 서구 어린이 중 6퍼센트 수준에서만 발견될 뿐이다. 블레이저는 이렇게 말한다. "오래전부터 인간의 위장에 거의 보편적이며 지속적으로 거주했던 H. 파일로리는 지난 반세기 동안 본질적으로 몰락의 길을 걸어왔어요." H. 파일로리가 없다는 것은 위궤양과 위암으로 고통받은 사람들이 줄어든다는 것을 의미하므로 희소식임이 틀림없다. 그러나 블레이저의 말이 맞는다면, H. 파일로리가 없으면 위산 역류와 식도암이 증가할 것이다. H. 파일로리는 있는 게 좋을까, 아니면 없는 게 좋을까? 콕 집어 가리기는 힘들다. 블레이저는 최근 1000명을 대상으로 실시한 연구에서 "H. 파일로리의 유무는 모든 연령대의 사망 위험에 아무런 영향을 미치지 않는다"

고 보고했다. 그렇다면 현재 H. 파일로리가 사라져가는 추세를 어떻게 봐야 할까? 다시 블레이저의 말을 인용해보자. "H. 파일로리가 사라지는 추세는 좋은 일도 나쁜 일도 아니지만, 다른 미생물들 역시 사라지고 있음을 암시하는 불길한 조짐이라고 할 수 있어요. H. 파일로리는 탐지하기가 쉽죠. 유독가스를 탐지하기 위해 탄광에 집어넣는 카나리아 같은 역할을 해요. 결국 H. 파일로리는 '다른 미생물들이 당신의 코앞에서 사라지고 있는지도 모른다'고 경고하는 거죠."[38]

유아의 소화관에 상주하는 미생물로 모유로부터 영양분을 공급받는 B. 인판티스도 위기에 처해 있다. 데이비드 밀스는 최근에 발표한 논문에서 "방글라데시나 감비아와 같은 개발도상국의 유아들의 경우 60~90퍼센트가 B. 인판티스를 보유하고 있는 데 반해 아일랜드, 스웨덴, 이탈리아, 미국의 유아들은 겨우 30~40퍼센트가 B. 인판티스를 갖고 있다"고 보고했다.[39] 그런데 대다수의 연구 대상 아기들이 모유를 먹었으므로 단지 우유 때문이라는 근거만로는 이 차이를 설명할 수 없다. 제왕절개도 마찬가지다. 왜냐하면 B. 인판티스를 가장 많이 보유한 것으로 알려진 방글라데시 아기들은 대부분 제왕절개를 통해 태어나기 때문이다. 그렇다면 도대체 이유가 뭘까?

밀스는 확고한 설명 대신 다음과 같은 추론을 제시한다. "B. 인판티스가 유아들의 소화관에서 사라지고 있는 이유는 어머니들이 자녀들에게 미생물을 전달할 수 없기 때문이다. 인류 역사에 이런 문제가 발생한 시기는 별로 없었다. 왜냐하면 그동안은 여성들이 아기의 양육을 서로 도왔기 때문이다." 밀스의 설명은 계속된다. "자고로 아기들은 늘 어머니들의 양육을 받아왔으며, 이를 통해 아기들에게 B. 인판티스가 전달되었다. 그러나 어머니들의 공동 양육 행위가 점차 줄어들면서 이러한 전달의 고리가 끊겼다. 서구의 어린이들 사이에서 미생물이 사라지기 시작한 이유는 바로 이 때문이다. 가까운 곳에 모유가 없다면, 미생물에게 적절한 영양을 공급할 수가 없다." 밀스의 추론이 맞든 틀리든, B. 인판티스가 멸종위기종 목록을 향해 나아가고 있는 것은 분명한 사실이다.

밀스의 연구는 한 가지 중요한 원칙을 강조한다. '선진국 국민들에게 중요한 미생물이 결핍된 이유를 알고 싶다면, 광범위한 지역의 주민들을 비교 분석해야 한다'는 원칙이다. 최근까지 실시된 대부분의 마이크로바이옴 연구는 '이상한WEIRD(서쪽에 위치하고Western 교육 수준이 높으며Educated 산업화되고Industrialized 부유하고Rich 민주적인Demodratic) 나라들'에 집중되어왔다. 그러나 이 '이상한 나라들'은 전 세계 인구의 8분의 1을 차지할 뿐이며, 따라서 그곳에만 집중하는 것은 도시를 연구한답시고 뭄바이, 멕시코시티, 상파울루, 카이로 등을 무시한 채 런던이나 뉴욕만 둘러보는 것이나 마찬가지다. 최근 몇몇 미생물학자들은 이런 문제점을 인식하고 부르키나파소, 말라위, 방글라데시 등 시골에 사는 주민들의 마이크로바이옴을 연구하고 있다. 또 다른 미생물학자들은 베네수엘라의 야노마미족, 페루의 마체스족, 탄자니아의 하드자족, 중앙아프리카공화국의 바카족, 파푸아뉴기니의 아사라족과 사우시족, 카메룬의 피그미족 등 수렵 채취인들을 연구한다.[40] 이러한 부족들은 아직까지 전통적인 생활방식을 고수하며 채취나 사냥을 통해 모든 식량을 조달한다. 또한 그들은 현대 의약품에 거의 노출되지 않으므로 '산업화된 생활이 없었다면, 마이크로바이옴은 어떤 형태를 띠게 되었을까?'라는 의문을 해결하는 데 단서를 제공할 수 있다.

세계 각국의 오지에 사는 수렵 채취인들이나 개발도상국의 시골 주민들은 서구인들보다 훨씬 더 많고 다양한 마이크로바이옴을 보유하고 있으며, 그들의 마이크로바이옴에는 서구인의 마이크로바이옴에서 검출되지 않는 종과 균주가 포함되어 있다. 예컨대 하드자족과 마체스족은 많은 트레포네마균Treponema을 보유하는데, 이 그룹에는 매독균이 소속되어 있다. 그러나 하드자족과 마체스족이 보유한 균주는 매독균과는 무관하며, 탄수화물을 소화시키는 무해 세균과 근연 관계에 있다. 또한 이 균주는 수렵 채집인과 유인원의 체내에만 서식할 뿐 선진 공업국 국민의 몸에서는 발견되지 않는다. 따라서 그들은 우리의 조상들이 보유했던 미생물 패키지의 일부지만 무슨 이유에선지 선진국 국민들과 접촉을 끊었다고 추론할 수 있다. 분석糞石, 즉 화석화한 대변을 연구한 바에 따르면 산업화 이전 시기에 살던 사람들은 오늘날의 도시 거주자들보다 훨씬 더 풍부한 장내 미생물 세트를 갖고 있었다고 한다.

그렇다면 우리의 건강은 산업화 이전보다 악화되었다고 할 수 있을까? 다양성이 높은 마이크로바이옴은 C. 디피실리와 같은 침입자에 저항하는 데 강점이 있다고 증명되었으며, 다양성이 떨어지는 마이크로바이옴은 종종 질병을 수반한다는 증거도 있다. 예컨대 올루프 페데르센Oluf Pedersen이 이끄는 유럽의 대규모 연구 팀은 마이크로바이옴의 다양성을 측정하기 위해 300명의 소화관에서 채취한 마이크로바이옴을 대상으로 세균들의 유전자 개수를 헤아렸다.[41] 그 결과 세균의 유전자 개수가 적은 지원자들은 유전자 개수가 많은 지원자들보다 비만인 경우가 많고, 염증과 대사 문제의 징후 또한 더 많은 것으로 나타났다. 그렇다면 '다양성이 부족한 마이크로바이옴'은 빈약한 건강의 원인일까, 아니면 결과일까? 다시 한 번 말하지만 "마이크로바이옴의 다양성이 부족할수록 질병에 걸릴 가능성이 더 높다"고 밝힌 연구 결과는 아직 발표된 바 없다. 반면에 마이크로바이옴이 다양한 사람은 특정 장내기생충intestinal parasite을 보유

할 가능성이 높다는 연구 결과는 나와 있다.[42]

마이크로바이옴의 다양성은 항생제 시대가 시작되기 훨씬 전, 심지어 산업혁명 이전부터 감소해왔다는 징후도 포착된다. 비근한 예로 시골 거주자들은 도시 거주자들보다 다양한 마이크로바이옴을 보유하고 있지만, 침팬지와 보노보와 고릴라는 시골 거주자들보다도 훨씬 다양한 마이크로바이옴을 갖고 있다. 이런 사실로 미루어볼 때, 우리 인간의 마이크로바이옴은 유인원과 갈라선 이후부터 그 다양성이 서서히 감소해왔다고 볼 수 있다(이유는 여러 가지가 있겠지만, 어쩌면 장내기생충을 구제驅除하는 인간의 능력이 향상되어 그렇게 되었는지도 모른다).[43] 또한 우리의 식습관이 변한 것도 마이크로바이옴 다양성 감소에 기여했다. 고릴라, 침팬지, 보노보는 식물을 많이 뜯어 먹는데, 시골 거주자들의 경우 식물을 많이 먹기는 해도 익히고 요리함으로써 장내 미생물의 부담을 많이 덜어준다. 게다가 미국인들은 식물을 적게 먹음으로써 식이섬유 섭취량을 더욱 줄인다. 따라서 동물들은 마이크로바이옴을 꼭 필요로 하는 데 반해, 우리는 마이크로바이옴의 필요성이 줄어들어 마이크로바이옴을 구성하는 미생물의 다양성이 감소하게 된 것이다.

이상과 같은 변화는 수백만 년에 걸쳐 일어났으므로 숙주와 미생물들이 새로운 여건에 적응할 수 있는 기회가 충분했다. 하지만 지금은 상황이 다르다. 우리는 마이크로바이옴에 속사포를 퍼부으며 예로부터 전해 내려오는 숙주와 미생물 간의 계약을 단 몇 세대 만에 바꾸자고 독촉하고 있다. 양측은 새로운 상황에 결국 적응하겠지만, 그러려면 수많은 세대가 더 필요하다. "오늘날 우리는 문제를 너무 단기적으로 바라보고 있어요"라고 소넨버그는 말한다.

블레이저도 소넨버그의 견해에 동의한다. "미생물의 다양성이 상실되면 엄청난 대가를 치러야 해요. 다가오는 재앙은 동토의 땅 위에서 으르렁거리는 눈보라처럼 절망적이어서, 나는 그걸 '항생제 겨울antibiotic winter'이라고 부른답니다."[44] 우리가 마이크로바이옴을 바꾸고 있는 건 분명하다고 블레이저는 강조하지만 그가 경고하는 '끔찍한 멸종'의 기미는 아직 뚜렷하지 않다. "그럼에도, 미생물의 멸종을 미연에 방지하려면 현재의 증거들에서 한발 더 나아가 싸우기 전의 수탉이나 개처럼 목털을 곧추세워야 해요." 블레이저는 미생물학의 카산드라•를 자처하며 임박한 위기를 극적으로 예언한다. 그리고 카산드라와 마찬가지로, 그는 자신만만한 태도로 회의론자들을 초청하여 자신의 의견을 개진한다.

'미생물 불균형' 모델

2014년 조너선 아이젠Jonathan Eisen은 블레이저에게 '마이크로바이옴 뻥쟁이상Microbiome Overselling Award'을 수여했는데, 그 이유인즉 블레이저가 〈타임〉지에 기고한 글에서 "항생제가 마이크로바이옴을 멸종시키고 인간의 발달을 변화시킨다"고 주장했다는 것이었다.[45] 이 상은 온라인 망신주기로, '마이크로바이옴에 대한 연구를 과장하거나 추측을 사실인 것처럼 주장하는 연구자나 저널리스트에게 불명예를 주자'는 취지로 만들어졌다. 과거의 수상자들은 서른여덟 명으로, 그중에는 〈데일리 메일〉과 〈허핑턴 포스트〉도 포함되어 있었다. 아이젠의 심사 평은 다음과 같았다. "나는 개인적으로 항생제가 많은 사람들의 마이크로바이옴을 교란시키고,

• 그리스 신화에 나오는 프리아모스 왕의 딸로 트로이의 멸망을 예언하였다.

그 결과 다양한 질병의 증가에 기여한다고 생각한다. 그런데 마이크로바이옴을 멸종시킨다고? 어림 반 푼어치도 없는 소리다."

아이젠의 사람됨을 감안할 때, 마이크로바이옴 뻥쟁이상은 블레이저에게 약간 무례한 비난으로 여겨질 수도 있다. 왜냐하면 아이젠은 원래 쾌활하고 온화한 성격의 소유자이자 열광적인 미생물학 전도사이면서도 늘 겸손을 발휘하여 "우리의 친구인 미생물에 배울 것이 아직 많습니다"라고 인정하는 사람이기 때문이다. 그는 과학자들의 태도가 '모든 미생물들은 사라져야 한다'는 세균 혐오증germophobia에서 '미생물은 모든 악惡에 대한 설명이자 해법이다'라는 미생물 망상증microbomania으로 기울까 봐 우려한다.

아이젠이 이처럼 노심초사하는 데는 그럴 만한 근거가 있다. 생물학계에는 복잡한 질병 뒤에 숨어 있는 단일 요인을 찾아야 한다는 욕구와 충동이 오랫동안 도사리고 있기 때문이다. 고대 그리스인들은 모든 질병들은 네 가지 체액, 즉 혈액blood, 점액phlegm, 흑담즙black bile, 황담즙yellow bile의 불균형으로 인해 발생한다고 믿었으며, 이러한 사고의 틀은 19세기에 들어와서도 상당 기간 지속되었다. 질병이 독기毒氣에 의해 초래된다는 개념은 꽤 오랫동안 이어지다가 배종설에 의해 마침내 폐위되었다. 보다 최근인 1960년대에 닭에서 발암 바이러스 하나가 발견되자,[46] 많은 암 연구자들은 모든 종양이 바이러스에 의해 초래된다고 확신했다.

과학자들이 입에 달고 사는 '오컴의 면도날Occam's razor'이라는 말은 대단히 난해한 것을 단순하고 우아하게 설명한다는 원칙을 뜻한다. 단순한 설명을 들었을 때 심리적 안정감을 느끼는 것은 과학자들이나 일반인들이나 매한가지인 듯싶다. 과학자들은 "복잡하고 헷갈리는 세상을 이해할 수 있을 뿐만 아니라 바꿀 수도 있다"고 우리를 안심시키며, "형언할 수 없는 것을 표현하고, 통제할 수 없는 것을 통제할 수 있도록 해주겠다"고 우리에게 약속한다. 그러나 역사를 되돌아보면 이런 약속이 종종 환상에 불과했음을 알 수 있다. 발암 바이러스를 믿는 사람들은 10년짜리 장기 프로젝트에 매달려 5억 달러를 쏟아부었지만 아무런 성과도 거두지 못했다. 나중에 여러 바이러스들이 암을 초래할 수 있는 것으로 밝혀지긴 했지만, 모든 암 중에서 극히 일부분만 설명할 수 있을 뿐이었다. 과학자들이 그토록 염원했던 단일 요인, 즉 모든 것을 지배하는 한 가지 원인은 결국 광대한 퍼즐의 한 조각에 불과했던 것이다.

마이크로바이옴의 의학적 시사점을 생각할 때, 우리는 겸손한 마음으로 이러한 교훈을 명심할 필요가 있다. 지금까지 터무니없을 정도로 수많은 질병들이 마이크로바이옴와 관련된 것으로 언급되어왔다.[47] 만성 장염, 궤양 대장염, 과민대장증후군, 결장암, 비만, 1형 당뇨병, 2형 당뇨병, 셀리악병, 알레르기와 아토피, 단백열량부족증, 죽상 동맥경화증, 심장병, 자폐증, 천식, 아토피피부염, 치주염, 치은염, 여드름, 간경화, 비알코올성 지방간, 알코올중독, 알츠하이머병, 파킨슨병, 다발성 경화, 우울증, 불안증, 급통증Colic, 만성피로 증후군, 이식편 대 숙주병graft-versus-host disease, 류머티즘 관절염, 건선, 뇌졸중. 오죽하면 한 기고가는 '디 앨리엄The Allium'이라는 풍자 사이트에 올린 글에서 이렇게 말했을까. "사실, 건강해지려면 마이크로바이옴 하나만 있으면 된다. 그것은 암을 물리치고, 배고픔과 가난을 치료하며, 사지 절단을 복구한다. 마이크로바이옴은 만병통치약이다."[48]

풍자를 차치하더라도, 진지하게 제기된 관련성조차 대부분 인과관계가 아닌 상관관계에 불과하다. 연구자들은 종종 질병에 걸린 사람과 건강한 지원자를 비교하여 미생물의 차이를 발견하고는 연구를 종료한다. 이런 차이는 관련성을 암시할 뿐, 관련성의 본질이나 방향을 의미하지는 않는다. 그러나 내가 지금까지 언급한 비만, 단백열량부족증, IBD 알레르기에 관한 연구들은 여기서 한 걸음 더 나아간다. 연구자들은 미생물 변화가 질병을 초래하는 메커니즘을 밝히기 위해 무균생쥐에게 미생물을 이식하여 질병을 재현함으로써 인과관계를 확립한다. 그리고 그들은 해결책을 제시하기보다 의문을 더 많이 제기한다. '미생물은 질병에 시동을 걸까, 아니면 나쁜 상황을 악화시키는 데 불과할까? 하나의 종이 문제일까, 아니면 군집이 문제일까? 특정 미생물의 존재가 문제일까, 다른 미생물의 부재가 문제일까, 아니면 둘 다일까? 생쥐와 그 밖의 동물을 이용한 실험에서 특정 미생물이 질병을 초래하는 것으로 밝혀졌다고 해서, 그 미생물이 인간에게 실제로 질병을 일으킨다고 장담할 수 있을까? 실험실의 통제된 상황과 실험동물의 비정형적 신체를 감안할 때, 미생물 변화가 우리의 일상생활에 실제로 영향을 미친다고 할 수 있을까? 미생물은 21세기에 증가하고 있는 질병들에 얼마나 많은 영향을 미치는 것일까? 현대적 전염병들을 일으키는 다른 잠재적 원인들, 예컨대 오염이나 흡연 등과 비교하면 어떨까?'

기존의 '1미생물-1질병 모델'에서 벗어나 '미생물 불균형'이라는 다면적 모델을 채택하면, 얽히고설킨 인과관계의 실타래를 풀기가 훨씬 더 어려워진다. 미생물 불균형이란 무엇이며, 생태계가 혼란하다는 것을 어떻게 알 수 있을까? C. 디피실리가 주체할 수 없는 설사를 일으키는 것은 맞지만, 대부분의 미생물 군집들은 분류하기가 쉽지 않다. B. 인판티스가 없는 소화관을 미생물 불균형 상태에 있다고 할 수 있을까? 미생물의 가짓수가 수렵 채취인들보다 적다면 미생물 불균형이라고 할 수 있을까? 미생물 불균형이라는 용어는 질병의 생태학적 성격을 전달하는 데 안성맞춤이지만 예술이나 포르노그래피와 비슷한 측면이 있어서, 직접 보면 대충 알 수 있어도 엄밀히 정의하기란 쉽지 않다.

게다가 많은 과학자들은 마이크로바이옴의 다양한 변화들을 성급히 미생물 불균형이라고 부르는 경향이 있기에 문제 해결에 그다지 도움이 되지 않는다.[49] 이런 관행이 타당하지 않은 이유는, 마이크로바이옴이 매우 상황 의존적이기 때문이다.[50] 상황이 달라지면 똑같은 미생물일지라도 숙주와 다른 관계를 맺을 수 있다. 예컨대 H. 파일로리는 영웅이 될 수도 있고 악당이 될 수도 있다. 유익한 미생물일지라도 점막을 통과하여 소화관의 내벽을 관통하면 심각한 면역반응을 촉발할 수 있다. 외견상 해로워 보이는 미생물이 정상일 수 있으며, 심지어 인체에 필요할 수도 있다. 예를 들어 장내 미생물은 임신 3분기에 대변동이 일어나므로 마치 비만, 고혈압, 당뇨병과 심장병 위험 증가를 수반하는 대사 증후군 환자의 장내 미생물처럼 보인다.[51] 그러나 성장하는 태아에게 영양분을 공급하려면 지방과 혈당을 많이 확보해야 하므로 사실 이러한 현상은 문제될 것이 없다. 환자가 처한 상황을 외면한 채 미생물 하나만 떼어놓고 보면, 당신은 "이 미생물의 임자는 만성질환에 걸리기 일보직전"이라고 결론짓게 될 것이다. 환자는 단지 엄마가 될 준비를 하고 있을 뿐인데도 말이다.

마이크로바이옴이 변화하는 이유를 설명할 수 없는 경우도 있다. 여성의 질 내 미생물은 하루 종일 신속하고도 극적으로 변하는데, 얼핏 보면 질병 상태를 넘나드는 것처럼 보인다. 그러나 여성의 질 내 미생물의 변화무쌍함에는 뚜렷한 이유가 없으며, 그렇다고 해서 건강에 악영향을 미치지도 않는다. 따라서 여성의 질 내 미생물을 분석함으로써 건강을 확인하려 한다면 결과를 해석하기가 어려울뿐더러, 상황이 시시각각으로 변하므로 시의적절하게 대처하기도 어렵다. 신체의 다른 부분에 서식하는

미생물도 사정은 마찬가지다.[52]

마이크로바이옴은 고정불변의 실체가 아니다. 그것은 수천 종의 미생물들이 우글거리는 군집으로서 개별 구성들끼리 끊임없이 경쟁하고, 숙주와 협상을 벌이는 가운데 진화하고 변화한다. 24시간을 주기로 들쭉날쭉하므로 어떤 종은 낮에 많고 어떤 종은 밤에 많다. 당신의 유전체는 작년 이맘때와 거의 같지만, 당신의 마이크로바이옴은 아침에 일어나거나 방금 전 식사를 한 뒤 바뀌었을 것이다.

우리가 목표로 삼을 수 있는 '건강한 마이크로바이옴'이 하나 있거나, 특정 미생물 군집을 '건강한 군집'이나 '건강하지 않은 군집'으로 명쾌하게 분류하는 방법이 있다면 모든 것이 얼마나 수월할까? 그러나 그런 건 없다. 생태계는 복잡하고 유동적이며 상황 의존적이기 때문에, 범주화하기가 여간 까다롭지 않다.

설상가상으로, 마이크로바이옴에 관한 초기 연구 결과들 중에는 잘못된 것들이 부지기수다. 앞서 "비만한 사람 또는 생쥐는 날씬한 사람 또는 생쥐보다 피르미쿠테스가 많고 박테로이데테스가 적다"고 언급했던 것을 기억하는지? 소위 'F/B 비율'이라 부르는 그 결과는 이쪽 분야에서 가장 유명한 토픽 중 하나지만 신기루에 불과하다. 2014년 발표된 두 편의 논문에 따르면, 과거의 연구 결과를 재분석한 결과 F/B 비율은 인간의 비만과 일관된 관련성이 없는 것으로 나타났다고 하니 말이다.[53] 이처럼 하나의 주제에 대한 결론이 논문마다 다르게 나올 수 있지만, 그렇다고 해서 마이크로바이옴과 비만 간의 관계가 부인되는 것은 아니다. 비만한 생쥐로부터 채취한 마이크로바이옴을 무균생쥐에게 이식함으로써 무균생쥐를 살찌우는 것은 여전히 가능하다. 그러므로 마이크로바이옴 속에는 뭔가 숙주의 체중에 영향을 미치는 요인이 존재하는 게 분명하다.

다만 F/B 비율이 정답이 아니거나, 정답이라 해도 일관된 결과가 나오지 않는 것일 뿐. 10년에 걸친 연구에도 불구하고 비만과 관련된 미생물을 찾는 데 조금도 진전이 없다니, 참으로 맥 빠질 노릇이다. 두 건의 재분석 중 하나를 담당한 캐서린 폴라드Katherine Pollard는 이렇게 밝혔다. "안타깝게도 지극히 간단한 생체 지표, 예를 들어 특정 미생물이 마이크로바이옴에서 차지하는 비율로 비만과 같은 복잡한 질환을 설명하는 것은 어림도 없다. 모든 연구자들이 현실을 직시해야 한다."

마이크로바이옴 분야의 초창기에 이처럼 상충되는 결과들이 나온 것은 어찌 보면 당연하다고 할 수 있다. 빡빡한 예산과 부정확한 기술 때문에 연구자들이 제대로 된 연구를 수행할 수 없었기 때문이다. 그들은 소규모 탐색 연구를 통해 소수의 인간 또는 동물의 마이크로바이옴을 아전인수 격으로 비교했다. 롭 나이트는 그들의 연구를 이렇게 혹평한다. "그건 타로 카드 놀이나 마찬가지예요. 타로 카드 놀이에서는 어떤 조합을 갖고서도 그럴듯한 스토리를 만들 수 있죠." 내가 길거리에서 파란색 셔츠를 입은 사람 열 명과 초록색 셔츠를 입은 사람 열 명을 섭외했다고 치자. 장담컨대, 그들에게 충분한 질문을 던진다면 두 그룹 각각의 두드러진 특징을 두 가지 이상 찾아낼 수 있을 것이다. 예컨대 파란색 셔츠를 입은 사람은 커피를 선호하고, 초록색 셔츠를 입은 사람은 차를 선호한다고 해보자. 또한 초록색 셔츠를 입은 사람들의 발 사이즈가 파란색 셔츠를 입은 사람들보다 크다고 해보자. 그러면 나는 '파란색 셔츠가 커피에 대한 열망을 품게 하고 발을 작게 만든다'는 결론을 내릴 것이다. 그러나 이것은 우연적 차이에 근거한 어처구니없는 결론이며, 이를 해결하는 방법은 표본 수를 늘리는 것이다. 예컨대 파란색 셔츠 입은 사람과 초록색 셔츠 입은 사람을 각각 100만 명씩 만나 물어본다면 두 그룹 사이의 차이가 우연일 가능성이 낮으므로 내가 찾은 차이가 좀 더 의미 있다고 자신할 수 있을 것이다. 하지만 모두 합쳐 200만 명을 만나 질문하려면 엄청난 시간과 노력이 필요하다. 20세기 초, 인간 유전학자들도 이와 똑같은 문제에 직면했다. 그들은 수천 명의 사람들을 대상으로 한 연구에서 열악한 분석 기술을 통해 질병, 신체적 특징, 행동과 관련한 유전자 돌연변이를 많이 발견했다. 그러나 DNA 분석genome sequencing 기술이 저렴하고 강력해져 수백만 개의 샘플을 처리할 수 있게 되자, 초기 연구 결과 가운데 상당수가 거짓 양성false positive이었던 것으로 드러났다. 마이크로바이옴 분야도 이와 같은 성장통을 경험하고 있다.

마이크로바이옴 연구의 걸림돌은 다양성이다. 실험용 생쥐들의 경우 품종, 판매자, 어미, 케이지에 따라 마이크로바이옴이 제각기 다르다. 허구적 패턴이나 연구실 간의 불일치가 종종 나타나는 것은 바로 이와 같은 다양성 때문이다. 오염도 문제의 소지가 될 수 있는데,[54] 미생물은 어디에나 존재하므로 화학 시약을 비롯하여 과학자들이 실험에 사용하는 모든 것이 세균에 오염될 수 있다.

그러나 이러한 걸림돌과 문제점들은 오늘날 상당히 개선되었다. 마이크로바이옴 연구자들은 실험의 편차를 줄일 수 있는 노하우를 많이 터득했으며, 향후 연구의 품질을 향상시키기 위해 표준 절차를 확립하고 있다. '상관관계와 인과관계는 다르다'는 점을 명심하고, 인과관계를 보여주는 실험을 통해 마이크로바이옴의 변화가 질병에 미치는 영향을 알아내려 노력한다. 마이크로바이옴을 매우 디테일한 관점에서 바라보며, 종species보다는 균주strain를 중시하는 방향으로 나아간다. DNA를 배열하는 데 그치지 않고 RNA, 단백질, 대사물도 연구한다. 왜냐하면 DNA는 '어떤 미생물이 존재하는지'를 알려주는 데 반해, 다른 분자들은 '그들이 무슨 일을 하는지'를 알려주기 때문이다. 질병에 관여하는 미생물을 확인하기 위해 한두 가지 종만 집중적으로 연구하는 게 아니라 기계를 이용하여 미생물 군집 전체를 파악한다.[55] DNA 분석 비용이 하락하는 점을 감안하여 대규모 연구를 수행한다는 계획도 세우고 있다.

마이크로바이옴 연구자들은 장기적인 연구도 계획 중이다. 마이크로바이옴의 스크린 화상 한 장만 캡처하는 게 아니라 장편영화를 촬영하려는 것이다. 이들 미생물 군집은 시간이 경과함에 따라 어떻게 변하는가? 무너지기 전에 얼마나 많은 충격을 흡수하는가? 그들에게 회복성을 부여하거나 그들을 불안정하게 만드는 요인은 무엇인가? 마이크로바이옴의 회복성을 이용하여 개인의 발병 위험을 예측할 수 있는가?[56] 한 연구 팀은 100명의 지원자를 모집하여, 아홉 달 동안 특정한 음식을 먹거나 정기적으로 항생제를 복용하게 하면서 매주 한 번씩 대변과 소변 샘플을 채취하고 있다. 다른 연구진들은 임신부나 2형 당뇨병 고위험군을 대상으로 비슷한 연구(마이크로바이옴이 조산에 미치는 영향, 마이크로바이옴이 2형 당뇨병의 발병에 미치는 영향)를 수행하고 있다. 그리고 제프 고든이 이끄는 연구진은 건강하게 발육하는 아기들을 대상으로 마이크로바이옴의 정상적인 형성 과정을 연구하는 한편, 단백열량부족증에 걸린 어린이들을 대상으로 마이크로바이옴의 형성이 교착되고 지연되는 메커니즘을 분석한다. 또한 그들은 방글라데시의 아기들에게서 생후 2년간 채취한 대변 샘플을 이용하여 장내 미생물의 성숙도를 평가하는 지표를 만들었는데, 이것을 이용하면 증상이 없는 어린이들을 대상으로 단백열량부족증의 발병 위험을 예측할 수 있을 것으로 기대된다.[57]

지금까지 언급한 연구들의 궁극적 목표는 '인체가 조류로 뒤덮인 산호초로 전락하기 전에 가능한 빨리 그 징후를 포착하는 것'이다. 생태계가 한번 붕괴되면 좀처럼 회복하기 어렵기 때문이다.

인과관계 확립을 향해서

"플레이너 선생님! 일이 어떻게 진행되고 있나요?" 제프 고든이 묻는다. 자신의 지도를 받는 학생 중 하나인 조 플레이너Joe Planer를 부르는 것이다. 그는 플라스틱 텐트로 밀봉된 표준 실험대 앞에 서 있는데, 그곳에는 피펫과 시험관, 배양접시가 완비되어 있다. 표준 실험대는 외관상 무균생쥐를 사육하는 무균 서식처와 비슷하지만, 목적이 다르다. 무균 서식처는 미생물을 차단하는 데 반해 플라스틱 텐트는 산소를 차단하기 때문이다. 그 실험대를 이용하면 산소를 지독히 싫어하는 혐기성 장내 미생물을 배양할 수 있다. 고든은 이런 농담을 던진다. "종이에 '산소'라고 써서 보여주면 혐기성 미생물들은 곧바로 죽을 거예요."

플레이너는 단백열량부족증에 걸린 말라위 어린이에게서 채취한 대변을 실험대에 넣고, 그 속에 들어 있는 혐기성 미생물들을 가능한 한 많이 배양하려고 애썼다. 다음으로는 배양된 미생물들을 균주별로 분리하여 별도의 구획 안에서 각각 배양했다. 마침내 그는 어린이의 소화관 안에 난립하던 미생물들을 열과 오를 맞춰 질서 있게 배열함으로써 일종의 '미생물 도서관'을 만들었다. "우리는 각각의 구획 안에 들어 있는 미생물의 정체를 모두 알고 있어요. 지금은 로봇에게 '임의의 세균들을 추출하여 조합을 만들라'고 명령하는 일을 하고 있고요." 그는 플라스틱 텐트 안에 들어 있는 기계를 하나 가리키는데, 그것은 여러 개의 새까만 정육면체와 강철 막대로 구성되어 있다. 플레이너는 그 기계에 프로그램을 입력하여,

특정 구획에서 세균들을 추출하고 혼합하여 칵테일을 만든다. 예컨대 그는 '장내세균과科를 모두 수집하라'든가 '클로스트리듐속屬을 모두 수집하라'고 명령할 수 있다. 그런 다음 이 세균 군락을 무균 생쥐에게 이식하고, 단백열량부족증 증상이 나타나는지 확인한다. 그가 해결하려고 하는 의문은 다음과 같다. "마이크로바이옴 전체가 중요한가, 아니면 하나의 과科나 균주가 중요한가? 배양 가능한 미생물들은 쓸모가 있을까?" 그가 사용하는 접근 방법은 환원적인 동시에 전체론적이라고 할 수 있다. 마이크로바이옴을 쪼갠 다음 다시 조합하기 때문이다. "우리는 어떤 미생물들이 단백열량부족증의 발병 과정에 참여하는지를 알아내려 노력하고 있어요"라고 고든은 말한다.

플레이너가 작업하는 광경을 선보이고 몇 달 뒤, 연구 팀은 단백열량부족증의 증상을 상당 부분 재현하는 데 성공함으로써 단백열량부족증에 관여하는 미생물의 종류를 열한 가지로 압축했다.[58] 그 패거리에는 B-테타나 B-프라그와 같은 면식범들이 포함되어 있는데, 어처구니없게도 이들은 단독으로는 무해한 미생물들이다. 이들은 함께 모일 때만 사고를 쳤으며, 그것도 생쥐가 굶주려 영양실조에 걸렸을 때만 나쁜 짓을 했다. 한편 연구 팀은 건강한 일란성쌍둥이 생쥐로부터 채취한 마이크로바이옴을 이용하여 미생물 컬렉션을 만들었는데, 그중에서 11악당의 폐해를 막아주는 미생물 듀오를 발굴했다. 첫 번째는 아커만시아로, 영양실조와 비만을 모두 막아주는 멀티플레이어인 셈이다. 두 번째는 클로스트리듐 스킨덴스Clostridium scindens(C. scindens)로, T 조절 세포regulatory T cell를 자극함으로써 염증을 가라앉히는 클로스트리듐속 세균 중 하나다.

텐트로 밀봉된 실험대 반대편에는 믹서가 하나 자리 잡아, 다양한 식품들을 분쇄하여 생쥐가 먹기 좋은 크기와 형태의 먹이를 만드는 역할을 한다. 누군가 스카치테이프에 '차우바카Chowbacca'라고 써서 믹서에 붙여 놓았는데, 여기서 '차우chow'란 동물의 먹이를 말하며, '바카bacca'는 딸기와 같은 과일을 뜻한다. 고든의 연구실에서는 시험관과 무균생쥐에서 아커만시아와 C. 스킨덴스의 행동을 탐구하며, 두 세균에게 필요한 영양소가 무엇인지도 연구하고 있다. 이 연구가 완료되면 말라위인의 식사, 미국인의 식사, 모유 속의 올리고당이 미생물에게 미치는 영향을 비교할 수 있을 것이다(고든은 이를 위해 브루스 저먼, 데이비드 밀스와 공동으로 연구를 수행하고 있다). '어떤 식품이 어떤 미생물에게 영양분을 공급할까?'도 중요하지만, '미생물들은 각각 어떤 유전자를 발현하고 있을까?'라는 문제도 중요하다. 이 문제는 유전자가 변형된 미생물을 연구함으로써 해결할 수 있다. 연구진은 모든 미생물에 대해 각각 수천 가지의 변이체를 만들 수 있는데, 변이체들 전부는 특정 유전자가 하나씩 망가져 있다. 연구진은 이러한 변이체들을 생쥐에게 투입하여 특정 미생물이 소화관에서 생존하는 데 필요한 유전자가 뭔지를 알아낸다. 또한 다양한 미생물의 조합을 생쥐에게 이식하여 생존에 유리한 파트너들을 알아낼 수도 있다. 특정 유전자와 특정 파트너는 단백열량부족증을 초래하거나 억제하는 데 기여할 수 있다.

고든은 인과관계 확립을 위해 다양한 도구와 기법들을 개발했고, 이를 통해 미생물이 인간의 건강에 미치는 영향을 설명함으로써 우리로 하여금 막연한 짐작과 추론에서 벗어나 실질적인 답변을 얻게 해줄 것이다. 단백열량부족증은 이제 시작에 불과하며, 미생물과 관련된 다른 질환들에 대해서도 동일한 도구와 기법을 적용할 수 있으리라 기대된다.

물론 인간의 질병에만 국한되는 것은 아니다. 동물원에 있는 동물들 중에서도 상당수가 원인 모를 질병에 시달린다.[59] 치타는 H. 파일로리에 상응하는 미생물 때문에 위염에 걸리고, 마모셋은 마모셋 소모 증후군marmoset wasting syndrome이라는 질병으로 고통받는다. 혹시 이러한 질병들도 미생물 불균형과 관련된 것은 아닐까? 색다른 먹이, 과도하게 위생적인 인공 환경, 낯선 의학 치료, 특이한 사육 프로그램 때문에 마이크로바이옴에 문제가 생긴 것은 아닐까? 만약 천연 미생물을 상실한다면, 자연계로 되돌려 보냈을 때 이들이 정상적으로 살아갈 수 있을까? 동물원의 동물들도 올바른 장내 미생물을 보유하고 있을까? 그들의 면역계가 미생물에 적절히 적응하여 수의사의 도움을 받지 않고서도 스스로 질병을 처리할 수 있을까? 우리는 미생물이 숙주의 행동에 영향을 미칠 수 있다는 사실을 잘 알고 있는데(예컨대 무균생쥐는 평범한 생쥐보다 걱정 근심이 덜하고 대담한 편이다), 포식자가 우글거리는 야생에서 사주경계를 제대로 할 수 있을까?

이제 이처럼 수많은 의문들을 제기할 때가 왔다. 우리의 지구는 인류세라는 새로운 지질시대에 접어들었다. 인류의 영향력으로 인해 전 지구적인 기후변화가 초래되고, 야생종이 상실되며, 생명의 풍요로움이 극적으로 감소하고 있는 시대 말이다. 미생물도 인류의 영향력에서 벗어날 수 없다. 산호초에서든 인간의 소화관에서든, 우리는 미생물과 숙주의 관계를 파괴함으로써 지난 수백만 년 동안 함께해온 종들을 강제로 떼어놓고 있다. 고든과 블레이저 같은 과학자들은 오랜 동반자 관계의 종말을 이해하고, 나아가 이를 미연에 방지하기 위해 노력한다. 그리고 한쪽에는, 동반자 관계가 시작된 과정에 더 많은 관심을 쏟는 또 다른 과학자들이 있다.

| 6장 |

기나긴 진화의 왈츠

2010년 10월 15일, 인디애나 주 에번스빌에 살던 퇴직 엔지니어 토머스 프리츠는 줄톱을 들고 밖으로 나가 집 밖에 서 있던 죽은 돌능금나무 한 그루를 베었다. 나무는 손쉽게 넘어갔지만, 땔감을 끌고 집으로 돌아오던 프리츠는 연필만 한 나뭇가지에 오른손 엄지와 검지 사이의 갈퀴를 찔렸다. 그는 응급처치 교육을 받은 의용 소방대원이었으므로 상처를 꿰맬 수 있었다. 그러나 그의 노력에도 불구하고 손은 결국 감염되었다. 그로부터 이틀 뒤 병원에 가보니 낭종이 하나 형성되어 있었다. 의사에게 항생제 한 코스를 처방받아 복용했지만 차도가 전혀 없었다. 할 수 없이 외과 의사에게 가서 살에 단단히 박힌 나무껍질 몇 개를 제거하자, 5주가 지난 다음부터 상처가 겨우 아물기 시작했다.

의사가 상처에서 체액을 약간 채취하지 않았다면 프리츠의 '경미한 사고'는 그걸로 종료됐을 것이다. 체액 샘플은 유타 대학으로 보내졌는데, 병원의 검사실에서 불가사의한 미생물이 검출되었다. 자동 검사 장치는 그것을 대장균으로 판정했지만, 의료진을 이끌던 마크 피셔Mark Fisher 박사는 그 결과를 인정하지 않았다. 왜냐하면 DNA가 대장균과 정확히 일치하지 않았기 때문이다. DNA 염기 서열을 정밀 분석한 결과, 1999년에 발견된 소달리스•라는 세균과 거의 비슷한 것으로 밝혀졌다. 소달리스를 처음 발견한 사람은 영국의 생물학자 콜린 데일Colin Dale이었는데, 운 좋게도 당시 유타 대학에서 근무하고 있었다.

데일은 그럴 리가 없다며 고개를 절레절레 흔들었지만, 피셔는 소달리스가 검사실의 배양접시에서 분명히 증식하고 있음을 강조했다. 데일은 다시 한 번 손사래를 치며 뭔가 착오가 있는 게 분명하다고 주장했다. 소달리스가 곤충의 몸속에서만 사는 공생 세균이라는 건 생물학계의 상식이기 때문이었다. 데일이 소달리스를 처음 발견한 것도 흡혈 체체파리의 몸속에서였고, 바구미, 노린재, 진딧물, 이의 사례가 그 뒤를 이었다. 소달리스는 이런 곤충들의 세포 속에서 둥지를 틀고 살다가 급기야는 불요불급한 유전자를 너무 많이 상실하여 다른 곳에서는 살 수 없게 되었다. 감염된 손이나 죽은 나뭇가지는 물론, 심지어 배양접시에서도 말이다. 그러나 DNA는 거짓말을 하지 않는 법. 프리츠의 손에서 검출된 세균의 유전자 중 상당수는 소달리스의 유전자와 일치했다. 그래서 데일은 새로운 균주를 '인간 소달리스human Sodalis', 간단히 줄여서 HS라고 불렀다. "우리가 고목나무를 확인하러 다니지 않아서 그렇지, 모르긴 몰라도 HS는 식물계에 널리 퍼져 있을걸요"라고 그는 말한다.

이 이야기와 관련하여, 우연의 일치에 대해 생각해보자. 야생 미생물이 어찌어찌해서 나뭇가지에 앉아 있었는데, 그 나뭇가지가 어찌어찌해서 프리츠의 손을 찔렀다. 때마침 유타 대학의 검사실로 샘플이 보내졌고, 하필 체체파리에서 그 미생물을 발견했던 사람의 눈에 띄었다. 우연도 정도껏이지, 마치 '불가능의 허무맹랑한 연속'처럼 보이지 않는가. 그런데 그런 허무맹랑한 사건이 또 일어났다. 두 번째 희생자는 나무를 기어오르던 소년이었다. 그 소년은 나무에서 미끄러져 내려오다가 프리츠

• 4장 참조.

와 마찬가지로 나뭇가지에 손을 찔렸다. 그러나 프리츠와 달리, 그는 세균에 당장 감염되지는 않았다. 첫 번째 증상은 자그마치 10년 뒤에나 그 모습을 드러냈는데, 오래된 상처 부위에 이상한 낭종이 형성된 것이다. 의사는 낭종을 절제하여 유타 대학으로 보냈고, 그 속에서 두 종류의 HS 균주가 발견되었다.[1]

프리츠와 소년에 관한 에피소드는 이 정도로 해두자. 두 사람은 현재 건강하고, 아마도 나무의 안전성에 훨씬 더 신경을 쓰고 있을 테니 말이다. 이제는 HS에 대해 좀 더 이야기할 차례다. 공생을 연구하는 학자들은 눈이 번쩍 뜨일 것이다. 왜냐하면 HS는 동물과 세균 간의 동반자 관계에서 가장 기본적이지만 불확실한 측면, 즉 '공생은 언제 어떻게 시작되었는지'를 보여주는 희귀 사례이기 때문이다. 일반적으로 우리가 공생생물의 동반자 관계를 인식할 즈음이면, 파트너들은 이미 수백만 년 동안 함께 왈츠를 추어온 것이 상례다. 하지만 처음 마주쳤을 때 그들은 어떤 모습이었을까? 무엇이 그들로 하여금 서로 부둥켜안게 했을까? 부둥켜안은 그들은 어떻게 함께 춤을 췄고, 그 과정에서 어떻게 변했을까? 이것은 매우 까다로운 질문이다. 긴 왈츠의 첫 스텝은 늘 깊은 시간의 그늘 속에 묻혀 있는 법이라, 우리가 뒤쫓을 발자국이 거의 남아 있지 않게 때문이다.

진화의 왈츠는 어떻게 시작되었을까

그러나 HS만큼은 예외다. 그는 소달리스의 조상으로, 소달리스가 곤충과 공생 계약을 맺고 한 몸이 되기 전에 어떤 모습을 하고 있었는지를 보여주는 산증인이다. HS는 아마도 '대기 중인 공생자symbiont-in-waiting' 였을 것이다. 즉 환경에서 노닥거리던 자유 생활 미생물로서 적당한 기회가 되면 숙주 동물을 감염시킬 수 있었을 것이다. 하지만 이는 어디까지나 추측이었다. 과학자들은 오랫동안 단절된 고리를 잇는 미생물 조상이 존재했으리라 예상해왔지만, 실제 사례를 발견할 수 있을 거라고 생각한 사람은 거의 없었다. 그런데 데일은 놀랍게도 희귀 사례를 한 건도 아니고 두 건씩이나 발견하고 HS에 소달리스 프라이캅티부스Sodalis praecaptivus, 즉 '포로가 되기 전의 소달리스'라는 학명을 부여했다.[2]

그렇다면 이제 HS로부터 소달리스로의 진화 과정에서 단절된 고리를 유추해보자. 식물의 줄기에 앉아 호시탐탐 동물에 침투할 기회를 노리던 HS에게 무슨 일이 일어났을까? 만약 부주의한 정원사나 장난꾸러기 어린이를 만났다면 그들의 몸속으로 파고 들어가 성장하고 증식했을 것이다. 하지만 그보다 가능성이 훨씬 더 높은 표적은 식물을 갉아 먹는 곤충이었다. 데일은 유전자분석을 통해 다음과 같은 결론을 내렸다. "HS는 본래 나무를 감염시키는 병원균으로, 곤충의 구기口器에 달라붙어 이 나무 저 나무로 퍼져나갔을 것이다. 그러다 전략을 바꿔 아예 곤충을 새로운 숙주로 선택했을 것이다."

곤충의 몸속에 침투한 HS는 어떻게 변신했을까? 첫째로, HS는 영양소를 공급하고 기생충으로부터 보호하는 등 숙주에게 혜택을 제공하는 방향으로 진화했을 것이다. 둘째로, 거처를 곤충의 소화관이나 침샘에서 세포 속으로 옮겼을 것이다. 셋째로, 성가시게 성충成蟲들 사이를 전전하는 수평 전염horizontal transmission 대신 어미에서 새끼로 옮아가는 수직 전염vertical transmission 전략을 택했을 것이다. 다시 말해 숙주 몸통의 영원한 일부가 되는 것이다. 마지막으로, 곤충의 몸속이라는 아늑한 환경에서

HS는 더 이상 필요 없는 유전자, 즉 숙주와 중복되는 유전자들을 버리고 소달리스로 변신했을 것이다. 이상과 같은 사건들은 수도 없이 반복적으로 일어나 다양한 곤충 그룹에 서식하는 상이한 버전의 소달리스를 탄생시켰다.[3]

많은 공생 관계들이 이런 식으로 시작되었으리라 추정된다. 자연계에는 갑작스러운 침입이 비일비재하며 심지어 불가피한 경우도 있어서, 기생 세균이나 그보다 얌전한 미생물들이 숙주 동물의 몸속으로 불시에 잠입한다. 세균은 어디에나 존재하므로, 우리는 무슨 일을 하든 세균과 접촉할 수밖에 없다.

동물이 세균과 접촉하기 위해 프리츠처럼 예리한 물체에 찔려야만 하는 건 아니다. 동물들은 다양한 상황에서 예기치 않게 세균과 접촉한다. 교미하는 과정에서 접촉하는 경우도 있다. 예컨대 진딧물은 교미하는 동안 상대방에게 기생충을 물리치거나 고온을 견디게 해주는 미생물을 전달한다. 또한 뭔가를 먹는 동안 세균과 접촉하는 동물도 있다. 쥐며느리는 동족포식을 통해 동료들로부터 미생물을 받아들이며, 생쥐는 이웃의 똥을 주워 먹음으로써 세균을 받아들인다. 두 마리의 곤충이 하나의 식물에서 동시에 즙을 빨아 먹는 경우, 즙의 역류를 통해 미생물이 전달될 수도 있다. 인간의 경우도 예외는 아니어서, 평균적인 인간들은 식품 1그램을 섭취할 때마다 약 100만 마리의 미생물을 삼킨다고 한다. 다시 한 번 말하지만 미생물은 도처에 존재하므로 사실상 모든 식량원, 그러니까 물 몇 모금이나 식물의 일부, 다른 동물의 살점 등은 새로운 공생 세균을 제공하는 잠재적 원천이 되는 셈이다.[4]

기생충이 미생물들에게 다른 경로를 제공하기도 한다. 많은 기생벌들은 날카로운 침을 이용하여 다른 곤충의 몸속에 알을 낳는데, 이 침은 무한정 재사용이 가능하다. 따라서 벌은 세균에 오염된 침을 이용하여 유익한 세균을 이 곤충에게서 저 곤충에게로 옮길 수 있다. 마치 모기들이 말라리아나 뎅기열을 초래하는 바이러스를 옮기듯 말이다. 과학자들은 연구 현장에서 이 같은 사건을 관찰한 뒤 실험실에서 재현하기도 한다.[5] 이상에서 제시한 세 가지 경로, 즉 오염된 먹이와 물, 무방비적 성관계, 더러운 바늘은 우리가 통상적으로 질병과 관련짓는 것들이기도 하다. 그러나 이는 유익한 공생 세균이 새로운 숙주를 찾는 경로로 사용될 수도 있다.

물론 미생물이 새로운 동물의 체내에 성공적으로 진입했다고 해서 모든 게 끝난 건 아니다. 낯선 환경에 처한 세균은 자기 집처럼 편안히 지낼 수 있어야 하는데, 반드시 그러라는 보장이 없기 때문이다. 숙주의 면역계, 라이벌 미생물, 그 밖의 위협 요인들을 잘 처리해야 한다. 따라서 안정적인 동반자 관계를 확립하는 데 성공할 확률은 수백만분의 1쯤 되리라 여겨진다. 물론 확률이 미미하다고 해서 부정적으로만 생각할 일은 아니다. 하나의 식물에 100만 마리의 진딧물이 달라붙어 즙을 빨고, 그 주변에서 100만 마리의 말벌들이 웅웅거리며 오염된 침으로 진딧물을 찌르는 광경을 상상해보라. 개체 수와 시행 횟수가 그 정도인 상황이라면 불가능하리라 여겨지는 일도 얼마든지 일어날 수 있으며, 도저히 수긍할 수 없는 일도 수긍하게 될 수 있다. 마치 나뭇가지에 찔린 프리츠가 얼떨결에 HS에 감염된 것처럼 말이다.

새로운 숙주의 몸속에 처음 들어간 미생물들의 처지는 다양하다. 유능한 기생충이라면 큰 노력 없이도 자리를 꿰찰 수 있지만, 일부 미생물은 숙주에게 이익을 제공하는 조건으로 자리를 보장받기도 한다. 심지어 숙주의 체내 환경에 별로 적응할 필요가 없는 미생물들도 있다. 세상이 온갖 미생물로 가득 차 있는데, 그중에 이미 공생에 적합한 특성을 보유한 종류가 없겠는가. 만약 초식동물이 미생물 하나를 삼키고 때마침 그 미생물이 복잡한 섬유질을 분해함으로써 초식동물이 다른 방법으로 구할 수 없는 에너지원을 방출한다면, 곧바로 자리를 꿰찰 수 있을 것이다. 제 딴에는 순전히 이기적으로 행동했을 뿐인데 그게 공교롭게 숙주에게 보탬이 되는 경우도 있다. 숙주와 세균이 완벽한 팀을 이룬 최초의 사건은 아마도 이처럼 우연히 궁합이 맞아 일어났을 것이다.[6] 양쪽 파트너가 아무런 투자를 하지 않고 서로에게서 뭔가를 얻을 수 있었을 테니 말이다. 한 걸음 더 나아가 숙주는 동반자 관계를 공고히 할 수 있는 형질 두 가지를 진화시켰는데, 하나는 미세한 파트너를 수용할 수 있는 세포이고, 다른 하나는 파트너로 하여금 닻을 내릴 수 있게 하는 분자 고정점molecular anchor-point이었다. 그리고 무엇보다도 중요한 요인이 있었으니, 바로 대물림inheritance이었다. 대물림이 없다면 공생 관계는 굳건히 유지되지 않았으리라.

미생물 대물림

지금부터 유럽의 한 초원에서 일어나고 있는 사건을 중계해보려고 한다. 꿀벌 한 마리가 작열하는 태양 아래 꽃들 사이를 분주히 누비고 있다. 어느 순간 까만색과 노란색 줄무늬 곤충이 하늘에서 급강하하더니, 순식간에 꿀벌을 공중에서 낚아채는 동시에 침으로 찔러 마비시킨다. 습격자는 몸집이 크고 강력한 벌로 벌잡이벌beewolf이라는 딱 어울리는 이름을 갖고 있다. 벌잡이벌은 마비된 꿀벌을 땅굴로 운반하여 알과 애벌레들 옆에 파묻는다. 꿀벌은 꼼짝도 하지 않지만 목숨은 아직 붙어 있다. 애벌레들이 알에서 깨어나 싱싱한 먹이를 실컷 먹도록 어미가 최대한 싱싱한 상태로 저장해놓은 것이다.

벌잡이벌이 새끼들에게 주는 선물은 꿀벌뿐만이 아니다. 마틴 칼텐포스Martin Kaltenpoth는 벌잡이벌들의 행태를 연구하던 중, 한 마리의 더듬이에서 흰 액체가 새어 나오는 것을 발견했다. 전에도 그런 물질을 발견한 일이 있었기에, 그는 벌잡이벌이 땅굴을 파고 알을 낳기 직전에 더듬이를 땅에 대고 눌러 튜브에서 짜내는 치약과 비슷한 흰 분비물을 짜냈다. 그러자 벌잡이벌은 머리를 좌우로 흔들어 분비물을 땅굴의 천장에 흠뻑 발랐다. 그 분비물은 일종의 유도등으로 애벌레들을 향해 '땅굴을 떠날 준비가 되었을 때, 여기 구멍을 파라'고 안내하는 기능을 하는 듯했다. 그러나 칼텐포스가 현미경으로 분비물을 관찰하니 놀랍게도 세균이 우글거리고 있는 게 아닌가! 벌이 더듬이에서 미생물을 분비한다는 건 금시초문이었다. 게다가 더욱 놀라운 것은 그 미생물들이 모두 똑같은 종種이라는 점이었다. 결론적으로, 모든 벌잡이벌의 더듬이에는 동일한 스트렙토미세스 속Streptomyces 균주가 서식하고 있었다.

그것은 매우 중요한 단서였다. 항생제의 3분의 2가 스트렙토미세스에서 유래할 정도로 스트렙토미세스는 다른 미생물들을 죽이는 능력이 뛰어나다. 벌잡이벌의 애벌레도 항생제를 필요로 하는 게 분명했다. 애벌레는 저장된 꿀벌을 다 먹어치운 뒤 비단결 같은 고치를 짓고 들어가 겨울을 난다. 그러고서 몇 달 동안 고온 다습한 방에서 지내는데, 그곳은 병원성 곰팡이와 세균의 성장에 안성맞춤이다. 그래서 칼텐포스는 이렇게 추론했다. "어미가 분비하는 항생물질이 애벌레들을 치명적 감염에서 보호하는 것이다." 자세히 들여다보니, 애벌레들은 분비물에 함유된 세균들을 고치의 섬유에 발라 항생제를 생성하는 미생물로 뒤범벅된 침낭을 만드는 것으로 나타났다. 애벌레들에게서 흰색 분비물을 제거하자 곰팡이에 감염되어 한 달 안에 전부 사망했지만,[7] 분비물을 계속 공급받은 애벌레들은 대부분 생존했다. 봄이 되어 고치에서 나온 성충들의 더듬이에서는 겨우내 자신들을 지켜준 스트렙토미세스를 포함하는 액체가 분비되었다. 그들은 다른 곳으로 날아가 역시 땅굴을 파고, 알을 낳고, 꿀벌을 잡아 저장한 다음, 생명의 은인인 미생물을 애벌레들에게 제공했다.

벌잡이벌이 애벌레에게 미생물을 제공하는 것은 어미가 자손에게 미생물을 대물림하는 행위로, 공생의 세계에서 가장 중요한 요소 중 하나다. 왜냐하면 그것은 숙주와 공생 세균의 운명을 한데 엮는 행위이기 때문이다.[8] 동물과 미생물은 부모들의 행동을 대대손손 반복하며 시대를 초월하는 긴 왈츠를 춘다. 서로에게는 이 동반자 관계를 더욱 돈독하게 만드는 진화 압력이 작용한다. 동물은 미생물이라는 가보를 자손에게 보다 충실하게 전달하는 방법을 진화시키고, 미생물은 숙주를 보조하는 능력을 진화시킴으로써 공생 관계를 더욱 넓고 깊게 만들어간다.

그렇다면 미생물을 자손에게 대물림하는 방법 가운데 신뢰성이 가장 높은 것은 무엇일까? 그것은 미생물을 동물의 난세포에 직접 투입하는 방법으로, 가장 친밀한 공생 관계를 형성하는 방법이기도 하다. 한때 별도의 세균이었고 지금은 세포에 에너지를 공급하는 소기관으로 변신한 미토콘드리아의 경우, 이미 동물의 난세포에 내장되어 있기 때문에 따로 노력하지 않아도 어미에게서 자손에게 전달된다. 하지만 다른 미생물들은 필요할 때, 즉 생식이 이루어질 때마다 그때그때 난세포에 투입되어야 한다. 심해 조개, 해양 편형동물 그리고 수많은 곤충들이 이 방법을 이용하는데, 그들은 수정란이 형성될 때부터 미생물과 함께하므로 결코 외롭지 않다.

설사 미생물을 난세포에 직접 투입하지 않더라도 자손이 올바른 미생물을 보유하도록 배려하는 방법은 얼마든지 있다. 많은 곤충들은 벌잡이벌과 유사한 전략을 사용하는데, 그 내용인즉 둥지에 미생물을 듬뿍 발라놓음으로써 새끼들이 알에서 깨어나는 즉시 미생물과 접촉하도록 해주는 것이다. 이 분야의 전문가는 노린재과 곤충들로, 그들에 대해 후카츠 타케마Takema Fukatsu만큼 잘 아는 사람은 없을 것이다. 그는 현존하는 모든 곤충들을 닥치는 대로 연구하는 열성파 곤충학자이며, 그 남다른 열의에는 감염성이 있다.[9] 후카츠에 의하면, 어떤 노린재종은 미생물들을 단단한 방수 캡슐로 포장하여 알 주변에 늘어놓음으로써 나중에 부화된 애벌레들을 배불리 먹인다. 또 다른 노린재종은 알을 젤리로 포장하는데, 이 젤리에는 미생물이 가득 들어 있다고 한다. 빨강과 검정의 얼룩무늬 때문에 눈에 잘 띄며 농작물에 큰 피해를 주는 일본산 노린재는 매우 극단적인 전략을 채택한다. 애벌레의 미래를 운명에 맡기는 대부분의 곤충들과 달리, 이 곤충의 어미는 자기가 낳은 알을 지극정성으로 보살핀다. 어미는 마치 암탉처럼 앉아 알을 품으며, 유충들이 알에서 깨어난 뒤에는 그들을 먹여 살리기 위해 과일을 모은다. 또 알이 부화되는 시기를 정확히 예측하고 뒤꽁무니에서 세균이 듬뿍 함유된 점액을 사전에 다량 분비해두는데, 흰 점액으로 코팅된 알은 외견상 콩 모양 젤리처럼 보이지만 실상은 세상에서 가장 역겨운 당의糖衣로 뒤덮여 있다. 이로써 알에서 갓 깨어난 새끼들은 점액을 꿀꺽 삼키고 매우 싱싱한 장내 미생물을 보유하게 된다. 혐오감은 잠시 접어두고 단 1초만이라도 그 순간의 의미를 생각해보라. 알에서 나오자마자 점액을 입에 넣는 순간, 하나의 개체는 미생물 군단으로 탈바꿈한다. 무균상태였던 육신이 삽시간에 '번화한 생태계'로 돌변하는 순간이다.

인간에게 수면병을 퍼뜨리는 흡혈 체체파리도 새끼들에게 미생물을 제공하지만, 모든 과정은 어미의 몸속에서 진행된다. 체체파리는 포유동물이 되려고 안간힘을 쓰는 곤충이다. 어미는 알을 낳는 대신 살아 있는 새끼를 낳으며, 여러 마리의 새끼들을 낳아 위험을 분산하기보다 단 한 마리의 유충에만 에너지를 집중한다. 유충은 자궁 안에서 키우고 우유 비슷한 액체를 먹이는데 이 우윳빛 액체에는 영양분은 물론 소달리스가 포함된 미생물이 가득하다. 따라서 괴상망측하고 커다란 유충이 불쌍한 어미의 질을 통해 꿈틀거리며 나올 때(사실 체체파리가 겪는 산고에 비하면 인간의 산고는 아무것도 아니다), 유충의 몸속에는 이미 마이크로바이옴 한 세트가 완벽하게 갖춰져 있다.[10]

웬만한 동물들은 새끼가 태어나거나 알에서 부화할 때까지 기다렸다가 미생물을 먹이는 방식을 취한다. 반면 코알라는 좀 특이하다. 코알라 새끼는 생후 6개월이 되면 어미의 젖을 떼고 유칼립투스 잎을 먹는다. 하지만 그 전에 반드시 해야 할 일이 하나 있으니, 그것은 어미의 뒤꽁무니에 코를 대고 냅다 비벼대는 일이다. 그러면 어미는 팹pap이라는 액체를 분비하고, 새끼는 그것을 기꺼이 삼킨다. 팹은 일종의 이유식으로, 미생물을 잔뜩 포함하고 있어서 코알라 새끼로 하여금 질긴 유칼립투스 이파리를 소화시킬 수 있게 해준다. 팹에 들어있는 미생물의 양은 일반적인 대변의 40배가 넘는다. 따라서 이 이유식을 먹지 않는다면 모든 코알라 새끼들은 향후 엄청난 위장 장애를 경험하게 될 것이다.[11]

이쯤 되면 이런 질문을 던지는 독자들이 있을 것이다. "그럼 우리 인간은 자식들에게 어떻게 미생물을 전달하죠?" 독자들이 반가워할 희소식을 전달하겠다. 다행스럽게도 인간에게는 팹이 없다. 또한 인간의 난세포에는 세균이 없으며(미토콘드리아는 예외지만), 어머니가 자식들을 점액으로 코팅하지도 않는다. 그 대신 우리는 세상에 태어나는 순간 첫 번째 미생물과 만난다. 1900년 프랑스의 소아과 의사 앙리 티시에Henry Tissier는 "인간의 자궁은 무균실로서, 아기를 세균으로부터 떼어놓는 역할을 한다"고 주장했다. 아기와 세균의 분리 상태는 아기가 산도産道를 통과하여 질 내 미생물과 만날 때 종말을 고한다. 질 내 미생물은 최초의 이주민으로, 신생아의 체내에 들어가 텅 빈 생태계를 개척하기 시작한다. 일본산 노린재와 매우 흡사하게, 우리는 엄마가 제공하는 미생물을 흠뻑 뒤집어쓴 채 세상에 나오는 셈이다. 그러나 최근 이러한 통념에 도전하는 논문이 몇 편 발표되었다. 그중 한 논문에 의하면 지금껏 무균상태로 간주되었던 양수, 제대혈, 태반에서 미생물 DNA의 흔적이 발견되었다.[12] 하지만 그 내용에 대해서는 아직 논란이 분분하다. 첫째로 미생물들이 어떻게 그곳에 도달했는지 불분명하고, 둘째로 그들의 존재가 무슨 의미를 갖는지 알 수 없으며, 셋째로 설사 미생물이 존재하는 것이 사실이라 할지라도 죽은 세포나 실험을 오염시킨 세균일 가능성이 높다는 것이다. 티시에의 무균 자궁 가설sterile womb hypothesis은 틀린 것일 수도 있지만, 아직 기각되지 않은 것만은 분명하다.

지금까지는 동물의 부모들이 수직 경로를 통해 자손에게 미생물을 전달하는 방법에 대해 이야기했다. 그러나 수평 경로를 통해 적절한 공생세균을 주고받는 방법도 존재한다. 예컨대 많은 동물들이 주변에 규칙적으로 미생물을 배출하고, 자손들이 그것을 주워 먹으니 말이다.[13] 이보다 직접적인 방법을 택하는 동물들도 있어서, 흰개미들은 항문을 핥아 미생물을 얻음으로써 '항문 경유 영양 교환proctodeal trophollaxis'이라는 현학적인 용어를 탄생시켰다. 유칼립투스 잎만 먹는 코알라와 마찬가지로 흰개미에게도 먹이(이 경우에는 나무)를 소화시키기 위한 미생물이 필요한데, 이들은 자매들의 항문에서 분비되는 액체를 빨아 먹음으로써 문제를 해결한다. 하지만 코알라와 달리 흰개미는 허물을 벗을 때마다 장벽腸壁과 미생물을 통째로 상실하므로 이들은 미생물을 보충하기 위해 정기적으로 자매들의 뒤꽁무니를 핥아야 한다. 이런 습관을 불결하다고 생각할지 모르겠지만, 그걸 불결하다고 생각하는 것이 더 이상하다고 봐야 할 것이다. 왜냐하면 소, 코끼리, 판다, 고릴라, 쥐, 토끼, 개, 이구아나, 송장벌레, 바퀴벌레, 파리 등 우리가 아는 동물 중 상당수가 정기적으로 동료의 똥을 먹기 때문이다. 이런 관행을 식분증食糞症이라고 부른다.

피부에 서식하는 미생물의 경우에는 그저 접촉하는 것만으로도 충분하다. 도롱뇽이나 파랑새, 인간과 같은 동물들은 그 종류가 다양함에도 불구하고 비좁은 공간에서 생활하는 경우 비슷한 미생물 군집을 공유하는 경향이 있다. 예컨대 같은 집에 사는 사람들은 따로 사는 사람들과는 다른 피부 미생물을 공유하게 된다. 또한 두 그룹의 개코원숭이들이 한 장소에서 똑같은 먹이를 먹는 경우에도, 같은 그룹에 속하여 서로 털을 골라주는 개코원숭이들은 다른 그룹에 속한 개코원숭이들과 다른 장내 미생물을 공유하는 경향이 있다. 이러한 현상을 '수렴收斂'이라고 하는데, 가장 놀라운 수렴 사례는 미국의 롤러 더비 선수들을 대상으로 한 연구 결과에서 찾아볼 수 있다. A팀 선수들이 공유하는 피부 미생물과 B팀 선수들이 공유하는 피부 미생물은 각각 달랐지만, 서로 부딪치고 밀치며 경기를 치르고 난 뒤에는 두 팀의 선수들이 공유하는 피부 미생물이 일시적으로 수렴하게 되었다고 하니 말이다. 이처럼 신체 접촉은 미생물의 동조화를 초래한다. 오랫동안 왈츠를 추다보면 댄서들끼리 간혹 히프체크hip-check•를 하기 마련이다.[14]

일종의 사회 접촉에 의존하는 미생물 전달 사례도 많다. 예컨대 부모가 자녀와 꼭 붙어 지내거나, 커다란 그룹 안에서 상이한 세대들이 어우러지다보면 미생물이 자연스럽게 전달된다. 일본산 노린재는 애벌레를 지극정성으로 보살피는 과정에서 적절한 미생물을 애벌레에게 주입한다. 밀집된 군집 내에서 생활하는 흰개미의 경우, 신참 일개미들은 우연찮게 자매들의 몸을 핥아 올바른 미생물을 받아들인다. 마이클 롬바르도Michael Lombardo에 의하면 이러한 전달 패턴에는 그럴 만한 이유가 있다. 어떤 동물들은 구성원의 수가 많을수록 이웃 간에 유익한 공생 세균을 주고받기가 쉽기 때문에 큰 무리를 지어 생활한다는 것이다. 물론 미생물 전달이 사회성 진화의 유일한 이유는 아니며, 심지어 주요 이유도 아니다. 그들이 사회적인 것은 집단 사냥, 집단 방어, 집단 이동의 이점을 누릴 수 있기 때문이기도 하니 말이다. 롬바르도의 생각은 이렇다. "미생물 전달 또한 사회생활 진화의 타당한 이유 중 하나이지만 그 생각은 전통적으로 무시되어왔다. 우리는 미생물 전달을 논할 때 덮어놓고 병원균이라는 부정적인 것을 생각하는 경향이 있다. 떼, 무리, 군집이 질병 전파를 쉽게 만들기 때문이다. 그러나 동물들의 단체 생활이 유익한 공생 세균들에게 새로운 숙주를 찾아 나설 기회를 제공할 수 있음을 잊어서는 안 된다."[15]

동물들이 미생물을 서로 주고받는 경로는 수도 없이 많지만 지상 과제는 단 하나, '미생물을 한 세대에서 다음 세대로 넘기는 것'이다. 노린재가 됐든 코알라가 됐든, 벌잡이벌이 됐든 개코원숭이가 됐든, 동물들은 동일한 파트너와 가능한 한 오랫동안 왈츠를 추는 비책을 갖고 있다. 그

• 아이스하키에서 상대편의 엉덩이와 부딪히는 수비 방법을 뜻한다.

중에서 가장 엄격한 방식은 수직적인 대물림으로, 미생물을 동물의 난세포에 투입함으로써 숙주와 미생물을 대대손손 옭아매는 것이다. 동료 간의 수평 이동 또는 환경 공유는 비교적 느슨한 방식에 속하는데, 이 경우에도 어느 정도의 연속성이 가능하긴 하지만 숙주가 공생 세균을 자유롭게 교체하거나 새로운 파트너를 선택할 수 있다. 그러나 아무리 느슨한 방법이라 해도 동물들의 깐깐함에는 변함이 없다. 세상에 무수한 파트너 후보들이 깔려 있어도, 동물들은 아무하고나 왈츠를 추려 하지 않는다.

깐깐한 파트너 고르기

마을 연못은 당신이 지금껏 보지 못했던 매혹적이고 카리스마 넘치는 피조물의 고향이다. 그것을 관찰하기란 어렵지 않다. 좀개구리밥 등 부유하는 식물을 한 국자 떠서 약간의 물과 함께 병 속에 넣고 기다리면 된다. 식물을 유심히 들여다보면 줄기나 이파리 옆에 달라붙어 있는 직경 몇 밀리미터짜리 녹갈색 방울이 눈에 띌 것이다. 좀 더 여유를 갖고 방울에 빛을 약간 비춰주자. 긴 줄기를 서서히 뻗다가 끝부분에서 촉수를 여러 개 내민 모습이 보이지 않는가? 마치 젤리로 된 가느다란 팔이 긴 손가락을 벌리고 있는 것처럼 생겼다.

이 동물의 이름은 히드라, 바다에 사는 말미잘이나 산호나 해파리의 친척뻘이다. 히드라라는 이름은 그리스신화에 나오는 큰 뱀에서 유래하는데, 습지에 사는 머리가 여럿 달린 뱀으로 헤라클레스를 거세게 공격한 것으로 유명하다. 매우 작은 몸집을 감안하면 어처구니없는 이름 같지만, 어찌 보면 히드라만큼 적절한 이름도 없다고 할 수도 있다. 신화에 나오는 히드라는 입김과 피에 독이 있는 괴물로서 마을 사람들에게 공포의 대상이었고, 현실의 히드라는 다섯 개의 작살이 달린 독성 자세포를 가진 무시무시한 동물로서 물벼룩과 새우들을 살육한다. 또한 신화에 나오는 히드라는 머리 하나가 잘릴 때마다 두 개씩 새로 돋아나고, 현실의 히드라 역시 재생의 달인이라 사지가 잘려도 재생되는 것은 기본이요 안팎이 뒤집히는 경우에도 적절히 대응할 수 있다.

동물의 발생 및 성장 과정을 연구하는 생물학자들은 히드라에 매혹되어 있다. 수집, 사육, 번식이 쉬운 데다 몸이 투명해서 광학현미경만 있어도 내부를 훤히 들여다볼 수 있기 때문이다. 발생생물학자인 토마스 보슈Thomas Bosch가 2000년 히드라를 처음 만났을 때, 과학자들은 이미 수 세기 동안 히드라를 연구해온 터였다. 레이우엔훅은 자신의 노트 중 한 권에 히드라를 스케치했고, 다른 과학자들은 히드라가 단일세포에서 성체로 성장하는 과정과 신체의 여러 부분을 재생하는 과정 등을 알아냈다. 보슈는 히드라에 사로잡혀 모든 경력을 헌납했다. 그는 이렇게 말한다. "나는 늘 학생들에게 히드라를 일컬어 '원시적primitive'이라는 용어를 함부로 사용하지 말라고 강조해요. 히드라는 지난 5억 년 동안 아름답고 성공적인 삶을 영위해왔으니까요."

그러나 보슈조차도 히드라가 그렇게 오랫동안 생존한 것을 이상하게 여겼는데, 특히 단순한 신체 구조를 감안하면 더욱 그랬다. 인체의 경우 매우 복잡하기 때문에 대부분의 체내 부위가 외부로 노출되지 않는다. 단 하나의 예외가 있으니, 그것은 소화관과 폐의 내벽, 그리고 피부를 구성하는 세포층이다. 이 세포층은 '상피'라고 하며, 미생물이 체내 깊숙이 침투하지 못하도록 차단하는 역할을 한다. 그러나 히드라에게는 '깊숙이 들어갈 체내'라는 게 없다. 젤리 비슷한 내용물을 가진 두 개의 세포층으로

만 이루어져 있으며, 내부와 외부를 가리지 않고 물과 늘 접촉하기 때문이다. 그러므로 조직과 환경을 분리하는 장벽이 따로 없고, 피부나 껍데기, 큐티클이나 외피도 존재하지 않는다. 히드라는 동물의 신체가 외부로 노출될 수 있는 한계가 어디까지인지를 보여준다. 보슈는 이렇게 말한다. "히드라는 적대적인 환경에 놓여 있는 하나의 상피일 뿐이에요. 그런데 이런 생물이 허구한 날 감염에 시달리지 않는 이유가 뭘까요? 그렇게 건강한 이유가 뭐냐고요."

보슈는 이러한 의문에 답하기 위해, 먼저 히드라의 안팎에 서식하는 미생물의 명단을 작성해야 했다. 그 임무를 수행한 사람은 제바스티안 프라우네Sebastian Fraune라는 학생이었다. 그는 히드라의 몸을 분쇄하여 펄프처럼 만든 다음 모든 세균의 DNA를 하나도 남김없이 추출하여 염기서열을 분석했다. 그는 두 종의 히드라를 분석했는데, 놀랍게도 각각 독특한 미생물 군집을 보유한 것으로 밝혀졌다. 마치 두 개의 다른 대륙에 서식하는 야생동물들을 관찰하는 것 같았다.

더욱 놀라운 점은 연구에 사용된 히드라가 실험실의 플라스틱 용기에서 30여 년 동안 사육되어왔다는 것이었다. 입장을 바꿔, 당신이 섬세하게 조제된 물에 잠긴 채 동일한 온도에서 동일한 음식을 먹으며 수십 년을 살아왔다고 생각해보라. 그렇게 철저히 통제된 환경 속에서 오랫동안 생활하는 사람들은 장기수밖에 없을 것이고, 그들은 정신이 흐리멍덩해져 정체성을 상실하기 직전일 것이다. 그러나 히드라들은 달랐다. 뇌가 없는데도 불구하고, 30년이라는 세월이 흐른 뒤에도 제각기 자신이 속한 종에 맞는 고유의 미생물 군집을 보유하고 있었던 것이다. 언뜻 말이 안 되는 듯 보였으므로 처음엔 보슈도 프라우네의 분석 결과를 믿지 않았다. 그러나 프라우네는 여러 차례 실험을 반복하여 동일한 결과를 얻었다. 한

걸음 더 나아가 더 많은 종들을 조사해봤더니, 그들 역시 각각 다른 마이크로바이옴을 보유하고 있는 것으로 나타났다. 게다가 그 마이크로바이옴들은 지역의 호수에서 수집한 야생 히드라종들의 마이크로바이옴과 일치했다.[16]

"그 연구 결과는 내 인생의 전환점이 되었어요." 보슈는 회상한다. "그때까지는 전통적인 미생물학 렌즈를 통해 세상을 바라봤습니다. 동물은 나쁜 세균들로부터 자신의 조직을 방어해야 한다고 말이죠. 그러나 프라우네의 연구 결과를 보고 깨달았어요, 다양한 히드라종들이 자신만의 독특한 마이크로바이옴을 적극적으로 빚어낸다는 것을 말이에요."

히드라의 사례는 동물계 전체에 만연한 풍조를 여실히 보여준다. 동물은 우연히 마주친 미생물을 부둥켜안고 막무가내로 댄스를 추는 것이 아니다. 새로운 미생물들이 시도 때도 없이 신체를 침범하지만, 모든 동물들은 뒤죽박죽 섞인 후보자들 가운데 특정 파트너를 선택한다. 예컨대 인간의 소화관 속에 존재하는 세균들은 수백 가지 야생 그룹 중에서 겨우 네 그룹에만 소속된다. 우리보다 훨씬 더 단순하고 외부에 무방비로 노출되어 있는 히드라조차 일부 세균 종들만 자신의 표면에서 살게 하고 나머지는 쫓아버린다. 이처럼 동물들은 몸집이 크든 작든, 구조가 복잡하든 단순하든 상관없이 일부 미생물들만 번성할 수 있는 조건을 형성한다. 시간이 경과하며 미생물의 대물림이 영속화되면 숙주와 공생자가 서로 적응하면서 이 같은 선택성이 더욱 엄격해진다. 동물은 이렇게나 깐깐하다.[17]

결과적으로, 모든 종들은 자신만의 독특한 미생물 군집을 보유하게 된다. 인간의 마이크로바이옴은 생쥐나 제브라피시는 물론, 침팬지나 고릴라의 마이크로바이옴과도 구별된다. 심지어 같은 해역에 살며 수영과 다툼을 통해 피부를 문지르는 고래와 돌고래의 경우에도 각각 그들만의 피부 미생물 군집을 유지한다. 앞에서 살펴봤던 벌잡이벌도 더듬이 속 미생물을 선택하는 데 까다로운 기준을 적용하지 않는가. 그들은 엉뚱한 균주를 만나면 흰색 점액을 생성하지 않음으로써, 그 미생물이 자손에게 전달되는 것을 막는다. 어떻게 해서든 잘못된 파트너를 분간하여 원치 않는 왈츠를 사절함으로써 대물림의 사슬을 끊는 것이다.[18]

여기서 잠깐 입장을 바꿔, 미생물의 입장에서 생각해보자. 미생물인들 취향이 없겠는가? 미생물도 선호하는 파트너가 있기는 마찬가지여서, 많은 미생물들이 특정 숙주에게 정착할 수 있도록 적응했다. 벌과 공생하는 미생물인 스노드그라셀라Snodgrassella의 경우 어떤 균주는 꿀벌에 적응하고 어떤 균주는 호박벌에 적응했는데, 두 균주가 숙주를 맞바꾸면 낯선 환경에 제대로 정착하지 못한다. 장내 미생물인 락토바실루스 루테리Lactobacillus reuteri도 마찬가지로 인간, 생쥐, 쥐, 돼지, 닭에 적응한 균주들이 각각 다르다. 따라서 모든 균주들을 한꺼번에 생쥐에게 이식하면 생쥐에 적응한 균주가 다른 균주들을 압도하게 된다. 두 숙주가 보유한 미생물을 맞바꾸는 실험은 시사하는 바가 매우 크다. 존 롤스는 실험동물의 쌍두마차인 생쥐와 제브라피시의 마이크로바이옴을 맞바꾸는 실험을 수행하여 큰 주목을 받았다. 그는 생쥐와 제브라피시의 전통 버전(전통적 방식으로 사육된)에서 마이크로바이옴을 채취하여 반대편 동물의 무균 버전에 이식해보았다. 그 결과, 처음에는 별문제가 없는 것처럼 보였다. 즉 제브라피시는 생쥐의 장내 미생물을 용납하고, 생쥐는 제브라피시의 장내 미생물을 용납하는 것으로 나타났다. 그러나 좀 더 시간을 두고 지켜보니 그게 아니었다. 생쥐는 제브라피시의 마이크로바이옴을 고이 모시고 사는 게 아니라, 자신이 선호하는 마이크로바이옴에 가깝게 재구성하고 있었다! 그리하여 생쥐의 소화관에 정착한 제브라피시의 마이크로바이옴은 생쥐형型 마이크로바이옴으로 변신했다. 제브라피시의 경우도 사정은 마찬가지였다. 그들의 소화관에 정착한 생쥐의 마이크로바이옴은 재구성되어 제브라피시형 마이크로바이옴으로 변신했다.[19]

하지만 그렇다고는 해도 하나의 종에 속하는 개체들이 모두 똑같은 마이크로바이옴을 보유하는 것은 아니며, 종 내부에 다양한 마이크로바이옴을 보유한 개체들이 존재하는 경우도 있다. 마이크로바이옴의 구성은 형질과 비슷한데, 숙주의 형질은 일반적으로 유전자와 환경요인이라는 두 가지 요인에 의해 결정된다. 그러나 형질과 마이크로바이옴 간에는 차이점도 있으니, 그중에서 가장 두드러지는 것은 '신장이나 뇌의 크기 등과 달리 마이크로바이옴은 유전자의 통제에서 비교적 자유롭다'는 점이다. 독자들의 이해를 돕기 위해 비유를 들어 설명하자면, 마이크로바이옴은 연극이고, 미생물은 연극배우, 숙주의 유전자는 무대 디자이너라고 할 수 있다. 배우들은 디자이너가 설계한 무대 위에서 비교적 자유롭게 연기를 펼치지 않는가?[20] 마이크로바이옴의 경우도 마찬가지다. 숙주의 유전자는 마이크로바이옴의 윤곽을 개략적으로만 설정하며, 세부적인 구성은 상황에 따라 얼마든지 달라질 수 있다. 그 밖에 친구, 발자국, 먼지, 식사 등 우리가 처한 환경도 미생물에게 영향을 미친다. 뿐만 아니라 무작위적인 우연도 미생물에 영향을 미쳐, 똑같은 케이지에 살며 유전자 구성이 동일한 생쥐일지라도 저마다 조금씩 다른 마이크로바이옴을 보유할 수 있다. 마이크로바이옴의 구성은 신장, 지능, 기질, 발암 위험성 등의 형질과 약간 비슷한데, 이런 형질들은 매우 복잡하기 때문에 수백 개 유전자들의 집단적 작용과 그보다 훨씬 더 많은 환경요인에 의해 조절된다.

리처드 도킨스는 자신의 고전적 저서 《확장된 표현형》에서, "동물의 유전자(유전형)는 신체(표현형)를 빚어내는 것 이상의 역할을 수행한다"는 생각을 소개했다. 즉 유전자가 동물의 환경을 간접적으로 형성한다는 것이다. 예를 들어 비버의 유전자는 비버의 몸을 만들지만, 비버는 그 몸을 이용하여 댐을 건설한다. 따라서 비버의 유전자는 댐을 만들어 강물의 흐름을 바꾼다고도 할 수 있다. 또 새의 유전자는 새의 몸을 만들지만, 새는 몸을 이용하여 둥지를 짓는다. 따라서 새의 유전자는 둥지를 지어 생활환경을 조성한다고도 할 수 있다. 나의 유전자는 눈과 손과 뇌를 만들고, 나는 눈과 손과 뇌를 이용하여 이 책을 쓴다. 따라서 나의 유전자는 책을 만들어 세상을 바꾼다고도 할 수 있다. 도킨스가 말하는 확장된 표현형이란 댐, 둥지, 책과 같은 것들을 말하며, 이것들은 생물의 유전자가 신체를 경유하여 만들어내는 외부적 부산물들이다. 어떤 면에서 보면 마이크로바이옴도 그런 것이라고 할 수 있다. 유전자는 특정 미생물의 성장을 촉진하는 환경을 만들고, 이를 통해 마이크로바이옴을 형성한다. 따라서 마이크로바이옴은 외견상 숙주의 체내에 존재하지만, 개념적으로 볼 때 비버의 댐과 같은 확장된 표현형인 셈이다.

그러나 이런 비유는 완벽하지 않다. 왜냐하면 마이크로바이옴은 댐이나 책과 달리 살아 있기 때문이다. 마이크로바이옴은 자체적인 유전자를 보유하는데, 그중에는 숙주에게 중요하거나 필수적인 것도 있다. 숙주가 미생물 유전체의 단순한 확장이 아닌 것처럼, 마이크로바이옴도 숙주 유전체의 단순한 확장이 아니다. 따라서 일부 과학자들은 "마이크로바이옴과 숙주를 개념적으로 분리하는 것은 난센스"라고 주장한다. 만약 동물이 미생물을 까다롭게 선택하고 미생물도 숙주를 까다롭게 선택한다면, 양자는 끈끈한 동반자 관계에 얽매여 대대손손 벗어날 수 없을 것이다. 따라서 동물과 미생물을 각각 개체로 간주할 게 아니라 통합된 실체로 보는 것이 이치에 맞으리라. 어쩌면 동물과 미생물을 아예 하나로 간주해야 할지도 모른다.

전유전체, 전생활체

일부 세균들은 숙주에 너무 긴밀하게 통합되어 있어 하나의 종이 끝나고 새로운 종이 시작되는 지점을 찾아내기가 어렵다. 곤충과 공생하는 미생물들 중 이런 경우가 많은데, 매미의 공생 세균인 호드그키니아(4장 참조)의 후손들도 여기 포함된다. '세포의 배터리'라 불리는 미토콘드리아도 빼놓을 수 없다. 1장에서 언급했듯이 미토콘드리아는 한때 자유 생활 세균이었다가 커다란 세포 안에 영원히 옹립되었는데, 이 과정을 '세포내 공생endosymbiosis'이라고 한다. 세포내공생설은 20세기 초에 처음으로 제기되었지만 수십 년 동안 외면당하다가 1967년 미국의 거침없는 생물학자 린 마굴리스Lynn Magulis 덕분에 겨우 인정받게 되었다. 그녀는 세포내 공생을 일관된 이론으로 만들어 온갖 장르를 넘나드는 논문 속에서 자세히 설명했다. 세포생물학, 미생물학, 유전학, 지질학, 고생물학, 생태학의 증거들을 총망라한 걸작으로 많은 이들에게 강한 인상을 남긴 이 논문은 열다섯 번이나 퇴짜를 맞은 끝에 가까스로 학술지에 게재된 것으로 유명하다.[21]

동료들에게 묵살당하고 조롱받았던 마굴리스는 똑같은 방법으로 그들에게 되갚았다. 과학계 최고의 우상 파괴자로서 도그마를 반박하고 경멸한 그녀는 이런 말을 남기기도 했다. "내 생각은 옳다. 나는 그게 논란거리라고 생각하지 않는다." 미토콘드리아와 엽록체에 대한 그녀의 생각은 분명히 옳았다. 그러나 자신의 견해를 너무 강하게 밀어붙이는 바람에 그녀는 최고의 존중과 조심스러운 의심을 한 몸에 받아야 했다. 한 생물학자는 내게 이렇게 말한 일이 있다. "그녀가 한 토론회에서 내 이름을 언급했어요. 위대한 린 마굴리스가 내 이름을 알고 있으니 영광이라고 생각했죠. 그런데 그 다음이 문제였어요. 글쎄 '그 사람은 완전히 틀렸어요'라고 하는 게 아니겠어요? 한마디로 단단히 걸려든 셈이었죠."

세포내공생은 마굴리스의 향후 세계관에 큰 영향을 미쳤다. 그녀는 '생명체 간의 관계'에 이끌려 연구를 거듭했고, 모든 생물들은 다른 생물들과 공동체를 형성하고 살아간다는 사실을 깨달았다. 1991년, 그녀는 이러한 공동생활을 기술하기 위해 '전생활체holobiont'라는 용어를 만들었다. 이는 '완전함'과 '생활체'라는 뜻을 가진 그리스어가 합쳐진 것으로[22] '삶의 중요한 부분을 함께 보내는 생물들의 집합체'를 가리키는데, 예컨대 '벌잡이벌 전생활체beewolf holobiont'라고 하면 벌잡이벌과 벌잡이벌의 더듬이 속에 사는 세균들을 아울러 이르는 것이다. 또한 '에드 용 전생활체Ed Yong holobiont'라고 하는 경우엔 에드 용, 세균, 곰팡이, 바이러스 등등의 집합체를 뜻하리라.

전생활체라는 용어를 들은 이스라엘의 유진 로젠버그Eugene Rosenberg와 일라나 질버-로젠버그Ilana Zilber-Rosenberg 부부는 마법에 걸리고 말았다. 때마침 산호를 연구하던 그들은 산호를 집단적 실체로 간주하고 "산호의 운명은 세포 속에 사는 조류와 주변에 사는 미생물들에 달려 있다"고 생각하게 되었다. 산호를 통합된 공동체로 간주한다는 말은 이치에 맞는다. "산호초의 건강을 제대로 이해하려면 산호의 전생활체를 고려해야 한다"라고 그들은 주장했다.

로젠버그는 전생활체라는 개념을 유전자 수준까지 밀고 나아갔다.

당시 진화생물학자들은 동물과 모든 생물들을 '유전자 운반체vehicle for genes'로 취급하던 터였다. 가장 빠른 치타, 가장 단단한 산호, 가장 눈부시게 빛나는 극락조 등 최상의 운반체를 만든 유전자들은 다음 세대로 전달될 가능성이 높다. 따라서 세대를 거듭할수록 이러한 유전자들과 그것을 운반하는 동물들은 점점 더 흔해질 것이다. 하지만 엄밀히 말하면, 자연선택이 작용하는 대상(전문용어로 말하자면 '선택 단위unit of selection')는 운반체가 아니라 유전자다. 그러나 로젠버그는 한발 더 들어가 이런 질문을 던졌다. "당신들이 말하는 유전자의 보유자는 누구일까? 단지 동물밖에 없을까? 미생물도 유전자를 갖고 있으며, 종종 그 숫자가 동물보다 몇 배나 더 많은데 말이다." 숙주는 미래의 세대들에게 유전자를 전달하기 위해 자신의 유전자뿐만 아니라 미생물의 유전자까지도 이용하여 몸(운반체)을 만든다. 그런데 미생물도 마찬가지여서, 미래의 세대들에게 유전자를 전달하기 위해 숙주의 유전자를 이용하여 몸(운반체)을 만든다. 그러므로 로젠버그의 입장에서 볼 때 숙주와 미생물의 DNA를 분리하여 생각하는 것은 무의미했다. 그는 숙주와 미생물의 유전자를 단일 실체로 간주하고 "진화에 있어서 자연선택의 단위는 개별 유전체가 아니라 '전유전체hologenome'가 되어야 한다"라고 선언했다.[23]

로젠버그의 말을 이해하려면 자연선택을 통한 진화가 세 가지 요소에 의존한다는 사실을 상기할 필요가 있다. 첫째로 개체는 변이를 일으켜야 하고, 둘째로 그 변이는 유전 가능해야 하며, 셋째로 그 변이가 개체의 적합성, 즉 생존 및 생식 능력에 영향을 미칠 수 있는 잠재력을 지니고 있어야 한다. 변이, 유전, 적합성이라는 삼박자가 갖춰지면 진화의 엔진에 시동이 걸려 신세대들이 계속 배출되고, 그들은 환경에 점점 더 잘 적응해간다. 동물의 유전자는 이상의 세 가지 기준을 충족하는게 분명하지만,

로젠버그는 미생물도 마찬가지라고 지적한다. 첫째로 동물은 개체들마다 각각 다른 미생물 집단, 종, 균주를 보유하므로, 미생물에도 변이가 존재한다. 둘째로 앞에서 살펴봤던 것처럼, 동물이 미생물을 자손에게 전달하는 방법에는 여러 가지가 있으므로, 미생물의 변이도 유전이 가능하다. 셋째로 뒤에서 살펴보겠지만, 미생물은 숙주의 성공을 좌우하는 중요한 능력을 갖고 있으므로, 숙주의 적합성에 영향을 미칠 수 있다. 이렇게 삼박자가 갖춰지면 진화의 엔진에 시동을 걸 수 있다. 시간이 경과함에 따라, 삶의 요구사항을 충족한 전생활체는 전유전체(동물의 유전체 + 미생물의 유전체)를 다음 세대에 전달한다. 그리하여 동물과 미생물은 하나의 개체처럼 진화하게 되는데, 이것은 진화에 대한 총체적 접근방법으로, 개체를 다시 정의하고 미생물과 동물의 불가분성을 강조한다.

진화론의 기본을 다시 쓰려는 시도는 날선 비판을 각오해야 하며, 전유전체라는 개념도 예외가 될 수 없다. 이 책에서 제시된 개념들은 공생을 연구하는 생물학자들로 하여금 서로 저격하고 야유를 퍼붓게 할 것이다. 참으로 아이러니한 일이다. 공생을 연구하는 사람들은 늘 협동과 공존을 생각하는 데 몰두하는 온화한 사람들 아닌가. 그런 사람들이 협동과 공존의 전형이라 할 만한 로젠버그의 이론을 둘러싸고 심각한 분열을 겪는다니, 참 알다가도 모를 일이다.

많은 사람들은 대담한 진술을 선호한다. 그들은 지금껏 외면받아왔던 미생물을 숙주와 같은 수준으로 격상시키고, 미생물과 숙주를 커다란 동그라미로 묶은 다음, 이 동그라미를 강조하기 위해 반짝이는 화살표를 추가한다. 화살표 위에는 "미생물은 매우 중요하므로 잊어버리면 안 됨"이라고 적혀 있다. 롤스는 이렇게 말한다. "모든 동물들은 '발 달린 생태계ecosystem with legs'라고 할 수 있어요. 이보다 더 훌륭한 개념은 들어본

적이 없죠. 전생활체 등의 용어를 사용하는 건 좋지만, 어떤 용어들은 '발 달린 생태계'라는 개념을 제대로 포착하지 못하고 있어요."

포리스트 로워는 신중하고 침착한 편이다. 그는 마굴리스 이후 전생활체라는 개념을 재도입하여 대중화했지만, 단지 '함께 사는 생물들'을 기술하는 데만 사용했다. "전생활체란 통상적인 공생 관계일 뿐이에요. 외부 압력에 따라 적절하게 짜 맞추다 보면 긍정적 또는 부정적 결과가 나올 수 있습니다"라고 그는 말한다. 또한 그는 전유전체라는 개념을 별로 좋아하지 않는데, 왜냐하면 그것이 '숙주와 미생물이 화합하여 좀 더 밝은 미래를 향해 나아간다'는 식의 감상적 분위기를 자아내기 때문이다. 주지하는 바와 같이 가장 조화로운 공생 관계에서도 적대감이 엿보이는데 말이다. 로워의 생각은 이렇다. "로젠버그는 전유전체를 선택의 기본 단위로 간주함으로써 그 속에 내재된 갈등을 대충 얼버무리고 넘어가는 것 같아요. '진화가 전체의 성공을 극대화한다'고 말하는 것 같지만 사실은 그렇지 않거든요. 진화는 각 부분에도 작용하며, 그 부분들끼리 종종 대립하기도 하니까요." 진딧물과 개미 간의 공생 관계를 연구하는 진화생물학자 낸시 모런도 로워의 생각에 동의한다. "나는 공생 관계의 중요성을 어느 누구보다도 강조해요. 그러나 전유전체라는 개념은 수많은 모호한 생각들을 은폐하기 위해 사용되고 있어요."

전유전체의 본질도 명확하지 않다. 체체파리의 세포 속에 살면서 수직으로 상속되는 소달리스와 같은 공생 세균의 경우에는 숙주와 떼려야 뗄 수 없는 관계에 있으므로, 소달리스의 유전자를 체체파리 전유전체의 일부분으로 간주해도 별로 문제될 게 없다. 벌잡이벌도 스트렙토미세스 균주를 보유하며, 히드라도 신중히 선택한 미생물 군단을 거느린다. 게다가 이러한 미생물들의 경우에는 전유전체 개념이 비교적 잘 들어맞는다. 하지만 모든 동물들의 취향이 체체파리, 벌잡이벌, 히드라만큼 까다로운 건 아니다. 찌르레기, 홍관조, 그 밖의 명금류의 경우 개체들의 장내 미생물이 완전히 달라 한 종의 '개체 간 차이'가 모든 포유동물의 '종간 차이'보다 크다.[24] 따라서 이들의 경우에는 환경의 영향력이 유전자의 영향력을 압도한다고 볼 수 있다. 동물의 미생물 파트너가 그렇게 일관성이 없을진대, 전유전체를 통합된 실체로 간주하는 게 타당할까? 그리고 인체 내에서 일시적으로 나타났다 사라지는 미생물 종들은 어떻게 생각해야 할까? 프리츠가 나뭇가지에 손을 찔렸을 때 감염된 HS 균주의 유전자를 그의 전유전체에 포함시켜야 할까? 당신이 방금 전에 먹은 샌드위치 속의 미생물은 또 어떻고?

전유전체 전도사의 수장 격인 밴더빌트 대학의 세스 보덴스타인Seth Bordenstein은 이렇게 항변한다. "전유전체에 대한 비판 중에서 결정적인 것은 하나도 없어요. 왜냐하면 동물의 체내에 있는 미생물이 모두 중요한 것은 아니기 때문이죠. 그중 일부는 '뜨내기'이고, 일부는 '행인'이며, '붙박이'는 늘 극소수에 불과하거든요. 구체적으로 말해서 95퍼센트의 미생물들은 중립적이고, 평생 지속적으로 동거하며 숙주의 적합성에 긍정적으로든 부정적으로든 영향을 미치는 미생물들은 핵심종 몇 가지뿐이에요."[25] 자연선택은 중립적인 종들을 무시하고 핵심종을 선호한다. 핵심종 중에는 콜레라처럼 숙주에게 부정적 영향을 미치는 종도 일부 포함되어 있지만, 이들은 자연선택에 의해 전유전체에서 제거된다. 마치 유해한 변이가 자연선택을 통해 유전체에서 제거되듯 말이다.

다른 전유전체 이론가들은 갈등 개념을 도입함으로써 비판을 수용한다. 사실 비판자들과 일부 옹호자들이 주장하는 것과는 달리, 전유전체라는 개념은 늘 협동과 공존만 다루는 것이 아니며 '미생물과 그 유전자들은 그림의 한 부분'이라는 사실을 강조할 뿐이다. 미생물들은 '자연선택에 중요한 방법'과 '동물의 진화를 감안할 때 무시할 수 없는 방법'으로 숙주에게 영향을 미친다. "전유전체가 완벽한 사고의 틀은 아니지만, 현재로서는 최선이라고 할 수 있어요. 우리는 전유전체라는 개념을 통해 마이크로바이옴과 개체가 어떻게 화합할 수 있는지를 연구하고 있습니다"라고 보덴스타인은 말한다. 그러나 그를 비판하는 사람들은 이렇게 주장할 것이다. "지난 몇 세기 동안 공생이라는 개념 하나만으로도 그 문제를 충분히 해결해왔다고요."[26]

모든 이들이 동의하는 게 하나 있다면 '말로 하는 메타포의 시대는 이미 끝났으며, 모델링과 검증을 중시하는 과학의 시대가 성큼 다가왔다'는 점이다. 유전자 중심의 진화관이 지금까지 성공적일 수 있었던 것은 진화생물학자들이 방정식을 이용하여 유전자의 부침과 변이의 득실을 모델링했기 때문이다. 그들은 정확한 숫자를 이용하여 자신들의 추상적 아이디어를 구체화했다. 그러나 전유전체를 옹호하는 생물학자들의 치명적 결함은 수학을 이용한 추상적 아이디어의 구체화에 실패했다는 것이다. 보덴스타인도 이 점을 인정하며 이렇게 말한다. "우리가 아직 초기 단계에 있다보니, 사람들은 전유전체를 '엄밀성이 부족한 감정적 토픽'쯤으로 평가하는 것 같아요. 나도 그런 문제 제기의 타당성을 인정하며, 누군가 나타나서 이런 난맥상을 해결해 주기를 바랄 뿐이에요."

아무도 로젠버그를 말릴 수는 없다. 그는 전통적 진화생물학자들을 아니꼬운 눈으로 바라보며 '수십 년 동안 숙주 중심적 사고에 익숙해진 나머지 미생물의 중요성을 제대로 평가하지 못하는 게 틀림없다'고 생각한다(반면에 그는 스스로 "난 친구들에게조차 세균 중심적이라고 낙인찍혔어요"라고 실토하지만 말이다). 로젠버그는 최근 은퇴하여 이제는 지적 전쟁을 치르기 위해 무기를 드는 후학들을 즐거운 눈으로 바라보고 있다. "연구실 문을 닫고서야 마음의 문을 열었어요." 그의 말이다. 하지만 연구실 문을 닫기 전, 그는 마지막으로 생물학계에 큰 공헌을 했다.

공생에 의한 종 분화 가설

몇 년 전 로젠버그 부부는 우연히 케케묵은 논문을 한 편 읽게 되었다. 1989년 다이앤 도드Diane Dodd라는 생물학자가 쓴 논문으로, 간단히 요약하면 "파리의 먹이가 성생활에 영향을 미친다"는 내용이었다. 자초지종은 이러했다. 도드는 동일한 품종의 파리를 두 그룹으로 나누어 한 그룹에는 녹말을, 다른 그룹에는 엿당을 먹였다. 그로부터 스물다섯 세대가 지난 뒤 놀라운 일이 벌어졌다. 녹말을 먹은 파리는 녹말을 먹은 파리들과, 엿당을 먹은 파리는 엿당을 먹은 파리들과, 짝짓기를 하는 것이 아닌가! 왜 그런지는 모르겠지만, 먹이가 바뀌면 성적 취향이 바뀐다니 귀신이 곡할 노릇이었다.

로젠버그 부부는 이구동성으로 "세균이 농간을 부린 게로군"이라고 중얼거렸다. 먹이는 마이크로바이옴에 영향을 미치고, 마이크로바이옴은 체취에 영향을 미치며, 체취는 성적 매력에 영향을 미친다? 그건 모두 말이 되는 소리였으며, 전유전체 개념과도 잘 들어맞았다. 그들의 생각이 맞는다면 "그 파리들은 유전자 변화뿐만 아니라 미생물 변화를 통해서도 진화한다"고 말할 수 있을 터였다. 저항성 강한 지중해 산호들이 그랬던 것처럼 말이다. 두 사람이 도드의 실험을 반복해본 결과 동일한 결론이 나왔다. 두 세대가 경과하자 동일한 먹이를 먹는 파리들끼리 성적으로 이끌리는 것으로 나타난 것이다. 그리고 파리들에게 항생제를 투여하여 미생물들을 제거하자 그들은 성적 편향을 상실했다.[27]

이 별난 실험으로 그들은 매우 심오한 결과를 얻었다. 한 종의 곤충들이 두 그룹으로 나뉘어 서로를 무시한 채 그룹 내에서만 짝짓기를 계속한다면, 궁극적으로 종 분화Speciation가 일어날 수 있을 테니 말이다. 종 분화는 자연계에서 늘 일어나는 일이며, 이를 초래하는 힘은 다양한 형태를 취할 수 있다. 예컨대 산이나 강과 같은 물리적 장애물이 될 수도 있고, 동물이 활동하는 시간이나 계절과 같은 시차가 될 수도 있으며, 상호 교배를 방해하는 부적합 유전자가 될 수도 있다. 그 밖에도 암수의 짝짓기를 막거나, 자손을 죽이거나 약화시키는 요인이 상존한다면 생식 격리reproductive isolation가 일어나 두 종 사이에는 깊은 골이 패게 된다. 마지막으로, 로젠버그가 실험으로 증명한 바와 같이 세균도 생식 격리를 초래할 수 있다. 그렇다면 세균은 두 그룹의 만남을 가로막는 '살아 있는 장벽'으로 작용함으로써 새로운 종의 탄생을 추동할 수 있을 것으로 보인다.

세균이 종 분화를 추동한다는 것은 새로운 개념이 아니다. 1927년 미국의 아이번 월린Ivan Wallin은 두 생물의 공생을 '신종新種의 엔진'이라 불렀다. 그는 이렇게 주장했다. "공생 세균은 기존의 종들을 새로운 종으로 변형시키는데, 이것은 신종 탄생의 기본적인 방법이다." 2002년 린 마굴리스는 월린의 견해를 반영하여 "상이한 생물들 사이에서 새로운 공생 관계가 형성되는 것(그녀는 이것을 '공생 발생symbiogenesis'이라고 불렀다)은 늘 신종 탄생의 원동력이었다"라고 주장했다. 그녀의 입장에서 보면, 우리가 이 책에서 지금까지 봐왔던 공생 관계들은 진화를 떠받치는 기둥이라기보다 진화의 핵심을 이루는 토대였다. 그러나 그녀는 주장의 정당성을 입증하지 못했다. 중요한 진화적 적응을 이끈 공생 세균들의 사례를 수도 없이 열거했지만, 신종이 실제로 탄생했다는 증거는커녕 공생이 신종 탄생의 원동력이라는 증거도 제시할 수 없었다.[28]

그러나 이제 몇 가지 증거들이 모습을 드러내고 있다. 2001년 세스 보덴스타인은 스승 잭 워렌과 함께 두 종의 기생벌을 연구하고 있었다. 두 종은 근연 관계에 있는 벌로 하나는 나소니아 기라울티Nasonia giraulti, 다른 하나는 나소니아 롱기코르니스Nasonia longicornis였다. 둘은 40만 년 동안 별개의 종으로 존재해왔지만, 둘 다 작고 까만 몸에 오렌지색 다리를 갖고 있어 훈련받지 않은 사람의 눈에는 똑같아 보인다. 그러나 그들은 상호 교배가 불가능하다. 왜냐하면 각각 다른 볼바키아 균주를 보유하고 있어서 짝짓기를 하면 라이벌 세균 간에 충돌이 일어나 대부분의 잡종 벌들이 사망하기 때문이다. 하지만 보덴스타인이 항생제를 이용하여 볼바키아를 방정식에서 소거했더니 잡종 벌이 생존하는 것으로 나타났다. 이처럼 '나소니아의 생식 격리를 치료할 수 있다'는 사실은 '새로 생겨난 종들을 미생물이 갈라놓고 있다'는 주장을 입증하는 명백한 증거라고 할 수 있다. 2013년 발표한 논문에서 보덴스타인은 보다 설득력 있는 결과를 얻었다. 이번에는 유연관계가 먼 두 벌을 이용했는데, 역시 생존 가능한 잡종을 얻는 데는 실패했다. 그런데 잡종이 보유한 장내 미생물이 양친과 전혀 다른 것으로 나타난 것이다. 그래서 보덴스타인은 이렇게 추론했다. "잡종 벌을 죽게 만든 주범은 뒤범벅된 마이크로바이옴이다. 그 장내 미생물이 벌의 유전체와 부합하지 않기 때문이다. 다시 말해서, 잡종 벌이 죽은 것은 전유전체가 왜곡되었기 때문이다."[29]

보덴스타인은 자신의 논문을 월린과 마굴리스의 주장, 즉 '공생이 신종의 탄생을 추동한다'는 사실을 입증한 명백한 증거로 내세웠다. 그러나 비판자들은 "잡종의 죽음은 마이크로바이옴의 부조화와 무관하며, 그보다 훨씬 단순한 요인과 관련되어 있다"고 주장했다.[30] 그들은 보덴스타인을 이렇게 몰아세웠다. "잡종은 면역계에 결함이 있으므로 어떤 세균에도 취약할 수밖에 없다. 잡종에게 아무 마이크로바이옴이나 이식하더라도 곧 죽고 말 것이다." 어느 쪽의 주장이 옳든, 잡종이 보유한 미생물에 뭔가 문제가 있어서 두 종의 벌 사이에 균열을 초래한다는 점은 분명하며, 이 사실만으로도 충분히 흥미롭다. 보덴스타인은 이렇게 말한다. "나는 나소니아를 이용하여 두 건의 연구를 수행했고, 동일한 결론에 도달했다. 그게 우연이라고는 결코 생각하지 않는다. 내가 그런 결론을 얻은 이유는 '미생물이 생식 격리를 초래하는가?'라는 의문을 품었기 때문이다. 지금까지 많은 사람들이 그런 결론을 얻지 못한 것은 사례가 없어서가 아니라 의문을 품지 않았기 때문이다. 내가 두 가지 사례를 발견한 것은 결코 우연이 아니었다."

현재 '공생에 의한 종 분화'는 그럴듯하고 흥미로운 아이디어로 간주되고 있지만 좀 더 엄밀한 검증이 필요하다. 물론 지금까지 확인된 몇 건의 사례들이 그 자체로서 대단히 흥미로운 것은 사실이지만, 만약 당신이 금덩어리를 발견했다면, 굳이 그것을 들고 포트 녹스Fort Knox•까지 찾아갈 필요가 있겠는가? 마찬가지로 '미생물의 운명은 동물과 긴밀하게 얽혀 있다'는 사실을 강조하기 위해 굳이 진화론까지 들먹일 필요는 없으리라.

미생물이 숙주의 몸만들기를 거들고, 면역에서부터 후각과 행동에 이르기까지 매우 개인적인 부분에 관여하며 건강과 질병을 좌우한다는 사실은 부정할 수 없다. 내가 보기에도 그것은 너무나 자명하다. 전유전체

• 연방 금괴 저장소.

나 공생 등의 거창한 용어를 사용하지 않더라도, 미생물이 처음엔 기생충이나 환경 속을 떠돌아다니는 부랑자와 같은 상서롭지 못한 모습으로 동물의 체내에 들어가 강력한, 그리고 때로는 필수적인 관계를 형성하여 대대손손 대물림된다는 것은 분명한 사실이 아닌가.

이제 때가 무르익었다. 우리는 이처럼 친밀한 동반자 관계가 어떤 결과를 초래했는지 바라보며, 개체의 성장이나 건강보다는 모든 종과 그룹의 운명을 생각해야 한다. 동물은 미생물이라는 파트너의 힘을 빌릴 때 가장 성공적인 생애를 누린다는 점을 명확히 깨달아야 한다.

| 7장 |
상호 확증
성공

나는 정원 헛간만 한 크기의 방 안에 서있다. 고양이가 마음껏 뛰어다닐 만한 공간은 되지만, 자칫하면 벽에 발톱 자국이 날 정도다. 문은 육중하고 당당하며 내부는 희고 얼룩 하나 없이 깨끗하다. 통풍 팬이 리드미컬하게 돌아가며 엄청난 굉음을 내고 있어 〈스타워즈〉의 다스 베이더가 메가폰을 들고 설치는 장면이 연상된다. 방은 온통 식물로 뒤덮여 있다. 쟁반 위에 놓인 채 선반에 죽 늘어선 작은 화분에서 더우미아오豆苗•와 잠두蠶豆, 자주개자리 새싹이 자라나고 있다. 그렇잖아도 괴상한 정원 같은데, 모든 화분들이 뭔가로 덮여 있어 더더욱 괴상망측하다. 어떤 화분들에는 투명한 플라스틱 컵이 씌워져 있다. 어떤 화분들은 플라스틱 정육면체 속에 있어서 팔뚝 하나가 들어갈 만한 구멍을 통해서만 볼 수 있는데, 그 구멍은 올이 촘촘한 모슬린으로 덮여 있다. 유난히 커다란 박스에는 식물의 새싹들이 제멋대로 고개를 내밀고 있다.

"우리는 이제 막 식물들을 재배하기 시작했어요. 그래서 전체적인 상황을 아직 완전히 파악하지 못했죠"라고 낸시 모런이 말한다. 그녀는 생물학자로서, 텍사스오스틴 대학에 자리 잡은 이 방과 방 안의 모든 것들을 관리한다.

• 완두콩 새싹.

그녀와 마찬가지로 나 역시 아무것도 파악하지 못한 채 새싹들을 응시하고 있다.

"아, 저것 좀 보세요. 저 줄기 위에 있는 거 말이에요." 그녀가 말한다.

한참 두리번거리다 정확히 어떤 줄기를 말하는 거냐고 묻기 직전, 나는 그녀가 가리키는 물체를 찾아낸다. 작고 까만 쐐기 모양에 길이는 1센티미터 남짓한 것들이 마치 문 버팀쇠처럼 식물에 달라붙어 있다. 이름하여 '유리 날개 저격수glassy-winged sharpshooter'! 이름만 들으면 화려한 패션, 혹은 권총을 휴대한 카우보이들이 연상되겠지만 실물은 그게 아니다. 작은 곤충들인 그들은 날카로운 구기口器로 식물을 찌른 뒤 물관에서 흘러나오는 수액을 흡입한다. 빈약한 영양소를 여과하고 남은 물방울을 뒤꽁무니로 가느다란 실처럼 뿜어내는데, 저격수라는 이름을 얻은 건 바로 이 때문이다. 저격수는 수십 가지 상이한 식물의 수액을 고갈시키므로 농사꾼들에게는 매우 위협적인 존재다. 그래서 만에 하나 외부로 탈출하는 것을 막기 위해 모슬린과 육중한 문이 필요한 것이다.

이 방에는 저격수 말고도 위협적인 존재들이 넘쳐난다. 매미충은 어떤 싹을 게걸스럽게 먹고 있고, 진딧물들은 잠두를 초토화한다. 녹색 곤충이 녹색 줄기 위에 머물다보니 진딧물도 눈에 잘 안 띄기는 매한가지지만 나는 마침내 그들을 발견한다. 가늘고 연약한 다리, 뒤쪽을 향한 더듬이, 배에서 돌출한 두 개의 가시털을 가진 작은 마름모꼴 곤충이다. 각각의 진딧물은 자기만의 영토를 갖고 있어서 듬직한 싹 하나를 독차지한다. 저격수와 마찬가지로 진딧물도 심각한 해충이다. 곁다리로 따라오는 바이러스를 감안하지 않더라도, 그들은 무자비한 침입만으로도 식물을 고사시킬 수 있다. 농업의 골칫거리라 식물을 재배하는 모든 곳에서 환영받지 못하는 존재다. 하지만 이곳에서만큼은 그들이 주인공이며, 식물은 그들을 먹여 살리기 위해 존재할 뿐이다. 전 세계에서 진딧물과 기타 해충들을 일부러 키우는 곳은 여기밖에 없을 것이다.

이 곤충들은 모두 노린재목에 속하는데, 노린재목은 빈대, 침노린재, 깍지벌레, 매미충 등을 포함하는 다채로운 집단으로 '찌르고 흡입하는 구기'를 보유한 것이 특징이다. 일반인들이 '벌레bug'라고 할 때는 '기어다니는 작은 동물'을 의미하지만, 곤충학자들이 벌레라고 하면 바로 이 노린재목을 의미하는 것이 보통이다. 대부분의 노린재목 곤충들은 평생 식물의 수액을 마시며, 식물의 수액을 주식으로 삼는 유일한 동물이기도 하다. 나비나 벌새도 간혹 수액을 홀짝거리지만 수액을 전문적으로 먹는 곤충은 노린재목뿐이다. 그들이 이런 생활 방식을 갖게 된 것은 순전히 공생 세균 때문이다. 만약 모든 세균들이 갑자기 죽어버린다면 이 방에 있는 곤충들도 모두 목숨을 잃을 것이다. "노린재목이 존재하는 것은 기본적으로 공생 세균 덕분이죠"라고 모런은 말한다. 사실 노린재목은 공생 세균 덕분에 '존재'한다기보다는, '번성'한다고 하는 편이 옳다. 지금껏 기술된 노린재목만 해도 모두 8만 2000종에 이르며, 발견을 기다리고 있는 것이 수천 종으로 추산되기 때문이다.

지금까지 나는 '동물들은 기관 형성이나 면역계 조절 등 삶의 기본적이고 필수적인 측면을 미생물에 의존한다'고 설명했다. 또한 일부 미생물의 경우, 숙주에게 좀 더 특별한 능력(짧은꼬리오징어의 발광을 이용한 은폐 능력, 편형동물인 파라카테눌라의 재생 능력)을 부여한다고도 밝혔다. 이제는 일부 동물군이 미생물로부터 부여받은 초능력, 즉 소화하기 어려운 먹이를 분해한다거나 열악한 환경을 극복하는 능력, 혹은 치명적인 먹이를 먹고도 살아남는 능력 등을 이용하여 진화의 승자가 되었으며, 다른 종들이 실패한 곳에서 성공을 거뒀다는 점을 설명하려고 한다. 노린재목이야말로 그런 이야기를 시작하기에 안성맞춤인 동물군이다.

살아 있는 영양 보충제

독일의 동물학자 파울 부흐너Paul Buchner는 1910년 곤충계 대탐사 프로젝트의 일환으로 곤충의 공생 세균을 연구하기 시작했다.[1] 수많은 곤충들을 면밀히 분석한 끝에, 그는 동물과 미생물의 공생이 동시대인들의 믿음과는 달리 드문 현상이 아님을 깨닫게 되었다. 공생은 예외적 현상이 아니라 법칙에 가깝다는 생각으로 그는 이렇게 말했다. "공생은 광범위하게 퍼져 있는 장치로서, 비록 보완적이기는 하지만 숙주의 생명력을 다양한 방법으로 강화한다." 그런 뒤 수십 년에 걸친 연구를 통해 《동물과 식물성 미생물의 세포 내 공생Endosymbiose der Tiere mit pflanzlichen Mikroorganismen》이라는 걸작을 완성했고,[2] 마침내 영어로 번역된 이 책은 부흐너의 여든 번째 생일날 출간되었다. 모런은 연구실의 책꽂이에서 부흐너의 책을 꺼내 누렇게 변색되어가는 책장을 경건하게 넘기며 이렇게 말한다. "이 책은 공생 분야의 바이블이에요."

모런은 곤충에 매혹되어 수십 년을 보냈다. 그녀의 경력을 뒷받침한 곤충은 진딧물이다. 어린 시절에는 곤충을 채집하여 유리병에 보관했고, 지금은 공생 분야의 선두 주자 중 하나로 활약하고 있다. 1991년 그녀는 열한 종의 진딧물을 대상으로 공생 세균의 유전자를 분석했는데, 당시의 분석 기술이 시답잖은 단계였던 점을 감안할 때 이는 실로 엄청난 과제였다. 그녀와 동료들이 여러 장의 플로피디스크를 주고받으며 연구를 계속한 결과, 열한 종의 진딧물들은 모두 똑같은 공생 세균을 보유한 것으로 나타났다. 그 세균에는 이름이 없었고, 미생물학계에는 '위대한 학자들에게 경의를 표하기 위해, 새로 발견된 세균에 그의 이름을 넣는다'는 관례가 있다. 예컨대 시미언 버트 월바크의 이름은 볼바키아Wolbachia에 영원히 남았고, 루이 파스퇴르의 이름은 파스테우렐라Pasteurella에 영원히 남았다. 미국의 무명 수의학자 대니얼 엘머 새먼Daniel Elmer Salmon이라는 이름은 들어본 적이 없는 사람도 그의 이름을 물려받은 살모넬라Salmonella라는 세균은 귀에 익숙할 것이다. 그렇다면 진딧물의 공생 세균에는 누구의 이름을 넣는다? 모런에게 다른 선택의 여지는 없었다. 그 세균은 부크네라Buchnera라고 명명되었다.[3]

부크네라는 진딧물의 오랜 동반자이므로, 부크네라의 족보는 숙주인 진딧물의 족보를 완벽하게 반영한다. 어느 한쪽의 족보를 그리고 나면 곧바로 구성원 이름만 바꿔 다른 쪽의 족보도 그릴 수 있는 셈이다.[4] 이는 곧 생명의 역사를 통틀어 부크네라가 진딧물의 몸속으로 단 한 번 이주했다는 것, 즉 부크네라가 진딧물을 감염시키는 데 성공한 것이 단 한 번뿐임을 의미한다. 그리고 그 역사적인 사건은 지금으로부터 2억 년에서 2억 5000만년 전, 다시 말해서 공룡이 막 등장하고 포유동물과 꽃들은 아직 나타나지 않았던 시기에 일어난 것으로 보인다. 그렇다면 부크네라는 그 오랜 세월 동안 진딧물의 몸속에서 무슨 일을 하며 지냈을까? 부흐너는 이런 추측을 내놓은 바 있다. "공생 세균들은 영양과 관련한 문제 때문에 곤충의 소화관에 머물렀다. 대부분의 공생 세균들은 숙주가 섭취한 먹이의 소화를 도왔을 것이다." 그러나 그건 부흐너가 연구한 곤충들 얘기였고, 모런이 연구한 진딧물의 경우에는 사정이 조금 다르다. 부크네라는 진딧물의 먹이를 분해하는 게 아니라, 진딧물에게 부족한 영양소를 보충해준다.

진딧물은 식물의 전신을 관통하는 달착지근한 액체인 체관액을 먹고 산다. 체관액은 당분이 많고 독소가 적은 데다 다른 동물들이 대부분 손대지 않으니 진딧물로서는 최고의 식량원이라 할 수 있다. 그러나 체관액에는 여러 종류의 영양소가 절대적으로 부족하며, 그중에는 동물의 생존에 필요한 필수아미노산 열 가지가 포함되어 있다. 열 가지 아미노산 중 하나라도 부족하면 심각한 결과가 초래되고, 열 가지 모두 부족하면 죽음에 이를 수 있다. 따라서 누군가 이를 보충해줘야 하는데, 최근 발표된 연구 결과에 의하면 그 누군가는 부크네라임이 분명하다.[5] 연구진이 진딧물에게 항생제를 투여하여 부크네라를 제거한 결과, 진딧물은 인공 아미노산을 보충받지 않고서는 버티지 못했다고 한다. 방사성 화학물질을 이용하여 미생물에서 숙주에게로 흘러가는 물질을 추적해보니 그것은 바로 아미노산으로 밝혀졌다. 마지막으로 부크네라의 유전체를 분석하자, 유전체가 매우 작고 퇴화했음에도 불구하고 필수아미노산 형성에 관여하는 유전자들이 '상당 부분' 포함되어 있는 것으로 나타났다.

여기서 '상당 부분'과 '전부'는 다르다는 점에 주의하자. 아미노산을 만든다는 것은 매우 복잡한 일이어서, 초기 원료가 일련의 화학반응들을 통과하며 각각의 단계마다 상이한 효소의 촉매작용을 받는다. 컨베이어 벨트가 일련의 기계들을 통과하는 자동차 공장의 생산 라인을 생각해보라. 첫 번째 기계는 시트를 설치하고, 두 번째 기계는 섀시를 부착하고, 세 번째 기계는 바퀴를 장착하고…… 이런 식으로 진행되다가 마지막에는 자동차가 완성되지 않는가! 아미노산을 생성하는 생화학 경로도 이와 비슷한 방법으로 진행되지만 다른 점이 하나 있다. 자동차 생산 라인은 필요한 기계 한 세트를 '전부' 구비하고 있는 데 반해, 아미노산 생산 라인의 경우에는 진딧물과 부크네라가 필요한 효소 한 세트를 각각 '상당 부분'

구비하고 있다는 사실이다. 따라서 진딧물과 부크네라는 협동하여 일관된 생산 라인을 구성하고, 서로 주거니 받거니 하며 아미노산을 생성하게 된다. 각각 독자적으로 활동하는 것은 불가능하므로 맛있는 체관액을 먹고 살기 위해서는 둘이 협동하는 수밖에 없다.[6]

'식물의 체관액만 먹고 살면 영양소가 부족하므로 이를 보충해주는 공생 세균이 필요하다'는 가설의 타당성은 양쪽을 모두 포기한 노린재목 곤충에서 보다 분명해진다. 일부 노린재목 곤충들은 식물의 세포를 전부 먹어치우기 때문에 먹이에 함유된 아미노산이 부족하지 않아 결국 공생 세균과 결별하게 되었다. 공생 계약에는 노스탤지어나 감성이 개입될 여지가 없으며, 어느 한쪽이 불필요해지는 경우 자연선택의 원리에 입각한 잔인한 계약 파기 조항만이 존재할 뿐이다. 이러한 원칙은 유전자에도 적용되며, 노린재목 곤충들이 맨 처음 영양학적으로 위태로운 곤경에 처하게 된 이유를 설명해준다. 모든 동물들이 그렇듯 노린재목 곤충들도 다른 동물들을 잡아먹는 단세포 포식자로부터 진화했다. 그들은 먹이에서 많은 필수영양소를 공급받았으므로, 그 영양소를 자체적으로 만드는 데 필요한 유전자를 상실했다. 이 점에 있어서는 진딧물, 천산갑, 인간이 다 마찬가지여서, 우리는 모두 그런 진화사를 공유하고 있다. 진딧물, 천산갑, 인간 중에서 열 가지 필수아미노산을 만들 수 있는 종은 하나도 없으므로 그 간극을 메우기 위해 뭔가를 잡아먹거나 보충받아야 한다. 그리고 만약 체관액과 같이 필수영양소가 결핍된 불완전식품을 꼭 먹고 싶다면 누군가의 도움을 받지 않을 수 없다.

이번에는 관점을 바꿔 세균의 입장에서 생각해보자. 세균은 노린재목 곤충들로 하여금 모든 동물계에 존재하는 제한을 극복하게 함으로써 어느 누구도 먹을 수 없는 먹이를 독차지하게 해줬다.[7] 그로써 어떤 식물이 어떤 땅을 차지하면 그 식물의 수액을 빨아먹는 곤충들도 덩달아 몰려들게 되었다. 오늘날 전 세계에는 5000여 종의 진딧물과 1600여 종의 가루이, 3000여 종의 진디, 8000여 종의 깍지벌레, 2500여 종의 매미, 3000여 종의 좀매미, 1만 3000여 종의 멸구, 2만여 종의 매미충이 존재하고, 우리가 모르는 곤충들도 수두룩하다. 노린재목 곤충들은 공생 세균 덕분에 모범적인 성공 사례로 부각된 셈이다.

그러나 공생 세균의 도움으로 영양분을 보충하는 곤충들이 노린재목 곤충들밖에 없다고 생각하면 오해다. 모든 곤충의 10~20퍼센트가 그런 미생물들에게 비타민, 아미노산(단백질 생성용), 스테롤(호르몬 생성용)을 의존한다.[8] 이 미생물들은 살아 있는 영양 보충제로서, 수액에서부터 혈액에 이르기까지 숙주들로 하여금 다양한 불완전식품으로 연명할 수 있게 해준다. 왕개미는 1000여 종으로 구성된 다채로운 집단인데, 주로 채식을 하면서도 블로크만니아Blochmannia라는 미생물의 도움으로 열대우림의 수풀 지붕을 지배한다.[9] 이나 빈대와 같은 미니 뱀파이어들은 유혈이 낭자한 먹이에 결핍된 비타민 B를 미생물에게 의존하며, 곤충이 아닌 진드기와 거머리도 마찬가지다.

동물들은 세균과 기타 미생물들 덕분에 기본적인 동물성animalness(포식성으로 인해 일부 필수영양소를 생성하는 유전자를 상실한)을 초월하여, 다른 방법으로는 도저히 접근할 수 없는 아늑하고 조용한 생태적 틈새와 구멍 속으로 파고들었다. 그리하여 미생물이 없었더라면 도저히 견뎌낼 수 없는 생활 방식을 확립하고, 영양소가 턱없이 부족한 먹이를 먹으면서도 자신의 본질적 한계를 극복하고 성공할 수 있었다. 그중에서도 가장 극단적인 사례로 심해에서 일어나는 '상호 확증 성공mutually assured success'•을 들 수 있는데, 이는 일부 심해 미생물들이 숙주에게 영양분을 보충해줌으로써 필수영양소가 거의 무無에 가까운 최악의 불완전 식품으로도 버틸 수 있게 해주는 것을 말한다.

상호 확증 성공•

우주를 향해 출발하는 '밀레니엄 팔콘'이 등장하는 〈스타워즈 에피소드 4: 새로운 희망〉이 개봉되기 몇 달 전인 1977년 2월, 밀레니엄 팔콘에 버금가는 탐험선 앨빈호가 바닷속으로 출발했다. 앨빈호는 잠수정으로 세 사람의 과학자들을 수용할 수 있을 만큼 크지만 그들이 팔을 뻗을 수는 없을 만큼 작으며, 상상을 초월하는 수심까지 들어갈 수 있을 정도로 튼튼했다. 앨빈호가 잠수한 곳은 갈라파고스제도에서 북쪽으로 400킬로미터 떨어진 지점, 두 개의 지각판이 마치 헤어지는 연인들처럼 서로 멀어지고 있는 곳이었다. 두 지각판이 분리되며 지각에는 균열이 생겼는데 그로써 과학자들은 최초의 열수 분출공hydrothermal vent, 즉 화산 분출로 인해 과열된 물이 대양저를 뚫고 분출하는 곳을 발견할 절호의 기회를 맞이한 셈이었다.

앨빈호가 점점 깊이 잠수함에 따라 파란 표층수는 모든 것을 빨아들이는 까만 심층수로 바뀌어갔다. 까만색보다 훨씬 더 까맸다. 발광생물이 뿜는 한 줄기 광선이 간간이 칠흑 같은 어둠을 뚫고 다가오다가 종국에는 잠수정의 불빛만 남곤 했다. 수심 2400미터 지점에서, 연구 팀은 예상했

• 핵 경쟁 시대의 용어인 '상호 확증 파괴mutually assured destruction(MAD)'를 빗댄 말로, MAD가 '너 죽고 나죽자' 식의 극단적 공멸개념이라면, 상호 확증 성공은 '너 살고 나 살자' 식의 극단적 공생 개념이라고 할 수 있다.

던 대로 열수 분출공을 발견했다. 그러나 전혀 예기치 않았던 생물도 함께 있었다, 그것도 무진장 많이. 암석으로 이루어진 심해의 배수구에 크고 작은 조개가 거대한 군집을 이루고 있었던 것이다. 그뿐만이 아니었다. 그들 위로 유령처럼 희끄무레한 새우와 게들이 기어오르고 물고기들도 재빨리 헤엄쳐 지나다녔다. 그리고 제일 이상한 것은 바위를 뒤덮은 딱딱한 백색 튜브였는데, 튜브 끝에서는 거대한 벌레처럼 생긴 진홍색 깃털이 나부끼고 있었다. 꼭 원통 밖으로 길게 내민 립스틱처럼 보였고, 심지어 성적 도발을 하는 듯 느껴지기도 했다. 자세히 살펴보니 그들은 거대한 갯지렁이류였다.•

햇빛이 한 줄기도 비치지 않고, 섭씨 400도까지 상승할 수 있는 열탕에 휩싸인 데다, 엄청난 수압에 짓눌려 생명이라곤 찾아볼 수 없을 것만 같았던 해저 세계에서, 앨빈호에 승선한 연구 팀은 열대우림만큼이나 풍성한 비밀 생태계를 발견했다. 로버트 쿤지그Robert Kunzig가 《심해 지도 그리기Mapping the Deep》에서 말한 것처럼, 그들은 "래브라도의 고지대에서 태어나 외부 세계와 담을 쌓고 살다가 어느 날 갑자기 낙하산을 타고 타임스스퀘어에 떨어진 것 같았다". 생명체를 발견하리라고는 상상도 하지 못했기에 연구팀 전원은 지질학자로 채워져 있었을 뿐 생물학자는 없었다. 표본을 수집하여 해수면으로 올라왔을 때도 생물을 보존할 수 있는 액체라고는 보드카뿐이었다.[10]

거대한 갯지렁이 중 하나는 스미소니언 자연사박물관의 메러디스 존스Meredith Jones에게 보내져, 갈라파고스 민고삐수염벌레(학명은 리프티아 파킵틸라Riftia pachyptila)라는 이름을 얻었다. 거대한 갯지렁이에게 큰 흥미

• 유튜브에 올라온, 거대 갯지렁이에 관한 생생한 영상을 감상하라. https://youtu.be/IddCPTnmj4Q

를 느낀 존스는 1979년 갈라파고스 단층을 직접 방문하여 진홍색 깃털이 무성한 곳(현지에서는 이곳을 '로즈 가든Rose Garden'이라고 불렀다)에서 민고삐수염벌레 표본을 다량 채집했다. 당시 상황은 오래된 흑백사진에 담겨 지금까지 전해진다. 흰 머리에 흰 콧수염의 존스가 민고삐수염벌레 표본을 하나 들고 서 있는데, 매우 흐뭇하고 애정이 듬뿍 담긴 표정이다. 대충 포장된 소시지처럼 생긴 민고삐수염벌레는 지금껏 발견된 어떤 심해 벌레보다도 크며 정말 괴상한 점이 있으니, 입도 소화관도 항문도 없다는 사실이다.

그렇다면 섭식, 소화, 배설을 통한 영양분 섭취가 불가능한 민고삐수염벌레는 어떻게 생존할 수 있을까? 가장 그럴듯한 가설은 피부를 통해 영양분을 흡수한다는 것이었다. 촌충처럼 말이다. 그러나 피부 표면을 유심히 관찰해본 결과, 그럴 가능성은 전혀 없어 보였다. 이윽고 존스는 커다란 단서를 하나 얻었다. 그것은 '영양체trophosome'라는 신비로운 기관으로, 체중의 절반 이상을 차지하며 순수한 황黃의 결정으로 가득 차 있었다.

존스는 하버드 대학에서 행한 강연에서 이 기관을 언급했는데, 때마침 강연을 듣던 콜린 카바노프Colleen Cavanaugh라는 젊은 동물학자의 머리에 중요한 아이디어가 떠올랐다. 영양체에 관한 설명을 듣던 그녀는 유레카를 외쳤다. 회고한 바에 따르면 그녀는 벌떡 일어나 이렇게 소리쳤다고 한다. "그 벌레의 몸속에는 세균이 있을 거예요. 세균은 황을 이용해서 에너지를 생성할 거고요!" 떠도는 이야기에 의하면, 존스는 그녀에게 "자리에 앉으세요"라고 말한 다음 세균 샘플을 건네주며 이렇게 제안했다고 한다. "어디 한번 직접 연구해보세요."

카바노프의 영감은 정확하면서도 혁명적이었다.[11] 그녀는 현미경을 통해 민고삐수염벌레의 영양체 속에 세균이 가득하다는 사실을 확인했다. 조직 1그램당 자그마치 10억 마리나 들어 있었다. 또 다른 과학자가 연구한 바에 의하면 영양체에는 황화물을 처리하는 효소가 풍부했는데, 해저의 열수 분출공 주변에도 역시 황화물의 일종인 황화수소가 풍부했다. 카바노프는 이것저것을 종합하여 이렇게 추론했다. "영양체 속의 황화물 처리 효소는 세균이 만든 것이며, 세균은 이 효소를 이용하여 듣도 보도 못한 방법으로 식량을 만들 것이다."

여기서 잠깐 육상 생물의 경우를 생각해보자. 육상 생물은 햇빛을 동력원으로 사용한다. 즉 식물과 조류와 일부 세균들은 태양에너지를 이용하여 이산화탄소와 물을 당분으로 만듦으로써 식량을 자급자족하는 것이다. 이처럼 이산화탄소가 무기물질에서 식용으로 전환되는 것을 '탄소 고정fixing carbon'이라고 하며, 태양에너지를 이용하여 탄소를 고정하는 것이 바로 광합성이다. 광합성은 우리에게 익숙한 먹이사슬의 기초로, 모든 나무와 꽃과 들쥐와 매가 먹이사슬을 통해 궁극적으로 태양에너지에 의존하게 된다. 그러나 심해에 사는 생물들은 햇빛을 이용할 수가 없다. 해수면에서 이슬비처럼 내려오는 유기물질을 여과하여 재활용할 수는 있지만, 정말로 번성하려면 대체에너지원을 사용해야 한다. 민고삐수염벌레의 공생 세균에게 있어서 대체에너지원은 황이나 열수 분출공에서 뿜어져 나오는 황화물이다. 세균은 이 화합물들을 산화시키고, 그 과정에서 유리遊離된 에너지를 이용하여 탄소를 고정한다. 이처럼 빛이나 햇빛 대신 화학에너지를 이용하여 식량을 자급자족하는 것을 '화학합성chemosynthesis'이라고한다. 광합성 식물이 부산물로 산소를 방출하는 것과 달리 화학합성 세균은 순수한 황을 대량으로 생산한다. 민고삐수염벌레의 영양체에 노란색 황 결정이 축적된 것은 바로 이 때문이다.

이쯤 되면 민고삐수염벌레에게 입과 소화관이 없는 이유를 알 수 있을 것이다. 결국 공생 세균이 화학합성을 하기 때문이다. 숙주는 화학합성 세균으로부터 원하는 식량을 모두 얻을 수 있으니 굳이 먹이를 먹거나 소화시킬 필요가 없다. 공생 세균에게 아미노산만을 의존하는 진딧물이나 저격수와 달리, 민고삐수염벌레는 화학합성 세균에게 모든 것을 전적으로 의존한다.

후속 연구에 나선 과학자들은 심해 전체에서 민고삐수염벌레와 유사한 공생 사례들을 많이 발견했다. 다양한 해양 동물들이 화학합성 세균들과 공생 관계를 맺고 있었고, 세균들은 황화물이나 메탄을 이용하여 탄소를 고정하는 것으로 나타났다.[12] 3장에서 '재생의 대가'로 소개했던 편형동물 파라카테눌라도 그중 하나다. 조개와 바다달팽이는 껍질 속에, 새우는 아가미와 입에 화학합성 세균을 고이 간직하고 있다. 선충류 중에는 화학합성 세균을 온몸에 듬뿍 발라 마치 모피 코트를 입은 듯 보이는 것들도 있다. 설인게yeti crab는 털북숭이 앞발에 세균의 낙원을 조성해놓고 앞발을 우스꽝스럽게 흔들며 막춤을 춘다.

이러한 동물들 중 상당수는 열수 분출공 주변에 서식하지만, 어떤 동물들은 냉수공 주변에 산다. 냉수공은 열수 분출공과 거의 같은 화합물을 분출하지만 수온이 낮고 속도가 느리다는 차이가 있다. 민고삐수염벌레와 근연 관계에 있는 관벌레 중에는 난파선의 널빤지나 가라앉은 수목에 정착하여 썩은 나무에서 나오는 황화물을 먹고 사는 것도 있다. 마치 하늘에서 우수수 떨어지는 만나•처럼 바다의 상층부에서 해저로 낙하하는 고래의 시체에도 황화물이 풍부하여 화학합성 세균들이 일시적으로 우

• 구약성서 〈출애굽기〉에 나오는 것으로, 모세의 지휘하에 이집트를 탈출한 이스라엘 백성이 광야에 이르러 굶주릴 때 하늘에서 내려준 신비로운 양식을 말함.

글거릴 수 있는 환경을 조성한다. 고래 시체 처리 전문가인 오세닥스 무코플로리스Osedax mucofloris는 학명을 문자 그대로 해석하여 '뼈먹는콧물꽃벌레bone-eating snot-flower worm'라고 불리는데, 이들 역시 민고삐수염벌레와 마찬가지로 소화관이 없다.

심해에서 화학합성 세균과 공생하는 동물들에게 있어서 심해 생활은 수십억 년에 걸친 진화적 왕복 여행의 종착점이라 할 만하다. 지구 상의 생물은 심해의 열수 분출공에서 태어났으며, 최초의 형태는 화학합성 세균이었다(이에 걸맞게도 갈라파고스 단층에는 '에덴동산'이라 불리는 지점이 있다). 그들은 온갖 아름답고 경이로운 해양 생물들로 진화한 뒤 심해에서 천해淺海로까지 영역을 넓혀나갔다. 일부는 육지로 진출하여 보다 복잡한 생명체(동물)로 진화했고, 일부는 화학합성 세균과 손을 잡고 심해로 되돌아갔다. 심해는 영양소가 턱없이 부족하여 화학합성 세균의 도움 없이는 도저히 살 수 없는 곳이다. 오늘날 민고삐수염벌레를 포함하여 열수 분출공 주변에 서식하는 동물들은 모두 천해종淺海種•에서 진화했는데, 이는 심해 미생물의 숙주가 됨으로써 가능했다. 즉 심해 미생물들을 내재화함으로써 모든 생명체가 탄생한 하데스대Hadean eon의 심연으로 돌아가는 티켓을 확보한 것이다.

화학합성은 처음에는 심해에서 시작되었겠지만 반드시 심해에만 국한되는 것은 아니다. 카바노프는 뉴잉글랜드 해안의 황화물이 풍부한 갯벌에서 조개와 공생하는 화학합성 세균을 발견했다. 다른 연구자들은 맹그로브 습지, 늪, 하수로 오염된 진흙, 심지어 산호 주변의 퇴적층에서도 비슷한 동반자 관계를 발견했다. 이런 곳들은 천해와 거의 같은 생태계라고

• 수심이 얕은 바다에서 서식하는 종.

할 수 있다. 카바노프 팀의 일원이었던 니콜 더빌리어Nicole Dubilier는 뜨거운 물을 펑펑 쏟아내는 열수 분출공으로부터 상상할 수 있는 한 가장 멀리 떨어진 곳에서 화학합성을 연구하는데, 바로 우편엽서에 나오는 이탈리아 토스카나의 엘바섬이다.

엘바섬에는 휘황찬란한 햇빛이 쏟아지므로, 태양에너지가 무한정 공급된다. 엘바섬 연안의 만에는 거대한 해초밭이 형성되어 있다. 그러나 이처럼 광합성하기 좋은 곳에서도 화학합성은 활발히 일어난다. 만약 당신이 해초밭까지 잠수하여 퇴적층을 조금 뒤집어보면, 밝고 하얀 실이 꿈틀거리며 기어나오는 모습을 볼 수 있으리라. 그것은 올라비우스 알가르벤시스Olavius algarvensis라는 벌레로 지렁이와 가까운 친척이다. 길이는 몇 센티미터에 너비는 0.5밀리미터이며 입과 소화관은 없다. 더빌리어는 이렇게 말한다. "정말 아름다운 생물이에요. 색깔이 하얀 건 피부 밑에 사는 공생 세균들이 황 알갱이로 가득 차 있기 때문이죠. 황 알갱이를 쉽게 꺼낼 수도 있어요." 올라비우스의 공생 세균들은 선충류, 조개류, 편형동물의 공생 세균들과 마찬가지로 화학합성을 한다. 지중해 갯벌에 서식하는 황세균의 다양성은 심해와 맞먹는 수준이다. "여기서는 굳이 잠수정을 타고 심해로 내려가 이국적인 열수 분출공을 관찰할 필요가 없어요. 현장 조사를 나갈 때마다 새로운 종과 새로운 공생 세균이 발견되곤 하니까요." 역시 더빌리어의 말이다.

엘바섬은 우리에게 목가적인 풍경을 선사하지만, 합성 세균에게는 심각한 도전을 제기한다. 앞에서 언급한 민고삐수염벌레의 공생 세균이 황화물을 산화하여 에너지를 유리시킨다는 점을 떠올려보라. 엘바섬의 퇴적층에는 황산염은 풍부하지만 황화물이 매우 부족하므로 우리가 아는 범위에서는 화학합성이 제대로 이루어질 수 없다. 그렇다면 올라비우스는 무엇을 어떻게 먹고 사는 걸까? 더빌리어는 2001년에 그 해답을 찾았다. 그녀는 올라비우스의 피부 밑에서 두 가지 공생 세균이 어우러져 있는 것을 발견했는데, 하나는 크고 다른 하나는 작았다.[13] 작은 세균은 황산염을 와락 붙잡아 황화물로 전환시키고, 큰 세균은 민고삐수염벌레의 공생 세균처럼 황화물을 산화시켜 화학합성에 필요한 동력을 제공했다. 이 과정에서 큰 세균이 황산염을 생성하여 작은 세균으로 하여금 재활용할 수 있도록 해준 것이다. 요컨대, 두 세균은 화학합성 과정에서 서로를 먹여 살리고 화학합성의 결과물을 숙주에게 먹이로 제공했다. 우리가 흔히 볼 수 있는 2자 공생이 아니라 3자 공생이었다. 올라비우스는 황산염을 포착하여 황화물로 전환시키는 작은 세균을 기존의 공생 관계, 즉 2자 공생에 추가함으로써 황화물은 없고 황산염만 풍부한 엘바섬의 갯벌에 정착하는 데 성공한 것이다. 올라비우스와 큰 세균에게 엘바섬의 갯벌은 척박한 땅이었다. 작은 세균을 영입하여 3자 공생을 확립하지 않았다면, 올라비우스와 큰 세균은 이 척박한 땅에 영원히 발을 붙이지 못했을 것이다.

후에 올라비우스를 둘러싼 동반자 관계는 훨씬 더 복잡한 것으로 드러났다. 사실 올라비우스는 다섯 가지 공생 세균을 보유한 것으로 나타났는데, 그중 둘은 황산염을 처리하고 둘은 황화물을 처리하는 것으로 밝혀졌지만, 코르크스크루처럼 생긴 다섯 번째 공생 세균의 역할은 아직까지도 알 수 없다. 더빌리어는 웃으며 이렇게 말한다. "다섯 번째 공생 세균을 완전히 이해하기까지는 어쩌면 30년쯤 걸릴지도 몰라요." 그러나 그녀는 운이 좋다. 천해에서 일어나는 공생을 연구하는 덕에 답답한 잠수정을 타고 표본을 수집할 필요가 없으니 말이다. 햇살이 눈부신 엘바섬의 근해나 카리브해 연안이나 그레이트배리어리프의 얕은 물에 몸을 담그면 그만이다. 하지만 과학 연구란 게 그리 만만한 일은 아니며, 어떤 사람들은 매우 어려움을 겪기도 한다.

초식동물의 동반자

루스 레이Ruth Ley에게는 미생물 표본 수집이 보통 어려운 일이 아니다. 대변 샘플 따위는 아무것도 아니었다. 마이크로바이옴 분야에서 대변 다루는 데 익숙해지는 건 금방이니까. 동물원의 동물을 상대하는 것도 문제될 게 없었다. 발톱과 이빨을 드러낸 동물과 그녀 사이에는 우리나 벽, 막대기를 든 사육사가 버티고 서 있으니 말이다. 문제는 관공서의 요식행위였다.

레이는 미생물생태학자로, 상이한 동물들의 장내 미생물을 비교함으로써 그들의 식생활과 진화사가 마이크로바이옴을 어떻게 형성했는지를 알아내는 게 목표였다. 그녀에겐 광범위한 야생동물과 다량의 대변이 필요했는데, 인근에 있는 세인트루이스 동물원이 두 가지를 요건을 모두 충족했다. 그녀는 실험을 하는 틈틈이 시간을 내어 장갑, 포대, 드라이아이스가 든 양동이를 들고 동물원을 찾았다. 친절한 사육사가 그녀를 차에 태워 우리를 순회했고, 사육사가 딴청을 피워 동물들의 주의를 흩뜨리는 동안 그녀는 살그머니 우리에 들어가 동물들의 대변을 챙겨 포대에 담았다. 그러나 모든 일이 이렇게 순조롭게 진행되는 것은 아니었다. 만약 동물원의 직원들이 불쑥 나타나면 친절한 사육사와의 비공식적인 모험은 그걸로 끝이고 공식적인 보고 절차, 대변 수집 절차, 고리타분한 규칙을 준수해야 했다.

"사육사의 도움을 받으며 화기애애하게 동물들의 대변을 수집하다가도 동물원 직원들이 나타나면 따분한 요식행위를 강요받았어요." 그녀는 말한다. 예컨대 어느 겨울날 레이는 하마들이 우리 바닥에서 대변을 보는 모습을 보았다. "이게 웬 떡이냐 하며 대변을 수집하러 달려갔죠. 하지만 이를 목격한 동물원의 직원들이 다가오자 사정이 달라졌어요. 하마들이 제 위치에 있지 않다고 정색하면서, 대변이 10분 뒤 분뇨 처리장으로 옮겨질 테니 그때 가서 정식으로 대변을 수집하라고 말하는 거예요!" 그녀는 꼼짝없이 직원들이 시키는 대로 해야 했다.

그녀는 곰(흑곰, 북극곰, 안경곰), 코끼리(아프리카코끼리, 아시아코끼리), 코뿔소(인도코뿔소, 검은코뿔소), 여우원숭이(검은리머, 몽구스리머, 알락꼬리여우원숭이), 판다(대왕판다, 레서판다)의 대변도 수집했다. 4년 동안 동물원을 방문하면서 60여 종에 속하는 106마리의 동물들에게서 대변을 수집했다. 각각의 샘플들은 오븐에서 건조하여 분쇄기에서 으깬 다음 막자사발과 막자를 이용하여 곱게 갈았다. 대변 가루의 냄새는 고약했지만 DNA를 보상으로 제공했다. 이것을 분석하면 동물의 소화관에 서식하는 미생물 목록을 작성할 수 있었다.

각각의 포유동물들은 독특한 장내 미생물 세트를 보유하고 있지만, 장내 미생물 군집은 그들의 조상과 식생활에 따라 몇 가지 그룹으로 나뉜다.[14] 일반적으로 초식동물이 보유한 미생물의 구성은 매우 다양하고, 육식동물이 보유한 미생물의 구성은 매우 단순하다. 그리고 잡식동물의 경우는 중간 수준이다. 물론 예외도 있다. 대왕판다와 레서판다의 장내 미생물은 다른 초식동물보다 곰이나 고양이, 개와 같은 육식동물과 매우 비슷하다.[15] 그럼에도 불구하고 포유동물이 보유한 장내 미생물의 일반적인 패턴은 존재하며, 여기에는 '간단한 이유'와 '심오한 의미'가 있다.

먼저 '간단한 이유'부터 살펴보자. 식물은 육지에서 가장 풍부한 식량원이지만 소화시키려면 효소의 힘이 많이 필요하다. 동물의 살과 달리, 식물의 조직은 좀 더 복잡한 탄수화물(셀룰로오스, 헤미셀룰로오스, 리그닌, 질긴 녹말 등)을 포함한다. 척추동물들은 이런 탄수화물을 분해할 효소를 갖고 있지 않지만, 세균은 갖고 있다. 흔한 장내 미생물인 B-테타의 경우 250가지가 넘는 탄수화물 분해 효소를 갖고 있는데, 우리 인간은 그보다 500배나 큰 유전체를 보유하고 있음에도 불구하고 보유한 효소는 100개 미만이다. B-테타를 비롯한 미생물들은 광범위한 도구 상자를 이용하여 식물의 탄수화물을 갈기갈기 찢음으로써 우리의 세포들에 직접 영양분을 공급한다. 장내 미생물은 인간에게 에너지 섭취량의 10퍼센트를 제공하며, 소와 양에게는 자그마치 70퍼센트를 제공한다. 따라서 동물이 식물을 먹으려면 다양한 가짓수와 엄청난 양의 미생물이 필요하다.[16]

이번에는 '심오한 의미'를 생각해보자. 지구 상에 최초로 등장한 포유동물은 덩치가 작고 민첩한 육식동물로서 곤충들에게는 재앙이었다. 하지만 그들이 메뉴를 고기에서 채소로 바꾼 것은 포유동물의 진화적 혁신이었다. 식물의 엄청난 다양성과 풍부함 덕분에 초식동물은 육식동물 친척들보다 훨씬 더 빨리 다양화되어, 공룡의 멸종으로 공석이 된 틈새(생태 공간)로 퍼져나갈 수 있었다. 오늘날 대다수의 포유동물들은 식물을 먹고 살며, 대부분의 목目들은 최소한 약간의 초식동물 멤버들을 보유한다. 심지어 고양이, 개, 곰, 하이에나를 포함하는 식육목에도 대나무를 먹는 판다가 소속되어 있다. 요컨대 포유동물은 채식을 기반으로 번성했는데, 채식의 기반을 이루는 것은 다름 아닌 미생물이다. 다양한 포유동물 그룹은 환경 속에 존재하는 식물 분해 미생물들을 반복적으로 삼킨 다음 미생물이 보유한 효소를 이용하여 식물의 잎, 싹, 줄기, 잔가지를 융단폭격한 셈이다.

그러나 적절한 미생물을 보유하는 것만으로는 충분치 않았다. 미생물들에겐 작업할 공간과 시간이 필요했기에, 초식 포유동물들은 두 가지를 모두 제공했다. 즉 소화관의 일부를 확장하여 발효실을 만들었는데, 그 목적은 두 가지였다. 첫째는 장내 미생물을 수용하는 것, 둘째는 음식물의 통과 속도를 지연시켜 미생물들에게 시간적 여유를 주는 것. 그런데 코끼리, 말, 코뿔소, 토끼, 고릴라, 돼지와 일부 설치류의 경우 장내 미생물을 위한 공간이 후장後腸, 즉 소화관의 맨 끝에 위치한다. 발효실이 후장에 있다는 것은 미생물에게 음식물을 넘겨주기 전에 자체의 소화효소를 이용하여 영양소를 최대한 뽑아낸다는 사실을 의미한다. 이와 대조적으로 소, 사슴, 캥거루, 기린, 하마, 낙타의 경우에는 발효실이 전장前腸, 즉 소화관의 맨 앞에 위치하며, 이는 영양소의 일부를 미생물에게 제물로 바친 다음 남은 음식물과 미생물을 통째로 먹어치운다는 것을 뜻한다. 레이는 이렇게 말한다. "발효실이 맨 앞에 있으면 세균까지도 먹을 수 있어요. 참 영리하죠? 영양소를 빨대로 쪽쪽 빨아먹은 다음, 빨대에 묻어 있는 영양소까지 핥겠다는 심산이죠." 심지어 소와 같은 몇몇 전장 발효 동물은 되새김질을 함으로써 미생물에게 더욱 많은 작업 시간을 제공한다.

발효실의 위치는 포유동물이 수용하는 미생물의 종류에도 영향을 미친다. 레이에 의하면 전장 발효 동물들은 서로 비슷한 마이크로바이옴을 보유하며, 이는 후장 발효 동물들의 것과 큰 차이를 보인다고 한다(그 반대도 마찬가지다). 이러한 유사성은 조상이라는 경계를 뛰어넘는다. 예컨대 캥거루는 껑충껑충 뛰는 호주산 유대목이고, 오카피는 줄무늬 바지를 입은 기린을 연상케 하는 아프리카산 기린과 동물이다. 두 동물은 조상과 출신지가 다르지만, 둘 다 전장 발효 동물로서 매우 유사한 마이크로바이옴을 보유한다. 이러한 패턴은 후장 발효 동물의 경우에도 적용된다.[17]

말하자면 미생물은 포유동물의 소화관이 진화하는 데 영향을 미쳤고, 포유동물의 소화관 형태는 미생물의 진화에 영향을 미친 것이다.[18] 진화생물학자들은 이를 공진화coevolution라고 부르는데, 이 주제는 레이의 후속 연구에서 좀 더 명확해졌다. 그녀는 롭 나이트와 함께 동물원의 동물 대변에서 채취한 미생물의 DNA 염기 서열을 다른 동물과 다른 환경(토양, 바다, 온천, 호수 등)에서 채취한 미생물들의 염기 서열과 비교 분석했다. 분석 결과 척추동물의 장내 미생물 구성은 매우 특이한 것으로 나타났으며, 다른 환경에 서식하는 미생물에 비해 훨씬 더 다양한 것으로 밝혀졌다. 그들은 "모든 미생물은 소화관에 서식하는 것과 외부 환경에 서식하는 것으로 크게 구별된다"고 결론짓고, 이런 구분 방식을 '소화관/비소화관 이분법gut/nongut dichotomy'이라고 지칭했다.[19] 나이트는 말한다. "깜짝 놀랐어요. 다른 사람이 처음 그런 식으로 분석했을 때는 뭔가 잘못됐을 거라고 생각했거든요." 미생물이 두 가지 유형으로 나뉘는 이유는 분명치 않지만, 소화관이 미생물에게 독특한 서식처를 제공하기 때문이라는 것이 나이트의 주장이다. 즉 소화관이 깜깜하고, 산소가 부족하고, 체액이 넘치고, 면역 세포가 순찰을 돌고, 영양소가 엄청나게 풍부한 곳이기 때문이라는 것이다. 모든 세균이 소화관에서 살 수 있는 건 아니지만, 소화관에서 생태적 기회를 제공하는 피난처를 찾은 미생물은 번성하게 된다. 먼 옛날 포유동물의 체내에 유입된 미생물이 소화관에 정착하려고 발버둥을 치다가 용케 번식에 성공하여 일가를 이루고 번창한 것으로 보인다. 그 결과 '길고 굵은 몸통'과 '넓고 얄팍한 가지'를 가진 계통수가 생겨났고, 그 모양새는 참나무보다 야자나무를 닮았다.

섬에서도 이와 똑같은 현상을 볼 수 있다. 개척자 동물 한 쌍이 강력한 폭풍에 휘말리거나 통나무를 타거나 배에 실려 섬에 상륙한 뒤, 날거나 종종걸음을 치거나 슬금슬금 기어 섬의 이곳저곳을 돌아다닌다. 그의 후손들이 섬의 여러 곳에 서서히 정착하고, 시간이 지나면서 새로운 종들로 분화한다. 하와이의 꿀새들, 갈라파고스의 핀치들, 프랑스령 폴리네시아의 달팽이들, 카리브해의 아놀도마뱀이 이런 식으로 태어났으며, 아마 우리 소화관 속의 미생물들도 그렇게 생겨났을 것이다.

레이와 나이트가 분석한 바에 따르면 초식 척추동물의 소화관에 서식하는 마이크로바이옴의 구성은 다른 어떤 것들(환경 속의 미생물 군집, 육식동물의 마이크로바이옴, 다른 신체 부위의 마이크로바이옴, 무척추동물의 마이크로바이옴)과도 달랐다. 소화관이라는 것이 워낙 특별한 곳이기도 하지만, 척추동물의 소화관은 더욱 특별하며, 식물로 가득 찬 척추동물의 소화관이라면 더더욱 특별하다. 식물의 싹과 이파리는 광범위한 탄수화물을 함유하므로 다양한 식량원이 구비된 섬과 마찬가지다. 척추동물의 소화관에 정착한 미생물들은 다양하고 풍부한 탄수화물을 섭취함으로써 풍요로운 삶을 영위함과 동시에 새로운 종으로 다양화되는 것이다.[20] 이렇게 미생물이 가동하는 소화 시스템은 성공적인 채식주의자를 양성하며, 이는 포유동물에만 해당되는 사항이 아니다.

곤충계에서 채식주의 챔피언은 흰개미다. 1889년 미국의 뛰어난 박물학자 조지프 레이디Joseph Leidy는 흰개미의 배를 갈라 뭘 먹는지 확인했다. 해부된 흰개미를 현미경으로 들여다본 그는 소스라치게 놀랐다. 개미의 시체에서 조그만 알갱이들이 무더기로 도망쳐 나오는 것이 아닌가! 마치 붐비는 예배당에서 신도들이 몰려나오는 것처럼 말이다. 당시 레이디는 그 미세한 도망자들을 기생충이라고 불렀지만, 오늘날 우리는 그것들이 원생생물임을 안다. 원생생물이란 진핵 미생물로, 세균보다는 복잡하지만 아직 단세포로 구성되어 있다. 원생생물은 흰개미 체중의 절반을 차지하는데 그들의 개체가 이렇게 풍부한 것에는 다 이유가 있다. 흰개미들이 먹는 식량인 목질에 함유된 질긴 셀룰로오스를 분해하는 효소를 그들이 보유하고 있기 때문이다.[21]

원생생물은 대부분 초기 흰개미 그룹의 소화관에서 발견되는데, 사람들은 이들을 얕잡아보듯 하등 흰개미lower termite라고 부른다. 이름만으로도 왠지 허세가 느껴지는 고등 흰개미higher termite는 나중에 진화한 종으로 그들은 좀 더 많은 세균에 의존하며, 소의 반추위를 연상시키는 일련의 위 속에 세균을 수용한다.[22] 가장 나중에 진화한 종이자 이름에서 풍기는 허세가 하늘을 찌르는 듯한 거대 흰개미macrotermite는 가장 정교한 목질 파괴 전략을 구사한다. 일종의 농사꾼으로, 동굴 같은 둥지 속에서 나무 부스러기를 이용하여 곰팡이를 재배하는 것이다. 곰팡이는 셀룰로오스를 작은 요소로 분해하여 거대 흰개미에게 먹이로 제공하고, 거대 흰개미의 소화관 속에서는 세균이 먹이를 더욱 잘게 분해한다. 이 과정에서 거대 흰개미가 하는 일은 거의 없으니, 그의 주요 역할은 곰팡이를 재배하는 것과 세균에게 거처를 제공하는 것뿐이다. 따라서 곰팡이나 세균이 없으면 거대 흰개미는 굶어 죽는다. 거대 흰개미 여왕은 놀고먹기의 최종 보스라 할 수 있다. 상반신은 손톱만 한데 배는 손바닥만 하다. 그 배는 고동치는 산란 주머니로, 너무나 크게 부풀어 거동이 불편할 정도다. 게다가 여왕은 장내 미생물도 없어서 일개미들과 그들의 미생물들에게 영양분을 의존해야 한다. 그러니 그녀에게는 수천 마리의 일개미와 그들이 보유한 수십억 마리의 미생물, 목질을 분해하는 곰팡이로 구성된 둥지 전체가 소화관인 셈이다.[23]

아프리카를 여행하면 흰개미의 이러한 전략이 얼마나 큰 성공을 거두었는지 알 수 있을 것이다. 거대흰개미는 거대한 개미집을 짓는데, 그중에는 첨탑과 부벽이 어우러진 9미터짜리 고딕식 건축물도 있어 보는 이의 눈을 아찔하게 할 정도다. 가장 오래된 것은 2200년 전에 지어진 것으로, 지금은 아깝게도 흉가가 되었다. 개미집은 다른 동물들에게도 거처로 제공되며, 흰개미 자신도 다른 동물들에게 먹이를 제공한다. 또한 그들은 쓰러져 썩어가는 식물들을 소비함으로써 자신들이 서식하는 환경의 영양소와 물의 흐름을 조절한다. 한마디로 생태계의 엔지니어라고 할 만하다. 그들은 사바나에서 일어나는 모든 일들을 비밀리에 관장하지만, 그 배후에는 장내 미생물이 도사리고 있다. 만약 식물을 분해하는 미생물이 존재하지 않는다면 아프리카의 풍경은 근본적으로 바뀔 것이다. 흰개미는 물론 영양과 물소, 얼룩말, 기린, 코끼리 등 아프리카의 야생동물을 대표하는 초식동물 무리들까지 모두 자취를 감출 테니 말이다.

언젠가 거대한 영양 떼가 이동하는 시즌에 케냐를 방문한 적이 있다. 그것은 해마다 한 번씩 열리는 마라톤 행사로, 수백만 마리의 영양이 보다 푸른 목초지를 찾아 장거리 여행을 한다. 나는 한 지점에 지프를 세운 채, 까마득히 긴 행렬이 내 눈앞을 지나가는 광경을 30분 동안 구경했다. 질긴 난소화성 식물에서 최대한의 영양소를 뽑아내는 미생물이 없었다면 이 초식동물들도 존재할 수 없었으리라. 그 불똥은 또한 인간에게도 튀었을 것이다. 되새김질을 하는 가축이 없었다면, 인간은 수렵 채집과 기초적인 농경 생활을 벗어나지 못했을 게 뻔하니 말이다. 비행기를 타고 아프리카로 날아가 사파리 여행을 즐기는 것도 꿈꾸지 못했을 일이다. 입을 딱 벌린 채 초식동물 떼가 엄청난 발굽 소리를 내며 행진하는 장관을 감상하는 대신, 삭막하고 조용한 지평선이나 바라봐야 하지 않았겠는가.

유연한 메뉴 선택

캐서린 아마토Katherine Amato는 멕시코에서 3주 동안 똑같은 일상을 반복했다. 그녀의 생활은 단순했다. 해 뜨기 전 자리에서 일어나 팔렝케 국립공원의 숲 속으로 차를 몰고 들어가서는 무작정 귀를 기울이는 것이다. 우거진 숲 사이로 서서히 동이 틀 무렵 나뭇가지에서는 깊고 우렁찬 후두음이 들리기 시작한다. 멕시코산 짖는원숭이howler monkey가 내는 소리다. 짖는원숭이는 나무에 사는 크고 까만 원숭이인데, 물건을 잡을 수 있는 꼬리와 우렁찬 목소리로 유명하다. 아마토는 하루 종일 짖는 소리를 따라 원숭이를 추적했고, 그들이 나무 우듬지로 기어오르는 동안에는 땅바닥에서 조용히 기다렸다. 그녀의 관심사는 그들의 장내 미생물이었으므로 배설물을 수집해야 했다. 다행스럽게도, 짖는원숭이들은 단체로 똥을 누는 습성이 있었다. "한 녀석이 똥을 누기 시작하면, 드디어 올 것이 왔다고 생각하면 돼요." 아마토는 말한다.

아마토가 짖는원숭이의 장내 미생물에 관심을 기울이는 이유가 뭘까? 그들이 계절에 따라 전혀 다른 먹이를 먹기 때문이다. 약 반년 동안은 주로 무화과와 그 밖의 과일들을 먹는데, 이것들은 칼로리가 높고 소화가 잘되는 편이라 별문제가 없다. 그러다 과일이 다 떨어지면 주로 식물의 잎과 꽃을 먹는데, 이것들은 칼로리가 낮고 소화가 잘 안 된다. 일부 과학자들은 원숭이들이 느릿느릿 행동함으로써 기근에 대처한다는 의견을 내놓았지만 아마토가 관찰한 결과는 달랐다. 그들은 1년 내내 활발히 활동하는 것으로 나타났다. 그렇다면 기근이 와도 원숭이의 활동 수준이 저하되지 않는 비결은 뭘까? 그 열쇠를 쥐고 있는 것은 장내 미생물이다. 활동 수준이 일정해도 장내 미생물은 변하기 때문이다. 특히 과일이 없는 시즌에 장내 미생물이 대량으로 생산하는 단쇄 지방산은 원숭이의 세포에 영양분을 공급함으로써 칼로리 섭취가 부족한 시즌에 힘을 낼 수 있게 해준다. 요컨대, 장내 미생물은 계절적인 변화에도 불구하고 원숭이에게 영양분을 안정적으로 공급하는 역할을 수행한다.[24]

우리는 흔히 모든 종들은 1년 내내 한 가지 먹이만 먹는다고 생각하지만, 그건 너무나 단순한 생각이다. 짖는원숭이는 1년 중 6개월 동안 무화과를 먹으며 잘 살다가, 나머지 6개월은 변변찮은 잎사귀를 아삭아삭 먹으며 연명한다. 다람쥐는 한 시즌 내내 도토리를 포식하다가 다음 시즌에는 거의 굶다시피 한다. 사실 인간의 식단도 시즌에 따라 다르며, 심지어 매일매일 다를 수 있지 않은가. 나는 하루 크루아상을 선택하면 다음 날은 샐러드를 선택한다. 우리가 그때그때 음식을 선택하는 것과 마찬가지로, 인체 또한 우리가 방금 먹은 것을 잘 소화시키는 미생물을 그때그때 선택하는 것이다.

열 명의 지원자들을 대상으로 닷새 동안 실시한 연구에 의하면, 음식물에 대한 미생물의 반응 속도는 놀랄 만한 수준이다. 연구진은 지원자들을 두 그룹으로 나누어 한 그룹은 과일과 채소와 곡식만 먹게 하고, 다른 그룹은 고기와 달걀과 치즈만 먹게 했다. 그 결과 지원자들의 마이크로바이옴은 식생활 변화에 신속하게 대응하여 변신하는 것으로 나타났다. 즉, 하루 안에 채식 모드(탄수화물 분해 전문)와 육식 모드(단백질 분해 전문)를 넘나드는 것이다.[25] 사실 채식 모드의 마이크로바이옴은 초식동물의 장내 미생물과, 육식모드의 마이크로바이옴은 육식동물의 장내 미생물과 매우 흡사하다. 이는 인체가 수백만 년 동안 겪어온 진화를 적어도 일주일 안에 재현한다는 사실을 뜻한다.

이렇게 장내 미생물은 우리를 유연한 섭식자로 만든다. 선진국 사람이나 동물원의 동물처럼 규칙적이고 풍요로운 식사를 하는 이들에게는 이것이 그리 중요하지 않을 수도 있다. 그러나 수렵 채취 생활을 하던 우리의 조상이나 아마토가 관찰하는 짖는원숭이처럼 불규칙한 식사를 하는 이들에게는 사정이 다르다. 그들은 시즌별로 달라지는 메뉴에 대응해야 하며, 예기치 않은 진수성찬 혹은 기근에 맞닥뜨리기 때문이다. 본의 아니게 익숙하지 않은 음식을 먹어야 하는 이들은 신속하게 적응하는 마이크로바이옴의 도움을 받아 역경을 헤쳐나갈 수 있다. 끊임없이 변화하는 불확실성의 세계에서 마이크로바이옴은 우리에게 유연성과 안정성을 제공한다.

한편 미생물의 유연성은 동물들에게 요긴한 선물일지언정, 인간에게는 저주가 될 수도 있다. 북아메리카산 딱정벌레는 옥수수 뿌리에 큰 피해를 주는 해충으로 성충이 옥수수밭에 알을 낳으면 이듬해 알에서 깨어난 유충이 옥수수 뿌리를 포식한다. 그런데 딱정벌레의 생애 주기에는 취약성이 있다. 농부가 옥수수와 콩을 2년마다 번갈아 심는 경우엔 옥수수밭에 낳아놓은 알이 콩밭에서 깨어나 죽기 때문이다. '돌려짓기'라고 일컫는 이러한 경작 방식은 뿌리벌레를 처치하는 데 매우 유용하게 사용되어왔다. 그러나 일부 '돌려짓기 저항성 딱정벌레'들이 나타나 미생물을 이용한 대응 방안을 개발했다. 그들의 장내 미생물은 콩을 소화시키는 데 일가견이 있어 콩밭에 태어나도 옥수수에 대한 오랜 의존성을 극복하고 살아갈 수 있게 되었다. 숙주의 식생활에 신속하게 적응하는 미생물 덕분에, 딱정벌레들은 여전히 농민들을 괴롭히고 있다.[26]

독성 먹이 해독 프로그램

일반적으로 생물이 "날 잡아 드세요" 하며 줄을 서는 경우는 없다. 그들에게는 자력구제의 수단이 있는 법이다. 능동적인 동물들은 싸우거나 도망치는 반면, 수동적인 식물들은 화학적 방어에 의존하는 경향이 있다. 즉 식물의 조직에 묻어 있는 물질은 살균하거나, 종양을 일으키거나, 낙태시키거나, 체중을 감소시키거나, 신경병을 초래하거나, 해코지하거나, 죽임으로써 공격자를 물리친다.

크레오소트creosote 관목은 미국 남서부의 사막에서 가장 흔한 식물 중 하나다. 크레오소트가 그렇게 번성한 것은 가뭄, 노화, 초식동물에 대해 강한 저항성을 갖고 있기 때문이다. 그 잎에는 수백 가지 화합물이 함유된 수지樹脂가 듬뿍 발려 있는데, 모두 합하면 건조중량의 4분의 1을 차지할 정도로 그 양이 많다. 이 화합물 칵테일은 톡 쏘는 냄새를 피우는데, 특히 빗방울이 잎을 때릴 때 자극적인 냄새가 진동해서 크레오소트의 냄새는 빗물에서 유래한다는 속설도 있지만 실은 그 이상의 비밀이 숨어 있는 게 분명하다. 이유야 어찌 됐든, 크레오소트의 수지에서 풍기는 냄새를 한번 맡아보는 정도라면 몰라도 그걸 꿀꺽 삼킨다면 이야기가 달라진다. 간과 신장에 끼치는 독성이 상상을 초월하기 때문이다. 그런데 이상한 점이 하나 있다. 실험용 쥐에게 수지를 과량 투여하는 경우 사망을 초래하지만, 사막에 서식하며 크레오소트의 잎을 갉아 먹는 숲쥐는 멀쩡하니 말이다. 게다가 숲쥐는 크레오소트의 잎을 조금만 먹는 게 아니라 많이, 그것도 아주 많이 먹는다. 겨울과 봄 내내 크레오소트 잎을 야금야금 갉아 먹는 데 맛을 들인 모하비사막의 숲쥐는 다른 것은 아예 거들떠보지도 않는다. 다른 쥐들에게는 치명적인 것을 아무리 먹어도 끄떡없다니,

그들에겐 대체 무슨 대비책이 있는 걸까?

동물들은 식물의 독소를 회피하기 위해 많은 방법들을 강구하며, 모든 해결책은 각각 나름의 비용을 치른다. 독성이 제일 약한 부분을 골라 먹을 수도 있지만 양이 적어 성에 차지 않는다. 점토처럼 독소를 중화시키는 물질을 삼키는 방법에는 시간과 노력이 든다. 해독 효소를 자체적으로 생성하려면 에너지가 필요하다. 하지만 이 모든 문제들을 일거에 처리할 수 있는 해결사가 있으니, 세균이 바로 그들이다. 세균은 생화학의 달인으로 중금속에서부터 원유에 이르기까지 모든 독성 물질을 분해할 수 있기 때문이다. 그래봤자 몇 가지 식물의 독소밖에 더 되지 않겠냐고? 천만의 말씀. 1970년대에 과학자들은 "한 동물의 소화관에 서식하는 미생물들이 먹이에 포함된 독소들을 모조리 해독하여 소화관으로 하여금 아무 탈 없이 영양소를 흡수할 수 있도록 해준다"고 발표한 바 있다.[27] 장내 미생물을 이용하여 먹이를 무장해제함으로써, 동물들은 대응 조치 개발에 필요한 비용과 수고를 절약할 수 있었다. 생태학자 케빈 콜Kevin Kohl에 의하면 숲쥐의 용감무쌍함을 설명할 수 있는 것은 바로 장내 미생물이며, 지난 수천 년 동안 진행된 기후변화가 자신의 예측을 증명한다고 한다.

지금으로부터 약 1만 7000년 전, 미국 남부의 기후가 점점 따뜻해지면서 본래 남아메리카가 원산지인 크레오소트 관목이 이주해 들어왔다. 크레오소트는 숲쥐의 활동 영역이기도 한 모하비사막에 무사히 적응했지만, 그보다 추운 그레이트베이슨까지 북진할 수는 없었다. 그래서 그레이트베이슨의 숲쥐들은 크레오소트를 전혀 맛보지 못한 채 주로 향나무를 먹고 살았으며, 모하비사막의 숲쥐들은 사방에 지천으로 널려 있는 크레오소트를 주식으로 삼게 되었다. 오늘날 그레이트베이슨에 사는 숲쥐들은 크레오소트의 독성을 견디지 못하는 데 반해 모하비사막에 사는 숲쥐들은 크레오소트를 아무렇지도 않게 먹는다. 똑같은 조상의 후손들인데 서식지에 따라 이런 차이가 나타난 이유는 뭘까? 콜의 짐작이 맞는다면 모하비사막의 숲쥐들이 보유한 장내 미생물은 크레오소트 수지의 독성을 해독할 것이고, 그레이트베이슨의 숲쥐들이 보유한 장내 미생물은 그러지 못할 것이다. 콜은 양쪽 사막에서 생포한 숲쥐들을 대상으로 실험을 수행하여 자신의 가설이 옳았음을 입증했다. 두 그룹의 숲쥐들에게 크레오소트 수지를 투여해보니 그레이트베이슨 출신 숲쥐들의 소화관에서는 미생물들이 위축되는 반면, 모하비사막 출신 숲쥐들의 소화관에서는 독소를 해독하는 유전자가 활성화되며 미생물들이 번성하는 것으로 나타난 것이다. 모하비사막 숲쥐들의 장내 미생물이 크레오소트 수지의 독성을 정말로 해독하는지 확인하기 위해 콜은 그들에게 항생제를 투여하여 장내 미생물을 제거했다. 그런 뒤 그들에게 실험용 사료를 먹여봤더니 아무런 문제가 없었지만, 크레오소트 수지가 배합된 사료를 먹였을 땐 극심한 고통을 겪는 것으로 나타났다. 그들이 겪는 고통은 항생제를 투여받지 않아 여전히 장내 미생물을 보유하고 있는 그레이트베이슨 숲쥐보다도 더 심한 것으로 밝혀졌다. 장내 미생물이 제거된 모하비사막 숲쥐들이 사경을 헤매자, 보다 못한 콜은 2주 만에 서둘러 실험을 종료했다. 이로써 "모하비사막 숲쥐들의 장내 미생물이 크레오소트 수지의 독성 해독에 관여한다"는 가설이 입증되었다. '크레오소트 먹기의 달인'인 모하비사막 숲쥐에게 항생제를 투여하여 '완전한 초보'로 바꾸다니, 지난 1만 7000년 동안 미국 남서부 사막에서 진행된 진화를 단 2주 만에 역전시킨 셈이었다.[28]

콜은 그와 정반대되는 실험도 수행해보았다. 모하비사막 숲쥐의 장내 미생물을 그레이트베이슨 숲쥐에게 이식하기 위해, 모하비사막 숲쥐의 대변을 믹서로 간 다음 사료에 섞어 그레이트베이슨 숲쥐에게 먹인 것이다. 그러자 모하비사막 숲쥐의 장내 미생물을 이식받은 그레이트베이슨 숲쥐들은 크레오소트 수지가 배합된 사료를 아무리 먹어도 전혀 탈이 나지 않았다. 새로운 미생물이 그레이트베이슨 숲쥐들의 체내에서 어떤 역할을 수행하는지를 알아보기 위해 콜은 소변검사를 실시했다. 결과는 놀라웠다. 크레오소트의 독소는 소변의 색깔을 뿌연 갈색으로 만들기 마련인데, 새로운 장내 미생물을 이식받은 그레이트베이슨 숲쥐의 소변은 맑은 황금색이었다. 이는 새로운 미생물이 분비한 효소가 크레오소트의 독소를 분해했음을 의미한다. 크레오소트에 관한 한 '완전한 초보'였던 그레이트베이슨 숲쥐들에게 새로운 미생물을 이식하여 '크레오소트 먹기의 달인'으로 바꾸다니, 이번에는 모하비사막 숲쥐들이 지난 수천 년 동안 이룩한 성과를 단 몇 끼의 사료로 재현한 쾌거였다.

1만 7000년 전 모하비사막에 크레오소트가 처음 나타났을 때 어떤 일이 벌어졌을지 생각해보자. 모하비사막에 살던 숲쥐 한 마리는 새로운 관목을 발견하고 '어디 한번 맛볼까?' 생각했다. 한입 베어 물고 보니 맛은 별로였지만, 먹이가 귀한 겨울이라 이것저것 가릴 처지가 아니었다. 그래서 몇 번 더 먹다보니 크레오소트의 표면에 살던 세균까지도 삼키게 되었을 것이다. 한데 그 세균은 이미 크레오소트의 수지를 분해하는 방법을 진화시킨 상태였으므로, 세균을 먹은 숲쥐는 크레오소트를 잘 소화시킬 수 있게 되었다. 숲쥐는 이곳저곳을 돌아다니며 세균이 포함된 변을 봤고, 그 배설물은 다른 숲쥐에게 발견되어 그의 배 속으로 들어갔다. 이런 식으로 숲쥐들 사이에서 크레오소트 소화 능력이 확산되는 가운데 점차 세를 넓혀 모하비사막의 우점종으로 자리 잡은 크레오소트는 자연스럽게 숲쥐들의 주식이 되었다. 모하비사막의 숲쥐들이 번성할 수 있었던 것은 크레오소트를 소화시키는 능력을 터득했기 때문이고, 그 능력은 구성원들끼리 똥을 먹음으로써 미생물을 주고받는 습성에서 기인한다.[29]

이렇듯 동물들이 미생물 덕분에 치명적 독성을 지닌 먹이를 먹을 수 있게 된 사례는 셀 수도 없이 많다.[30] 공생체의 아이콘이라 할 수 있는 지의류는 우스닌산usnic acid라는 독소를 품고 있다. 그러나 지의류를 수시로 뜯어 먹는 순록은 우스닌산을 어렵잖게 분해하므로 그들의 배설물에서는 우스닌산이 거의 검출되지 않는데, 그 비결은 바로 장내 미생물이다. 탄닌은 쓴맛이 나는 화합물로 적포도주에 질감을 부여하지만 동물의 간과 신장을 손상시킬 수 있다. 그러나 코알라에서부터 모하비사막 숲쥐에 이르기까지, 많은 초식동물들은 미생물을 이용하여 탄닌을 분해함으로서 위험에서 벗어난다. 또 커피 애호가들의 마음을 사로잡는 카페인은 커피 열매를 먹고 사는 해충들에게 독소로 작용하지만 딱정벌레목 곤충인 커피열매천공벌레coffee bean borer beetle는 미생물의 힘을 빌려 이를 분해한다. 따라서 이 벌레는 커피 열매만 먹고 사는 유일한 동물로 알려지며 전 세계 커피 산업을 위협하는 가장 큰 세력 중 하나로 군림하게 되었다.

이처럼 장내 미생물은 초식동물들의 삶에서 절대적인 위치를 차지하고 있다. 미생물은 먹이를 소화시켜 영양분을 공급할 뿐 아니라, 그 속에 들어 있는 뇌관(독소)까지도 제거해준다. 미생물의 능력과 자신의 전략을 결합하여, 초식동물들은 주변에 풍부하게 존재하는 식물을 최대한 이용한다. 이쯤 되면 이런 의문을 제기하는 사람도 있을 것이다. "그렇다면 식물은 초식동물과 미생물에게 속수무책으로 당하기만 하는 건가? 식물들이 불쌍하군." 그러나 걱정할 필요는 없다. 이 과정에서 식물들이 다소 타격을 입긴 해도 심각한 고통을 받는 건 아니니까. 숲쥐들에게 유린당하는 것 같지만, 크레오소트 관목은 여전히 모하비사막의 지배자로 군림한다. 지의류도 마찬가지여서, 순록에게 뜯어 먹힐지언정 그들은 여전히 툰드라를 압도하고 있다. 유칼립투스는 코알라에게 잎을 빼앗기지만, 호주의 이곳저곳을 다니다보면 늘 부딪치는 게 유칼립투스다. 심지어 딱정벌레에 시달리는 듯 보이는 커피 또한 고맙게도 아직은 건재하다. 생태계란 본래 동물과 식물, 미생물이 균형을 이루며 살아가는 곳이다. 그러나 간혹 미생물의 해독 작용이 너무 앞서 나가는 경우가 있으니, 그럴 땐 식물도 별수 없이 커다란 손실을 입게 된다.

결과는 자연만이 안다

비행기를 타고 북아메리카의 서쪽 숲 위를 날아가다보면 빨갛거나 헐벗은 나무들이 광범위하게 펴져 있는 광경을 목격하게 될 것이다. 언뜻 멋진 가을 풍경 같겠지만 사실은 재난의 현장이다. 이 나무들은 소나무인데, 소나무의 침엽針葉이 빨갛게 변한 것은 정상이 아니다. 집단으로 고사枯死하지 않는 한 상록수인 이들은 푸르름을 유지해야 한다. 그렇다면 무엇이 그들을 그렇게 만들었을까? 범인은 산악 지대에 서식하는 소나무좀pine beetle이라는 곤충으로, 색깔은 석탄처럼 까맣고 크기는 쌀알만 하다. 그들은 소나무에 침투하여 나무껍질 아래 긴 굴을 파고 나아가며 알을 낳으며, 알에서 깨어난 유충들은 다시 안으로 파고 들어가 체관액을 빤다. 한 마리가 하는 일은 아무것도 아니겠지만, 수천 마리가 우글거리면 나무 한 그루 초토화되는 것은 시간문제다. 소나무 껍질 한 조각을 벗겨보면 그들의 솜씨를 알 수 있다. 유충들이 만든 터널이 복잡한 미로처럼 연결되어 안으로 향한다. 그들은 소나무의 영양분을 고갈시킴으로써 나무를 말라죽이고, 이웃 나무로 차례차례 옮겨 가면서 숲 전체를 빨간색으로 물들인 뒤 이내 황폐화한다.[31]

그런데 자그마한 소나무좀에게는 그보다 훨씬 작은 공범들이 둘씩이나 있다. 이들은 소나무좀이 가는 곳이라면 어디든지 동행하며, 부크네라가 진딧물에게 하듯이 영양 보충제처럼 행동한다. 소나무좀 유충이 영양분이 부족한 표층부에 머무르는 동안 곰팡이들은 유충의 손길이 미치지 않는 심층부로 균사를 뻗어 질소와 기타 필수영양소가 가득 들어찬 저장소에 접근한다. 그러고는 영양소를 표층부로 운반하여 유충들에게 제공하는 것이다. 다년간 소나무좀을 연구해온 곤충학자 다이애나 식스Diana Six는 이렇게 말한다. "소나무좀 유충은 정크 푸드만 먹고 살기 십상이라 곰팡이들로부터 영양가 높은 먹이를 공급받아야 해요." 유충이 번데기로 변하면 곰팡이는 포자(딱딱한 생식용 캡슐)를 형성한다. 나중에 번데기에서 나온 성충은 여행 가방처럼 생긴 입속 구조체에 포자를 담아, 가엾은 다음 희생자를 찾아 여행을 떠난다.

소나무좀은 과거에도 종종 출몰했지만 이번 건은 기후변화와 연관된 것이라 여느 때보다 규모가 열 배 이상 크다. 1999년 이후 소나무좀은 곰팡이와 손을 잡고 브리티시컬럼비아의 성숙한 소나무들을 절반 이상 고사시켰으며, 미국의 산림을 380만 에이커나 황폐화했다. 심지어 그들은 캐나다의 추운 로키산맥마저 넘어 현재 동진東進을 이어가고 있다. 그동안 소나무좀을 북미 서해안에 가둬놓는 울타리 역할을 해온 로키산맥도 이제 마지노선이 무너지며 상황이 달라졌다. 포위망을 좁혀오는 소나무좀-곰팡이 연합군 앞에서, 북아메리카 동부에 끝없이 펼쳐진 숲 지대는 그저 관대한 처분만을 기다릴 뿐이다.

물론 연약한 나무들이 아예 속수무책으로 당하기만 하는 건 아니다. 그들도 공격을 받으면 테르펜terpene이라는 화합물을 대량으로 생산하는데, 고농도의 테르펜은 소나무좀과 곰팡이를 한꺼번에 죽일 수 있다. 다만 소나무좀이 그리 호락호락하지는 않은 모양이다. 그들은 소나무의 방어에 인해전술로 맞대응한다. 압도적인 병력으로 밀어붙이는 그들 모두를 상대하기에 소나무가 생산해내는 테르펜은 턱없이 부족하다. 따라서 소나무는 곧바로 백기를 들고 마는 것이다.

그런데 곤충학자 켄 라파Ken Raffa는 이러한 설명을 납득하지 못하고 의문을 제기한다. "만약 인해전술을 이용한 소나무좀의 속전속결론, 즉 '소나무좀의 공격이 시작되자마자 소나무가 테르펜을 대량으로 생산하여 저항하면 소나무좀은 인해전술을 이용하여 이를 순식간에 무력화시킨다'는 이야기가 맞는다면, 소나무의 테르펜이 금세 바닥나고 동시에 전쟁은 끝나야 한다. 그러나 실제로는 그렇지 않다. 소나무는 최소 한 달 이상 테르펜을 대량으로 생산하며 소나무좀의 공격에 지속적으로 저항하는 것으로 알려져 있다. 소나무 속 깊숙이 침투한 유충들이 어미보다 훨씬 더 많은 양의 독소를 한 달 이상 견뎌내야 한다는 뜻이다. 그게 어떻게 가능할까?"

라파가 이끄는 연구 팀은 소나무좀의 또 다른 동맹군들을 찾아냈다. 바로 슈도모나스속Pseudomonas과 라넬라속Rahnella 세균으로, 이들은 소나무좀의 몸 전체와 소나무의 모든 부분에서 발견된다. 즉 소나무좀의 외골격과 입, 소화관은 물론 소나무좀이 파놓은 동굴의 내벽에도 서식하는 것이다. 그들은 엄선된 정예부대로, 흰개미의 장내 미생물보다 다양성이 훨씬 더 부족하여 어쩌면 먹이를 소화시키는 데는 부적합해 보인다. 그러나 실험 결과 그들은 테르펜을 분해하는 데 필요한 유전자를 다량 보유하고 있는 것으로 드러났다. 상이한 종들이 각각 상이한 화합물을 처리함으로써 종합적으로 모든 테르펜 화합물의 뇌관을 제거하는 것으로 밝혀진 것이다.[32]

이쯤 되면 해답을 찾았다고 선언하고 싶은 유혹이 생길 만도 하다. "세균들은 소나무좀의 마이크로바이옴을 구성하는 미생물로서 소나무의 방어를 무력화하는 역할을 하고, 소나무좀은 이 소나무에서 저 소나무로 그들을 실어 나르는 역할을 한다"고 말이다. 그러나 앞에서도 살펴봤듯이 공생의 세계는 매우 복잡하므로, 단순한 결론은 만족감을 줄지언정 종종 틀릴 때가 있다. 첫 번째 가설을 살펴보자. 건강하고 해충에 감염되지 않은 침엽수에서도 똑같은 세균들이 발견되는데, 그렇다면 그들은 곤충의 마이크로바이옴이 아니라 나무의 마이크로바이옴을 구성하는 세균인지도 모른다. 딱정벌레가 공격을 개시하여 숙주 나무가 테르펜 생산을 늘리면 그들은 갑자기 벌어진 테르펜 파티에 참석하여 포식하지만, 그 과정에서 본의 아니게 숙주에게 해를 끼치고 침입한 딱정벌레를 이롭게 하는 것이다. 두 번째 가설은 이것이다. 딱정벌레가 테르펜을 분해하는 효소들을 갖고 있지만 한 세트를 완벽하게 구비한 것은 아니라면? 그렇다면 세균은 테르펜을 분해하는 데 얼마나 기여할까? 해독 작업을 거의 도맡아 할까, 아니면 진딧물과 부크네라가 협동하여 아미노산을 만들듯 딱정벌레와 반반씩 분담할까? 그리고 결정적으로, 세균들은 딱정벌레의 생존 가능성을 실제로 높일까?

지금으로서 확실하게 말할 수 있는 것은 다음과 같다. "동물과 곰팡이와 세균으로 구성된 대규모 연합군이 숲을 침공하면 나무들은 훌륭한 화학적 방어 수단을 보유하고 있음에도 불구하고 죽어가기 시작한다. 나무들의 죽음은 공생의 힘을 보여주는 증거다. 가장 무해한 자들이 가장 힘

센 자들을 물리친다는 진정한 공생의 힘 말이다. 딱정벌레를 유심히 들여다보거나 현미경으로 딱정벌레의 미생물을 관찰하는 것은 물론 필요한 일이다. 그러나 상호 확증 성공의 결과는 자연만이 안다.

미생물이 부여한 힘 덕분에 노린재목 곤충들은 식물의 수액을 빨아 먹을 수 있도록 진화한 반면, 흰개미와 풀 뜯는 포유동물들은 식물의 줄기와 싹을 깨물어 먹도록 진화했다. 관벌레들은 심해에 정착했고, 숲쥐들은 모하비사막에 널리 퍼졌으며, 소나무좀은 북아메리카 대륙의 상록수림을 황폐화했다.[33]

이러한 거창한 사례들과 대조적으로, 점박이응애two-spotted spider mite가 일으키는 혼란은 스케일이 좀 작다. 이 문장 끝에 인쇄된 마침표만큼이나 작은 빨간색 거미류인 점박이응애는 소나무좀처럼 떼 지어 몰려다니며 식물들을 죽인다. 전 세계에 악명이 자자한 해충인 이들은 살충제에 저항하는 재주가 있고 식성이 까다롭지 않은 덕분에 크게 번성했다. 토마토에서 딸기까지, 옥수수에서 콩까지 자그마치 1100종 이상의 식물을 먹어치운다. 이처럼 광범위한 식물을 먹는다는 것은 해독에 남다른 자질이 있음을 의미한다. 먹고 탈이 나지 않으려면 각각의 식물들이 저마다 보유한 방어용 화합물의 칵테일을 모조리 무장해제 해야 하기 때문이다. 운 좋게도 점박이응애에게는 커다란 무기고가 있으며, 그 속에는 온갖 해독 유전자들이 가득 들어차 있다. 그러므로 적당한 유전자를 하나 고르고 활성화하여 먹기로 작정한 식물의 수액에 들어 있는 독소를 분해하면 된다.

이야기의 주인공이 반드시 미생물이라는 법은 없는 모양이다. 사막에 사는 숲쥐나 산악 지대에 사는 소나무좀과 달리, 점박이응애는 먹이에 함유된 독소를 분해하기 위해 장내 미생물에게 의존하지 않으니 말이다. 이들은 자신의 유전체 속에 모든 해독 유전자들을 갖고 있기 때문이다. 그러나 놀라지 마시라. 그런 경우에도 미생물은 여전히 중요하다.

점박이응애의 공격을 받은 식물 중 상당수는 조직이 파괴될 때 시안화수소를 내뿜는데 이 물질은 독성이 매우 강하다. 해충 구제업자들은 시안화수소를 이용하여 쥐를 중독시키고, 고래 잡는 사람들은 작살에 그것을 바르며, 나치는 수용소에서 그것을 사용했다. 그러나 점박이응애는 시안화수소에 개의치 않는다. 그들이 가진 유전자 중 하나가 효소를 만들어 시안화수소를 무해한 화합물로 전환시키기 때문이다. 다양한 나비와 나방의 유충들도 이 유전자를 갖고 있으므로 시안화물을 대수롭게 여기지 않는다. 그렇다면 시안화물을 분해하는 이 유전자는 어디서 온 것일까? 그건 점박이응애와 모기와 나방들이 스스로 만든 것도 아니고, 공통 조상에게서 물려받은 것도 아니다.

그 유전자는 바로 세균에게서 왔다.[34]

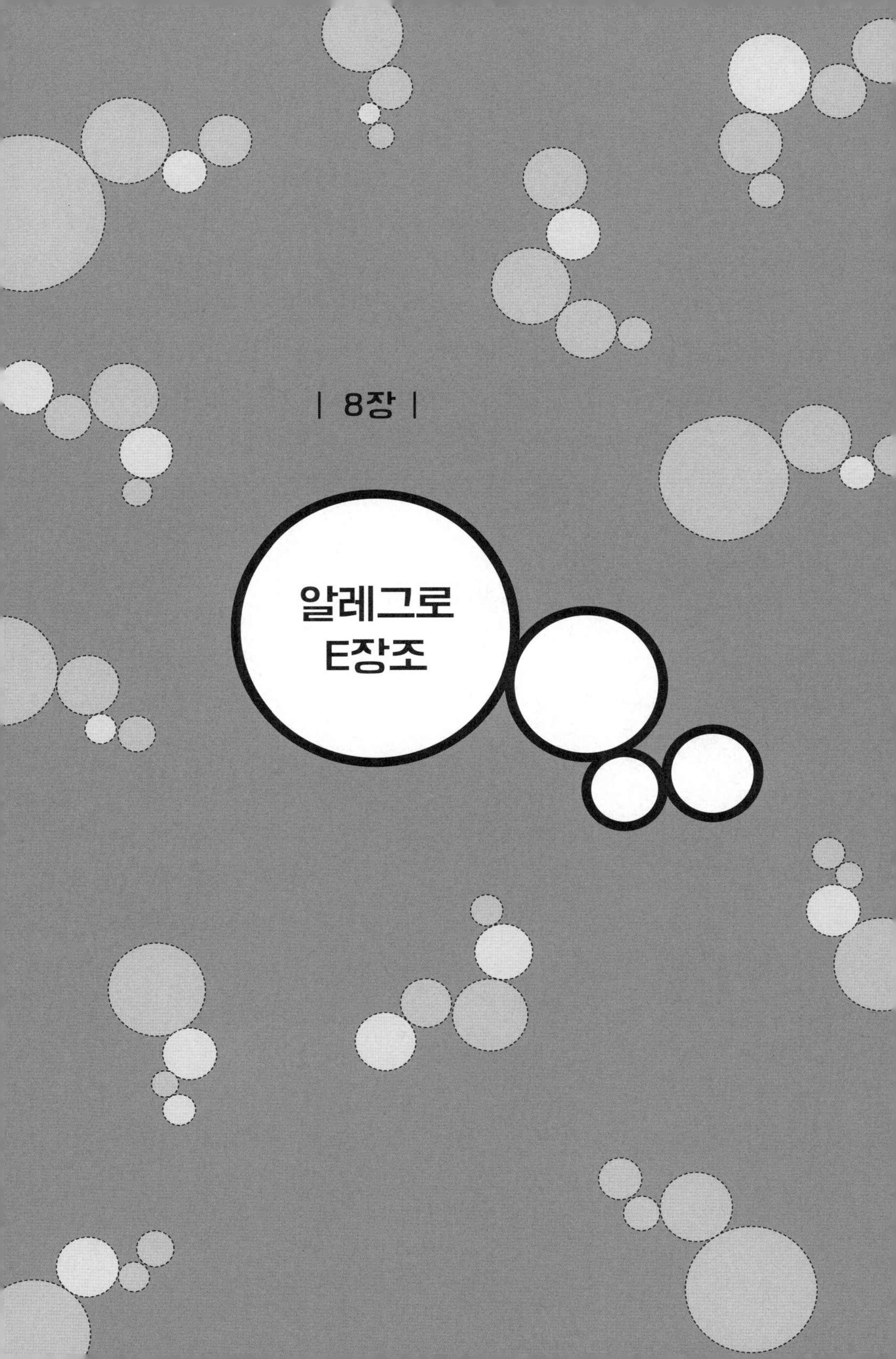

| 8장 |

알레그로 E장조

세상에 태어날 때, 우리는 어머니와 아버지에게서 유전자를 절반씩 물려받는다. 그건 운명이다. 부모님에게 물려받은 유전자는 평생 동안 남아 있으며 더 이상 추가되거나 누락되지 않으니 말이다. 당신은 내 유전자를 가질 수 없고, 나도 당신의 유전자를 가질 수 없다. 그러나 친구와 동료들끼리 유전자를 마음대로 교환하는 세상을 상상해보라. 당신의 보스가 바이러스 저항성 유전자를 보유하고 있다면, 당신은 그 유전자를 빌릴 수 있다. 당신의 자녀가 질병에 약한 유전자를 갖고 있다면, 당신의 건강한 유전자로 교체해줄 수 있다. 먼 친척뻘 되는 사람이 특정 음식을 잘 소화시키는 유전자를 갖고 있다면, 당신의 것으로 만들 수 있다. 그런 세상에서 유전자는 단지 대대손손 수직으로 대물림되는 가보가 아니라 개체들 간에 수평으로 교환할 수 있는 상품이다.

방금 이야기한 것이 바로 세균들이 사는 세상이다. 우리가 전화번호나 돈이나 아이디어를 교환하듯이, 그들은 DNA를 손쉽게 주고받는다. 그들은 간혹 서로에게 쭈뼛쭈뼛 다가가 물리적으로 연결한 다음 DNA 조각을 직접 주고받는데, 이건 우리로 말하면 섹스나 마찬가지다. 그들은 죽거나 썩어가는 이웃들이 환경에 방출한 DNA 조각을 공짜로 얻을 수도 있으며, 심지어 유전자를 바이러스에 실어 다른 세포로 보낼 수도 있다. DNA가 너무 자유롭게 흘러다니다보니, 전형적인 세균의 유전체에는 동료들에게서 받은 유전자들이 대리석 무늬처럼 아로새겨져 있다. 심지어 매우 가까운 균주들끼리도 유전자가 상당히 다를 수 있다.[1]

유전자 주고받기

세균들은 이러한 수평 유전자 이동horizontal gene transfer(HGT)을 수십억 년 동안 실행해왔지만, 이게 도대체 무슨 영문인지 과학자들이 처음으로 깨닫게 된 것은 1920년대였다.[2] 그들은 무해한 폐렴연쇄구균Pneumococcus 균주가 감염성 균주의 시체나 으깨진 잔해와 뒤섞인 뒤 갑자기 질병을 일으킨다는 사실에 주목했다. 세균의 시체나 잔해에서 추출된 무엇인가 그들을 변형시킨 게 틀림없었다. 1943년 오즈월드 에이버리Osward Avery라는 조용한 혁명가가 진실을 밝혔다. 내용인즉 "무해한 세균을 변형시킨 물질은 DNA이며, 외부에서 흡수되어 비감염성 균주의 유전체에 통합되었다"는 것이었다.[3] 그로부터 4년 뒤, 조슈아 레더버그Joshua Lederberg라는 젊은 유전학자(그는 나중에 '마이크로바이옴'이라는 말을 유행시키게 된다)는 세균들이 DNA를 보다 직접적으로 교환할 수 있음을 밝혔다. 그가 연구한 두 종류의 대장균 균주는 각각 다른 영양소를 만들 수 없었고, 따라서 각각 해당 영양소를 외부에서 공급받지 않으면 죽을 운명이었다. 그러나 레더버그가 그것들을 섞어 배양하자 놀라운 일이 일어났다. 딸 균주daughter strain의 일부가 영양소를 공급받지 않고도 생존하는 것이 아닌가! 이는 두 모균주parental strain가 유전자를 수평적으로 교환함으로써 상대방의 단점을 보완했음을 의미한다. 그 후 딸 균주는 완전한 유전자 세트를 자손에게 물려주면서 번성하는 것으로 나타났다.[4]

그로부터 60년이 지난 지금, 우리는 HGT가 세균의 삶에서 가장 심오한 측면 중 하나임을 알고 있다. HGT는 세균을 맹렬한 속도로 진화시킨다. 새로운 도전에 직면했을 때, 세균은 기존의 DNA 내에서 적당한 돌연변이가 축적되기를 기다릴 필요가 없다. 그들은 이미 도전에 적응한 유경험자들로부터 유전자를 빌림으로써 당면한 위협에 단번에 적응한다. 수평으로 이동한 유전자 중에는 처음 보는 먹이를 잘게 써는 칼도 있고, 항생제로부터 보호해주는 방패도 있고, 새로운 숙주를 감염시키는 무기도 있다. 그러므로 어떤 선구적인 세균이 혁신적인 형질을 진화시킨다면 이웃들도 금세 똑같은 형질을 보유하게 된다. 이러한 과정을 통해 무해한 장내 미생물은 질병을 초래하는 괴물로 돌변할 수 있으며, 평화주의자인 지킬 박사가 사악한 하이드 씨로 변신할 수도 있다. 또한 박멸되기 쉬운 취약한 병원체가 가장 강력한 의약품에도 끄떡하지 않는 악질 '수퍼버그'로 변하는 것도 가능하다. 항생제 저항성 세균의 등장은 21세기 공중 보건을 위협하는 최고의 악재로, HGT의 통제 불가능한 힘을 여실히 증명한다.

세균들에 반해 동물들은 빨리 진화하지 않으며, 새로운 도전에 서서히 꾸준하게 적응하는 것이 보통이다. 도전에 적합한 변이를 보유한 개체들은 생존하여 다음 세대에 유전적 선물을 물려줄 가능성이 높다. 시간이 경과함에 따라 유용한 변이들이 점점 더 흔해지는 반면 유해한 변이들은 사라져간다. 이것은 고전적인 자연선택으로, 개체보다는 집단에 영향을 미치는 느리고 꾸준한 과정이다. 벌, 매, 인간 집단은 유익한 변이들을 서서히 축적하지만, 개체들이 유익한 유전자를 스스로 주고받는 것은 불가능한 듯 보인다. 그러나 개체의 유전자 교환은 사실상 가능하다. 공생 세균을 교환함으로써 미생물의 유전자 패키지를 즉석에서 획득할 수 있기 때문이다. 새로 유입된 세균들이 기존의 마이크로바이옴과 접촉하면 외부 유전자가 마이크로바이옴에 통합되어 새로운 능력을 부여한다. 그리고 드물지만 매우 극적인 경우도 있는데, 바로 숙주가 미생물의 유전자를 자신의 유전체에 통합시키는 것이다. 7장의 말미에 언급한 점박이응애가 그런 사례에 해당한다. '시안화물을 해독하는 유전자'를 미생물에게서 수평적으로 전달받았으니 말이다.[5]

쉽게 흥분하는 저널리스트들이 이따금씩 주장하는 것이 있다. "HGT는 생물들로 하여금 '수직적 대물림'이라는 폭군을 회피하게 함으로써 다윈의 진화론에 도전장을 던진다"는 내용이다. 악명 높은 〈뉴 사이언티스트〉의 표지에 실린 "다윈은 틀렸다"라는 문구는 뭘 몰라도 한참 모르는 얘기다. 물론 HGT가 동물의 유전체에 새로운 변이를 추가하는 것은 사실이다. 그러나 점핑 유전자jumping gene•도 제2의 고향에 도착하면 별수 없이 그 유명한 자연선택의 지배를 받아야 한다. 치명적인 유전자들은 숙주와 함께 유명을 달리하고, 유익한 유전자들은 다음 세대로 전달된다. 그러니 HGT라고 해서 특별할 것은 없다. HGT도 고전적인 다윈주의의 범주를 벗어나지 않으며, 다른 점이 하나 있다면 속도가 매우 빠르다는 것이다.

지금까지 나는 미생물이 동물에게 제공하는 흥미로운 진화의 기회에 대해 설명했다. 이제는 단락을 바꾸어, 동물이 미생물의 도움을 받아 진화의 기회를 매우 신속하게 포착하기도 한다는 점을 이야기하고자 한다. 우리는 미생물과 파트너를 이루어 진화라는 음악을 느리고 찬찬한 아다지오에서 경쾌하고 활기찬 알레그로로 전환시킬 수 있다.

• 하나의 단위에서 다른 단위로 전이될 수 있는 유전자군.

동물의 몸속으로 점프하다

일본의 해안을 둘러보면 적갈색 해조류들이 파도에 씻긴 바위에 달라붙어 있는 모습을 목격할 수 있다. 김속屬에 속하는 그 해조류는 '노리'라는 일본명으로 더 잘 알려져 있다. 노리는 지난 1300년 동안 일본인들의 위장을 가득 채워왔다. 처음에는 으깨어 반죽처럼 만들어 먹었지만, 나중에는 얇은 종이처럼 만들어 작은 초밥을 싸 먹게 되었다. 이런 식습관은 오늘날까지 이어져 노리의 인기는 일본을 넘어 전 세계에 퍼졌다. 하지만 노리는 일본과 유독 특별한 관계를 맺는다. 노리를 오랫동안 섭취해온 전통으로 인해 일본인들이 그 해조류를 수월하게 소화시키는 능력을 갖추게 되었기 때문이다.

다른 해조류들과 마찬가지로 노리는 육상식물에서 발견되지 않는 독특한 탄수화물을 보유한다. 우리에겐 이 물질을 소화시키는 효소가 없으며, 우리의 소화관에 서식하는 세균들 대부분도 사정은 마찬가지다. 그러나 바다에는 잘 준비된 미생물들이 가득하다. 그중 하나인 조벨리아 갈락타니보란스Zobellia galactanivorans는 고작 10년 전에야 발견되었지만 실제로는 그보다 훨씬 더 오랫동안 해초를 먹어왔다. 조벨리아의 역사를 생각해보자. 지금으로부터 수백 년 전, 일본의 연안수에 살던 그들은 해조류 위에 올라앉아 그것들을 야금야금 먹고 살았을 것이다. 그러다 갑자기 세상이 발칵 뒤집혔다. 한 어부가 해조류를 수집하여 노리 반죽을 만들어 먹기 시작한 것이다. 그의 후손들도 대대손손 노리 반죽을 먹으며, 그 과정에서 조벨리아까지 꿀꺽 삼켰다. 그러자 해안에 살던 조벨리아는 새롭고 끔직한 환경에 직면하게 되었다. 차가운 소금물이 위액으로 대체되었으니 말이다. 친숙하던 해양 미생물들이 괴상하고 낯선 미생물로 바뀐 건 또 어찌할 것인가. 그러나 이국적인 이방인들과 뒤섞이면서 조벨리아는 '미생물들이 서로 만날 때마다 으레 하는 짓'을 하기 시작했다. 바로 유전자를 공유하는 일이었다.

우리가 이런 사실을 알게 된 것은 얀-헨드리크 헤만Jan-Hendrick Hehemann 덕분이다. 그는 인간의 소화관에 서식하는 미생물인 박테로이데스 플레베이우스Bacteroides plebeius(B. plebeius)에서 조벨리아의 유전자 중 하나를 발견했다.[6] 그 발견은 엄청난 충격이었다. 해양 미생물의 유전자가 육상 생활을 하는 인간의 배 속에서 도대체 무슨 일을 하고 있었던 것일까? 해답은 바로 HGT에 있었다. 조벨리아는 새로운 환경에 적응하지 못해 노리에 올라탄 채 소화관 속을 전전하다가 세상을 떠났다. 그러나 그 짧은 기간 동안 중요한 업적을 하나 남겼으니, 바로 B. 플레베이우스에게 유전자의 일부를 물려준 것이다. 조벨리아가 증여한 유전자 중에는 포르피라나제porphyranase라는 효소를 만드는 것이 포함되어 있었는데, 그 효소는 해조류를 소화시키는 일을 했다. 그 결과 B. 플레베이우스는 졸지에 노리에 함유되어 있는 독특한 탄수화물을 분해하는 능력을 보유함으로써 다른 미생물들이 도저히 사용할 수 없는 에너지원을 독차지하게 된 것이다. 그러나 B. 플레베이우스는 거기서 멈추지 않고 이후에도 상습적으로 해양 미생물의 유전자를 받아들였던 모양이다. 헤만에 의하면 B. 플레베이우스의 유전체에는 육상 미생물의 유전자보다 해양 미생물의 유전자들이 훨씬 더 많으니 말이다. 즉 해양 미생물의 유전자를 반복적으로 빌림으로써 B. 플레베이우스는 해조류 소화의 달인으로 등극하게 되었다.[7]

해양 미생물의 효소를 훔친 것은 B. 플레베이우스뿐만이 아니다. 일본인들은 너무나 오랫동안 노리를 먹어왔기 때문에, 그들의 장내 미생물은 해양 미생물의 소화 관련 유전자들을 많이 보유하고 있다. 그러나 그런 식의 HGT가 오늘날에도 계속되고 있을 가능성은 희박하다. 요즘 요리사들은 노리를 굽거나 요리함으로써 무임승차한 미생물들을 모조리 화장火葬하기 때문이다. 하지만 장내 미생물의 수직 이동은 여전히 계속되고 있다. 수백 년 전의 일본인들은 해조류를 날로 먹음으로써 해양 미생물을 소화기관에 받아들인 다음 포르피라나제 유전자가 장착된 장내 미생물을 자녀들에게 물려줬다. 헤만은 이와 똑같은 대물림이 오늘날에도 이어지고 있다는 징후를 포착했다. 그가 연구한 사람들 가운데 젖을 떼지 않은 여아가 하나 있었는데, 평생 초밥을 한 입도 먹어보지 못한 그 아기의 장내 미생물도 엄마의 장내 미생물과 마찬가지로 포르피라나제 유전자를 보유하고 있었다. 다시 말해서, 아기의 장내 미생물들은 이미 노리를 먹는 데 전적응前適應되어 있었던 것이다.

헤만의 연구 결과는 2010년에 발표되어 지금까지도 가장 주목할 만한 마이크로바이옴 연구 중 하나로 인구에 회자되고 있다. 수백 년 전 일본인들이 해조류를 날로 먹었을 뿐인데, 그 사건을 계기로 일련의 소화 관련 유전자들이 바다에서 육지로 깜짝 여행을 떠났다. 유전자들은 해양 미생물에서 장내 미생물로 수평 이동 하고, 그다음으로는 엄마의 장내 미생물에서 아기의 장내 미생물로 수직 이동 했다. 어쩌면 더욱 먼 곳으로까지 여행했는지도 모른다. 헤만은 처음에 포르피라나제 유전자를 일본인들의 마이크로바이옴에서만 발견했을 뿐 북아메리카인들의 마이크로바이옴에서는 발견하지 못했다. 그러나 이제는 상황이 달라져 일부 미국인들은 아시아계 혈통이 아닌데도 불구하고 해당 유전자를 보유하고 있는 것으로 밝혀졌다.[8] 그게 어떻게 가능할까? B. 플레베이우스가 일본인들의 소화관에서 미국인들의 소화관으로 점프라도 했단 말인가? 혹시 다른 해양 미생물이 갖고 있던 유전자가 다른 음식물을 통해 전달된 것은 아닐까? 웨일스와 아일랜드 사람들은 오랫동안 김속 해조류를 이용하여 '라버laver'라는 요리를 만들어왔는데, 그렇다면 그들이 포르피라나제 유전자를 획득한 다음 대서양을 건너 미국으로 간 것일까? 지금으로서 그 이유를 아는 사람은 없다. 그러나 헤만의 말에 의하면 "포르피라나제가 모종의 장소(어디라도 상관없다)에서 최초의 숙주에게 잠입한 뒤 개인 간 접촉을 통해 퍼져나갔을 것"이라고 한다.

이것은 HGT가 제공하는 적응이 얼마나 빠른지를 보여주는 놀라운 사례다. 인간은 해조류의 탄수화물을 분해하기 위해 굳이 유전자를 진화시킬 필요가 없다. 그걸 소화시킬 줄 아는 미생물을 꿀꺽 삼키기만 하면, 우리의 장내 미생물들이 HGT를 경유하여 그 기술을 배울 테니 말이다.

헤만의 연구 결과를 접한 MIT의 에릭 앨름Eric Alm은 '나도 비슷한 사례를 찾아볼 수 없을까?' 하고 생각했다. 그는 2200종의 세균 유전체들을 뒤져 '매우 다른 유전자들 속에 섞여 있는 동일한 DNA 가닥들'을 찾아냈다. '다름의 대양oceans of difference에 떠 있는 닮음의 섬island of similarity'이라 불리는 이러한 시퀀스sequence(염기 배열)의 경우, 수직 이동보다는 수평 이동(특히 최근에 일어난)의 결과일 가능성이 높다. 앨름이 이끄는 연구진은 1만 개 이상의 교환된 시퀀스swapped sequence를 발견했는데, 이는 HGT가 얼마나 흔한 현상인지를 여실히 보여준다.[9] 또한 그들은 인체 내에서 일어난 미생물 간 유전자 교환 사례가 유난히 많다는 것을 알게 되었다. 즉 인간의 마이크로바이옴 중에서 교환된 유전자를 보유한 세균쌍의 비율은 다른 환경보다 스물다섯 배나 더 높은 것으로 밝혀졌다.

앨름의 연구 결과는 매우 설득력이 있다. HGT는 근접성에 의존하는데, 인체는 밀집된 미생물 군집을 형성함으로써 엄청난 근접성을 초래하기 십상이기 때문이다. 흔히 도시를 가리켜 혁신의 허브라고 일컫는 것은 사람들을 동일한 장소에 집중시키고 아이디어와 정보를 보다 자유롭게 유통시키기 때문이다. 이와 마찬가지 논리로 동물의 몸은 유전적 혁신의 허브라고 말할 수 있다. 옹기종기 모인 미생물 군집에서 DNA가 좀 더 자유롭게 유통되도록 허용하기 때문이다. 눈을 감고 당신의 몸속에서 이 미생물 저 미생물을 전전하는 유전자들의 실타래를 떠올려보라. 우리의 몸은 붐비는 장터이며, 미생물들은 그 속에서 자신들의 유전자 상품을 사고파는 상인들이다.

인간을 포함한 숙주 동물의 체내에 그렇게 많은 미생물들이 산다면 미생물의 유전자가 간혹 숙주 속으로 들어가도 전혀 이상할 게 없다.[10] 그럼에도 오랫동안 실시되어온 인구조사에 의하면 미생들의 유전자는 그러한 현상을 보이지 않았고, 동물의 유전체는 '미생물의 접근이 금지된 보호구역'으로서 미생물과의 유전적 난혼亂婚을 일절 용납하지 않는다. 하지만 2001년 2월 인간 유전체 지도 초안이 처음으로 공표되었을 때 이런 견해는 약간의 타격을 받았다. 정체가 드러난 수천 개의 유전자들 가운데 223개가 미천한 세균들과 공유되고 있으며 파리, 벌레, 효모 같은 다른 복잡한 생명체들과는 무관한 것으로 밝혀졌기 때문이다. '인간 게놈 프로젝트'를 주도한 과학자들이 쓴 글을 그대로 옮기면 "이러한 유전자들은 세균으로부터의 수평적 이동에서 유래했을 가능성이 높다". 그러나 그로부터 불과 네 달 뒤 회의론이 대두됨에 따라 이 대담한 주장은 수그러들기 시작했다. 다른 연구자 그룹이 나서서 "그 특별한 유전자들은 어떤 초기 생명체들 속에 존재하다가 후대에 상실되었으며, 실제로는 아무런 일도 일어나지 않았는데 괜히 HGT에 대한 환상만 남겼다"고 밝힌 것이다.[11] 이러한 대응은 혁신적 과학자들의 사기를 저하시켜 세균과 동물

사이에 HGT가 일어났을 가능성에 불신의 먹구름을 드리웠다.

세균과 동물 간의 HGT를 둘러싼 회의론에 금이 가기 시작한 건 몇 년 지나지 않아서였다. 2005년, 줄리 더닝-호톱Julie Dunning-Hotopp이라는 미생물학자가 하와이초파리의 유전체에서 '어디에나 있는 세균'인 볼바키아의 유전자를 발견한 것이다.[12] 처음에 그녀는 살아 있는 볼바키아에서 나온 유전자들이 초파리의 몸에 몰래 무임승차한 것으로 생각했다. 그러나 초파리들에게 항생제를 아무리 투여해도 볼바키아의 유전자들은 사라지지 않았다. 몇 달 동안 좌절을 겪은 뒤에야 그녀는 마침내 깨달았다. 그 유전자들은 초파리의 DNA에 아주 매끄럽게 통합되어 있어 항생제 따위로 도저히 제거할 수 없다는 것을 말이다. 뒤이어 벌, 모기, 선충류, 기타 파리 등 다른 동물들의 유전체에서도 유사한 패턴이 발견됐다. 추측건대 볼바키아는 계통수의 곳곳에 자유롭게 자신의 DNA를 살포한 듯했다. 그래서 그런지 볼바키아가 살포한 DNA 조각들 중에는 크기가 작은 것이 많았지만, 단 한 가지 예외가 있었다. 놀랍게도 더닝-호톱이 하와이초파리에서 발견한 것은 볼바키아의 유전체 '일습一襲'이었다. 그렇다면 볼바키아가 과거의 어느 날 이 '특별한 숙주'를 만나, 그의 몸안에 자신의 유전형질을 통째로 집어넣었다는 이야기가 된다. 그리하여 볼바키아의 유전적 정체성이 초파리에게로 몽땅 이전된 것이다. 이것은 지금껏 발견된 HGT 가운데 가장 극적인 사례로서, 아마도 전유전체 개념이 지향하는 궁극적 모델인 듯싶다. 즉 한 동물과 한 미생물의 유전자들이 융합되어 단일한 실체를 이룬 것이다.

더닝-호톱은 연구 결과를 저널에 발표하며 다음과 같이 분명하게 못박았다. "볼바키아의 유전자는 초파리로 이동하며, 이것은 매우 중요한 의미를 갖는다. 왜냐하면 볼바키아는 가장 흔한 공생 세균이며 초파리는 가장 흔한 동물이기 때문이다. 사실 20~50퍼센트의 곤충들은 HGT를 통해 볼바키아의 유전자를 받아들인 것으로 밝혀졌는데, 이는 굉장한 수치라고 할 수 있다. 그러므로 동물과 세균 간의 HGT는 드물며 중요하지 않다는 생각은 이제 재고되어야 한다. 유전자가 종종 세균에서 동물에게로 이동한다는 것은 분명하다."[13]

이쯤 되면 세균과 동물 간의 HGT는 드물지 않다고 확신할 만하다.[14] 그런데 그게 정말 중요할까? 누군가의 침실에 기타가 놓여 있다고 해서 기타가 저절로 울리지는 않는다. 이와 마찬가지로, 유전체 안에 유전자가 들어 있어도 사용되지 않으면 있으나 마나 한 존재 아닌가. 초파리의 유전체에서 발견된 볼바키아의 DNA 조각 상당수는 아마도 '유전적 표류물genetic flotsam'로서, 유전체 속을 이리저리 떠다니기만 할 뿐 별다른 영향을 미치지 못한다. 그중 극소수가 활성화되기는 하겠지만 기능성을 갖는다는 증거는 없다. 세포 속에는 늘 특정 수준의 잡음 활성noisy activation이 존재하므로, 유전자가 자발적으로 활성화되더라도 실제로 사용되지 않는 경우가 많기 때문이다. 도입된 유전자가 뭔가 유용한 일을 한다는 사실을 증명하는 방법은 딱 한 가지, 그 '뭔가'의 정체를 알아내는 것이다. 그런데 그런 증거가 실제로 몇 건 발견되었다.

뿌리혹선충root-knot nematode은 식물에 기생하는 벌레로 현미경으로나 볼 수 있을 만큼 작다. 그들은 식물의 뿌리를 갉아먹는 솜씨가 워낙 뛰어나 전 세계 농작물의 5퍼센트를 망가뜨리는 것으로 알려져 있다. 구기를 식물의 뿌리 세포에 찔러 넣은 후 내용물을 빨아 먹는데, 쉽게 말해서 흡혈귀 짓을 한다고 보면 된다. 언뜻 별것 아닌 것 같아 보여도 그리 만만한 일이 아니다. 식물의 세포는 질긴 셀룰로오스 벽과 기타 견고한 화합물로 둘러싸여 있어 내부의 영양가 있는 수프를 후루룩 들이마시기 위해서는 먼저 이 장벽들부터 흐물흐물하게 만들어 파괴해야 한다. 뿌리혹선충은 유전체에 코딩된 작업 지시서에 따라 효소를 만드는데, 이때 필요한 유전자가 무려 60여 개에 이른다. 좀 납득하기 어려운 사실이다. 왜냐하면 셀룰로오스 분해는 곰팡이와 세균의 주특기인 터라 동물이 그런 유전자를 가졌다는 것도 이상하거니와, 그렇게 많이 가졌다는 건 더 이상하기 때문이다. 그러나 뿌리혹선충이 셀룰로오스 분해 유전자를 가졌다는 건 분명하다.

이제부터 궁금증을 하나씩 해결해보자. 먼저 뿌리혹선충이 갖고 있는 식물 분해 유전자가 세균에서 유래한다는 건 사실이다.[15] 여타 선충류가 보유한 유전자들과 달리, 그 유전자는 식물의 뿌리에 서식하는 미생물들이 보유한 유전자와 매우 흡사하다. 또한 HGT를 통해 획득한 여느 유전자들(이런 유전자들은 역할이 없거나 확실치 않은 게 보통이다)과 달리, 뿌리혹선충이 세균에게서 획득한 유전자의 목적은 뚜렷하다. 뿌리혹선충은 그 유전자를 인후선咽喉腺에서 활성화시킨 다음 분해 효소(폭파 공작원)를 잔뜩 생성하여 뿌리를 향해 뱉어낸다. 뿌리혹선충의 전형적인 생활 방식이 이러하니, 식물 분해 유전자가 없다면 이 '꼬마 뱀파이어'는 효과적인 기생충이 될 수 없다.

뿌리혹선충이 세균의 유전자를 맨 처음 어떻게 획득했는지는 알 수 없지만 다음과 같은 합리적 추론이 가능하다. 뿌리혹선충은 식물 근처에 살면서 세균을 잡아먹는 선충과 근연 관계에 있었다. 그런데 그 선충이 평소 자주 먹는 세균들 중에는 식물을 감염시키거나 침범할 수 있는 세균이 하나 있었다. 문제의 세균을 반복하여 먹는 과정에서 선충은 식물의 감염 및 침범과 관련한 유전자를 서서히 획득했고, 시간이 경과함에 따라 습성이 변화하게 된 것이다. 종전에는 토양에 서식하며 세균을 잡아먹던 익충益蟲이 식물에 해를 끼치고 농민들의 속을 썩이는 해충으로 변신한 셈이다.

HGT를 통해 식물을 황폐화하는 능력을 갖게 된 해충의 예를 하나 더 들면, 7장에서 언급한 커피열매천공벌레가 있다.[16] 이 새까만 점 모양의 벌레는 장내 미생물을 이용하여 커피 열매에 함유된 카페인을 해독하는 것으로 유명하다. 그러나 녀석에게는 비장의 무기가 하나 더 있다. 세균의 유전자 하나를 자신의 유전체에 통합시킴으로써 유충으로 하여금 커피 열매에 듬뿍 들어 있는 탄수화물을 배불리 먹도록 해주는 것이다. 이 유전자는 워낙 독보적인 터라 다른 곤충들, 심지어 커피열매천공벌레와 근연 관계에 있는 곤충들에게서도 찾아볼 수 없다. 오래전 옛날 커피 열매에 구멍을 뚫던 곤충의 유전체로 점프해 들어간 유전자가 한때 별 볼 일 없던 곤충을 전 세계의 커피 재배지에 퍼뜨리며 에스프레소의 커다란 골칫거리로 만든 것이다.

그렇다면 농부들은 의당 HGT를 미워해야 할 것 같지만, 반드시 그런 것만은 아니다. 되레 기특하다고 여길 만한 이유도 있기 때문이다. 예컨대 고치벌과科 기생벌의 경우, HGT를 통해 특이한 형태의 병충 구제가 가능하게 되었다. 암컷 고치벌은 살아 있는 숙주의 애벌레에 알을 낳으며, 알에서 깨어난 유충들은 숙주를 모두 먹어치운다. 한편 어미는 새끼들을 거들어줄 요량으로 숙주에 바이러스를 주입하는데, 이 바이러스는 숙주의 면역계가 기생벌 유충을 공격하지 못하도록 억제한다. 브라코바이러스bracovirus라고 불리는 이 바이러스는 벌의 동맹군이라기보다는 사실상 벌의 일부라고 하는 편이 옳을 것이다. 바이러스의 유전자들은 고치벌의 유전체에 완전히 통합되어 고치벌의 통제를 받기 때문이다. 암컷은 바이러스 입자를 만들 때 숙주 공격에 필요한 유전자를 장착하는 반면,

생식을 하거나 다른 숙주로 갈아타는 데 필요한 유전자는 고의로 누락시킨다.[17] 그 결과 탄생한 브라코바이러스는 가축이나 다름없어 번식을 하려면 전적으로 벌에 의존해야 한다. 혹자는 브라코바이러스를 가리켜 "그들은 바이러스가 아니며, 하나의 어엿한 실체라기보다는 벌의 분비물에 불과하다"고 말할지도 모른다. 브라코바이러스는 한 고대 바이러스의 후손으로 조상의 유전자가 우연히 고대 고치벌과의 DNA 속으로 들어왔다가 오늘날에 이르게 되었는데, 바로 이러한 통합으로 인해 고치벌과는 2만 종의 구성원들을 거느릴 정도로 번성할 수 있었다. 모든 고치벌과 후손들은 유전체 속에 브라코바이러스를 보유하고 있으니, 결국 공생 바이러스를 생물무기로 사용하는 거대 왕조를 건설했다고 할 수 있다.[18]

어떤 동물들은 자신을 기생충으로부터 보호하기 위해 HGT를 이용해 왔다. 그러니 세균이야말로 항생제의 궁극적인 원천이라 해도 과언이 아니리라. 그들은 수십억 년 동안 서로 전쟁을 치르며 라이벌에게 타격을 입히기 위해 광범위한 유전학적 무기들을 고안해냈다. 예컨대 Tae type VI secretion amidase effector라는 유전자군群은 세균의 외벽에 구멍을 뚫는 단백질을 만들어 치명적인 세포액 누출을 일으킨다. 이 유전자군은 미생물들이 다른 미생물들에게 대항하기 위해 개발한 것이지만 어쩌다가 동물에게로 흘러들어왔다. 그래서 전갈, 흰개미, 진드기는 물론 말미잘, 굴, 물벼룩, 삿갓조개, 바다달팽이도, 심지어 우리와 같은 척추동물과 근연 관계에 있는 창고기도 마찬가지로 Tae를 보유한다.[19]

Tae는 HGT를 통해 매우 쉽게 전파되는 유전자군의 모범 사례다. 자족적 유전자self-sufficient gene인 터라 다른 유전자의 지원 없이 자신의 임무를 독자적으로 수행할 수 있기 때문이다. 또한 Tae는 항생물질을 만들기 때문에 어느 생물들이나 보편적으로 이용한다. 모든 생물들이 세균과 싸워야 하므로, 세균을 효과적으로 제압할 수 있는 유전자는 계통수의 어느 곳에서나 수지맞는 일자리를 구하기 마련이다. 점프만 할 수 있다면 새로운 숙주에서 생산적인 부분으로 자리 잡을 절호의 기회가 생기는 것이다. 우리 인간들이 새로운 항생제를 만들기 위해 온갖 지혜와 기술을 동원하며 몸부림치고 있다는 점을 감안할 때, 이러한 점프는 매우 인상적인 것으로 다가온다. 항생제 내성 세균의 등장으로 몹시 당황하고 있음에도 불구하고 우리는 지난 수십 년 동안 새로운 항생제를 단 하나도 발견하지 못했지만, 말미잘이나 진드기와 같은 단순한 동물들은 스스로 항생제를 만들어내니 말이다. 우리가 수많은 연구 개발을 통해 가까스로 얻을 수 있는 것들을 그들은 HGT라는 전가의 보도를 휘둘러 순식간에 얻어낸다.

공생의 마트료시카

지금까지 소개한 이야기들은 HGT의 가산 효과additive effect만을 다뤘다. 미생물이 HGT를 통해 동물에게 놀라운 힘을 제공할 뿐만 아니라 자기 자신도 이득을 얻는 효과 말이다. 그러나 아이러니하게도 HGT는 감산 효과subtractive effect를 일으킬 수도 있다. 다시 말해, 동물에게 유용한 능력을 제공한 미생물이 스스로는 시들고 쇠퇴하게 될 수 있다는 뜻이다. 최악의 경우 미생물은 흔적도 없이 사라지고 유전적 전설로만 남기도 한다.

감산 효과의 단적인 사례는 전 세계의 온실과 들판에서 얼마든지 찾아볼 수 있으며, 농부와 정원사들을 크게 낙담시킨다. 귤가루깍지벌레의 경우만 해도 그렇다. 그들은 식물의 수액을 빨아 먹는 작은 곤충으로, 언뜻 '걸어다니는 비듬 가루'나 '먼지를 뒤집어쓴 쥐며느리'처럼 보인다. 공생 세균에 미친 생물학자 파울 부흐너는 곤충계 전체를 훑던 중 귤가루깍지벌레에 흥미를 느꼈다. 귤가루깍지벌레의 세포 속에 세균이 들어 있는 것도 놀라웠지만, 더욱 놀랍고 특이했던 건 공생 세균이 동그란(또는 기다란) 점액질 덩어리에 단단히 박혀 있다는 사실이었다. 수십 년 동안 베일에 감춰져 있던 그 점액질 덩어리는 2001년에 와서야 정체를 드러냈다. 그것이 세균의 집이 아닌 세균 그 자체임을 과학자들이 밝혀낸 것이다.

귤가루깍지벌레는 살아 있는 마트료시카나 마찬가지다. 벌레의 세포 속에 세균이 살고, 그 세균 속에는 더 많은 세균이 살고 있으니까. 벌레(곤충) 속에 벌레(세균)가 있고, 그 벌레 속에 다시 벌레(세균)가 있는 3단계 마트료시카라고 할 수 있다.[20] 오늘날 귤가루깍지벌레의 세포 속에 사는 큰 세균은 트렘블라야Tremblaya라 부르고 작은 세균은 모라넬라Moranella라 부른다. 트렘블라야는 부흐너의 제자인 이탈리아의 곤충학자 에르메네질도 트렘블레이Ermenegildo Tremblay의 이름에서, 모라넬라는 진딧물 전문가인 낸시 모런의 이름에서 딴 것이다. (낸시는 싱긋 웃으며 내게 이렇게 말한 적이 있다. "세균 속에 기생하는 세균에게 내 이름이 붙었다니, 나도 참 한심하네요.")

이 '희한한 위계질서'를 연구한 사람은 존 맥커친이었는데, 그가 밝혀낸 과정은 거의 믿을 수 없을 만큼 뒤죽박죽이었다. 맥커친에 의하면 마트료시카는 맨 처음 트렘블라야에서 시작되었다고 한다. 옛날 옛적 트렘블라야가 귤가루깍지벌레의 몸속에 정착하여 여느 공생 세균들처럼 자유생활 세균에게 필요한 유전자를 상실하고 영주권을 취득하게 되었다. 새로운 숙주의 안락한 세포 속에서 트렘블라야는 단출한 유전체를 갖고서도 별탈 없이 하루하루 살아갈 수 있었다. 그러던 어느 날 모라넬라가 2자 공생에 끼어들어 3자 공생이 되자 트렘블라야는 기존의 유전체를 더욱 간소화하게 되었다. 모자라는 부분은 모라넬라가 채워줄 테니 말이다. 다시 말해, 둘 중 하나가 특정 유전자를 갖고 있는 한 다른 하나는 그 유전자를 굳이 갖고 있을 필요가 없었다. 그런데 트렘블라야와 모라넬라 간의 유전자 전달에는 일반적인 HGT와 결정적으로 다른 점이 하나 있다. 즉 뿌리혹선충이 식물의 기생충으로 전업轉業한 경우나 진드기의 유전체가 항생제 유전자(Tae)를 획득한 경우와 달리, 트렘블라야는 모라넬라가 개입함으로써 새로운 능력을 부여받는 대신 오히려 원래의 능력을 상실했다. 이것은 HGT가 수혜자에게 유용한 유전자를 제공하지 않고 수혜자의 유전체를 비운 전형적 사례라고 할 수 있다. 마치 난파선의 선장이 불요불급한 물건을 바다에 버리듯 말이다.

예를 들어 귤가루깍지벌레, 트렘블라야, 모라넬라가 협동하여 페닐알라닌phenylalanine이라는 아미노산을 만드는 경우를 생각해보자. 페닐알라닌을 만드는 데는 아홉 개의 효소가 필요한데 1, 2, 6, 7, 8번은 트렘블라야가, 3, 4, 5번은 모라넬라가 만들 수 있으며, 아홉 번째 효소를 만들 수 있는 것은 귤가루깍지벌레뿐이다. 세 파트너 중 페닐알라닌을 독자적으로 만들 수 있는 주체는 아무도 없으므로, 셋은 각각 자신에게 부족한 것을 메우기 위해 서로에게 의존한다. 이러한 상황은 그리스신화에 나오는 그라이아이Graeae라는 세 자매를 연상케 한다. 세 자매는 하나의 눈과 하나의 치아를 공유하며, 눈과 치아가 그 이상 있어봤자 사치일 뿐이다. 겉으로는 이상하게 보일지 몰라도 자매는 사물을 보거나 음식을 씹는 데 아무런 문제가 없다. 귤가루깍지벌레와 두 공생 세균도 마찬가지여서 그들은 단일 대사망을 보유하며, 그것이 세 파트너들 사이에 상보적으로 분

포되어 있다. 공생의 셈법은 일반적인 셈법과 달라, 1+1+1의 정답은 3이 아니라 1이다.[21]

이쯤 되면 트렘블라야의 유전체가 품고 있는 진정한 미스터리를 해명할 수 있다. 트렘블라야의 유전체에는 '가장 유구한 역사를 지닌 필수 유전자 세트'가 누락되어 있다. 이는 모든 생물의 마지막 공통 조상이 보유하던 것으로 세균에서 대왕고래에 이르기까지 모든 생물에서 발견되며, 따라서 생명 그 자체이자 생명 유지에 필수 불가결한 유전자로 간주된다. 필수 유전자 세트는 스무 개로 구성되어 있는데, 어떤 공생 세균들은 그 중 일부를 상실했고, 트렘블라야는 스무 개를 모조리 잃었다. 그러나 트렘블라야는 여전히 끄떡없이 버티고 있다. 그 이유는 뭘까? 이미 언급한 바와 같이, 그의 두 파트너(트렘블라야를 수용한 귤가루깍지벌레, 트렘블라야가 수용한 모라넬라)가 모자라는 유전자를 채워주기 때문이다.

그렇다면 누락된 필수 유전자들은 다들 어디로 간 걸까? 세균의 누락된 유전자들은 종종 숙주의 유전체에 재배치되는 것으로 알려져 있는데, 그게 정말일까? 물론 사실이다. 맥커친이 귤가루깍지벌레의 유전체를 조사해본 결과, 세균의 유전자 스물두 개가 곤충의 DNA 사이에 자리를 잡고 있었다니 말이다. 여기까지는 좋았지만 그다음이 문제였다. 놀랍게도 스물두 개의 유전자 중에서 트렘블라야나 모라넬라에서 유래하는 것은 하나도 없었던 것이다. 스물두 개의 유전자는 서로 다른 세 종의 미생물에서 기인하며, 한때 귤가루깍지벌레의 세포에서 서식할 수 있었지만 지금까지 귤가루깍지벌레의 몸속에 존재하는 것은 하나도 없었다.[22]

요컨대 귤가루깍지벌레의 유전체에 포함되어 있던 총 다섯 종의 세균 조각들 가운데 두 종은 크기가 줄어들어 서로 의존하며 숙주의 세포 안에 둥지를 틀고 있고, 한때 숙주의 몸을 공유했던 나머지 세 종은 지금은 사라져 흔적만 남은 것이다.

세 종이 남긴 유전자는 '과거에 공생했던 세균의 그림자'이지만, 귤가루깍지벌레의 DNA 사이에 건성으로 앉아 있는 건 아니다. 그중 일부는 아미노산을 만들고, 일부는 펩티도글리칸이라는 거대분자를 만든다. 그런데 참 이상한 일이다. 펩티도글리칸은 본래 세균의 전유물로, 딱딱한 외벽을 형성함으로써 세균의 내용물을 내부에 가둬두는 역할을 수행한다. 따라서 동물에게는 쓸모가 없는 물건이라 할 수 있다.[23] 그럼 펩티도글리칸은 도대체 어디에 쓰는 물건일까? 이 질문에 대한 열쇠를 쥐고 있는 것은 모라넬라다. 모라넬라는 펩티도글리칸을 만드는 유전자를 상실했으므로, 세포벽을 만들기 위해 귤가루깍지벌레의 유전자에 의존한다. 귤가루깍지벌레에게 이 유전자를 빌려준 공생 세균 역시 이미 사라지고 유전자만 흔적으로 남겼다.

이와 관련하여 맥커친은 다음과 같은 의문을 품는다. '귤가루깍지벌레가 모라넬라를 하수인으로 부리기 위해 펩티도글리칸 공급 물량을 일부러 조작하는 것은 아닐까?' 펩티도글리칸이 없으면 모라넬라는 결국 폭발할 수밖에 없다. 만약 그렇게 된다면 모라넬라는 (자기만 만들 수 있고 트렘블라야는 만들 수 없는) 단백질을 방출하게 될 것이다. 앞서 '트렘블라야에는 핵심 유전자들이 누락되어 있다'고 말한 바 있는데, 그중에는 필수 단백질을 생성하는 유전자도 포함된다. 그렇다면 귤가루깍지벌레가 펩티도글리칸을 이용해 모라넬라를 의도적으로 폭발시킴으로써 트렘블라야에게 결핍된 필수 단백질을 공급하는지도 모른다.

데이터는 파격적인 시나리오를 제시할 수 있을지언정 거짓말은 하지 않는다. 지금까지 입수된 데이터들을 종합하여, 맥커친은 다음과 같은 결론을 내린다. "귤가루깍지벌레는 최소한 여섯 가지 종의 혼합체이고, 그

중 다섯 종은 세균인데, 다섯 종의 세균 중 세 종은 유전적 흔적만 남아 있어요. 귤가루깍지벌레는 과거의 공생 세균에게서 빌린 유전자를 이용하여 현재의 공생 세균과의 관계를 통제하고, 공고화하고, 보충하죠. 현재의 공생 세균 중 하나는 다른 하나의 몸속에 살고 있고요."[24] 그러면서 그는 이렇게 덧붙인다. "나의 결론이 엉뚱한 추측일 수도 있습니다. 바보천치 같은 생각일지도 모르지만, 나는 합리적으로 추론하기 위해 나름 최선을 다했어요." 그의 말에는 경외감과 혼동과 약간의 당혹감이 섞여 있다. 자신의 생각이 너무 이상해서 스스로도 믿을 수 없는 듯 말이다. 그럼에도 불구하고, 귤가루깍지벌레는 최소 여섯 종 이상의 생물로 이루어진 공생체로서 엄연히 존재한다.

진딧물의 보디가드

모든 공생 세균이 숙주와 단단히 결합되어 있는 것은 아니다. 예컨대 진딧물은 부크네라 외에도 수많은 종들을 거느리는데, 이들은 부차적인 공생 세균들로서 숙주에 대한 충성도가 그리 강하지 않다. 어떤 진딧물종과는 친하지만 다른 진딧물 종과는 소원하거나 아예 담 쌓고 지내기도 한다. 바꿔 말하면, 세 종의 세균들과 가깝게 지내는 진딧물이 있는 한편 독수공방을 고집하는 진딧물도 있다는 얘기다.

이런 패턴을 알게 되었을 때, 낸시 모런은 부차적인 공생 세균들이 필수영양소를 공급하지는 않으리라 생각했다. 만약 어떤 미생물이 필수영양소를 공급한다면 진딧물은 늘 그들과 함께 지내야 할 테니 말이다. 결국 부차적인 공생 세균들은 곤충이 필요로 하는 서비스를 간헐적으로 공급한다는 이야기가 된다. 여러 가지 측면에서 볼 때, 공생 세균들은 인간의 발병 위험에 영향을 미치는 유전체 변이처럼 행동한다. 예를 들어 몇몇 사람들은 적혈구 세포가 동그란 캔디 모양에서 얇은 낫 모양으로 변형되는 변이를 갖고 있다. 이러한 변이는 비용을 수반하여, 두 개의 변이 유전자를 물려받은 사람은 겸상 적혈구 빈혈증이라는 고통스러운 질병에 걸리게 된다. 그러나 이점도 있다. 변이 유전자를 하나만 가진 보인자는 말라리아에 대한 저항성이 강해진다. 변형된 세포가 여간해서는 말라리아 병원충에게 공격당하지 않기 때문이다. 말라리아가 흔한 아프리카 적도 지방의 경우 40퍼센트의 주민들이 겸상 적혈구 변이를 갖고 있으며, 대조적으로 말라리아가 드문 지역에는 이 형질을 가진 사람이 드물다. 따라서 겸상 적혈구와 관련한 변이의 빈도는 발병 위험의 정도에 비례한다고 할 수 있으며, "진딧물의 부차적인 공생 세균들은 인간의 유전자 변이와 똑같은 역할을 한다"는 모런의 말도 설득력을 갖는다. 부차적인 공생 세균들은 진딧물을 천적으로부터 보호하며, 천적이 드물 경우 미생물의 서비스는 불필요하므로 개체 수가 감소한다. 반대로 천적이 흔해진다면 미생물의 개체 수는 증가할 것이다.

그런데 진딧물의 천적은 무엇일까? 그들의 적은 셀 수도 없이 많다. 거미들은 진딧물에게 올가미를 씌우고, 곰팡이들은 그들을 감염시키며, 무당벌레와 풀잠자리는 그들을 게걸스럽게 잡아먹는다. 그러나 뭐니 뭐니 해도 진딧물을 가장 크게 위협하는 존재는 기생충이다. 기생충은 자신들의 유충을 다른 곤충의 몸속에 이식하는 시체 도둑이다. 이러한 소름 끼치는 생활 방식은 놀라울 정도로 흔해서 열 종당 한 종의 곤충들은 기생충인 것으로 알려져 있다. 첫 번째 기생충 그룹은 앞에서 소개한 고치벌로, 그들은 길들인 바이러스를 내장하고 있다. 두 번째 기생충 그룹은 날씬하고 새까만 수염진디벌Aphidius ervi로, 그들은 진딧물을 매우 효과적으로 겨냥하므로 농부들은 정기적으로 이들을 농작물에 살포한다. 심지어 인터넷에서는 수염진디벌 수백 마리를 20파운드에 판매하기도 한다.

하지만 진딧물이 기생벌에 대응하는 능력은 천차만별이다. 저항성이 완벽한 진딧물이 있는 반면 늘 굴복하는 진딧물도 있다. 과학자들은 이러한 차이가 진딧물 자신의 유전자에 새겨져 있을 거라고 가정했지만 모런의 생각은 달랐다. 그녀는 공생 세균이 진딧물의 저항 능력에 개입할지도 모른다고 생각하고 대학원생 케리 올리버Kerry Oliver를 선발하여 자신의 아이디어를 검증하게 했다.[25] 그것은 큰 모험이 수반되는 시도였다. '공생 세균이 숙주를 기생충 감염으로부터 보호한다'는 개념은 당시 금시초문인 데다가 너무 엽기적이어서, 모런은 실험이나 제대로 수행할 수 있을지 내심 걱정했다.

올리버는 현미경, 바늘, 떨리지 않는 손(진딧물에서 공생 세균을 추출하려면 손이 떨리지 않아야 하니까)을 이용해 다양한 진딧물에서 공생 세균들을 추출하여 한 종의 진딧물에 주입했다. 그런 뒤 진딧물을 케이지에 넣고서 그 속에 수염진디벌을 풀어놓았다. 일주일 뒤, 진딧물이 들어 있는 케이지를 들여다보니 거기엔 미라가 된 진딧물과 새로 태어난 벌들로 가득했다. 그런데 놀랍게도 수염진디벌의 공격을 꿋꿋이 버텨내는 진딧물들이 간혹 눈에 띄었다. 기생벌의 알이 그들의 몸속에 여전히 들어 있겠지만 공생 세균들이 주먹을 휘둘러 기생벌의 유충으로부터 진딧물을 구해내는 거라고 올리버는 생각했다. 진딧물의 배를 갈라보니 아니나 다를까, 죽었거나 죽어가는 기생벌 유충의 시체가 수두룩했다. 결국 "진딧물의 공생 세균 중 하나가 기생벌을 살해하는 보디가드"라는 모런 연구 팀의 '미친 아이디어'가 옳았던 것이다. 연구 팀은 그 세균에게 하밀토넬라 데

펜사Hamiltonella defensa라는 이름을 붙여줬다.[26]

돌이켜 생각하면 숙주를 보호하는 공생 세균의 존재는 별로 놀라울 것이 없다. 숙주를 위험에서 보호하는 것이 세균 자신의 성공을 보장하기도 하지만, 세균은 원래 항생제 생산의 전문가이기 때문이다. 그러나 하밀토넬라는 항생제를 만들지 않는다는 점에서 이채로웠다. 후에 하밀토넬라의 유전체 염기 서열이 분석되었을 때 그의 방어 능력 뒤에 숨어 있는 진정한 이유가 밝혀졌다. 하밀토넬라의 DNA 중 절반이 바이러스, 즉 파지의 것이었다. 앞서 소개한 '가느다란 다리를 가졌고 점액을 무척 좋아하는 바이러스' 말이다. 파지는 세균 속에서 증식한 뒤 세균을 폭파하며 밖으로 나오는 게 보통이다. 하지만 그보다 수동적인 생활 방식을 택하기도 하는데, 그것은 자신의 DNA를 세균의 유전체에 통합시킨 다음 수 세대에 걸쳐 그곳에 머무르는 것이다. 그리하여 현재 하밀토넬라의 유전체 속에는 수십 가지 파지들이 잠복하고 있다.[27]

결국 올리버가 생각했던 '하밀토넬라의 주먹'은 다름 아닌 바이러스였다. 바이러스만 있으면 진딧물의 보디가드는 강펀치를 날릴 수 있는데, 특히 특정한 파지 균주를 보유한 경우에는 진딧물을 모든 기생벌에게서 구해낼 수 있다. 하지만 바이러스가 사라진다면 하밀토넬라가 맥을 못 추게 되니 모든 진딧물이 기생벌에게 무릎을 꿇을 수밖에 없다. 말하자면 파지 없는 하밀토넬라는 '앙꼬 없는 찐빵'이나 마찬가지다. 그런데 파지는 무슨 방법으로 기생벌의 유충을 몰살시키는 것일까? 첫째로, 파지는 기생벌을 직접 중독시킬 수 있다. 독소를 대량으로 생산하여 기생벌들을 공격하되 진딧물에게는 아무런 해도 끼치지 않는 방법으로 말이다. 둘째로, 파지는 하밀토넬라를 둘로 쪼개 독소를 유출시킴으로써 기생벌을 소탕할 수 있다. 셋째로, 파지와 하밀토넬라의 독소들이 연합 전선을 펼칠 수도 있다. 이유가 어찌 됐든 곤충, 세균, 바이러스가 진화적 연합 전선을 형성하여 공공의 적인 기생벌에 대항한다는 사실에는 변함이 없다.

이러한 연합 작전은 실로 다양하다. 진딧물들마다 기생벌을 물리치는 능력이 다른데, 이는 각각이 다른 하밀토넬라 균주를 보유하고 있기 때문이다. 하밀토넬라 균주가 다르면 그 속에 상주하는 파지에 따라 펀치력이 달라지니 그럴 수밖에. 하지만 겸상 적혈구 빈혈증의 경우처럼 연합 전선의 파트너들은 나름의 대가를 치러야 한다. 무슨 이유인지 알 수는 없으나 보디가드를 거느린 진딧물은 특정한 온도에 이르면 수명이 단축되고 번식능력이 떨어진다. 따라서 기생벌이 많을 때는 연합 전선을 구축하는 게 유리하지만, 그렇지 않은 경우에는 수지타산이 안 맞으므로 각자도생하는 편이 낫다. 이와 마찬가지로 개미에게 사육당하는 진딧물(개미는 진딧물이 분비하는 달콤한 액체를 먹기 위해 진딧물 농장을 운영한다)은 하밀토넬라와 연합 전선을 형성하지 않는 편이 유리하다. 개미가 알아서 기생벌을 처치해주니 굳이 하밀토넬라에게 손을 벌릴 필요가 없는 것이다. 그러므로 하밀토넬라는 진딧물의 붙박이장이 아니며, 진딧물이 원하는 경우에만 그의 몸속으로 들어갈 수 있다. 같은 논리로 파지 역시 하밀토넬라의 붙박이장이 아니다. 야생에서 파지를 거느리지 않은 하밀토넬라를 종종 볼 수 있는데, 그 이유는 밝혀지지 않았다. 요컨대 진딧물, 하밀토넬라, 파지의 3자 동맹은 역동적인 동반자 관계이며, 자연선택을 통해 주변의 위험 수준에 알맞게 조절된다.

그런데 하밀토넬라는 맨 처음에 어떻게 해서 진딧물의 몸속으로 들어갔을까? 사는 게 그리 힘들지 않아 각자 '마이 웨이'를 외치다가도 삶이 팍팍해져 다시 합쳐야 할 때가 오면 어떻게 해야 할까? 모런이 내놓은 한 가지 답변은 짝짓기다. 하밀토넬라를 비롯한 기타 방어적인 미생물들이 수컷의 정액 속에 들어 있다가 암수가 짝짓기를 할 때 암컷에게로 넘어간다는 것이다. 이렇게 전달된 미생물은 암컷을 통해 자손들에게 접종될 수 있다. 좋은 신랑감을 만난 암컷은 순식간에 '기생벌에 대한 저항성을 전파하는 어머니'로 거듭나는 셈이다. 이로써 하밀토넬라는 졸지에 '바람직한 성병 감염'이라는 희귀한 임무를 수행하게 되었다.[28]

짝짓기를 통해 하밀토넬라를 전달받은 진딧물은 세균의 DNA를 자신의 유전체에 통합시키지 않는다. 포장이 뜯기지 않은 유전체, 즉 유전자 덩어리가 통째로 배달되기 때문이다. 이것은 개념상 '수평 유전자 전달'이라기보다 '수평 유전체 전달'에 해당하지만, 원리는 유전자 전달과 크게 다르지 않으며 약어도 HGT로 똑같다. 유전자 전달과 마찬가지로, 유전체 전달은 동물로 하여금 새로운 위협에 매우 신속하게(어쩌면 즉각적으로) 적응할 수 있게 해준다.

진딧물은 유전체 속에 돌연변이를 대대손손 서서히 누적시키는 대신, 환경에 올바로 적응한 미생물의 유전자를 세트로 받아들인다.[29] 기업의 인사 담당자가 새로운 프로젝트를 수행하기 위해 기존의 직원들을 서서히 훈련시키는 대신 경력자를 채용한다고 생각하면 이해가 빠를 것이다. 인간 세계에서도 적당한 연봉만 제시한다면 적절한 자격을 갖춘 경력자가 늘 찾아오기 마련인데, 세균의 세계는 그 이상이다. 세균은 우리가 생각하는 것보다 훨씬 다재다능해서 우라늄에서부터 원유에 이르기까지 소화시키지 못하는 것이 없다. 한마디로 대사의 마법사라 할 만하다. 그들은 약학 전문가이기도 해서 상대방을 죽이는 화합물을 만드는 데 탁월한 솜씨를 발휘한다. 만약 당신이 다른 생물로부터 자신을 보호하고 싶다거나 새로운 음식을 먹고 싶다면, 그 일에 안성맞춤인 도구를 가진 미생물은 얼마든지 있다. 설사 지금 당장은 없더라도 곧 적임자가 나타날 것이다. 그들은 수시로 유전자 교환을 하고, 그런 뒤 빛의 속도로 증식하기 때문이다. 위대한 진화적 레이스의 관점에서 볼 때 우리가 거북이라면 세균은 우사인 볼트라 할 수 있다. 그러나 우리에게도 그들의 눈부신 속도를 약간이나마 따라잡을 수 있는 방법은 있다. 공생 관계를 형성하여 그들에게 궂은일을 떠넘기고, 마치 우리가 한 일인 양 생색을 내는 것이다.

모하비사막에 사는 숲쥐는 미생물을 삼킨 다음 크레오소트의 독소를 해독하는 일을 그들에게 떠넘겼다. 일본산 톱다리개미허리노린재는 살충제를 분해하는 토양미생물을 삼킴으로써 농민들이 빗물처럼 뿌려대는 독소에 대한 면역성을 즉시 획득한다. 진딧물이 하는 일도 기본 원리는 같다. 그들은 하밀토넬라 외에 여덟 가지 이상의 '세컨드' 공생 세균을 거느리는데, 그중 어떤 것은 치명적 곰팡이로부터 진딧물을 보호하는가 하면, 어떤 것은 진딧물이 열파熱波를 견뎌내도록 돕는다. 진딧물로 하여금 클로버 같은 특정 식물을 먹도록 유도하는 미생물도 있으며, 진딧물의 색깔을 빨간 색에서 초록색으로 바꿔주는 미생물도 있다. 이런 능력들은 모두 중요하다. 진딧물 가문의 역사를 볼 때, 새로운 공생 세균을 하나 영입하는 사건은 새로운 기후대로 진입하거나 새로운 종류의 식물을 먹기 시작하는 사건과 시기적으로 일치하는 경향이 있다.[30]

새로운 파트너의 공로

파리 한 마리가 북아메리카의 숲을 가로지르던 중 향긋한 냄새를 맡는다. 수북이 쌓인 나뭇잎 사이에서 버섯 하나가 고개를 삐죽 내밀고 있다. 그는 버섯에 내려앉아 식사를 한 다음 알을 낳기 시작한다. 그러면서 자신도 모르는 사이에 호바르둘라Howardula라는 선충류 기생충을 버섯에 파종한다. 호바르둘라는 버섯 안에서 번식하다가 옆에서 성장하는 파리 유충을 발견한다. 이후 다 자란 파리가 다른 버섯을 찾아 떠날 때, 호바르둘라는 파리에게 슬그머니 달라붙어 새로운 삶을 시작한다.

1980년대에 처음 호바르둘라를 연구하기 시작하던 시기, 존 재니키John Jaenike는 호바르둘라가 파리에게 큰 부담을 준다고 생각했다. 감염된 파리들이 암수를 가릴 것 없이 일찍 죽는 가운데 암컷들은 임신을 하지 못하고, 수컷들은 배우자를 찾으려고 혈안이 되어 있었다. 파리는 그저 호바르둘라를 운반하는 수단에 불과한 듯 보였다. 그러나 새 천년이 다가오며 상황이 바뀌었다. 재니키는 호바르둘라에 감염된 암컷 파리들을 잡기 시작했는데, 그들의 배 속에는 알이 가득했다. 볼바키아의 광팬이었던 재니키는 볼바키아가 파리를 감염시킨다는 점에 착안하여, 볼바키아가 파리를 기생충으로부터 보호하는 모양이라고 생각했다. 자연스러운 추측이었지만 그 생각은 절반만 옳았다. 파리가 공생 세균의 보호를 받는다는 것은 맞지만, 파리의 수호자는 볼바키아가 아니라 코르크스크루 모양으로 생긴 스피로플라스마Spiroplasma라는 미생물이었다.

파리와 호바르둘라와 스피로플라스마를 둘러싼 이야기는 꽤 독특하다. 주제나 캐릭터 때문이 아니라, 이야기의 전개 과정을 재니키가 실시간으로 목격했기 때문이다. 박물관으로 가서 자신이 1980년대에 수집한 표본을 분석했을 때 그는 스피로플라스마의 흔적을 발견할 수 없었다. 그러나 2010년 그가 북아메리카 동부에서 발견한 파리의 50~80퍼센트에서 스피로플라스마가 발견되었다. 이미 서진西進을 시작한 스피로플라스마는 2013년 로키산맥을 넘었다. 재니키는 이렇게 말한다. "장담컨대, 10년 뒤 스피로플라스마는 태평양에 도착할 거예요."[31]

최근 이처럼 그 존재감을 보이고 있긴 하지만, 사실 스피로플라스마는 새로운 동맹군이 아니다. 재니키의 생각은 이렇다. "스피로플라스마가 수천 년 전 파리에게 처음으로 점프했을 땐 극히 낮은 수준에 머물러 있었을 거예요." 이렇게 생각하는 데는 그럴 만한 이유가 있다. 스피로플라스마는 1980년대에 수집한 파리 표본에서 발견되지 않았다가, 유럽에서 출발한 호바르둘라가 북아메리카에 터치다운 한 2010년경부터 흔히 관찰되기 시작했기 때문이다. 북아메리카에 처음 도착했을 때, 이 기생충은 알을 낳지 못하는 숙주에게 몸을 의탁하고 산불처럼 숲 전체에 퍼져나갔다. 때마침 호바르둘라에 대적할 수단을 찾던 파리에게는 구세주와 같은 존재였다. 스피로플라스마는 숙주의 번식능력을 회복시키고, 임신하지 못하는 동료들을 따돌리게 했다. 파리들이 자손에게 구세주를 전파하기 시작하고부터 세대를 거듭함에 따라 스피로플라스마에 감염된 개체의 비율은 점점 더 증가했고, 재니키는 정확한 순간에 그 장면을 목격하고 기록함으로써 역사의 산증인이 되었다.

그러나 재니키의 동료들은 그보다 희귀한 것으로 추정되는 현상을 우연히 발견했다. 불과 6년도 안 되어서 리케차Rickettsia라는 제2의 세균이 나타나 미국의 담뱃가루이sweet potato whitefly 사이에서 널리 퍼지기 시작한 것이었다. 리케차의 지원을 받은 담뱃가루이는 환경에 더욱 잘 적응하고 번식력도 향상되었다.[32] 그런데 이러한 사건들을 접하는 우리는 흔히 그 결과만 바라보는 경향이 있다. 칠흑같이 깜깜한 심해에 사는 관벌레나 조개 등의 해양 생물, 사바나에서 풀을 뜯으며 초원을 관리하는 초식동물 군단, 식물의 수액을 빨아먹는 엄청난 곤충 떼…… 이들이 각각의 생태적 틈새에서 번성하게 된 것은 8할이 미생물의 힘 덕분이지만, 우리는 이러한 동맹 관계를 간파하지 못한 채 그저 현상만 바라보며 감탄하기 일쑤다. 그러나 간혹 몇몇 과학자들이 등장하여 그 기원을 밝히기도 하는데, 그러기 위해서는 장소와 시간이 절묘하게 맞아떨어져야 한다.[33] 재니키의 경우처럼 말이다.

우리 주변의 세상은 잠재적인 미생물 파트너들의 거대한 보고寶庫다. 우리가 음식을 한 입 베어물 때마다 새로운 미생물이 체내로 들어와 종전에 분해할 수 없었던 부분들을 소화시키거나, 종전에 먹을 수 없었던 음식물의 독소를 해독하거나, 종전에 우리의 건강을 위협했던 기생충을 제거한다. 그리하여 우리는 각각의 새로운 파트너 덕분에 더 많이 먹고, 더 멀리 여행하고, 더 오래 살 수 있다.

대부분의 동물들은 이러한 오픈 소스식 적응open-source adaptation을 의도적으로 활용할 수 없다. 파리가 기생충 문제를 해결하기 위해 스피로플라스마를 스스로 찾아낸 것은 아니었으며, 숲쥐가 식단을 다양화할 요량으로 크레오소트의 뇌관을 제거하는 미생물을 수소문한 것도 아니었다. 순전히 행운으로 적절한 파트너를 만난 그들에 비하면 인간의 선택권은 덜 제한되어 있다. 우리는 혁신가이자 기획자이자 문제 해결자로서 다른 동물들이 갖고 있지 않은 커다란 이점을 하나 갖고 있으니, 바로 '미생물의 존재를 안다'는 사실이다. 우리는 미생물을 들여다보는 기구를 개발했고, 의도적으로 그들을 배양할 수도 있다. 미생물 존재의 기본 원리를 판독하는 도구를 통해 그들과 우리의 동반자 관계의 본질을 파악할 수도 있다. 이런 도구는 또한 우리에게 동반자 관계를 조작할 수 있는 힘을 부여한다. 우리는 휘청거리는 미생물 군집을 쌩쌩한 미생물 군집으로 대체함으로써 건강을 증진하고, 새로운 공생 관계를 창조하여 질병과 싸운다. 더하여, 우리의 삶을 오랫동안 위협해온 해묵은 악연의 사슬도 끊을 수 있게 되었다.

| 9장 |

미생물 맞춤 요리

문제는 곤충에 깨물리면서 시작된다. 모기 한 마리가 남자의 팔뚝에 내려앉아 구기를 살에 찔러 넣은 뒤 피를 빨기 시작한다. 인간의 혈액이 모기 속으로 콸콸 흘러 들어갈 때, 미세한 기생충들은 다른 방향으로 기수를 돌린다. 그들은 현미경으로나 볼 수 있는 사상 선충filarial nematode의 유충으로, 혈류 속을 헤엄쳐 남자의 다리와 성기에 있는 림프절에 도착한다. 거기서 1년 동안 성숙하여 성충이 된 뒤에는 다른 성충들과 짝짓기를 하여 새로운 유충들을 매일 수천 마리씩 만들어낸다. 의사가 초음파검사로 그들이 꿈틀거리는 모습을 보여줄 수 있겠지만, 감염된 남자는 병원을 방문할 필요성을 느끼지 않는다. 수백만 마리의 기생충들이 체내에서 우글거리고 있음에도 불구하고 아무런 증상이 나타나지 않기 때문이다. 그러나 결국에는 상황이 돌변한다. 기생충들이 죽으면서 염증을 일으키기 때문이다. 또한 그들은 림프의 흐름을 차단하여 피하에 축적시킨다. 그리하여 남자의 사지와 사타구니가 거대하게 부풀어 허벅지의 너비는 상반신 전체와 맞먹게 되고, 음낭의 크기는 머리만 해진다. 남자는 일을 할 수 없으며, 두 발로 일어설 수나 있으면 그나마 운이 좋은 편이다. 그는 평생 흉측한 몰골로 살아야 하며 사회적으로도 썩 좋은 시선을 받지 못한다. 그 남자는 탄자니아의 농부가 될 수도 있고, 인도네시아의 어부가 될 수도 있고, 인도의 목동이 될 수도 있다. 누가 되었든, 그는 현재 림프사상충증lymphatic filariasis을 앓는 수백만 환자들 중 하나다.

동반자 관계의 틈새

림프사상충증은 환부가 코끼리의 피부와 비슷하다고 하여 상피병elephantiasis이라고도 불리며 열대지방 전역에서 발생한다. 세 종의 선충류, 즉 말레이사상충Brugia malayi과 티몰사상충Brugia timori과 반크로프트사상충Wuchereria bancrofti의 합작품인데, 그중에서 특히 반크로프트사상충이 중요하다. 그들의 근연종인 회선사상충Onchocerca volvulus은 회선사상충증onchocerciasis이라는 유사 질병을 초래한다. 모기가 아니라 먹파리에게 물림으로써 전염되며, 림프샘보다 심부 조직을 선호하는 선충이다. 암컷 회선사상충은 심부 조직에서 80센티미터까지 자라 튼튼한 섬유질로 된 벌집 구조를 형성하고 그 속에서 산다. 이윽고 벌집 구조에서 유충이 방출되면 유충은 피부로 이동하여 참을 수 없는 가려움증을 일으키거나, 눈으로 이동하여 망막과 시신경을 파괴한다. 회선사상충증을 하천실명증river blindness이라고 부르는 건 바로 이 때문이다.

림프사상충증과 회선사상충증을 통틀어 사상충증filariasis이라고 하는데, 이 질병은 세상에 가장 널리 퍼져 있는 질병 중 하나다. 1억 5천만 명 이상의 사람들이 두 질병 중 하나에 걸려 있으며, 추가로 15억 명의 사람들이 발병 위험에 노출되어 있다.[1] 최근까지 사상충증을 치료하는 방법은 없었다. 선충류 유충을 죽임으로써 증상을 관리하는 약물은 있어도, 내구성이 엄청나게 강한 성충을 죽이는 데는 무용지물이었다. 게다가 이런 벌레들의 수명은 수십 년에 달하므로(선충류가 이렇게 오랫동안 산다는 것도 매우 이례적이다) 보균자들은 어쩔 수 없이 정기적인 치료에 의존해야 했다. "사상충증은 모든 열대 질병 중에서도 가장 악질이에요." 정장을 말끔하게 차려입은 백발의 곤충학자 마크 테일러Mark Taylor의 말이다.

1989년 사상충증을 연구하기 시작했을 때, 테일러가 가장 주목한 것은 증상의 심각성이었다. 인간을 감염시키는 선충류 기생충은 많지만 양성benign 증상을 일으키는 게 보통이다. 그런데 유독 사상충증을 일으키는 기생충들만 정상적인 생활을 영위하지 못할 정도로 심각한 염증을 일으키는 이유가 뭘까? 그 배후에 뭔가 도사리고 있는 건 아닐까? 테일러의 예감은 적중했다. 기생충의 배후에는 우리에게 낯익은 동맹군이 있는 것으로 밝혀졌다. 1970년대에 사상충을 현미경으로 들여다본 연구자들은 그 속에서 세균 비슷한 구조체를 발견했다.[2] 세균 유사체는 이후 과학자들의 기억에서 신속히 사라졌다가 1990년대에 들어와서야 볼바키아로 확인되었다. 하와이산 초파리 안에 자신의 유전체를 집어넣고, 수컷 블루문버터플라이를 살해하며, 전 세계 곤충종의 3분의 2를 점령한다는 그 악명 높은 세균 말이다.

곤충류 버전과 달리 선충류 버전 볼바키아는 위축되고 퇴화되어 있다. 즉 유전체의 3분의 1을 포기한 채 숙주에게 영구적으로 종속되어 있는 것이다. 그 역逆도 마찬가지다. 이유는 아직 분명치 않지만 선충 역시 공생 세균이 없으면 생애 주기를 완성할 수 없으며 강력한 질병을 일으킬 수도 없다. 선충은 죽을 때 자신이 갖고 있던 볼바키아를 자신이 감염시켰던 사람의 체내로 방출한다. 이렇게 방출된 볼바키아는 사람의 세포를 감염시킬 수 없지만 면역반응을 촉발하는 것은 가능한데, 그것은 선충이 일으키는 면역반응과 질적으로 다르다. 테일러에 의하면 사상충증의 증상이 유별나게 강한 이유가 '기생충이 유발하는 면역반응'과 '공생 세균이 유발하는 면역반응'이 결합하기 때문이라고 한다. 불행하게도, 이는 기생충을 죽여봤자 질병이 더욱 악화된다는 것을 의미한다. 기생충이 죽음의 고통 속에서 볼바키아를 모두 토해내기 때문이다. 테일러는 얼굴을 찡그리며 이렇게 말한다. "죽은 사상충이 볼바키아를 토해내면 음낭이 퉁퉁 부어오르므로, 환자는 사상충을 가능한 한 서서히 죽이고 싶어 할 거예요. 하지만 항선충제로는 그렇게 하기가 어렵죠."

그렇다면 항선충제를 대체할 만한 것으로는 무엇이 있을까? 선충을 무시하고 볼바키아를 겨냥하면 어떨까? 볼바키아가 없으면 선충이 생애주기를 완성하지 못해 무력화되고, 죽을 때 볼바키아를 토해내지도 않으니 말이다.

테일러와 다른 과학자들은 실험실 연구를 통해, 항생제를 이용하여 볼바키아를 죽일 경우 기생충에게 치명타를 가할 수 있음을 증명했다. 볼바키아가 사라지자 유충은 성숙하지 못하고 기존의 성충들은 번식을 멈췄으며, 잠시 후 그들의 세포는 자폭하기 시작했다. 그렇다면 선충과 볼바키아의 동반자 관계에서 이혼은 불가능한 것이 분명하다. 공생 관계가 깨지는 경우 두 파트너는 공멸共滅하기 때문이다. 이 과정은 너무 느리게 진행되어 최대 18개월이 걸렸지만, 느린 죽음도 죽음이라는 사실엔 변함이 없다. 더욱이 이렇게 죽는 기생충은 볼바키아를 방출하지 않으므로 뒤탈이 전혀 없다.

테일러가 이끄는 연구진이 이러한 아이디어를 현실에 적용한 것은 1990년대였다. 그들은 독시사이클린doxycycline이라는 항생제를 이용하여 사상충증 환자에게서 볼바키아를 제거하면 어떻게 되는지 알고 싶었다. 한 그룹은 가나 마을의 하천실명증 환자들을 대상으로, 다른 그룹은 탄자니아 마을의 림프사상충증 환자들을 대상으로 독시사이클린의 효능을 임상 시험했다. 두 시험은 모두 성공적이었다. 가나에서는 암컷 기생충들이 임신을 하지 못했고, 탄자니아에서는 기생충의 유충들이 제거되었다.[3] 그리고 양쪽 지원자 중 약 4분의 3은 기생충의 성충이 제거되며 심각한 면역반응을 수반하지 않은 것으로 나타났다. 엄청난 성과였다. "우리는 처음으로 사상충증 환자들을 치료할 수 있게 된 거예요. 표준 약물로는 불가능한 일이었죠"라고 테일러는 말한다.[4]

그러나 독시사이클린은 완벽한 약이 아니다. 임신부는 물론 어린이들도 먹을 수 없기 때문이다. 게다가 반응속도가 너무 느려 몇 주에 걸쳐 여러 번의 코스를 거쳐야 한다. 시골의 오지에 사는 환자들은 그렇게 오랜 기간 약물을 복용하기가 어려우며, 그들에게 코스를 완료하라고 다그치기는 더욱 어렵다. 하지만 독시사이클린이 그런대로 괜찮은 약물이라는 점은 틀림없었고, 테일러는 성과를 향상시키는 방법이 분명히 존재하리라 생각했다.

2007년 테일러는 빌 앤드 멜린다 게이츠 재단의 지원을 받아 항볼바키아 컨소시엄Anti-Wolbachia Consortium(A·WOL)을 결성했다. A·WOL의 임무는 '볼바키아라는 공생 세균을 겨냥하는 사상충증 치료제'를 개발하는 것이었다.[5] 그들은 이미 수천 가지의 잠재적 화합물을 검토하여 유망한 약물을 하나 선정했으니, 바로 미노사이클린minocycline이었다. 실험실 연구에서 미노사이클린은 독시사이클린보다 50퍼센트 더 강력한 효능을 가진 것으로 밝혀졌다. 그러자 연구 팀은 가나와 카메룬에서 즉시 임상 시험을 시작했다. 미노사이클린도 문제가 없는 건 아니었다. 임신부와 어린이들에게 금지된 것도 여전하고, 가격이 독시사이클린보다 몇 배나 비싸기 때문이다. 그러나 A·WOL은 6만 가지 화합물들을 추가로 검토하여 보다 유망한 후보 약물들을 수십 가지 더 발굴했다.

그동안 테일러는 선충류 사상충과 볼바키아의 동반자 관계가 보기보다 불안정하다는 사실을 발견했다. 즉, 볼바키아의 개체 수가 증가하기 시작할 때, 사상충은 볼바키아가 절실히 필요한 시기임에도 불구하고 볼바키아를 침입자로 여기고 파괴하려 한다는 것이다.[6] 테일러는 이렇게 말한다. "선충류는 한편으로 볼바키아를 필요로 하지만, 다른 한편으로는 볼바키아를 병원균으로 간주해요. 공생 세균인 그들이 걷잡을 수 없이 증식할 경우 숙주가 파괴될 수 있거든요. 마치 종양처럼 말이죠." 따라서 선충류는 볼바키아를 견제하지 않으면 안 된다. 공생 관계가 깨지면 공멸함에도 불구하고 양자 간에 갈등이 여전히 존재한다니, 세상에 이만한 아이러니도 없으리라. 하지만 테일러의 입장에서 보면 이것은 새로운 기회다. 볼바키아를 죽이는 약물을 찾는 데 혈안이 되어 있던 중 선충류가 볼바키아를 제거할 비장의 무기(볼바키아 통제 시스템)를 진화시켰다는 사실이 밝혀졌기 때문이다. 만약 선충류가 보유한 볼바키아 통제 시스템을 자극할 화합물만 발견한다면 숙주와 공생 세균 사이에 잠재하는 일촉즉발의 갈등을 폭발시킬 수 있을 것이고, 그렇게 되면 양자 간에 전면전이 벌어지면서 선충류가 비장의 무기를 뽑아 들 것이 뻔하다. '1억 년 동안 지속되어온 공생 관계를 깬다'는 것은 어마어마한 아이디어인 동시에 그 위험도도 매우 높다. 그러나 그렇게 할 수만 있다면, 테일러는 1억 5천 만 명에 달하는 사람들의 삶의 질을 향상시킬 수 있을 것이다.

새로운 생태계를 빚어내는 일

마이크로바이옴의 유연성에 대해서는 앞서 설명한 바 있다. 마이크로바이옴은 우리가 무엇을 만지거나, 먹거나, 기생충에 감염되거나, 약을 처방받거나, 심지어 시간이 경과함에 따라 달라질 수 있다. 한마디로, 마이크로바이옴은 홍망과 형성과 재형성을 끊임없이 거듭하는 역동적인 실체라고 할 수 있다. 많은 미생물과 숙주들 간의 상호작용에는 이러한 유연성이 내재되어 있으므로, 새로운 미생물 파트너가 등장하여 새로운 유전자, 능력, 진화 기회를 제공함에 따라 공생 관계는 긍정적인 방향으로 변화할 수 있다. 하지만 이와 대조적으로, 미생물 불균형이 발생하거나 일부 미생물이 누락될 경우엔 공생 관계가 부정적 방향으로 변화하는 것도 가능하다. 여기서 한걸음 더 나아가, 우리는 미생물과 숙주 간의 동반자 관계를 의도적으로 변화시킬 수도 있다. 쉽게 말해서 공생 관계를 우리가 원하는 방향으로 바꿀 수 있다는 이야기다. 테오도어 로즈버리는 일찍이 1962년에 이 점을 간파했다. "우리는 체내의 미생물을 삶의 일부분으로 받아들여야 하지만, 그렇다고 해서 체념하거나 수동적으로 받아들일 필요는 없다. 환경 속에 존재하는 미생물들과 마찬가지로, 우리의 체내에 서식하는 미생물들도 인간을 이롭게 하기 위한 조작의 대상이 될 수 있다."[7]

그로부터 50여 년이 지난 지금, 미생물에 대한 수동적이고 체념적인 태도는 세계 어디서도 찾아볼 수 없다. 오늘날의 미생물학자들은 미생물과 동물 숙주의 관계를 다시 쓰기 위해 경쟁을 벌이고 있으며, 여기서 말하는 동물 숙주에는 선충류, 모기, 인간이 모두 포함된다. 예컨대 테일러는 선충과 공생 세균의 혼인 계약을 무효화하는 데 앞장서고 있는데, 그의 목표는 선충류와 볼바키아를 공멸시킴으로써 사상충증에 걸린 사람들의 목숨을 살리는 것이다. 다른 과학자들은 교란된 생태계를 복구하기 위해 새로운 미생물을 도입하거나 아예 새로운 공생 관계를 형성하는 데 힘을 쏟는다. 그들은 질병을 치료하고 예방할 수 있는 유익한 세균 칵테일(프로바이오틱스), 유익한 미생물을 배불리 먹일 수 있는 영양소 패키지(프리바이오틱스), 심지어 한 사람의 미생물 군집을 통째로 다른 사람에게 이식하는 방법(대변 미생물총 이식술)까지도 개발하고 있다. 이러한 발상들은 '미생물은 동물의 적이 아니라, 동물계를 형성하는 토대'임을 인식할 때 가능하다. 세균에 대한 낡고 위험한 '투사적 메타포', 즉 세균을 죽이지 않으면 내가 죽으므로 사생결단을 내야 한다는 생각을 버리고 상냥하고 뉘앙스가 풍부한 '정원사적 메타포'를 받아들여야 한다. 정원사가 하는 일을 생각해보라. 간혹 잡초를 뽑아내기도 하지만, 새로운 품종의 씨를 뿌리고 거름을 줌으로써 토양을 비옥하게 하고 공기를 맑게 하며 우리의 눈을 즐겁게 해주기도 하지 않는가!

이러한 개념을 납득하기가 어려운 것은 '유익한 미생물'이라는 생각이 많은 이들에게 생소하게 느껴지기 때문만은 아니다. 우리가 평소에 알고 있는 건강 상식이 초등수학에 의존하고 있다보니 직관에 어긋나는 듯 여겨진다는 점도 한몫한다. "괴혈병? 그건 비타민 C가 부족해서 생긴 병이니까, 과일을 통해 비타민 C를 보충해주면 돼. 인플루엔자? 그건 바이러스가 옮기는 병이니까, 항바이러스제를 복용해서 기도의 바이러스를 제거해야 돼." 이러한 의학 상식의 핵심은 '부족한 것을 채우고, 불필요한 것은 제거하라'는 것이다. 현대 의학적 사고 중에서도 상당수는 이런 단순한 공식에서 유래한다. 그러나 마이크로바이옴을 제대로 이해하기 위해서는 고등수학이 필요하다. 왜냐하면 마이크로바이옴은 수많은 구성요소들이 서로 복잡하게 얽히고설켜 상호작용하는 대규모 네트워크이기 때문이다. 결국 마이크로바이옴을 제어한다는 것은 '하나의 세계를 거시적 관점에서 빚어내는 것'을 의미하는데, 이는 얼핏 듣기에도 어려워 보이지만 실천하기란 더더욱 어렵다. 앞서 언급했듯이, 하나의 군집은 자체적인 회복력을 갖고 있어서 변형을 가하면 금세 원상을 회복하기 마련이다. 게다가 결과를 예측하기도 어려워 마이크로바이옴을 조작하고 나면 그 파장이 어느 쪽으로 미칠지 알 수 없다. 유익한 미생물을 첨가하여 경쟁자들을 대체했는데 나중에 알고 보니 그들 역시 우리에게 중요한 미생물이었을 수도 있고, 해로운 미생물을 제거했는데 기회감염 세균이 그 자리를 대신 차지하는 바람에 새로운 국면이 전개될 수도 있다. 지금껏 마이크로바이옴을 형성하려는 시도가 나름 성공적이었음에도 불구하고 어이없는 차질을 빚은 경우가 왕왕 있었던 것은 바로 이런 일들이 벌어졌기 때문이다. 앞서 우리는 마이크로바이옴을 교정하는 것은 항생제로 나쁜 세균을 제거하는 것처럼 간단하지 않다는 점을 살펴보았다. 여기서는 그것이 착한 세균을 첨가하는 것처럼 간단하지도 않다는 점을 이야기하고자 한다.

개구리들을 위한 향균 칵테일

개구리를 사랑하는 사람들에게 21세기는 끔직한 시대다. 이 양서류 동물은 전 세계에서 너무나 빨리 자취를 감추고 있어 가장 낙관적인 환경보호 운동가들조차 눈살을 찌푸릴 정도다. 양서류의 3분의 1이 멸종 위기에 처해 있는데, 그 이유 중 몇 가지는 모든 야생 생물들에게 공통으로 적용된다. 서식지 상실, 환경오염, 기후변화가 그런 것들이다. 그러나 양서류는 그 외에도 자신들만의 고유한 재앙에 시달리고 있으니, 바로 바트라코키트리움 덴드로바티스Batrachochytrium dendrobatis(Bd)라는 저승사자 곰팡이와 관련한 것이다. Bd는 탁월한 개구리 킬러로, 개구리의 피부를 두껍게 만들어 나트륨이나 칼륨과 같은 염분을 흡수하지 못하게 함으로써 심근경색과 비슷한 증상을 일으킨다. Bd는 1990년대 후반에 발견된 이후 여섯 개 대륙에 쫙 퍼졌으며, 양서류가 존재하는 곳이라면 어디든 나타난다. 그리고 일단 Bd가 나타나면, 양서류는 장소를 불문하고 종적을 감춘다. 개체군 전체를 수 주 만에 파괴하는 Bd는 이미 수십 종을 역사의 뒤안길로 보내버렸다. 뾰족주둥이낮개구리sharp-snouted day frog라 불리던 타우닥틸루스 아쿠티로스트리스Taudactylus acutirostris가 그랬고, 입으로 새끼를 낳는다는 위부화개구리gastric brooding frog도 그랬으며, 코스타리카의 황금두꺼비도 그랬다. 그 밖에도 수백 종의 개구리들이 멸종 위기를 맞고 있는데, 거기에는 그럴 만한 이유가 있다. Bd가 척추동물 사이에서 역사상 최악의 감염병을 옮기는 생물로 기록되었기 때문이다.[8] 개구리든, 두꺼비든, 영원류蠑螈類든, 도마뱀이든, 캐실리언caecilian이든, 양서류에 속한다면 어느 종이든 예외가 될 수 없다. 실감이 나지 않는다면 한 번 생각해보라. 만약 새로운 곰팡이가 나타나 포유동물(개, 돌고래, 코끼리, 박쥐 그리고 인간까지)을 몰살시킨다면 누군들 패닉에 빠지지 않겠는가? 그러니 양서류를 연구하는 생물학자들이 패닉에 빠진 것은 당연하다.

Bd는 뭔가 불길한 조짐 같다. 2013년 과학자들은 Bd의 친척 바트라코키트리움 살라만드리보란스Batrachochytrium salamandrivorans에 대해 기술했는데, 이것은 유럽과 북아메리카에서 도롱뇽과 영원류를 공격하는 곰팡이다. 최소한 2006년 이후 또 하나의 곰팡이가 북아메리카의 박쥐들을 휩쓸어, 입과 코가 하얗게 변색되면서 죽는 괴질을 초래함으로써 동굴을 수백만 마리의 시체로 가득 채웠다. 육지뿐만이 아니다. 바다에서는 산호들이 최근 수십 년 동안 잇따른 유행병에 시달리고 있다.[9] 야생 생물들을 겨냥하는 이러한 신종 전염병들은 유례없이 신속하게 등장하고 있는데, 여기에는 인간에게도 부분적인 책임이 있다. 우리는 비행기를 타거나 배를 타거나 장화를 신고 세계 방방곡곡에 전례 없는 스피드로 병원체를 퍼뜨리기 때문이다. 그 바람에 새로운 숙주들은 익숙해지거나 적응할 겨를도 없이 새로운 병원체에 압도당하게 된다. Bd의 등장은 하나의 완벽한 사례라고 할 수 있다. Bd가 병독성이 있고 양서류의 면역계를 억제하는 건 사실지만 어디까지나 곰팡이일 뿐이며, 양서류는 무려 3억 7000만 년 동안 곰팡이를 다뤄왔다. 다시 말해 Bd는 양서류에게 새로운 적수는 아닌 셈이다. 그럼에도 불구하고 양서류가 곰팡이 하나를 제압하지 못하고 쩔쩔매는 이유는 뭘까? 그들이 기후변화, 포식자 도입, 환경오염 물질 등 온갖 인위적인 요인들을 처리하느라 이미 기진맥진한 상태이기 때문이다. 기존의 인위적인 요인들 위에 '파괴적이고 신속히 번지는 질병'을 하나 더 얹는 순간, 생태계의 미래는 순식간에 황폐화된다.

그러나 양서류 전문가 레이드 해리스Reid Harris는 희망의 끈을 놓지 않았다. 해리스는 양서류를 곰팡이들로부터 구해낼 수 있는 방법을 찾아냈다. 2000년대 초, 그는 미국 동부에 사는 작고 울퉁불퉁한 붉은등도롱뇽red-backed salamander과 네발가락도롱뇽four-toed salamander이 풍부한 항균물질 칵테일로 덮여 있음을 알게 되었다.[10] 그 물질은 도롱뇽이 스스로 만든 게 아니라, 그들의 피부에 서식하는 세균들이 만든 것이었다. 도롱뇽은 곰팡이가 성장하기에 적당한 땅속의 습기 찬 둥지에 알을 낳는데, 항균물질이 도롱뇽의 알을 곰팡이에게서 보호해주는 것으로 밝혀졌다. 그리고 나중에 안 사실이지만, 항균물질은 Bd의 성장도 막을 수 있었다. 그렇다면 도롱뇽의 피부에 서식하는 마이크로바이옴이 방패 역할을 하는 셈이었다. 해리스는 그 미생물이 임박한 '양서류의 아마겟

돈Amphibiageddon'에서 다른 취약종들을 구원해주기를 바랐다.

그런 생각을 하는 사람이 해리스 하나만은 아니었다. 그 순간 미국의 서부에서는 밴스 브레든버그Vance Vredenburg가 해리스와 똑같은 희망을 품고 있었다. 그는 캘리포니아 주의 시에라네바다산맥에서 노란발개구리를 연구하던 중 Bd가 그 지역을 강타하자 낙담한 터였다. 그는 이렇게 회상한다. "도저히 믿을 수가 없었어요. 듣도 보도 못한 곰팡이가 별안간 나타나 순식간에 분지 전체를 휩쓸어버렸으니까요." 수십 개 지역에서 개구리가 연쇄적으로 전멸했는데, 그야말로 눈 깜짝할 사이에 일어난 일이었다. 그러나 모든 곳이 그런 건 아니었다. 콘니스산에 있는 고산호•에서는 노란발개구리가 Bd에 감염되었음에도 불구하고 여전히 씩씩하게 뛰어다녔다. Bd는 수만 개의 포자로 숙주를 제압하는 게 보통이지만, 그 개구리들은 한 마리당 수십 개의 포자를 갖고 있을 뿐이었다. 하얀 배를 드러낸 채 뒤집힌 개구리 시체로 뒤덮였던 다른 호수들과 달리, 콘니스산의 호수는 고작해야 경미한 피해를 입었을 뿐이었다. 콘니스산의 호수를 포함한 몇 군데에서는 물질이 됐든 생물이 됐든 무엇인가 Bd의 확산에 저항하고 있는 듯했다. 그러던 차에 해리스의 실험 결과를 전해 들은 브레든버그는 뭔가 짚이는 게 있어 콘니스 개구리의 피부를 면봉으로 문질러 미생물을 채취했다. 그런 다음 미생물 배양을 해보자 아니나 다를까, 해리스가 도롱뇽에서 발견했던 것과 동일한 항균 미생물들이 검출된 것이다. 그중에서 항균력과 색깔이 두드러지는 것이 하나 있었으니, 검붉은 자줏빛이 불길하면서도, 왠지 음울한 아름다움을 발산하는 세균이었다. 미생물학자들은 이를 얀티노박테리움 리비둠Janthinobacterium lividum이라

• 고산지대에 빙하가 녹아 형성된 호수.

고 불렀는데, 이제는 모두가 간단히 줄여 J-리브라고 일컫는다.[11]

브레든버그와 해리스는 실험실 연구를 통해 J-리브가 개구리를 Bd로부터 보호한다는 사실을 확인했지만, 그 방법은 분명히 밝혀지지 않았다. J-리브는 직접 항균제를 만듦으로써 곰팡이를 죽일까? 개구리의 면역계를 자극하는 걸까? 개구리의 마이크로바이옴을 재형성하는 걸까? 단순히 피부의 공간을 차지함으로써 곰팡이의 침범을 물리적으로 차단하는 걸까? 그리고 그게 그렇게 유용하다면, 일부 개구리에서만 발견되고 다른 개구리에서는 발견되지 않는 이유가 뭘까? 설사 존재하더라도 비교적 드문 이유는 뭘까? 브레든버그는 이렇게 말한다. "우리도 자세한 이유를 알고 싶지만, 지금은 그걸 밝힐 시간이 없어요. 만약 우리가 심층 연구를 수행한다면 그사이에 개구리는 멸종하고 말 거예요. 지금 심각한 위기 상황에 처해 있거든요." 상황이 그 정도라면, 자세한 이유는 나중에 알아도 상관없었다. 중요한 것은 J-리브가, 최소한 실험실이라는 통제된 환경에서는 효과를 발휘한다는 점이었다. 그렇다면 이제 가장 시급한 과제는 J-리브가 야생에서도 효과를 발휘할 것인지를 알아내는 것이었다.

당시 Bd는 시에라네바다산맥을 재빨리 가로질러 매년 700미터씩 점령지를 넓혀가고 있었다. 브레든버그는 Bd가 확산되는 추세를 그래프로 그려본 뒤, 다음 표적은 해발 3300미터에 위치한 더시 베이슨Dusy Basin이 될 거라고 예측했다. 그곳에서는 수천 마리의 노란발개구리 떼가 다가오는 운명도 모르는 채 옹기종기 모여살고 있었으므로, J-리브의 위력을 테스트하기에 안성맞춤이었다. 2010년 브레든버그가 이끄는 연구진은 더시 베이슨으로 올라가 눈에 띄는 모든 개구리들을 생포했다. 그리고 그 중 한 마리의 피부에서 J-리브를 발견하여 배양접시에서 대량으로 배양했다. 마지막으로 생포한 개구리들을 두 그룹으로 나눠, 한 그룹은 세균

수프 속에 담가 세례를 베풀고 다른 그룹은 연못 물에 담가놓았다. 몇 시간 뒤, 연구진은 다시 모든 개구리들을 야생에 풀어놓았다.

"현장 실험 결과는 놀라웠어요." 브레든버그는 말한다. 그가 예측했던 대로, Bd는 그해 여름 더시 베이슨에 도착했고, 그리하여 연못 물에 목욕한 개구리들은 비참한 최후를 맞았다. 수십 개의 포자들이 수천 개로 불어나 모든 개구리들이 불귀의 객이 된 것이다. 그러나 세균 수프 세례를 받은 개구리들은 달랐다. 그들의 경우에는 포자의 수가 일찌감치 안정기에 들어섰으며 종종 감소하기까지 했다. 그로부터 1년 뒤, 연못 물에 목욕한 개구리가 모조리 사망한 데 비해 J-리브를 접종받은 개구리 중에서는 39퍼센트가 생존했다. 연구진은 미생물을 이용하여 취약종 개구리를 야생에서 보호하는 데 성공한 것이다. 그리고 J-리브는 프로바이오틱으로서의 지위를 확고히 인정받았다. 오늘날 프로바이오틱이라고 하면 흔히 요구르트나 건강 기능 식품을 연상하지만, 프로바이오틱의 본뜻은 그게 아니다. 숙주의 건강을 증진하는 데 사용할 수 있는 미생물이라면 그 종류를 막론하고 모두 프로바이오틱이라고 부를 수 있다.

그러나 환경보호 운동가들은 위기에 처한 양서류를 생포하여 미생물을 접종시키는 일에 서투르다. 그래서 해리스는 토양에 프로바이오틱을 심어 지나가는 개구리나 도롱뇽들이 자동적으로 접종받도록 만드는 방법을 생각하고 있다. 이미 생포되어 사육되고 있는 멸종 위기 개구리들의 경우, 실험실에서 미생물을 접종한 다음 자연에 방사할 수도 있다. 하지만 브레든버그는 이렇게 말한다. "미생물을 접종하는 것은 유망한 방법이지만 특효약은 아니에요. 다른 복잡한 문제들과 마찬가지로 미생물이 항상 승리하리라고 기대할 수는 없죠." 사실 해리스의 제자 중 한 명인 매튜 베커Matthew Becker는 생포된 파나마의 황금개구리에게 이 방법을 썼다가 완전히 실패한 적이 있다. 황금개구리는 호박벌처럼 멋진 흑색과 황색 얼룩무늬를 가진 종으로, 자연계에서는 이미 Bd에 멸종당했다. 오늘날 황금개구리는 동물원과 아쿠아리움에서만 볼 수 있으며, Bd가 존재하는 한 파나마에 발을 들여놓을 수 없는 처지가 되었다. 처음에 가능성을 인정받았던 J-리브는 황금개구리에게 더 이상 도움이 되지 않는다.[12]

어쩌면 J-리브의 실패는 처음부터 예견된 것이었는지도 모른다. 우리는 근연 관계에 있는 동물이라도 전혀 다른 마이크로바이옴을 보유할 수 있다는 점을 알고 있다. 하물며 한 종과 공생하는 세균이 다른 종의 체내에서 번성한다거나, 모든 양서류를 보호해줄 수 있는 범용 프로바이오틱이 존재한다고 가정할 근거는 없다. 미국 전역의 도롱뇽 및 개구리와 공생할 수 있다 해도, J-리브는 파나마의 원주민이 아니며 파나마산 황금개구리와 진화사를 공유하지 않는다. 그러니 아무런 연고도 없는 미국산 미생물을 파나마산 개구리에게 퍼붓는다는 것은 너무나 낙관적이며 다소 제국주의적인 발상이다.

베커는 참담한 실패에도 굴하지 않고 파나마로 내려가 보다 적절한 프로바이오틱을 물색했다. 황금개구리와 가까운 친척의 피부에 사는 마이크로바이옴을 조사하여 최소한 배양접시에서 Bd의 성장을 멈추는 미생물을 여러 종 발견했는데, 불행하게도 이 미생물들 가운데 황금개구리의 피부에 정착한 것은 하나도 없었으며, 실제 조건에서 Bd를 무찌른 것도 전혀 없었다. 하지만 그런 가운데서도 희망의 징후가 하나 보이기 시작했다. 모든 예상을 깨고 다섯 마리의 황금개구리가 Bd에 대해 자연 저항성을 획득했고, 그들의 피부를 조사해본 결과 죽은 개구리들과 다른 미생물 군집이 발견되었던 것이다. 그래서 베커는 이 미생물 군집에서 황금개구리를 보호하는 세균을 찾아내려고 노력하고 있다. 해리스는 마다가스카르에서 베커와 비슷한 일을 한다. 마다가스카르는 한때 양서류의 유토피아였지만 최근 Bd가 침범하며 긴장이 고조되는 곳이다. 그는 지역에 자생하는 미생물들 중에서 두 가지 조건을 동시에 만족하는 것을 찾고 있다. 첫 번째 조건은 Bd의 성장을 멈추는 것이며, 두 번째 조건은 양서류의 피부에 이식했을 때 살아남는 것이다. 베커와 해리스는 다른 나라의 세균을 도입하거나 새로운 공생 세균을 창조하는 일은 하지 않을 생각이다. "우리는 해당 지역에 자생하는 세균을 이용하기 시작했어요"라고 해리스는 말한다.

설사 적절한 미생물 후보를 발굴하더라도, 그 세균들을 개구리의 피부에 이식하는 방법을 강구하는 일이 남는다. 개구리를 간단히 세균 수프에 담그는 방법은 불충분하다. 타이밍도 중요한데, 올챙이가 개구리로 변신하는 시기에는 피부가 마치 숲을 불사른 것처럼 황무지로 변하기 때문이다. 피부가 황무화하는 시기에는 Bd가 침입하기 쉽지만 프로바이오틱을 첨가하기에도 좋으니, 위험과 기회가 공존하는 셈이다. 고정되고 안정된 미생물 군집보다는 떠들썩하게 재조직되고 있는 미생물 군집에 개입의 여지가 더 많기 마련이다. 양서류의 피부를 이미 점유하고 있는 미생물의 영향력은 미묘하다. 그들은 막 이식된 프로바이오틱을 차단할까, 아니면 보완할까? 숙주의 면역계도 미묘한 문제다. 그것은 이식된 미생물 군집을 번성하게 할까, 아니면 다른 상태로 변화하도록 유도할까? 이러한 차이들은 미생물 이식의 성패를 좌우함으로써 종의 보존과 멸종을 결정하므로 매우 중요하며,[13] 비단 개구리의 피부만이 아니라 인간의 위장관에서도 중요한 문제다.

요구르트를 마시면 건강해질까

프로바이오틱probiotic이란 단어를 어원적으로 해석하면 '생명을 위하여for life'라는 뜻이며, 따라서 '생명에 반대하여against life'라는 뜻을 가진 항생제antibiotic와는 정반대의 의미를 지닌다. 항생제는 인체에서 미생물을 제거하기 위해 설계된 데 반해, 프로바이오틱은 미생물을 의도적으로 첨가하기 위해 고안되었다. 러시아의 일리야 메치니코프는 20세기 초 프로바이오틱 아이디어를 옹호한 최초의 과학자들 가운데 하나였다. 그는 젖산을 만드는 세균을 섭취하기 위해 수십 년 동안 신 우유를 마셨으며, 이 방법이 불가리아 농민들의 수명을 연장시킨 비결이라고 주장했다. 그러나 메치니코프가 사망한 뒤 미생물학자인 크리스천 허터Christian Herter와 아서 아이작 켄들은 "메치니코프가 우상화했던 미생물은 소화관에서 오랫동안 버티지 못한다"는 사실을 증명했다. 아무리 삼켜봤자 장내에 머물지 않으니 허탕이라는 것이다. 그러나 켄들은 메치니코프의 아이디어에 구멍을 냈음에도 불구하고 그의 정신만큼은 옹호했다. "인간의 장에 사는 유산균을 이용하여 장내 미생물로 인해 발생하는 특정한 질병을 치료하는 날이 오고 있다. 과학자들은 미생물 이식의 성공에 필요한 조건을 발견하여 우리에게 알려줄 것이다."[14]

켄들의 말대로, 과학자들은 열심히 노력했다.[15] 1930년대에 일본의 미생물학자 시로타 미노루Minoru Shirota는 위산에 의해 파괴되지 않고 장에 도달하는 강인한 미생물을 찾아내며 연구의 선봉에 섰다. 그는 마침내 락토바실루스 카세이Lactobacillus casei라는 균주를 찾아내어 발효유 안에서 배양했고, 1935년 '병에 든 유제품' 야쿠르트를 최초로 개발했다. 오늘날 야쿠르트사社는 전 세계에서 매년 120억 병의 야쿠르트를 판매하고 있으며, 프로바이오틱스 산업 전체의 시장 규모는 수십억 달러에 이른다. 프로바이오틱스는 천연 건강관리를 원하는 우리의 취향에 부응하고 있지만, 상당수의 프로바이오틱스 제품들은 여러 세대에 걸친 산업적 배양을 통해 변형되거나 길들여진 독점 미생물들을 포함한다. 어떤 제품들은 생균 배양물을, 어떤 제품들은 냉동 건조시켜 캡슐이나 봉지에 포장한 미생물을 제공한다. 두 가지를 혼합한 제품도 있다. 제조업체들은 "소화 기능을 향상시키고 면역력을 증강하며 각종 질병을 치료하는 수단"이라고 대대적으로 광고한다. 과연 그럴까?

농도가 가장 높은 프로바이오틱스라 해도 봉지 하나당 고작 몇 천 억 마리의 세균을 포함할 뿐이다. 언뜻 엄청나 보이는 수치이지만, 소화관에 이미 자리 잡고 있는 미생물들은 그보다 최소한 100배는 많다. 그러니 요구르트 한 병을 삼켜봤자 간에 기별도 안 가는 수준이다. 게다가 실효성도 의문이다. 유산균 음료에 들어 있는 세균들은 성인의 마이크로바이옴을 구성하는 주요 멤버가 아니기 때문이다. 그 세균들은 대체로 메치니코프가 옹호했던 것과 같은 계열, 즉 젖산을 만드는 락토바실루스나 비피도박테륨 계열에 속하는데, 과학적 이유보다는 실용적인 이유(배양하기 쉽고, 발효 식품에서 이미 발견되었으며, 상업용으로 포장된 식품과 소비자의 위장 속에서 생존할 수 있다)로 선택되었다는 것이 문제다. "유산균 음료에 포함된 미생물 대부분은 인간의 소화관에서 성장하지 않으며, 그 속에서 오랫동안 버틸 수 있는 인자를 보유하고 있지도 않아요." 제프 고든의 말이다. 고든은 액티비아Activia 요구르트를 하루 두 번씩 일곱 주 동안 마신 사람들의 장내 미생물을 모니터링하여 이 사실을 밝혀냈다. 액티비아 요구르트에 들어 있는 세균들이 참가자의 소화관에 정착하지 않은 것은 물론, 마이크로바이옴의 구성도 바꾸지 않았던 것이다. 허터와 켄들이 1920년대에 발견한 문제점도 이와 동일했으며, 매튜 베커 등이 개구리를 살리기 위한 프로바이오틱스를 연구하는 과정에서 겪은 문제도 별반 다르지 않았다. 요컨대, 외부에서 도입된 미생물은 한쪽 창문으로 들어와 반대쪽 창문으로 나가버리는 미풍과 같다고 할 수 있다.[16]

이렇게 주장하는 사람들도 있을지 모른다. "들어왔다 바로 나가는 미풍이면 어떤가? 이동 경로에 존재하는 물체를 건드려 덜컹거리게 만들기만 해도 그게 어딘가?" 고든도 이 같은 징후를 일부 포착했다. 액티비아 요구르트가 생쥐의 장내 미생물을 건드려, 비록 일시적이긴 하지만 탄수화물 소화효소를 활성화한 것으로 나타난 것이다. 웬디 개럿도 나중에 실시한 연구에서 "락토코쿠스 락티스Lactococcus lactis 균주가 소화관에 머물지 않거나 심지어 살아 있지 않더라도 생쥐에게는 도움이 될 수 있다"고 보고했다. 락토코쿠스는 생쥐의 소화관에 들어가 폭발했지만, 죽으면서 염증 억제 효소를 방출함으로써 생쥐의 염증을 감소시킨 것이다. 말하자면 야무진 정착자는 아니었다 해도, 나름의 방법으로 살신성인한 것으로 볼 수 있다.

개럿의 이야기를 듣고 보니 일리가 있다는 생각이 든다. 그러나 그게 정말 사실일까? '프로바이오틱스'라는 단어에서 해답을 찾을 수 있다. 세계보건기구는 프로바이오틱스를 이렇게 정의한다. "살아 있는 미생물로서, 충분한 양을 투여하면 숙주에게 건강상 이익을 제공한다." 이 정의를 만족하려면 유산균 음료는 건강에 이로워야 한다. 언뜻 유산균 음료의 건강상 이점을 입증한 연구는 수없이 많은 듯 보인다. 그러나 속내를 들여다보면 대부분 분리된 세포나 실험동물을 이용한 연구이며, 따라서 인간에 대한 적합성은 불투명하다. 인간에게 적용한 연구도 대부분 소수의 지원자들을 대상으로 한 것이라 편향이나 통계적 요행수가 개입될 가능성이 높다.

수많은 연구들을 검토하여 강력하고 믿을 만한 것을 골라낸다는 건 여간 힘들고 성가신 일이 아니다. 하지만 다행스럽게도 우리에게는 코크런 연합Cochrane Collaboration이라는 믿음직한 단체가 있다. 코크런 연합은 모든 의학 연구들을 체계적으로 검토하여 〈코크런 리뷰Cochrane Review〉를 발행하는데, 〈코크런 리뷰〉의 평결에 따르면 프로바이오틱스는 "감염성 설사의 지속 시간을 단축하고, 항생제 복용에 따른 설사의 위험을 줄여주며, 괴사성 장염necrotizing enterocolitis(NEC)•에 걸린 신생아의 생명을 살릴 수도 있다"고 한다. 그러나 여기에 열거된 프로바이오틱스의 이점은 여기까지다. 어떤가! 프로바이오틱스 제조업체의 대대적인 광고와 비교하면, 〈코크런 리뷰〉의 평결은 너무나 단출하지 않은가? 프로바이오틱스가 알레르기, 천식, 습진, 비만, 당뇨병, 염증성 장 질환IBD, 자폐증, 기타 마이크로바이옴 장애 환자들에게 도움이 된다는 증거는 아직 명확하지 않다. 또한 문헌에 보고된 이점이 마이크로바이옴의 변화 때문인지 여부도 마찬가지다.[17]

각국의 보건 당국은 이상과 같은 문제점에 주목하여, 보통 프로바이오틱스를 의약품이 아니라 식품으로 분류한다. 따라서 프로바이오틱스 제조업체들은 제약 회사가 신약을 개발할 때 반드시 거쳐야 하는 까다로운 규제 장벽을 넘지 않아도 된다. 그렇다고 해서 제조업체들이 마냥 좋아할 일은 아니다. 의약품이 아닌 이상 "질병을 예방하거나 치료한다"고 주장할 수는 없기 때문이다. 만약 넘어서는 안 될 선을 넘는 경우 해당 제조업체는 혹독한 대가를 치르게 된다. 2010년 미국 연방 통상 위원회FTC는

• 미숙아들이 잘 걸리는 끔찍한 장 질환. 뒤에 자세히 언급함.

다논Dannon(영국에서는 Danone) 그룹을 기소했는데, "액티비아가 일시적인 변비를 완화하거나 감기와 인플루엔자를 예방하는 데 도움이 된다"고 주장했다는 이유였다. 많은 브랜드에 적힌 문구에 "소화계의 균형을 유지한다"거나 "면역력을 증강한다"는 모호한 표현이 쓰이는 데는 그럴 만한 속사정이 있다. 심지어 그런 두루뭉술한 문구조차도 철퇴를 맞을 수 있다. 2007년 유럽연합EU은 식품 및 건강 기능 식품 제조업체들에 "제품 포장에 빼곡히 적혀 있는 과장된 문구에 대해 과학적 근거를 제출하라"고 요구했다. 만약 자사의 제품이 사람들을 건강하고 날씬하고 섹시하게 만들어준다고 말하고 싶다면, 그 사실을 증명해야 한다. 물론 그들은 노력했지만 결과는 너무 엉성하고 조잡했다. EU 과학 자문 위원회는 제조업체들이 제출한 수천 건의 자료 가운데 90퍼센트 이상을 기각했고, 프로바이오틱스에 관한 자료는 모두 반려되었다. EU는 한 걸음 더 나아가, 질병이나 건강을 언급한다는 것 자체가 건강상 이점을 암시하므로 제품의 포장이나 광고에 기재된 질병 또는 건강 관련 문구를 삭제하라고 지시했다. 이에 대해 프로바이오틱스 옹호자들은 "합당한 과학적 근거를 무시하고 업계에 찬물을 끼얹는다"고 볼멘소리를 하는 데 반해, 프로바이오틱스의 효과에 회의를 품고 있는 이들은 "업계로 하여금 사업 역량을 강화하게 하고, 근거 없는 주장에 대해 확고한 증거를 요구한다"며 찬사를 보내고 있다.[18]

과장 광고가 범람하고 있긴 하지만, 프로바이오틱스의 기본 개념은 여전히 건전하다.[19] 세균이 체내에서 수행하는 역할의 중요성을 감안할 때, 적절한 미생물을 삼키거나 사용함으로써 건강을 증진하는 것은 이론적으로 가능하다. 다만 현재 사용하는 미생물 균주가 부적절할 수 있을 뿐이다. 그들은 체내에 서식하는 미생물 중 극히 일부분이므로, 그들의 능력 또한 마이크로바이옴 전체의 능력 중 일부일 수밖에 없다. 앞서 우리는 그보다 적절한 미생물들을 많이 만나보았다. 예컨대 점액을 좋아하는 아커만시아 뮤시니필라는 비만 및 영양 결핍의 위험을 감소시키고, 박테로이데스 프라길리스는 면역계의 항염 측면에 연료를 제공하는 것으로 알려져 있다. 또 하나의 항염 미생물인 파이칼리박테륨 프라우스니트지이Faecalibacterium prausnitzii(F. prausnitzii)는 IBD 환자의 소화관에서 거의 발견되지 않으며, 생쥐에게 투여할 경우 IBD 증상을 역전시키는 것으로 알려져 있다. 이런 미생물들의 능력은 적절하고 인상적이므로 미래에 프로바이오틱스의 일부로 사용될 수도 있을 것이다. 어떤 미생물은 인체에 잘 적응하며, 어떤 미생물은 이미 풍부하게 존재한다. 예를 들어 건강한 사람의 장내 미생물 중 20분의 1은 파이칼리박테륨인 것으로 알려져 있다. 따라서 파이칼리박테륨은 락토바실루스와 같은 D급 마이크로바이옴과 급이 다르다. 그들은 '소화관의 스타'이며, 인간의 소화관에 정착하는 것을 꺼리지 않는다.[20]

여기서 짚고 넘어갈 것이 하나 있다. 미생물이 체내에 제대로 정착한다면 큰 효과를 발휘하지만, 위험부담도 그만큼 크다는 사실이다. 지금까지 프로바이오틱스는 대부분 안전한 것으로 여겨졌는데[21] 어떻게 보면 그건 당연하다고 볼 수 있다. 왜냐하면 미생물들이 체내에 거점을 확보하지 못했으므로, 효과도 없지만 해를 끼칠 우려도 없었기 때문이다. 만약 인간의 소화관에서 더 흔하게 발견되는 장내 미생물을 프로바이오틱스로 사용하면 어떻게 될까? 동물실험에서는 "생애 초기에 미생물을 단 한 번만 접종해도 개체의 생리, 면역계, 심지어 행동에까지 지속적으로 영향을 미친다"는 결과가 나온 바 있다. 그런데 앞에서도 언급한 바와 같이, 이 세상에 본질적으로 선량하기만 한 미생물은 없다. 인간 마이크로바이옴의 터줏대감인 헬리코박터 파일로리를 포함하여 많은 미생물들은 긍정적 역할과 부정적 역할을 모두 수행한다. 아커만시아는 여러 연구에서 구세주로 칭송받아왔지만, 대장암 환자에게서 더 흔히 발견되는 경향이 있다. 따라서 이러한 미생물들을 결코 가볍게 여겨서는 안 된다. 그들이 마이크로바이옴을 바꾸는 메커니즘은 물론 그 변화의 장기적인 결과까지 철저히 이해해야 한다. 개구리의 경우에서 그랬듯이, 디테일이 중요하지 않겠는가.

프리바이오틱스

프로바이오틱스를 둘러싼 논란 가운데서도 성공 신화는 있었는데, 그 중 가장 주목할 만한 이야기는 1950년대에 호주에서 시작되었다. 당시 호주의 국립 과학 기관은 불어나는 소 떼를 배불리 먹일 열대식물을 찾기 시작했다. 특히 유망한 후보군이 하나 등장했으니, 바로 중앙아메리카산 관목인 레우카이나Leucaena로 발육이 좋아 소 떼가 마음껏 뜯어먹을 수 있으며 단백질도 풍부하게 함유한 식물이었다. 그러나 안타깝게도 레우카이나는 미모신mimosine이라는 독소 또한 함유하고 있었는데, 그 부산물이 갑상선종, 탈모, 성장 저하 그리고 때때로 사망을 초래했다. 과학자들은 육종을 통해 레우카이나로부터 독소를 제거하려고 노력했지만 허사였다. 독소만 없었다면 완벽한 식물이었기에 너무나 아까운 일이었다. 그러던 중 1976년 레이몬드 존스Raymond Jones라는 정부의 과학자가 우연히 해법을 발견했다. 학술회의 참석차 하와이를 방문했다가 한 무리의 염소들이 레우카이나를 포식하고 있는 것을 발견했는데, 외관상 아무런 문제가 없는 게 아닌가! 염소의 되새김질 위 중 첫 번째 방, 즉 혹위rumen 에 미모신을 해독하는 미생물이 들어 있음을 존스는 직감했다.

때로는 혹위에서 채취한 체액(악취가 코를 찌르는)이 담긴 플라스크를 들고, 때로는 살아 있는 염소와 함께 호주와 하와이 사이를 여러 번 날아다닌 끝에, 존스는 마침내 자신의 가설을 증명하는 데 성공했다. 1980년대 중반 그는 하와이산 염소의 혹위에서 추출한 미생물 군집을 호주산 가축에게 주입했다. 그 결과 호주산 가축은 아무 탈 없이 레우카이나를 뜯어 먹을 수 있게 되었다. 한때 레우카이나를 먹으면 미모신에 중독되어 사경을 헤매던 동물들이 이제는 고영양식을 마음껏 섭취하고 기록적인 속도로 체중이 불어나는 게 아닌가! 그건 콩벌레bean bug가 '살충제를 분해하는 세균'을 집어삼키는 것이나, 사막에 사는 숲쥐들이 동료들로부터 '크레오소트를 제거하는 세균'을 획득하는 것과 진배없었다. 존스는 동물에게 새로운 미생물을 장착함으로써 위험한 화학물질을 중화시킨 것이다. 그의 동료들은 마침내 하와이산 염소에게서 미모신 분해 세균을 관찰하고, 존스에게 경의를 표하기 위해 이를 시네르기스테스 요네시이Synergistes jonesii라고 명명했다. 1996년 호주의 농민들은 프로바이오틱 칵테일을 구입하여 소 떼에게 분무했는데, 이것은 상업적으로 조제된 하와이산 염소의 혹위액이었다. 이 프로바이오틱은 농민들로 하여금 레우카이나를 가축들에게 마음 놓고 먹일 수 있게 해줌으로써 호주 북부의 농업을 근본적으로 바꿔놓았다.[22]

한 지역의 미생물을 다른 지역에 도입하려던 사람들이 번번이 좌절을 맛본 가운데 유독 존스만이 성공을 거둔 이유는 무엇일까? 누군가는 그가 해결한 문제가 다른 문제들에 비해 쉬운 편이었다고 할지도 모른다. 다른 과학자들은 IBD를 치료하거나 킬러 곰팡이를 물리치려 했던 반면,

그는 고작 하나의 화합물을 해독하려 한 것이니 말이다. 물론 미생물 하나만 찾아내면 되므로 비교적 쉬운 문제였다고 할 수도 있다. 그러나 운 좋게 하와이에서 멀쩡히 레우카이나를 뜯어 먹는 염소 떼와 마주쳤다고 해서 누구나 '이게 웬 떡이냐' 쾌재를 불렀을 리는 없다. 하와이산 염소의 장내 미생물이 호주산 동물들의 소화관에 안착하리라고 장담할 수 없기 때문이다.

옥살산염oxalate의 예를 들면 이해가 빠를 것이다. 옥살산염은 많은 식품에서 발견되지만 특히 비트, 아스파라거스, 대황에 많이 함유되어 있다. 고농도의 옥살산염은 인체의 칼슘 흡수를 억제함으로써 딱딱한 덩어리를 형성하며, 이것은 신장결석의 원인으로 작용하기도 한다. 인간은 옥살산염을 분해할 수 없고, 오직 미생물만이 할 수 있다. 옥살산염을 유일한 에너지원으로 삼는 장내 미생물 옥살로박터 포르미게네스Oxalobacter formigenes는 옥살산염 분해의 대가로 통한다. 시네르기스테스와 마찬가지로 옥살로박터 찾기도 얼핏 간단해 보였을 것이다. 한 가지 화합물(옥살산염)이 주범이고, 명확한 문제(신장결석)를 초래하며, 똑똑한 미생물 하나(옥살로박터)만 찾으면 끝나는 문제니 말이다. 만약 당신이 신장결석의 소인素因을 갖고 있다면, 옥살로박터라는 프로바이오틱을 꿀꺽 삼키면 만사 오케이인 셈이다. 그런데 현실은 그렇지 않았다. 그런 프로바이오틱이 존재하기는 했지만, 효과가 별로였던 것이다.[23] 왜 그랬을까?

가능한 답변은 두 가지가 있는데, 양쪽 모두 가치 있는 교훈을 준다. 첫 번째 답변은 '동물에게 세균을 주입하기만 하는 것은 최선의 결과를 기대하기에 불충분하다'는 점이다. 미생물이란 살아 있는 존재이므로, 생명을 유지하기 위해서는 뭐라도 먹어야 한다. 옥살로박터의 경우 옥살산염 하나만 먹고 사는데, 신장결석 환자는 종종 옥살산염이 없는 음식물을 먹지 않는가. 그러니 신장결석 환자가 옥살로박터를 삼키는 순간 이 세균은 굶어 죽을 수밖에 없다.[24] 이러한 불상사를 미연에 방지하기 위해, 호주의 농민들은 시네르기스테스 칵테일을 살포하기 일주일 전에 가축들에게 레우카이나를 먹인다. 그래야만 가축들의 혹위에 자리 잡은 시네르기스테스가 목숨을 부지하기 때문이다.

유익한 미생물을 선별적으로 먹여 살리는 물질을 프리바이오틱스prebiotics라고 부른다. 옥살산염과 레우카이나도 여기에 포함되지만, 프리바이오틱스라고 하면 이눌린inulin과 같이 정제되고 포장되어 건강 기능 식품으로 판매되는 식물성 탄수화물을 의미하는 게 보통이다.[25] 프리바이오틱스는 F. 프라우스니트지이나 아커만시아와 같은 중요한 미생물의 개체 수를 늘리며, 식욕을 줄이고 염증도 줄이는 것으로 알려져 있다. 하지만 프리바이오틱스를 건강 기능 식품으로 복용할 것인지 말 것인지는 또 다른 차원의 문제다. 앞서 우리가 먹는 음식물이 장내 미생물을 크게 바꿀 수 있다고 밝힌 바 있는데, 이눌린과 같은 프리바이오틱스는 양파, 마늘, 아티초크, 치커리, 바나나 등의 식품에 많이 들어 있으니 말이다.

모유에 함유된 '미생물을 먹이는 당분'인 HMOs도 당연히 프리바이오틱스에 포함된다. HMOs는 B. 인판티스 등의 전문 미생물을 먹여 살리는 식량이기 때문이다. 소아과 의사인 마크 언더우드Mark Underwood는 프리바이오틱스가 가장 취약한 인간, 즉 미숙아의 목숨을 살리는 데 도움이 된다고 믿는다. 언더우드는 UC 데이비스에서 신생아집중치료실을 지휘하는데, 여기서 그가 이끄는 연구진은 최대 마흔여덟 명의 미숙아를 동시에 돌본다. 가장 어린 미숙아는 임신 23주 차에 태어났으며, 몸무게가 500그램을 겨우 넘는 수준이다. 미숙아들은 보통 제왕절개를 통해 태어나 몇 번의 항생제 코스를 거친 뒤 최고의 위생 환경에서 양육된다. 소화관에 통상적인 '개척자 미생물pioneering microbe'이 없으므로, 미숙아들은 매우 특이한 마이크로바이옴을 갖고서 성장한다. 신생아들에게 흔한 비피더스균의 수가 적으며, 수많은 기회감염 병원균들이 그 자리를 차지한다. 미숙아는 미생물 불균형의 전형으로, 특이한 장내 미생물 군집은 미숙아를 종종 치명적 장질환인 괴사성 장염NEC의 위험에 빠뜨린다. 많은 의사들은 미숙아의 NEC를 예방하기 위해 프로바이오틱스를 투여해왔고, 약간의 성공을 거둔 터였다. 그러나 언더우드는 브루스 저먼, 데이비드 밀스 등과 의논한 뒤 프로바이오틱스를 단독으로 투여하는 것보다 B. 인판티스와 모유를 결합하여 제공하는 것이 더 효과적이라고 생각하게 되었다. 그는 이렇게 말한다. "미숙아의 경우에는 미생물을 공급하는 것도 중요하지만, 그 미생물을 배불리 먹이는 것이 더 중요해요. 미숙아의 장처럼 적대적인 환경에서 성장하고 자리를 잡으려면, 미생물들도 잘 먹어야 하거든요." 그는 이미 소규모 예비 연구를 마쳤고, 그 연구에서 "자기가 좋아하는 식량을 제공받을 경우 B. 인판티스는 미숙아의 체내에 더욱 잘 정착한다"는 결론을 얻었다.[26] 지금은 프로바이오틱(B. 인판티스)과 프리바이오틱(모유)을 병용할 때 NEC를 더욱 효과적으로 예방할 수 있다는 가설을 증명하려는 목표로 대규모 연구를 진행 중이다.

시네르기스테스와 옥살로박터의 사례에서 얻을 수 있는 두 번째 교훈은, 팀워크가 중요하다는 사실이다. 세균 가운데 독불장군은 하나도 없으며, 상이한 종들이 복합적인 네트워크를 형성하여 상호 의존적인 방식으로 서로 돕고 사는 것이 상례다. 외견상 하나의 미생물이 문제를 해결하는 듯 보이는 경우에도, 그 미생물은 살아남기 위해 조연助演을 필요로 하는 경우가 많다. 시네르기스테스가 탁월한 성과를 거뒀던 것도 알고 보면 많은 위 미생물의 뒷받침이 있었던 덕분이며, 그와 대조적으로 옥살로박터가 재미를 보지 못했던 것은 친구가 하나도 없어서였다. 이 원칙은 다른 미생물들에게도 적용된다. F. 프라우스니트지이 봉지가 IBD를 치료하고 아커만시아 알약이 비만을 치료한다고 생각하는 사람도 있을지 모르지만, 내 생각은 다르다.

결국, 프로바이오틱스를 만드는 현명한 방법은 '미생물의 군집을 형성하여 미생물들끼리 서로 협동하게 만드는 것'이라 할 수 있다. 2013년 일본의 과학자 혼다 켄야Kenya Honda가 "열일곱 가지 클로스트리듐 균주가 장의 염증을 감소시킨다"고 보고하자, 보스턴에 위치한 베단타 바이오사이언시스Vedanta BioSciences사는 이를 기반으로 IBD를 치료하는 복합 미생물 칵테일을 개발했다.[27] 이 책의 원고가 인쇄소로 넘어갈 때쯤, 베단타는 프로바이오틱 신제품을 임상 시험에 넘길 것이다. 임상 시험이 과연 성공할까? 결과는 아무도 알 수 없다. 그러나 마이크로바이옴을 조작하려면, 단일 균주보다는 협동하는 미생물 네트워크를 사용하는 편이 더 합리적일 것이다. 어쨌든 네트워크를 형성하는 것이야말로 마이크로바이옴을 조작하는 가장 성공적인 방법일 테니 말이다.

대변 미생물총 이식술

2008년 미네소타 대학의 위장관학자 알렉산더 코러츠Alexander Khoruts는 예순한 살의 여성 한 명을 만났는데, 편의상 그녀를 리베카라고 부르기로 하자. 리베카는 직전 여덟 달 동안 지독한 설사에 시달리는 바람에 성인용 기저귀를 차고 휠체어에 앉아 생활해야 했으며, 몸무게가 무려 25

킬로그램이나 줄었다. 설사의 주범은 클로스트리듐 디피실리Clostridium difficile라는 세균으로, 줄여서 C. 디피실리라고 부른다. 오래 지속되기로 악명 높은 C. 디피실리는 종종 항생제에 굴복했다가도 새로운 저항성 세균으로 거듭나 반격을 가한다. 리베카도 예외는 아니어서 의사가 약을 계속 바꿔 처방했지만 백약이 무효했다. "몰골이 말이 아니었어요. 하지만 위장관 전문가인 나로서도 속수무책이었죠." 코러츠는 이렇게 회고한다.

그러나 비장의 무기가 하나 남아 있었다. 의과대학 시절의 기억을 더듬던 코러츠는 문득 대변 미생물총 이식술faecal microbiota transplant, 간단히 줄여서 FMT라는 방법을 떠올렸다. FMT란 문자 그대로 '공여자에게서 대변을 채취하여 환자의 장에 이식하는 것'을 말한다. 그 방법을 쓰면 C. 디피실리 감염을 치료할 수 있다던 교수의 말이 귓가에 쟁쟁했다. 물론 FMT는 혐오스럽고 엽기적이고 황당한 방법인 듯 느껴졌지만, 리베카는 이것저것 가릴 처지가 아니었다. 그저 낫기만 하면 그만이라는 생각으로 그녀는 코러츠의 제안에 선뜻 동의했다. 코러츠는 그녀의 남편에게서 기증받은 대변을 믹서에 갈았다. 그런 뒤 대장 내시경을 이용하여 이 '걸쭉한 물질' 한 컵을 리베카의 장에 투입했다.

그러자 하루도 채 지나지 않아 그녀의 설사가 멈추더니, 한 달도 안 되어 C. 디피실리마저 자취를 감췄다. 게다가 이번에는 재발도 없었다. 그녀의 설사는 신속하고도 영원히 치료된 것이다.

비록 입증되지 않은 일화에 불과지만, 리베카의 사례는 전형적인 틀에서 벗어나지 않는다. FMT와 관련한 수백 가지 유사한 시험 사례를 살펴보면 시나리오가 모두 같다는 것을 알 수 있다. 난치성 C. 디피실리 감염증에 걸린 한 환자와 절박한 심정으로 FMT를 제안하는 한 의사가 등장하고, 이어 환자는 기적적인 회복을 경험한다. 간혹 환자가 FMT를 제안하는 경우도 있는데,[28] 캐나다 퀸스 대학의 일레인 페트로프의 경험이 바로 그랬다. 2009년 그녀가 한 여성 환자의 C. 디피실리 감염증 치료에 여러 차례 실패하자 환자의 가족들이 똥이 한가득 담긴 작은 양동이를 들고 진료실에 난입한 것이다. 그녀의 회고담을 들어보자. "처음엔 그들이 실성했다고 생각했어요. 그러나 환자의 설사가 계속 악화되어 자포자기한 상태에서 문득 더 이상 잃을 게 없다는 생각이 들었죠. 그래서 과감하게 시도한 다음 경과를 지켜봤는데, 글쎄 멋지게 성공하지 않았겠어요? 환자는 죽음의 문턱에서 발길을 돌려 건전한 정신과 건강한 육체를 가지고 병원 밖으로 걸어 나간 거죠."

대변 이식은 개념적으로나 실질적으로나 역겨운 게 사실이다. 누군가는 문제의 믹서기를 작동시켜야 하니까.[29] 그러나 페트로프는 이렇게 말한다. "환자들은 물불을 가리지 않아요. 뭐든 시도해볼 의향이 있거든요. 그들은 종종 내 말을 끊고 '어디에 사인하면 되죠?'라고 묻곤 하죠." 사실 우리 인간은 유난히 대변을 꺼리는 경향이 있다. 많은 다른 동물들 사이에는 식분증이 그리 특별하지 않으며, 그들은 미생물을 획득하기 위해 상대방의 대변이나 배설물을 거리낌 없이 삼킨다. 호박벌과 흰개미도 이런 식으로 세균을 퍼뜨리는데, 이 세균들은 기생충과 병원체들의 공격을 방어함으로써 군집 전체의 면역계로 작용한다.[30] 이런 면에서 볼 때 FMT는 큰 거부감 없이 식분증의 효과를 누리는 좋은 방법이라고 볼 수 있다. 굳이 입으로 넣는 대신 대장 내시경이나 관장, 또는 코를 통해 위나 장으로 연결되는 튜브를 이용해 세균을 투여할 수 있으니 말이다.

FMT의 원리는 프로바이오틱과 동일하지만, 한 가지(또는 최대 열일곱 가지) 균주를 접종하기보다는 마이크로바이옴 전체를 통째로 이식한다는 특징이 있다. 이는 흔들리는 세균 군집을 완전히 바꿔치기하는 것으로

'생태계 이식ecosystem transplant'이라 할 만하다. 마치 민들레로 뒤덮인 잔디밭을 갈아엎듯 말이다. 코러츠는 FMT를 실시하기 전후에 리베카의 대변 샘플을 채취하여 비교 분석해본 결과 생태계 이식 과정이 진행된다는 점을 확인할 수 있었다.[31] FMT를 실시하기 전에 그녀의 장은 엉망진창이었다. C. 디피실리 감염이 마이크로바이옴을 완전히 재구성하여, 자연계에서 도저히 찾아볼 수 없는 별종으로 만들어버렸기 때문이다. "한마디로 다른 은하계나 마찬가지였죠"라는 것이 코러츠의 표현이다. 그러나 FMT를 실시한 뒤 그녀의 마이크로바이옴은 남편의 것과 구분할 수 없게 되었다. 남편의 미생물 군집이 그녀의 불균형한 장에 진입하여 리셋 버튼을 눌러버린 것이다. 그것은 장기이식이나 진배없었다. 그렇다면 마이크로바이옴은 수술 없이도 이식할 수 있는 유일한 장기라고 할 수 있다. 코러츠는 환자의 병들고 손상된 마이크로바이옴을 들어낸 다음, 새롭고 반짝이는 공여자의 마이크로바이옴으로 교체했다.

대변 이식은 지난 1700여 년간 간헐적으로 명맥을 이어왔다. 최초의 대변 이식 기록은 4세기 중국에서 나온 응급 의학 기록에서 찾아볼 수 있다.[32] 유럽의 경우, 이보다 훨씬 늦은 1697년 독일의 한 내과 의사가 《효과 좋은 쓰레기 요법Heilsame Dreck-Apotheke》이라는 전대미문의 제목으로 펴낸 책에서 대변 이식을 권장했다. 대변 이식은 그로부터 300여 년 뒤인 1958년 미국의 외과 의사 벤 아이즈먼에 의해 재발견되었지만, 불과 1년 뒤 C. 디피실리 감염증의 특효약인 항생제 반코마이신vancomycin이 등장하면서 역사의 뒤안길로 사라졌다. "그 후 FMT는 농담의 소재로 전락하여 지난 수십 년 동안 간헐적으로 보고되거나 흥미로운 얘깃거리로 인구에 회자되었죠"라고 코러츠는 말한다. 그러나 사람들의 기억에서 완전히 사라진 것은 아니다. 10년 전 용감무쌍한 의사들이 대변 이식을 사용하기 시작하여 많은 병원들이 쉬쉬하는 가운데 이 치료법을 제공하면서 성공 사례가 하나둘씩 축적되었으니 말이다.

일에 탄력이 붙은 것은 2013년, 네덜란드의 요스버르트 켈러르가 이끄는 연구진이 마침내 무작위 임상 시험randomized clinical trial(RCT)을 통해 FMT의 효능을 시험하면서부터였다. RCT는 진짜배기 치료법과 돌팔이 의료 행위를 구별하는 의학의 시금석이라 할 수 있다.[33] 켈러르가 이끄는 연구진은 재발성 C. 디피실리 감염증 환자들을 모집하여 반코마이신 투여와 FMT 시술 중 하나를 무작위로 실시했다. 그들은 120명의 환자들을 모집할 예정이었는데, 마흔두 명이 충원된 상태에서 중간 평가를 실시해보니 놀라운 결과가 나왔다. 그 시점에서 반코마이신 투여군의 치료율은 27퍼센트에 그친 데 반해, FMT 시술군의 치료율은 94퍼센트로 나온 것이다. FMT의 효능이 월등함을 인정한 연구 팀은 환자들에게 항생제를 계속 지급하는 것은 비윤리적이라고 판단하고 임상 시험을 중단했다. 이후 나머지 지원자들은 모두 FMT 시술을 받았다.

심각한 환자를 대상으로 한 시험에서 부작용도 없이 94퍼센트라는 치료율이 나온 것은 유례없는 일이었다. 금상첨화로, FMT는 놀라운 가성비를 보였다. 반코마이신은 가격이 비싸지만, 대변은 무료로 무진장 공급되니 말이다. 많은 회의론자들이 보기에 그 임상 시험은 '괴팍한 대체 요법'이었던 FMT를 '인상적인 주류 의학'의 반열에 올려놓기에 충분했고, 이어 FMT는 필사적인 최후의 수단에서 최우선적 1순위 치료법으로 격상되었다. 그러자 의사들 사이에서는 이런 말이 유행했다. "대체 의학과 정통 의학이라는 게 따로 있는 게 아니다. 효과가 좋으면 그게 바로 정통 의학이다." FMT가 주류 의사들 사이에서 점점 더 널리 인정받게 된 것은 이러한 의식이 널리 퍼져 있기에 가능한 일이었다. 코러츠는

FMT를 이용하여 지금까지 수백 명의 C. 디피실리 감염 환자들을 치료했다. 페트로프도 마찬가지이며, 전 세계에서 수천 건의 유사한 보고서들이 발표되었다.

이상과 같은 성공 사례에 고무된 의사들은 다른 환자들에게도 FMT를 적용하기에 이르렀다. FMT가 C. 디피실리를 잘 물리쳤다면, IBD에게도 그러지 말라는 법은 없을 터였다. FMT는 장 속에 들어가 리셋 버튼을 눌러 동요한 생태계를 차분한 상태로 전환시킬 수 있으니 말이다. 그러나 언뜻 보기에도 그리 쉬운 일은 아니었다. IBD는 C. 디피실리 감염병보다 치료 성공률이 낮고 일관성도 떨어지는 데다 부작용과 재발이 빈번하게 일어나기 때문이다.[34] 그렇다면 또 다른 경우는 어떨까? 날씬한 사람에게서 대변을 채취하여 뚱뚱한 사람에게 이식하면 체중을 감소시킬 수 있지 않을까? 이 경우에도 평가를 내리기는 아직 이르다. 지금껏 많은 의사들이 "FMT를 이용하여 비만, 과민대장증후군, 자가면역 질환, 정신 건강 문제, 심지어 자폐증까지 치료했다"고 보고했지만, 이런 사례들은 어디까지나 입증된 바 없는 일화일 뿐이라, 자연 치유나 생활 방식 변화, 위약 효과일 가능성도 배제할 수 없다. 일화적 신화anecdotal myth가 의학적 사실medical reality로 인정받는 방법은 RCT밖에 없으며, 현재 수십 건의 임상 시험이 진행 중이다. 예를 들어, C. 디피실리 임상 시험에서 주가를 올렸던 네덜란드 연구 팀은 열여덟 명의 비만 환자들을 대상으로 본인의 장내 미생물과 날씬한 사람의 장내 미생물 중 하나를 무작위로 이식했다. 그 결과 날씬한 사람의 장내 미생물을 이식받은 사람들은 인슐린 반응성이 상승했지만 체중은 감소하지 않은 것으로 나타났다.[35] "FMT를 이용하여 미생물 생태계의 리셋 버튼을 누른다는 게 그리 쉬운 일은 아닌 것 같습니다"라고 네덜란드 연구진은 말한다.

사실 C. 디피실리는 기회감염 미생물 중에서 가장 손쉬운 상대다.[36] C. 디피실리는 항생제가 투입된 뒤에 득세하는데, 그러면 사람들은 보다 많은 항생제를 이용하여 C. 디피실리를 제압하는 게 보통이다. 이 같은 약물의 융단폭격은 장에 상주하는 토종 세균들을 상당수 몰살시키므로 환자의 장 속은 무주공산이나 다름없게 된다. 이러한 상태에서 이주민(공여자의 미생물)이 새로운 환경(환자의 장)에 도착한다고 생각해보자. 그곳에는 이주민과 경쟁할 토착 세력(토종 세균)이 별로 없을 뿐 아니라, 설사 있다 하더라도 체질이 약하고 환경에 대한 적응력이 이주민에 못 미친다. 그러니 이주민이 새로운 환경에 금세 적응하여 주도권을 잡을 수밖에. 만일 누군가 FMT로 쉽게 치료할 수 있는 질병을 하나 고르라고 한다면, 보통은 서슴없이 C. 디피실리 감염증을 고르지 굳이 IBD를 고르지는 않을 것이다. IBD의 경우 염증이 심하고 환경이 열악한 데다 요소요소에 적응력이 뛰어난 강인한 토종 세균들이 매복해 있기 때문이다. 그러니 이런 환경에 섣불리 발을 들여놓은 이주민은 뼈도 추리지 못할 공산이 크다. 생각다 못한 코러츠는 이주민을 위해 몇 가지 특단의 대책을 강구하고 있다. 첫 번째는 FMT를 시작하기 전에 환자에게 항생제를 투여하는 것이다. 그렇게 하면 토착 세력을 깨끗이 몰아냄으로써 이주민들로 하여금 새로운 환경에 쉽게 정착하게 할 수 있기 때문이다. 두 번째 대책은 FMT를 실시함과 동시에 환자에게 프리바이오틱을 제공하는 것이다. 그렇게 하면 이주민들을 배불리 먹임으로써 토착 세력을 물리치고 새로운 환경의 지배권을 장악하게 할 수 있다. "달랑 FMT만 실시한 뒤 이식된 미생물이 환자의 장에 손쉽게 정착할 거라고 기대하면 안 돼요." 코러츠는 이렇게 조언한다. "자신이 앓는 질병의 특수성을 감안하여 FMT를 보완할 대책을 강구해야 합니다. FMT는 마법의 탄환이 아니거든요."

C. 디피실리의 경우에도 FMT는 생각보다 간단하지 않다. 대변 공여를 원하는 지원자들은 간염이나 HIV와 같은 병원균을 확인하기 위해 엄밀한 검사를 받아야 하며, 어떤 의사들은 알레르기나 자가면역 질환, 비만 등 마이크로바이옴과 관련된 질병이 있는 지원자를 돌려보낸다. 이런 번거로운 과정에서 많은 지원자들이 탈락하므로 적절한 공여자를 확보하기가 어려워지자, 일정한 기준을 충족하는 사람의 대변을 미리 냉동 보관했다가 사용하는 관행이 생기기도 했다.[37] 오픈바이옴OpenBiome이라는 비영리단체는 대변 은행을 운영하고 있는데, 그 절차는 다음과 같다. 지원자가 소정의 검사를 통과하면 그의 대변을 채취하고 여과하여 캡슐에 넣은 다음 냉동 보관하다가 '일정한 조건을 충족하는 대변'을 요청하는 병원으로 보내주는 것이다.[38] 코러츠도 미네소타 주에서 이와 유사한 서비스를 제공하고 있으며, 이처럼 남다른 노력을 통해 FMT를 꾸준히 진화시켰다. 2011년 '원조 환자'인 리베카가 다시 그를 찾아왔을 때 그는 보관 중인 냉동 대변 샘플을 이용하여 그녀를 치료했다. 그리고 2014년 리베카가 세 번째로 찾아왔을 땐, 캡슐 하나를 꿀꺽 삼키게 함으로써 치료했다. "그녀는 독보적인 환자였어요. 한 번뿐 아니라, 세 번 모두 엄청난 개척 정신을 발휘했으니까요"라고 그는 말한다.

냉동 대변 캡슐을 삼키는 행위는 FMT의 엽기적인 성질을 보여준다. 이 캡슐은 언뜻 일반 의약품처럼 보이지만, 사실은 대부분이 정체불명의 제품이다. 제약회사의 컨베이어벨트에서 쏟아져 나오는 대신 지원자의 항문에서 배출되는 터라 품질의 동질성을 전혀 기대할 수 없기 때문이다. 이 같은 가변성을 꺼림칙하게 느낀 미국 식품 의약청FDA은 2013년 5월 대변을 약물로 간주하고 규제하기로 결정했다. 이는 의사들이 FMT를 수행하기에 앞서서 광범위한 승인 신청서를 작성해야 한다는 것을 의미한다. 그러자 환자와 의사들이 벌 떼처럼 들고일어나 "그렇게 번거로운 절차를 거치다보면 환자들이 제때 치료를 받을 수 없다"고 강하게 항변했다.[39] 그로부터 6주 뒤, FDA는 C. 디피실리 감염증에 대한 규제를 포기했지만, 다른 질병에 대한 규제는 계속 추진하고 있다. 어떤 연구자들은 FDA의 이 같은 어정쩡한 태도를 불필요한 것으로 여기며 불만스러워했고, 어떤 연구자들은 FMT의 숨통을 틔워준 가치 있는 행동이라고 치켜세웠다. 최근엔 FMT에 대한 관심이 크게 증가하며 FMT를 모든 질병에 적용할 수 있도록 해야 한다는 압력이 거세지고 있다.

결정적인 문제는 FMT의 장기적인 위험을 아는 사람이 아무도 없다는 점이다.[40] 동물실험에서는 "이식된 마이크로바이옴이 비만, IBD, 당뇨병, 정신 질환, 심장병, 심지어 암의 발병 위험을 증가시킬 수 있다"고 보고한 바 있는데, 우리는 어떤 미생물 군집이 이런 위험을 초래하는지를 정확히 예측할 수 없다. C. 디피실리 감염증에 걸린 일흔 살 노인 환자들은 설사만 당장 멈추면 그만이므로 이런 위험을 대단찮게 여기는 경향이 있다. 그러나 최근 C. 디피실리 감염증이 급격히 증가하고 있는 20대의 팔팔한 환자들은 어떻게 해야 할까? 어린이들은 또 어쩌고? 의사와 환자들로부터 FMT를 이용하여 자폐증 치료를 시도했다는 이야기를 들은 에마 앨런-버코는 노발대발하며 이렇게 말한다. "짜증이 나서 죽을 지경이에요. 성인의 대변을 어린이들에게 이식하면 무슨 일이 일어날지 몰라요. 나중에 대장암 같은 끔찍한 질병에라도 걸리게 되면 어떻게 할 거예요? FMT를 함부로 사용하면 매우 위험해요."

FMT는 지극히 간단하므로 누구나 가정에서 실행할 수 있으며, 실제로 많은 사람들이 이용하는 것으로 알려져 있다. 인터넷에 대규모 자가이식 커뮤니티를 검색하면 영감 넘치고 교훈을 주는 동영상들을 많이 볼 수 있다.[41] 고지식한 의사들에게 퇴짜 맞은 환자들은 분명 이런 동영상으로부터 큰 도움을 받았을 것이다. 그러나 절차가 워낙 간단하니 자가 진단을 근거로 오판한 사람들이 엉뚱한 행동을 저지를 가능성도 배제할 수 없다.[42] 게다가 연구실 밖에서는 병원균을 검사할 수 없는 터라, 자가이식을 감행한 환자들 중 상당수가 심각한 감염증을 호소하고 있다. 앨런-버코는 작금의 사태를 개척 시대의 무법천지에 비유한다. "아무나 아무 대변을 사용하고 있어요, 마치 대변에는 임자가 따로 없는 것처럼 말이에요." 마이크로바이옴 분야의 선도자들은 이러한 문제점들을 우려하여 최근 연구자들에게 '기법의 공식화', '공여자 및 수혜자 데이터의 체계적 관리', '예기치 않은 부작용 보고 체계 확립' 등을 촉구했다.[43]

페트로프도 이런 우려에 동의한다. "많은 사람들이 대변을 임시방편으로 여기는 것 같아요. 하지만 우리는 궁극적으로 '잘 정의된 혼합물well-defined mixture'을 사용해야 합니다." 그녀가 말하는 '잘 정의된 혼합물'이란 이식된 대변의 이점을 재현하는 특정 미생물 군집을 가리킨다. 다시 말해서, 그녀는 FMT에서 F(대변)를 뺀 MT(미생물총 이식)를 지향한다. 대변의 대체물, 즉 가짜 대변sham-poo 말이다. 페트로프와 앨런-버코는 세상에서 가장 건강한 마이크로바이옴을 보유한 공여자를 발견했다. 주인공은 마흔한 살의 여성으로, 평생 항생제를 한 번도 복용한 적이 없는 사람이었다. 두 사람은 그 여성의 장내 미생물을 배양하며 병원성·독성·항생제 내성의 기미가 보이는 종들을 모조리 제거하고 서른세 가지 균주들만 남겼다. 페트로프가 두 명의 C. 디피실리 감염 환자들을 대상으로 미생물 혼합체의 효능을 테스트해보니, 두 명 모두 며칠 만에 증상이 사라졌다.[44] 페트로프는 이 미생물 혼합체를 리푸퓰레이트RePOOPulate•라고 불렀다.

비록 소규모 예비 연구였지만, 페트로프는 리푸퓰레이트가 FMT의 미래임을 확신하며, 일부 바이오업체들도 이식 가능한 미생물 혼합체를 자체적으로 개발하고 있다. 이 혼합체들은 알짜배기 FMT 또는 고성능 프로바이오틱으로 간주된다. 알짜배기 FMT(또는 고성능 프로바이오틱)는 잘 정의된 균주들로 구성되며, 동일한 표준 조제법만 따르면 얼마든지 반복하여 생산할 수 있는 것이 특징이다. "대변 속의 미생물 군집은 정체를 알 수 없고 품질이 들쭉날쭉하지만, 리푸퓰레이트는 신원이 확실하고 품질이 일정하다는 장점이 있어요"라는 것이 페트로프의 주장이다.[45]

신원이 불확실한 미생물들을 환자의 장 속에 무더기로 이식하는 것은 도박이지만, 리푸퓰레이트 이식은 정확히 계산된 행동이다. 그러나 리푸퓰레이트도 프로바이오틱스와 똑같은 문제에 직면한다. 앞서 언급했듯이 한 세트의 미생물로 모든 질병들을 치료할 수는 없으며, 모든 사람들이 한 가지 질병만 앓는 것도 아니다. 그러므로 리푸퓰레이트는 개개인에 최적화될 필요가 있으며, 만병통치약처럼 여겨지면 곤란하다. "하나의 마이크로바이옴으로 모든 질병을 치료한다는 건 어불성설이에요. 모든 승용차에는 적절한 엔진이 있기 마련이에요. 미니 승용차에 8기통 엔진을 장착했다간 대형 사고가 날 거예요." 앨런-버코는 말한다. 여러 개의 리푸퓰레이트가 개발되고, 궁극적으로는 각 질병마다 맞춤식 리푸퓰레이트가 하나씩 나오는 것이 이상적이리라.

• '개척지에 사람을 이주시킨다'는 뜻의 영어 단어 rePOpulate에서 PO를 POO(대변)으로 바꿔치기한 기발한 표현임.

미생물 맞춤 요리

의사들은 지난 수백 년 동안 디곡신digoxin을 이용하여 심부전을 치료해왔다. 디곡신은 디기탈리스라는 식물에서 추출된 화합물의 유도체로, 심장을 보다 강하고 느리고 규칙적으로 뛰게 한다. 디곡신은 대부분 문제를 일으키지 않지만, 열 명당 한 명꼴로 말썽이 생긴다. 말썽의 주범은 에게르텔라 렌타Eggerthella lenta(E. lenta)라는 장내 미생물인데, 디곡신을 불활성화•시켜 의학적인 무용지물로 만든다. 하지만 E. 렌타가 전부 문제를 일으키는 건 아니고 일부 균주들만 그런 짓을 한다. 2013년 피터 턴보는 유전자분석을 통해 새로운 사실을 밝혀냈다.•• "E. 렌타의 유전체 가운데 디곡신을 불활성화시키는 균주와 중립적인 균주를 구별하는 유전자는 단 두 개뿐"이라는 내용이었다.[46] 턴보는 고맙게도 그 해결책까지 알아냈다. "생쥐에게 단백질이 많이 함유된 먹이를 먹였더니 디곡신의 혈중 농도가 높아지는 것으로 나타났다"고 밝히며 다음과 같은 지침을 제시한 것이다. "의사들은 두 유전자의 존재를 판단하는 검사 기법을 이용하여 치료 계획을 수립할 수 있다. 즉 환자의 마이크로바이옴에서 문제의 유전자가 발견되지 않으면 디곡신을 처방하고, 문제의 유전자가 발견되면 다량의 단백질을 병용 투여하게 한다."

그런데 이런 문제가 발생하는 약물은 디곡신 하나만이 아니다. 사실 마이크로바이옴의 영향을 받는 약물은 그 외에도 많다.[47] 가장 인기 있는 항암제 중 하나인 이필리무맵ipilimumab은 면역계를 자극하여 종양을 공격하게 하는데, 이때 장내 미생물의 존재가 반드시 필요하다. 류머티즘관

• 약물을 약효가 없는 화합물로 변형하는 것을 말함.

•• 다음의 기사를 참조하라 https://www.sciencedaily.com/releases/2013/07/130725161357.htm.

절염과 IBD 치료제로 사용되는 설파살라진sulfasalazine의 경우, 장내 미생물에 의해 활성 상태로 전환되어야만 효능을 발휘한다. 결장암 치료제인 이리노테칸irinotecan은 일부 세균에 의해 맹독성 형태로 전환됨으로써 심각한 부작용을 일으킬 수 있다. 심지어 가장 익숙한 약물 중 하나인 타이레놀이 특정인에게 더 잘 듣는 경향을 보이는 이유는 그들이 보유한 미생물 때문이다. 마이크로바이옴의 다양성이 의약품의 효과를 극적으로 변화시킬 수 있다는 증거는 점점 더 많이 축적되고 있다. 심지어 단일 무기화합물로 구성되고 특징이 잘 정리된 약물의 경우에도 사정은 마찬가지다. 하물며 프로바이오틱이나 대변 이식물을 섭취할 때는 얼마나 많은 일이 일어나겠는가! 복잡하고 잘 이해되지 않을뿐더러 지속적으로 변화하는 생물로 구성되어 있으니 말이다. 프로바이오틱은 살아 움직이는 약물로서, 환자가 기존에 보유하고 있는 마이크로바이옴에 따라 성패가 결정된다. 환자의 마이크로바이옴은 연령, 거주지, 식생활, 성별, 유전자 그리고 우리가 완전히 이해하지 못한 그 밖의 요인에 따라 달라진다. 초파리, 물고기, 생쥐 등을 대상으로 한 연구에서도 이러한 맥락 효과들이 밝혀진 바 있다. 이것이 인간에게 적용되지 않을 거라고 단정하는 건 바보 같은 짓이다.[48]

그렇다면 우리에게 필요한 것은 무엇일까? 그건 바로 '개인화된 주입personalized infusion'이다. 질병의 다양성을 감안할 때, 동일한 프로바이오틱 균주나 동일한 공여자의 대변이 모든 환자들의 질병을 치료해주리라고 기대할 수는 없다. 그보다 유용한 접근 방법은 개인의 특성, 즉 체내에 존재하는 생태적 공백, 독특한 면역계, 유전적으로 취약한 질병 등을 감안하여 프로바이오틱스를 주문 제작하는 것이다.[49]

의사들은 환자와 환자의 미생물을 동시에 치료해야 한다. IBD 환자가 항염증제를 복용한다면, 그의 마이크로바이옴은 염증 치료에서 손을 떼게 된다. 만약 프로바이오틱스나 FMT와 같은 미생물을 이용하는 해법에만 기댄다면 그 미생물들은 염증이 횡행하는 장 속에서 살아남지 못할 것이다. 만일 고섬유질 프리바이오틱을 섭취했는데 때마침 섬유질을 소화시키는 미생물이 없다면, 환자의 증상은 더욱 악화될 것이다. 이처럼 단편적 해법들은 IBD를 치료하는 데 도움이 되지 않는다. 과학자들이 백화된 산호초나 헐벗은 초원을 치료할 때 어떻게 했는지 상기해보라. 적당한 동식물을 풀어놓고, 동시에 침입종을 제거하거나 영양소의 유입을 차단하지 않았던가! 우리의 신체도 그렇다. 다면적인 접근 방법을 이용하여 숙주, 미생물, 영양소를 모두 포함한 생태계 전반을 조작해야 한다.

가능한 청사진을 그려보면 다음과 같다. 콜레스테롤 수치가 높은 사람이 찾아오면 의사는 으레 스타틴statin이라는 약물을 처방하는데, 스타틴은 콜레스테롤 합성 효소를 겨냥하는 약물이다. 그러나 스탠리 헤이즌Stanley Hazen은 장내 미생물도 훌륭한 표적이 될 수 있음을 입증했다. 그에 의하면, 일부 미생물들은 콜린choline이나 카르니틴carnitine과 같은 영양소를 트리메틸아민-N-옥사이드trimethylamine-N-oxide(TMAO)라는 화합물로 전환시킨다고 한다. TMAO는 콜레스테롤의 분해를 지연시키는 역할을 하므로,[50] TMAO의 혈중농도가 상승하면 동맥의 지방 축적이 증가하여 동맥경화와 그 밖의 심장 질환을 초래할 수 있다. 헤이즌이 이끄는 연구진은 화합물을 하나 발견했는데, 그것은 세균을 해치지 않으면서 TMAO만 만들지 못하도록 억제함으로써 동맥경화와 심장 질환을 예방할 수 있다고 한다. 아마도 이 화합물은 미래의 약품 상자에 스타틴과 나란히 놓이게 될 것이다. 두 약물은 상호 보완적인 약물로서 공생 관계를 양쪽에서 겨냥한다. 즉, 한편에서는 인간의 효소를 차단하고, 다른 한편에서는 미생물의 활동을 억제하는 것이다.

지금까지 소개한 것은 마이크로바이옴의 무한한 의학적 잠재력 중 극히 일부에 불과하다. 10년, 20년, 30년 뒤에 당신의 모습이 어떻게 될지 상상해보라. 만약 불안감을 자주 느낀다면 의사를 찾아가 신경계에 영향을 미쳐 불안증을 완화하는 미생물을 처방받을 것이다. 만약 콜레스테롤 수치가 좀 높다면 의사는 두 번째 미생물, 즉 콜레스테롤 수치를 떨어뜨리는 화합물을 만드는 미생물을 추가할 것이다. 장에서 2차 담즙산의 수치가 하락한 것으로 나타난다면 C. 디피실리 감염증에 취약해지므로 담즙산을 생성하는 미생물도 추가하는 게 좋다. 소변에서 염증의 징후를 보이는 분자들이 검출되었는데 공교롭게도 IBD의 유전적 소인이 높은 것으로 진단되었다면 의사는 항염증 분자를 생성하는 미생물을 추가할 것이다. 의사는 이 같은 미생물의 효능만 보고 기계적으로 처방하는 게 아니라, 당신의 면역계 및 기존의 마이크로바이옴과 잘 어울리는 종을 선택할 것이다. 나아가 핵심적 치료를 뒷받침하는 미생물도 추가할 것이며, 미생물을 배불리 먹이는 식이요법까지도 제안할 것이다. 마지막으로 당신은 프로바이오틱 알약을 하나 받아 들고 병원의 문을 나서게 되는데, 이 알약에는 당신에게 처방된 미생물들이 모두 배합되어 있다. 중요한 것은 그 알약이 모든 이의 미생물 생태계에 두루 효과가 있는 게 아니라, 오직 당신의 미생물 생태계에만 효능을 발휘한다는 점이다. 파트리스 카니 Partrice Cani라는 미생물학자는 내게 이렇게 말한다. "미래의 프로바이오틱은 '맞춤 요리à la carte'가 될 거예요."

이 맞춤 요리가 주류를 이루는 미래에, 우리는 적절한 세균을 고르는 일을 멈추지 않으리라. 과학자들은 적절한 유전자를 물색하여 그것을 세균에게 추가로 장착할 것이다. 일부 과학자들은 적절한 능력을 보유한 종들을 동원하는 데 그치지 않고 기존의 미생물들을 유전적으로 조작함으로써 새로운 능력을 부여하게 될 것이다.[51]

미생물 가운데 그 특징이 가장 완벽하게 밝혀진 것은 대장균이다. 2014년 하버드 의과대학의 패멀라 실버Pamela Silver는 대장균에 새로운 특징을 추가했다. 유전자 스위치를 장착하여 대장균으로 하여금 테트라사이클린tetracycline이라는 항생제를 감지하게 만든 것이다.[52] 이 스위치는 테트라사이클린이 존재할 때 켜지는데, 적절한 조건에서 특정 유전자를 활성화시켜 대장균을 파란색으로 만든다. 실버는 이 대장균을 실험 쥐에게 먹인 뒤 배설물을 수집하여 그 속에 들어 있는 대장균을 골라 배양했다. 배양된 대장균의 색깔을 체크하여 파란색인 것으로 밝혀지면 그 실험 쥐가 테트라사이클린을 복용했음을 알 수 있었다. 이로써 실버는 대장균을 미세한 보고자tiny journalist로 전환시키는 데 성공했다. 이 보고자의 역할은 장에서 일어나고 있는 일을 감지·기억·보고하는 것이다.

과학자들이 공을 들여가며 그런 보고자를 만들어내는 이유는 뭘까? 그건 우리의 장이 일종의 블랙박스이기 때문이다. 장은 길이가 총 8.5미터나 되는 기관으로, 이를 연구하는 가장 흔한 방법은 맨 끝에서 배출되는 물질을 분석하는 것이다. 강의 어귀에 그물을 설치하고 강물의 특징을 분석하는 것이나 마찬가지다. 대장 내시경으로 장을 좀 더 자세히 들여다볼 수 있긴 하지만 이 방법은 침습적侵襲的이라는 게 문제다. 그렇다면 한쪽에서 튜브를 강제로 밀어 넣는 대신, 실버가 만든 대장균과 같은 미생물을 한쪽 끝에서 투입한 다음 반대쪽 끝에서 수거하여 분석하는 방법은 어떨까? 대장균이 대변으로 배출되었을 때, 우리는 그가 위장관을 여행하는 동안 마주쳤던 모든 것에 대한 정보를 풍부하게 얻을 수 있다. 여기서 테트라사이클린은 잊어주시길. 그건 단지 이 '미세한 보고자'의 능력을 테스트하는 도구로 쓰였을 뿐이다. 실버는 미생물의 유전자를 조작하여 독소와 약물과 병원균, 그리고 질병의 초기 단계를 반영하는 그 밖의 화합물을 감지하도록 만들 계획이다.

실버의 궁극적인 목표는 세균의 유전자를 조작하여 체내의 문제점을 탐지하고 교정하게 하는 것이다. 그 세균이 살모넬라균의 특징적 분자를 감지하여 살모넬라균만 선별적으로 살해하는 항생제를 방출한다고 생각해보자. 그 세균은 단순한 보고자가 아니라 공원의 경비원이기도 하다. 장을 순찰하며 식중독을 예방하는데, 아무런 위협 요인도 발견되지 않는 동안에는 침묵을 지키다가 살모넬라만 나타나면 즉시 행동을 개시한다. 우리는 설사병에 걸리기 쉬운 개발도상국의 어린이들에게 이 미생물을 제공할 수 있다. 그 밖에도 해외에 파견된 군인들이나 전염병 위험이 심각한 지역사회의 주민들에게 유용하게 사용될 수 있을 것이다.

다른 과학자들도 자신들만의 '미생물 저격수'를 개발하고 있다. 싱가포르 국립대학의 매튜 욱 장Matthew Wook Chang은 대장균의 유전자를 조작함으로써 녹농균Pseudomonas aeruginosa을 색출하여 파괴하도록 만들었다. 녹농균은 기회감염 미생물로 면역력이 약화된 사람들을 감염시킨다. 녹농균을 만난 유전자 변형 세균은 그쪽으로 헤엄쳐 가 두 가지 무기를 방출한다. 하나는 녹농균을 파괴하는 효소이고, 다른 하나는 녹농균의 취약한 부분을 특이적으로 공격하는 항균물질이다. 한편 MIT의 짐 콜린스Jim Collins는 장내 미생물의 유전자를 조작하여 병원균을 파괴하도록 만들고 있는데, 그가 만든 킬러 미생물은 이질dysentery을 초래하는 시겔라속Shigella 세균과 콜레라를 초래하는 콜레라균Vibrio cholerae을 겨냥한다.[53]

실버, 장, 콜린스는 합성생물학자들로, 합성생물학synthetic biology이란 엔지니어의 마인드를 조직과 세포의 영역에 응용하는 신생 학문을 말한다. 그들이 사용하는 용어는 꾸밈없고 무심한 편이라, 유전자를 '모듈'이나 회로를 조립하는 '부품' 또는 '벽돌'로 묘사하며, 기풍은 활기차고 창의적이다. 과학 작가인 애덤 러더퍼드는 기존의 리프와 비트를 긴장감 넘치는 조합으로 리믹스함으로써 새로운 음악 운동의 시대를 연 1970년대의 힙합 DJ에 이들을 비유한다.[54] 합성생물학자들은 이 같은 방식으로 유전자를 리믹스하여 새로운 프로바이오틱스의 시대를 열어가고 있다.

"합성생물학의 기본 원칙들을 미생물에 적용하다보면 상당한 유연성을 발휘할 수 있어요." 섬유질 전문가인 저스틴 소넨버그의 말이다. 천연 미생물은 섬유질을 발효하거나 면역계와 상호작용을 하거나 신경전달물질을 만드는 데 탁월한 솜씨를 발휘하지만 팔방미인은 아니다. 그래서 과학자들이 원하는 형질을 찾아내려면 새로운 미생물을 계속 물색해야 한다. 또는 아예 자신들이 원하는 회로를 만들어 하나의 합성 미생물에 장착할 수 있다. "그들의 희망은 부품 목록을 만들고, 플러그 앤드 플레이 시스템을 구축하여 그 결과물을 예측 가능하게 하는 거예요."

합성생물학자들의 노력은 미생물로 하여금 병원균을 추격하도록 만드는 데 국한되지 않는다. 그들은 자신들이 창조한 미생물을 훈련시켜, 암세포를 제거하거나 독소를 의약품으로 전환시킬 수도 있다. 몇몇 합성생물학자들은 마이크로바이옴이 본래 보유한 능력을 극대화함으로써 다음과 같은 목적을 달성하고자 노력하고 있다. 첫째, 다른 미생물과 면역 분자들을 제어하게 함으로써 만성 염증을 가라앉힌다. 둘째, 신경전달물질을 제어함으로써 기분에 영향을 미친다. 셋째, 신호 전달 분자를 제어함으로써 식욕에 영향을 미친다. 이러한 시도들이 '인간이 자연에 간섭하려 든다'는 인상을 줄지 모르지만, 사실 우리는 이미 훨씬 더 조악한 방법으로 그것들을 시도하고 있음을 상기하기 바란다. 우리는 아스피린이나 푸로작과 같은 약물을 이용하여 염증을 가라앉히거나 우울증을 치료하지 않는가? 약물을 복용하면 우리의 혈액 속에서는 1회 용량의 약물이 한가득 넘실거린다. 이와 대조적으로 합성생물학자들은 세균의 유전자를 조작하여 적정 용량의 약물이 정확한 부위에 배달되도록 조종하므로, 미생물은 밀리미터 수준의 정밀성과 섬세함으로 의학적 목표를 달성할 수 있다.[55]

하지만 지금까지 소개한 합성생물학적 프로바이오틱의 능력은 이론적인 측면에 상당히 치중되어 있다. "사무실 화이트보드에 회로도를 그리고 설명하기는 쉬워요. 그러나 생물학은 매우 혼란스럽고 잡음이 많죠"라고 콜린스는 설명한다. 솔직히 말해서, 합성생물학자들이 설계한 회로가 숙주의 스트레스 상황에서 각본대로 움직이리라고 기대하기는 어렵다. 예컨대 스위치를 켜려면 에너지가 필요하므로, 복잡한 회로를 가득 적재한 합성 세균은 날씬하고 유연한 천연 세균과의 경쟁에서 패배할 수도 있다.

그렇다면 어떻게 해야 합성 세균의 경쟁력을 높일 수 있을까? 소넨버그가 선호하는 방법이 하나 있는데, 합성 유전자 회로를 대장균 대신 흔한 장내 미생물, 이를테면 B-테타 속에 채워 넣는 것이다. 그럴듯한 방법이다. 대장균은 조작하기 쉬워도 장 속에 제대로 정착하지 못한다는 단점이 있는 데 반해, B-테타는 장에 최적화되어 있어 장 속에서 대량으로 서식하기에 유리하기 때문이다.[56] 인체의 생태계에서 공원 경비원으로 활동하기에 더 적합한 후보자는 없을까? 짐 콜린스는 신중한 사람이다. 우리가 마이크로바이옴에 대해 모르는 것이 너무 많다는 점을 감안하여, 그는 GM 미생물(합성 미생물)이 인체 내에 영구적으로 자리 잡을 수 없을지도 모른다며 불안해한다. 그래서 자폭 스위치, 즉 뭔가 일이 잘못되거나 숙주의 체외로 배출되었을 때 GM 미생물로 하여금 자폭하게 하는 스위치를 만드는 데 집중한다. (GM 미생물을 견제한다는 것은 매우 커다란 이슈다. 왜냐하면 사람이 변기의 물을 내릴 때마다 GM 미생물이 환경에 배출될 가능성이 상존하기 때문이다.) 실버 역시 안전조치를 강구하는 데 몰두하고 있다. 합성 미생물의 유전자 코드를 조작하여 생물학적 방화벽을 설치함으로써 GM 미생물이 야생형 미생물과 DNA를 수평적으로 교환하지 못하도록 막는 게 그녀의 희망 사항이다(HGT는 세균들의 관행이다). 그녀는 상호 의존적인 합성 미생물들을 묶어 하나의 팀으로 만든다는 구상도 갖고 있는데, 팀원 중 하나가 사망하는 경우 나머지 종들도 자동적으로 사망하게 하여 위험의 소지를 없앤다는 것이 그 내용이다.

합성생물학자들의 이 같은 노력이 규제 당국이나 소비자들의 기대에 부응할지는 미지수다.[57] 유전자 변형 생물을 둘러싼 논쟁이 격화되고 있는 가운데, 살아 있는 약물인 프로바이오틱과 대변 이식도 자칫하면 논쟁에 휘말릴 가능성이 있다. 그렇잖아도 프로바이오틱과 대변 이식이 '처치곤란한 애물단지'로 전락할지 모르는 마당에 합성생물학이 가세함으로써 논쟁에 기름을 붓는 격이 될 수도 있다. 하지만 이러한 GM 미생물들이 100퍼센트 합성은 아니다. 특별한 능력을 보유한 GM 미생물들의 유전자가 독특한 방식으로 연결되어 새로운 조합을 이루긴 하지만, 그 속내를 들여다보면, 지난 수백만 년 동안 우리와 동고동락해온 대장균, B-테타, 그 밖의 낯익은 미생물의 틀을 벗어나지 못하고 있음을 알 수 있다. 합성생물학자들은 우리의 '오랜 친구들'에게 현대적 변형을 가미할 뿐이다. 그보다 훨씬 더 인상적인 작업은, 종전에 전혀 만나보지 못한 동물과 미생물을 짝지어 완전히 새로운 공생 관계를 창조하는 것이다. 실제로 한 연구팀은 지난 20여 년 동안 그 일을 해왔다. 그리고 그들의 결과물은 이미 호주 동부의 하늘을 윙윙거리며 날아다니고 있다.

뎅기열을 몰아낸 획기적인 아이디어

2011년 1월 4일, 호주의 상쾌한 아침에 스콧 오닐Scott O'Neill은 호주 케언스 근교의 노란 방갈로를 향해 걸어간다.[58] 그는 안경을 쓰고, 염소수염을 기르고, 청바지와 옅은 황백색 셔츠 차림인데, 가슴의 주머니에는 "뎅기열을 몰아내자Eliminate Dengue"라는 글귀가 새겨져 있다. 이는 오닐이 창설한 단체의 이름인 동시에 목표이기도 하다. 케언스는 물론 호주 전체, 궁극적으로 전 세계에서 뎅기열을 몰아내는 것이 그 단체의 목표다. 그의 손에는 이 성과를 달성하기 위해 사용하는 도구가 담긴 작은 플라스틱 컵이 들려 있다. 컵을 들고 방갈로로 다가간 그는 울타리를 통과하여 꽃들이 즐비하게 늘어선 정원을 따라 내려가 마침내 커다란 야자나무 앞에 선다. 그의 느릿느릿한 행동은 의도적이며, 다분히 남의 눈을 의식하는 듯하다. 그가 "다들 준비됐나요?"라고 말하자, 군중들이 환호성을 지른다. 이 순간을 오랫동안 기다려온 이들이다. 오닐이 컵의 뚜껑을 열자, 수십 마리의 모기들이 몰려나와 아침 공기 속으로 퍼져나간다. 한 구경꾼이 이렇게 외친다. "가라, 아기들아! 어서!"

방금 오닐이 풀어놓은 모기들은 흑백 얼룩무늬를 가진 이집트숲모기Aedes aegypti로, 뎅기 바이러스를 퍼뜨리는 역할을 한다. 이집트숲모기는 사람을 깨무는 방식으로 매년 4억 명의 감염자를 만들어낸다. 뎅기열에 걸려본 적은 없지만, 오닐은 뎅기열로 고통받는 다른 사람들을 여러 차례 목격했다. 그래서 뎅기열 환자들이 발열, 두통, 발진, 심각한 관절 및 근육통을 호소한다는 사실을 잘 안다. 또한 효과적인 백신이나 치료법이 없다는 것도 잘 안다. 뎅기열을 통제하려면 모기에게 물리지 않도록 조심하는 수밖에 없다. 예컨대 살충제를 이용하여 모기를 죽이거나, 방충제 혹은 모기장을 이용하여 피하는 것이다. 고인 물을 제거하거나 웅덩이를 메움으로써 모기가 알을 낳지 못하게 할 수도 있다. 그러나 이러한 전략들에도 불구하고, 뎅기열은 여전히 흔히 발생할 뿐 아니라 세력을 더욱 확장해가고 있다. 뭔가 새로운 방법이 절실히 필요해졌을 때 오닐은 한 가지 아이디어를 떠올렸다. 많은 이들이 어리둥절해 고개를 갸우뚱거리겠지만, '이집트숲모기를 훨씬 더 많이 퍼뜨림으로써 뎅기열을 뿌리 뽑는다'는 생각이었다. 그러나 오닐이 취급하는 모기들은 야생 모기와 질적으로 다르다. 그들의 몸속에는 이제 독자들이 익히 알고 있는 최고의 공생세균, 볼바키아가 장착되어 있으니 말이다.[59]

미생물을 이용하여 뎅기열을 뿌리 뽑을 방법을 연구하던 오닐은 기막힌 사실을 발견했다. 볼바키아가 이집트숲모기를 '바이러스의 전파 매체'에서 '막다른 골목'으로 전환시킨다는 것이었다. 그렇다면 다음 순서는 당연히 야생 모기들에게 볼바키아를 장착하여 바이러스 배달을 중단시키는 것일 텐데, 야생 모기들을 모조리 잡아들여 볼바키아를 장착할 수는 없었다. 이를 어쩐다? 그는 한동안 고민에 빠졌다. 하지만 방법은 의외로 간단했다. 볼바키아가 장착된 모기 몇 마리를 야생에 풀어놓고 기다리면 그만이다. 왜냐고? 4장에서 '볼바키아는 조작의 달인'이라고 한 사실을 잊었는가? 볼바키아는 다양한 트릭을 이용하여 곤충 집단 전체에 빠르게 퍼져나가는데, 그가 사용하는 속임수 중에서도 가장 흔한 것은 '세포질 불일치' 전략이다. 세포질 불일치 메커니즘에 따르면, 볼바키아에 감염된 암컷은 미감염 암컷보다 생존 가능한 알을 낳을 가능성이 높다. 왜냐하면 감염된 암컷은 어느 수컷과 짝짓기를 해도 생존 가능한 알을 낳지만, 미감염 암컷의 경우는 미감염 수컷과 짝짓기를 해야만 하기 때문이다. 그렇게 되면 세대를 거듭할수록 감염된 암컷이 점점 더 흔해질 것이므로, 그들을 감염시킨 볼바키아도 점점 더 흔해질 것이다. 따라서 볼바키아는 야생 모기 집단 전체에 신속하게 전파되고, 뎅기 바이러스의 지배력은 쇠퇴하게 된다. 이렇듯, 볼바키아가 장착된 모기를 적정량 야생에 풀어놓아 뎅기 바이러스에 대해 완전한 저항성을 갖는 이집트숲모기 집단을 형성한다는 것이 오닐의 계획이다. 오늘 그가 케언스에서 풀어놓은 모기들이 그 선발대이자, 지난 수십 년간 머리를 쥐어뜯으며 몰두했던 연구의 결정판이다. "이 연구가 내 인생의 전부였던 것 같아요"라고 오닐은 말한다.

볼바키아를 '뎅기열과 싸우는 전사'로 만들려던 오닐의 탐구는 1980년대에 시작되었다. 처음 몇 년은 갈팡질팡하며 허송세월을 했고, 막다른 골목에 발을 들여놓은 일도 부지기수였다. 그의 연구가 결실을 맺기 시작한 것은 1997년, 병독성이 유난히 강한 볼바키아 균주가 초파리를 감염시키는 방법을 알고 나서부터였다. '팝콘'으로 알려진 균주는 성충의 근육, 눈, 뇌에서 미친 듯이 번식하여 초파리의 뉴런을 가득 채웠는데, 그 모양이 '팝콘이 꽉 찬 백'과 비슷하다고 해서 그러한 별명을 얻었다. 이 감염은 너무나 심각해서 초파리의 수명을 반 토막 낼 정도였다. "팝콘의 존재를 안 순간, 뭔가 감이 오더군요"라고 오닐은 말한다. 그는 뎅기 바이러스가 모기의 몸속에서 느릿느릿 번식하며, 모기의 침샘에 도착하여 다른 숙주로 갈아타기까지는 더욱 오랜 시간이 걸린다는 사실을 알고 있었다. 이는 나이 든 모기들만이 뎅기 바이러스를 옮길 수 있다는 사실을 의미했다. 따라서 모기의 수명을 절반으로 줄일 수만 있다면 바이러스가 침샘에 도달하기 전에 죽게 되니 그 전파를 막을 수 있겠다는 생각이 들었다. 그렇다면 결론은 난 셈이었다. 이제 남은 일은 단 하나, 팝콘으로 하여금 이집트숲모기를 감염시키게 하는 것이었다.

오늘날 어디에나 존재하는 세균으로 유명한 볼바키아는 원래 집모기속Culex에서 처음으로 발견되었다. 사실 볼바키아는 많은 모기들을 감염시키지만, 공교롭게도 인간을 가장 괴롭히는 얼룩날개모기속Anopheles(말라리아를 옮김)과 숲모기속Aedes(치쿤구니야, 황열, 뎅기열을 퍼뜨림)만큼은 건드리지 않는다. 그러므로 오닐은 뚜쟁이로 변신하여 새로운 공생 관계를 창조하지 않으면 안 되었다. 거의 무에서 유를 창조하는 수준의 일이었다. 설상가상으로 모기 성체에 주입하는 것만으로는 어림도 없었고, 모기의 알에 볼바키아를 주입해야만 전신에 장착하는 것이 가능했다. 그는 연구진과 함께 현미경을 들여다보며 볼바키아가 묻어 있는 바늘로 모기의 알을 조심스럽게 꿰뚫었다. 수년에 걸쳐 수십만 번의 작업이 이루어졌지만 단 한 번도 성공하지 못하자 오닐과 연구진의 상심과 절망은 이만저만이 아니었다. 오닐은 이렇게 말한다. "학생들의 경력을 송두리째 망쳐버리는 바람에 고개를 들지 못할 지경이었어요. 크게 좌절한 나머지 학계를 떠날 결심까지 했죠. 그러나 내게 어딘가 사디스트적인 구석이 있더군요. 2014년 매우 영특한 학생이 연구실에 들어오자 자제력을 잃고 그 학생을 닦달하기 시작했죠. 그 학생도 독종이라, 내가 오래된 프로젝트를 꺼내놓자 무섭게 파고들기 시작했어요. 코너 맥메니먼Conor McMeniman이라고, 지금껏 만나본 학생 중 최고였죠. 안 되던 일을 되게 만들었으니까요." 맥메니먼은 수천 번의 시도를 거듭한 끝에 2006년 모기의 알을 안정적으로 감염시키는 데 성공했다. 그리하여 볼바키아와 궁합이 잘 맞는 숲모기 일가가 탄생했다. 나는 지금까지 수백만 년의 역사를 지닌 동물과 미생물 간의 동맹 관계를 여럿 언급했는데, 맥메니먼이 이 엄청난 일을 해낸 것은 2006년에 이르러서였다. 그러니 이 책을 쓰고 있는 현재, 숲모기 집안과 볼바키아 집안이 사돈을 맺은 내력은 겨우 11년째에 불과한 셈이다.[60]

그러나 호사다마라 할까, 오닐은 자신의 계획에 치명적인 결점이 있음을 발견했다. 그것은 팝콘 균주의 병독성이 워낙 강해 암컷 숲모기를 일찌감치 죽일 뿐 아니라, 암컷이 낳는 알의 개수와 생존 가능성을 떨어뜨린다는 것이었다. 다음 세대의 모기에게로 옮아갈 기회까지 스스로 없애버리니 새로운 팝콘은 고병독성의 극치였다. 시뮬레이션을 해본 결과, 그 상태로 야생에 방출할 경우 팝콘이 야생 모기 집단에 퍼져나갈 가능성은 전혀 없는 것으로 나타났다.[61] 최악의 시나리오였다.

곧 오닐은 아무런 문제가 없음을 알게 되었다. 2008년 두 연구 팀이 독립적으로 "볼바키아는 초파리에게 특정 바이러스군(뎅기열, 황열, 웨스트나일열 등을 초래하는 바이러스군)에 대한 저항성을 부여한다"고 보고한 것이다. 이 소식을 접하는 순간 오닐은 자신이 이끄는 연구 팀에게 팝콘에 감염된 모기에게 뎅기 바이러스가 포함된 혈액을 먹여보라고 지시했다. 결과는 놀라웠다. 뎅기 바이러스는 팝콘에게 맥을 못 추는 것으로 나타났다. 심지어 뎅기 바이러스를 모기의 소화관에 직접 투입해도 팝콘은 바이러스의 복제를 중단시켰다. 그렇다면 이제 볼바키아를 이용하여 모기의 수명을 줄일 필요는 없게 되었다. 볼바키아가 존재한다는 사실 하나만으로 뎅기 바이러스의 전파를 막을 수 있으니 말이다. 금상첨화로, 굳이 팝콘을 동원할 필요도 없었다. 팝콘보다 병독성이 다소 떨어지는 볼바키아도 바이러스의 복제를 억제하므로 모기 집단을 훨씬 쉽게 감염시킬 수 있었던 것이다. "수십 년 동안 머리를 쥐어뜯어온 우리 모두가 갑자기 깨달았어요. 모기의 수명을 단축시킬 필요는 전혀 없었던 거죠."[62]

이제 오닐이 이끄는 연구 팀은 wMel이라는 균주로 갈아탔다. wMel은 야생 모기 집단을 신속하게 감염시키는 스프린터로, 그럼에도 팝콘보다는 훨씬 점잖은 동료라 모기의 수명을 단축시키거나 뇌를 파괴하거나 알을 죽이는 만행은 저지르지 않았다. wMel이 정말로 숲모기 집단 전체에 퍼져나갈 수 있을까? 오닐은 이 궁금증을 해결하기 위해서 모기장을 제작했다. 사람이 서서 드나들 수 있을 정도로 커다란 모기장 안에 모기가 가득 들어찼는데, 그 구성 비율은 '미감염 모기 한 마리당 wMel 보균 모기 두 마리씩'이었다. 연구 팀은 모기장에 모기가 숨어 알을 낳을 수 있는 장소를 설치하고 그곳으로 모기를 유인하기 위해 땀에 절은 타월을 잔뜩 쌓아놓았다. 그런 다음 하루에 15분씩 '통통한 연구 팀원' 몇 명을 모기장에 투입하여 볼바키아에 감염된 모기에게 피를 헌납하게 했다. 연구 팀은 며칠에 한 번씩 모기 알을 수거하여 볼바키아가 기생했는지의 여부를 확인했다. 그로부터 3개월 뒤, 모든 모기 유충이 wMel에 감염된 것으로 나타났다.[63] 그 밖에도 많은 정황들로 미루어보아 오닐의 빅 아이디어는 예상대로 진행되고 있는 게 분명했다. "모든 징후들이 전진 신호를 보내고 있었어요"라고 오닐은 회고한다.

실험 결과에 고무된 연구 팀은 프로젝트를 계속 진행했다. 볼바키아(팝콘)에 감염된 모기를 처음 얻은 2006년보다 훨씬 일찍부터 그들은 케언스 교외의 두 지역인 요키스 놉과 고든베일 거주자들에게 자신들의 계획을 홍보해왔다.[64] 주민들과 마주칠 때마다 이렇게 얘기하는 것이다. "안녕하세요! 우리는 뎅기열을 완전히 몰아낸다는 계획을 갖고 있어요. 지금까지는 모기가 뎅기열을 옮기니 모기를 죽여야 한다는 말을 귀에 못이 박히도록 들어왔을 거예요. 그러나 이제 우리는 정반대 방법을 시험해볼 거예요. 특별한 모기들을 많이 풀어놓아 야생 모기를 제압하는 거죠. 혹시 유전자 변형 모기 아니냐고요? 절대 아니에요. 대신 우리가 풀어놓는 모기 속에는 세균이 하나 들어 있는데, 그 세균은 모기들 사이에서 빨리 전염되어 뎅기 바이러스를 결박하는 게 특징이에요. 그런데 숲모기들은 그리 멀리 이동하지 않으니, 우리의 계획이 예정대로 진행되려면 좀 더 많은 장소에 모기들을 풀어놓아야 해요. 그중에는 당신의 가정도 포함되어 있으므로 당신이나 가족들이 모기에 물릴 수도 있어요. 물론 그 모기들은 인간에게는 전혀 해를 끼치지 않죠. 어때요, 대단하죠? 지금껏 이런 일을 해본 사람은 아무도 없었어요. 이번에 우리 계획에 동참하시지 않겠어요?"

주민들의 반응은 놀라웠다. 지난 2년 동안 '뎅기열을 몰아내자' 팀은 단체 모임, 타운 홀 미팅, 대중 주점, 동네 병원 등을 집중적으로 공략하며 주민들과 수시로 접촉하고 수차례의 질의응답 시간을 가졌다. "우리의 프로젝트는 커다란 신뢰를 필요로 합니다. 우리는 주민들의 신뢰를 얻는 데 성공했어요. 하지만 하루아침에 이루어진 건 아니죠." 오닐의 말이다. "우리는 주민들의 의견을 경청하고, 궁금증을 속 시원히 풀어줬어요. 직접 실험을 해 보이기도 했고요." 예컨대 연구 팀이 볼바키아가 물고기, 거미 등의 포식자를 감염시키지 않으며 인간과 같은 희생자를 감염시키지도 않는다는 것을 증명하자, 회의를 품었던 사람들도 서서히 찬성 쪽으로 돌아섰다. "홍수나 사이클론이 들이닥쳤을 때 지원자를 모집하여 지역사회를 돕는 한 자원봉사 그룹에서는 우리 대신 가가호호 방문을 통해 계몽 활동을 해주겠다고 선뜻 제안해왔어요. 커다란 전환점이었죠." 2011년 모기가 준비되었을 즈음에는 87퍼센트의 주민들이 프로젝트를 지지하고 있었다.

2011년 1월 4일 아침, 오닐은 모기가 들어있는 컵을 손에 들고 진지한 자세로 오픈 세리머니를 시작했다. "우리 모두는 약간 들떠 있었어요."

오닐은 이렇게 회상한다. "그도 그럴 것이, 수십 년 동안 똘똘 뭉쳐 이 프로젝트에만 매달려왔거든요. 오랜 여정이 바로 그 순간을 위한 것이었죠." '뎅기열을 몰아내자' 팀은 거리를 행진하며 네 집 건너 한 집마다 멈춰서 수십 마리의 모기들을 풀어놓았다. 그 후 2개월 동안 팀은 사이클론이 불어온 기간을 제외하면 하루도 빼놓지 않고 마을을 순회하며 약 30만 마리의 모기를 풀어놓았고, 동시에 2주마다 교외를 돌아다니며 모기를 채집하여 볼바키아에 감염되어 있는지 여부를 확인했다. "진척 상황이 예상보다 훨씬 더 좋았어요"라고 오닐은 말한다. 5월이 되자 고든베일의 모기들은 80퍼센트, 요키스 놉의 모기들은 90퍼센트가 볼바키아를 품고 있는 것으로 나타났다.[65] 불과 4개월 만에 뎅기열 방어 모기가 토종 모기를 거의 완전히 대체한 것이다. 과학자들이 야생 곤충의 개체군을 변형하여 인간의 질병이 퍼지는 것을 막은 것은 이번이 처음이었다. 그리고 그 일등 공신은 공생 세균이었다.

그러나 오닐이 이끄는 단체의 목표는 '모기를 변형하자'가 아니라, '뎅기열을 몰아내자'였다. 그들은 그 목표를 달성했을까? 2011년 이후 고든베일과 요키스 놉에서 뎅기열 발병 사례는 단 한 건도 보고되지 않았다. 확정적인 징후는 아니지만 매우 고무적이라 할 만하다. 하지만 호주에서 달성한 성과만 갖고서는 2퍼센트 부족하다. 만약 승리를 당당히 선포하고 싶다면 뎅기열이 가장 성행하는 나라에서 승부를 봐야 한다. 오닐이 현재 브라질, 콜롬비아, 인도네시아, 베트남으로 연구를 확대해나가고 있는 건 바로 이 때문이다.[66] 2004년 그가 '뎅기열을 몰아내자'라는 단체를 창설했을 때, 단체의 구성원은 달랑 그와 그의 연구 팀뿐이었다. 그러나 이제는 전 세계의 과학자들과 보건 노동자들이 모여들어 커다란 다국적 단체를 이루고 있다.

오닐이 이끄는 연구 팀은 다시 호주로 눈을 돌려, 뎅기열 방어 모기를 북부의 타운스빌에 퍼뜨리는 작업에 착수했다. 약 20만 명의 시민들이 거주하는 지역인 만큼, 연구 팀이 가가호호 방문하며 문을 두드릴 수는 없는 노릇이다. 그래서 그들은 언론 보도, 대규모 이벤트, 초등학생을 포함한 지역사회 주민들이 자율적으로 참여하는 과학 봉사 단체인 '시민 과학 모임'에 의존한다. 또한 모기 성충을 방출하는 이벤트가 번잡스러우므로, 연구 팀은 모든 가정에 모기 알과 물과 먹이가 들어 있는 뎅기열 박멸 세트를 제공한 뒤 정원에서 자체적으로 모기를 사육하도록 유도하고 있다. 오닐의 말에 따르면, 그들의 궁극적인 목표는 열대지방의 거대도시다.

새로운 장소가 등장할 때마다 새로운 과제도 동시에 등장한다. 예컨대 어떤 도시의 살충제 사용량이 많다면 그 지역의 토종 모기들은 살충제 저항성이 비교적 높을 것이다. 이런 상태에서 살충제 저항성이 약한 뎅기열 방어 모기들을 방출하는 것은 무의미하다. 그들은 토종 모기에게 볼바키아를 전달하기는커녕 접근하기도 전에 살충제에 희생되기 때문이다. 그러므로 뎅기열 방어 모기들은 지역별 토종 모기 이상의 저항성을 획득할 수 있는 환경에서 사육되어야 하며, 경우에 따라서는 교잡交雜을 고려할 필요가 있다. '뎅기열을 몰아내자'에서 인도네시아를 담당하는 과학자들의 경우, 볼바키아 보균 모기(뎅기열 방어 모기)들을 인도네시아 토종 모기들과 여러 대에 걸쳐 교잡함으로써 토종 모기에 최대한 가까운 잡종을 얻는다. 볼바키아 보균 모기가 토종 모기와 비슷할수록 짝짓기에 성공할 가능성도 높아진다. 오닐은 이렇게 말한다. "지역마다 각각 특성이 있죠. 그러나 볼바키아는 지역을 가리지 않고 잘 활동하는 것으로 알려져 있어요. 모든 상황을 종합적으로 고려해볼 때, 볼바키아는 전 세계로 퍼질 가능성이 높습니다. 우리는 앞으로 2~3년 안에 긍정적인 징후를 보여줄 거예요. 10~15년 후에는 뎅기열에게 심각한 타격을 입힐 거고요."

회의론자들은 진화를 들먹이며 "모든 공격에 각각의 방어법이 있듯이, 모든 조치에 대한 대응책 또한 진화하기 마련"이라고 말한다. 뎅기 바이러스는 궁극적으로 볼바키아의 파상공격에 대한 저항성을 획득하여 볼바키아 보균 모기를 다시 감염시키기 시작할 것이다. (영국의 과학자 레슬리 오겔Leslie Orgel은 언젠가 이렇게 말한 것으로 유명하다. "진화는 당신보다 똑똑하다.") 그러나 '뎅기열을 몰아내자'에서 오랫동안 활동해온 엘리자베스 맥그로Elizabeth McGraw의 생각은 보다 낙관적이다. 그녀가 이끄는 연구 팀은 볼바키아가 다양한 방법을 이용하여 모기를 바이러스에게서 보호한다는 사실을 발견했다. 예컨대 볼바키아는 모기의 면역계를 증강시키고, 뎅기 바이러스가 번식하는 데 필요한 지방산이나 글리세롤과 같은 영양소를 차지하기 위해 바이러스와 경쟁한다는 것이다.[67] "메커니즘이 많을수록 바이러스는 저항성을 획득하기가 점점 더 어려워요. 볼바키아가 그렇게 다양한 메커니즘을 갖고 있다니, 진화생물학자의 입장에서 얼마나 든든한지 몰라요."

오닐과 엘리자베스에 의하면, 바이러스의 저항성은 살충제나 백신과 같은 대응책들을 모두 무력화시키지만 뎅기 바이러스가 볼바키아에 대한 저항성을 획득하기는 쉽지 않을 것이다. 왜냐하면 볼바키아는 살충제나 백신과 달리 살아 있는 데다가, 모든 바이러스의 적응에 맞대응을 할 수 있기 때문이다. 볼바키아의 대응은 안전하고 가성비도 높다. 살충제는 독성이 있고 지속적으로 다시 살포해야 하지만, 볼바키아 보균 모기는 부작용이 전혀 없고 일단 방출되고 나면 효과가 저절로 지속된다. 오닐은 말한다. "볼바키아는 시동만 한번 걸어주면 계속 돌아가요. 우리는 1인당 치료비를 2~3달러로 낮추려고 노력하고 있어요."

오닐은 볼바키아에 관한 연구의 비약적인 발전에 놀라고 있다. "우리는 한때 공생을 매우 단순하게 연구했어요. 하지만 지금은 상황이 많이 달라졌어요. 본래 기초과학 분야의 주제였던 공생이 뭔가 놀라운 응용과학적인 주제로 변신한 거죠"라고 오닐은 말한다. 볼바키아는 모기에 기생한 뎅기 바이러스를 무력화하는 것은 물론, 모기가 치쿤구니야 바이러스, 지카 바이러스, 말라리아원충Plasmodium을 운반하지 못하도록 막는다. 중국과 미국의 과학자들로 구성된 연구진은 볼바키아를 말라리아를 옮기는 얼룩날개모기속과 짝지어주는 데 성공했다.[68] 나아가 볼바키아를 이용하여 수면병을 퍼뜨리는 체체파리나 불면증을 퍼뜨리는 빈대의 기생충을 제어하려고 노력하는 연구자들도 점점 늘어나고 있다. "이것은 생물의 미생물생태학과 그것이 질병에 미치는 영향에 관한 새로운 사고방식의 극히 일부분에 불과해요." 역시 오닐의 말이다.

스포트라이트를 받다

이 책이 출판되기 100년 전인 1916년, 러시아의 다혈질 과학자 일리야 메치니코프는 수십 년간 신 우유 속에 들어 있는 미생물을 마시다가 세상을 떠났다. 자신이 개척한 접근 방법이 언젠가 수십억 달러짜리 산업을 일구고, 그 제품이 (비록 가치는 여전히 의심되지만) 전세계 슈퍼마켓의 선반을 장식하리라고 그는 상상이나 했을까? 1923년 미국의 미생물학자 아서 아이작 켄들은 새로운 세균학 교과서에서 "사람들이 장내 미생물을 이용하여 장 질환을 치료하는 날이 오고 있다"고 예측했다. 그는 오늘날

오픈바이옴이라는 비영리단체가 인간의 배설물을 냉동한 다음 병원으로 보내 대변 이식을 수행하게 하리라고 예측했을까? 1928년 영국의 세균학자 프레더릭 그리피스Frederick Griffith는 동료들로부터 특정 인자(후에 DNA로 밝혀짐)를 전달받은 세균이 자기 변신을 통해 그들과 똑같은 형질을 가질 수 있음을 증명했다. 그는 과학자들이 미생물의 유전형질을 일상적으로 정밀하게 조작하여 다른 미생물을 사냥하고 파괴하는 프로그램을 탑재하게 되리라는 것을 예견했을까? 그리고 1936년, 곤충학자 마셜 허티그는 절친한 친구였던 시미언 버트 월바크를 기리는 뜻에서 미천하고 작은 세균에게 볼바키아라는 이름을 붙여줬다(그로부터 약 12년 전 허티그와 월바크는 보스턴의 모기에서 볼바키아를 처음으로 발견했다). 그는 볼바키아가 지구 상에서 가장 출세한 세균 중 하나가 될 것임을 알았을까? 수많은 과학자들이 볼바키아를 연구한 나머지 1년에 두 번씩 볼바키아 컨퍼런스를 개최하여 연구 결과를 공유하리라는 것은? 볼바키아가 매년 1억 5000만 명의 사람들을 실명이나 불구로 몰아가는 선충류 기생충을 처치하는 열쇠가 되리라는 것은? 과학자들이 언젠가 볼바키아를 모기에게 이식하여 뎅기열 등의 질병을 치료하는 전 지구적 노력에 가담할 거라고, 그들은 예측이나 했을까?

전혀 아니었을 것이다. 왜냐하면 사람은 평생 현미경을 통해 미생물을 들여다볼 일이 거의 없으며, 미생물이 초래하는 질병을 통해서만 그 존재를 체험하기 때문이다. 지금으로부터 350년 전 레이우엔훅에게 처음 발견되고도 미생물은 어렴풋한 모습으로 우리 주변에서 얼쩡거렸을 것이다. 마침내 사람들에게 널리 알려졌을 때, 미생물은 포용하기보다는 곧 제거해야 할 악당으로 비쳐졌다. 과학자들이 인간의 장 속에서 우글거리거나 곤충의 세포 속에 둥지를 튼 미생물을 발견했을 때도 그들의 발견은 의문시되거나 무시되었다. 생물학의 변두리에서 괄시받던 미생물이 생물학의 핵심으로 부상하여 스포트라이트를 받게 된 것은 겨우 최근의 일이다. 과학자들의 시도는 아직도 기초적이고 위태위태하며 그에 대한 우리의 신뢰는 간혹 과장되지만, 미생물의 잠재력은 어마어마하고 무궁무진하다. 레이우엔훅이 맨 처음 '인간의 삶을 향상시키기 위해 연못 물을 한번 연구해봐야겠다'고 생각한 뒤로, 과학자들은 우리에게 많은 것을 가르쳐줬다. 우리는 이제서야 그들이 가르쳐준 것을 실생활에 응용하기 시작했다.

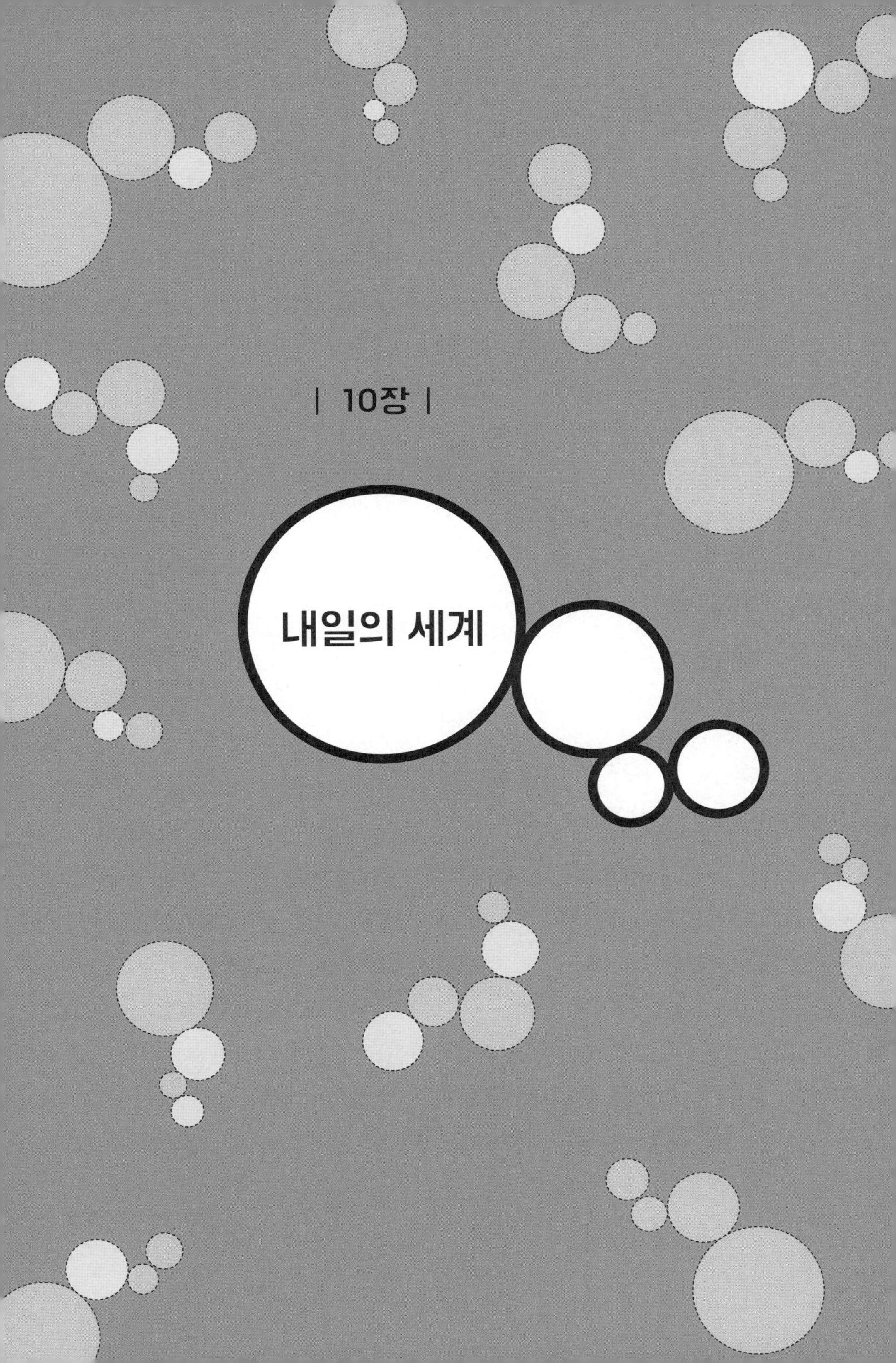

| 10장 |

내일의 세계

지금 내가 서 있는 집은 미국의 모든 교외에 펼쳐진 목가적 풍경의 이상형이라 할 만하다. 외벽은 하얀 널빤지로 덮여 있고, 현관에는 흔들의자가 놓여 있으며, 밖에서는 아이들이 자전거를 타고 돌아다닌다. 집 안 공간은 너무 넓어서 잭Jack Gilbert과 캣 길버트Kat Gilbert 부부가 주체할 수 없을 정도다. 나와 마찬가지로 그들은 영국인이며 보다 아늑한 공간에 익숙해 있는데도 말이다. 또한 그들은 성격이 온화하고 상냥하다. 잭은 에너지가 넘치는 반면, 캣은 균형감이 있고 차분하다. 큰아들 딜런은 만화를 보고 있고, 작은아들 헤이든은 무슨 이유에선지 모르지만 내 엉덩이에 펀치를 날리려고 한다. 나는 부엌의 조리대에 기대어 방어 자세를 취하며 찻잔을 어루만진다. 그러는 동안, 찻잔과 조리대, 그리고 아름답게 단장된 부엌 전체에 나의 미생물이 수동적으로 배출된다.

공평하게 말하자면 길버트 부부도 마찬가지다. 앞서 언급한 하이에나, 코끼리, 오소리와 마찬가지로, 우리 인간은 주변에 온통 세균의 향기를 풍기기 마련이다. 그와 동시에 우리는 세균 자체 또한 배출한다. 우리 모두는 자신의 미생물을 세상에 끊임없이 파종한다. 물건을 만질 때마다 미생물의 각인을 남기고, 걷거나 말하거나 긁적거리거나 이리저리 움직이거나 재채기할 때도 독특한 미생물 군집을 공간에 내뿜는다.[1] 모든 사람들은 시간당 3700만 마리의 세균을 분무하는데, 이는 우리의 마이크로바이옴이 체내에 국한되어 있지 않음을 의미한다. 그들은 끊임없이 환경과 교류한다. 방금 전 길버트의 승용차를 타고 이 집을 방문할 때, 나는 차의 시트에 내 미생물을 잔뜩 발라놓았다. 지금은 부엌의 조리대에 비스듬히 기댄 채 미생물로 자서전을 쓰고 있다. 나는 엄청난 미생물 군단을 거느리고 있지만, 그중 일부만 내 몸속에 주둔시킬 뿐 나머지는 세상에 파견한다. 그들은 살아 꿈틀거리는 오라aura인 셈이다.

홈 마이크로바이옴 프로젝트

이러한 오라를 분석하기 위해, 길버트 부부는 최근 전등 스위치, 문고리, 부엌 조리대, 침실 바닥 그리고 자신들의 손과 발과 코에 면봉을 문질렀다.[2] 그들은 6주 동안 매일 똑같은 작업을 반복했으며, 다른 여섯 가정들을 훈련시켜 연구에 동참시켰다. 연구의 제목은 '홈 마이크로바이옴 프로젝트Home Microbiome Project'로, 참가한 가정 중에는 독신, 커플, 3인 이상 가족이 골고루 포함되어 있었다. 연구 결과 모든 가정은 각각 독특한 마이크로바이옴을 갖고 있으며, 가정의 마이크로바이옴을 구성하는 미생물은 대부분 가족 구성원에게서 유래하는 것으로 밝혀졌다. 구성원의 손에 서식하는 세균들은 전등 스위치와 문고리를, 발에 서식하는 세균들은 마룻바닥을, 피부에 서식하는 세균들은 부엌 조리대를 각각 뒤덮고 있었다. 게다가 미생물의 파종과 정착은 놀랄 만한 속도로 이루어졌다. 연구 기간 중 세 가족이 이사를 했는데, 새로 이사한 집은 순식간에 옛집과 유사한 마이크로바이옴 구성을 갖게 되었다. 심지어 그중 한 가족은 수많은 사람들이 드나드는 호텔에 투숙했는데도 말이다. 우리는 새로운 집으로 이사한 뒤 24시간 안에 기존의 미생물 위에 우리의 미생물을 덮어씌운다. 그럼으로써 '타인의 집'을 '우리의 집'으로 만드는 것이다. 손님을 초대했을 때 보통 "당신 집처럼 지내세요make yourself at home"라고 하는데, 그건 인사치레로 하는 말이 아니다. 당신의 집에 들어온 손님은 온 집 안에 자신의 미생물을 덕지덕지 바르니 말이다. 그게 제 집이 아니고 뭐람.

우리는 동거인의 미생물도 바꿔놓는다. 길버트가 이끄는 연구 팀은 "룸메이트끼리는 더 많은 미생물을 공유하며, 연인이나 부부의 미생물은 단순한 룸메이트의 미생물보다 더 유사하다"는 연구 결과를 발표했다("나의 전부를 줄 뿐 아니라, 내가 가진 것까지 모두 공유할게"라는 결혼 서약을 상기하라). 그리고 주변에 반려견이 있는 경우 미생물의 물동량은 폭발적으로 증가한다. "반려견은 외부의 세균을 안으로 들여오고, 동거인들 간의 미생물 교환을 증가시키죠"라고 길버트는 말한다. 이러한 자신의 연구 결과와 "개털의 먼지에는 알레르기를 억제하는 미생물이 들어 있다"는 수전 린치의 연구를 바탕으로, 길버트는 동물 보호소에 방문하여 반려견 한 마리를 입양했다. 연한 적갈색과 흰색이 뒤섞인, 골든리트리버와 콜리와 그레이트피레네Great Pyrenees의 잡종견으로, 헤이든은 그에게 '보 디글리 선장Captain Beau Diggley'이라는 이름을 붙였다. "우리는 가정의 미생물 다양성을 증가시키는 게 좋다는 사실을 깨달았어요. 그렇게 우리 아이들에게 자신의 면역계를 훈련시킬 기회를 주고 싶었죠." 길버트의 말이다. 헤이든에게 반려견의 이름이 어디서 유래한 거냐고 물으니 대답은 간단하다. "그냥 내 머릿속에서요."

반려견이든 인간이든, 모든 동물은 미생물의 세계에서 산다. 그리고 우리는 세상을 헤집고 돌아다니며 세상 속의 미생물들을 교체한다. 시카고에서 출발하여 길버트의 집으로 가는 동안 나는 호텔 객실 하나, 카페

몇 군데, 택시 여러 대, 비행기 한 대에 내 피부 미생물을 남겼다. 그리고 길버트의 집 안 전체를 내 미생물로 도배했다. 디글리 선장은 털북숭이 전달자로서 네이퍼빌의 토양과 물에 서식하는 미생물을 길버트의 집 안으로 충실히 실어 날랐다. 하와이산 짧은꼬리오징어의 경우, 새벽이 되면 자신과 공생하는 발광세균 피브리오 피셰리를 주변의 바닷물 속으로 토해낸다. 하이에나는 풀줄기에 미생물 그래피티를 분무한다. 그뿐만이 아니다. 흡입하든, 섭취하든, 만지든, 밟든, 상처를 입든, 깨물든 우리 모두는 피부 표면에 접근하거나 체내로 진입하는 미생물들을 다양한 방법으로 끊임없이 맞이한다. 마이크로바이옴은 오지랖이 넓어 우리로 하여금 보다 넓은 지역과 관계를 맺게 한다.

길버트는 그러한 관계들을 이해하고 싶어 한다. 그는 인체의 구석구석을 순찰하는 국경 수비대가 되어 어떤 미생물이 들어오고 출발지는 어디이며, 어떤 미생물이 나가고 목적지는 어디인지 정확히 파악하려 한다. 그러나 인간을 대상으로 그런 연구를 하기는 곤란하다. 우리는 너무나 많은 사람, 물체, 장소와 상호작용 하므로 모든 미생물들의 경로를 추적한다는 건 사실상 불가능하다. 그는 이렇게 말한다. "나는 생태학자로서 인간을 하나의 섬처럼 취급하고 싶지만, 보건 당국에서는 그런 연구를 허락하지 않아요. 예컨대 연구 대상자들을 모집하여 6주 동안 특정 지역에 머무르게 하겠다는 연구 계획서를 제출하면, 기관 윤리 심사 위원회에서 퇴짜를 놓죠."

그가 돌고래에 눈을 돌린 건 그 때문이었다.

아쿠아리움의 미생물 생태계

"얼마나 많은 샘플을 원하세요?" 수의사 버니 매키올이 묻는다.

"몇 마리나 있는데요?" 길버트가 되묻는다.

"세 마리요."

"세 마리 전부 해주세요. 그리고 다른 부위를 추가하면 어떨까요? 음… 겨드랑이 말이에요. 참, 돌고래의 경우에는 그 부위를 뭐라고 부르죠?"[3]

우리는 셰드 아쿠아리움의 돌고래 수족관 앞에 서 있다. 그것은 커다란 물탱크로, 내부가 인공 바위와 나무들로 장식되어 있다. 까만색과 파란색이 어우러진 잠수복 차림의 훈련사 제시카가 물속에 몸을 담그고 서서 손으로 수면을 찰싹 때리자, 사구Sagu라는 이름의 태평양 낫돌고래가 수면으로 부상한다. 사구는 아름다운 동물로, 피부에 라미네이트 처리된 목탄화 같은 문양이 그려져 있다. 제시카가 손바닥을 아래로 향한 채 옆으로 흔들자 순종적인 사구는 몸을 비틀며 우윳빛 배를 드러낸다. 매키올은 그 틈을 타서 사구에게로 다가가 면봉으로 겨드랑이를 문지른다. 그러고는 면봉을 튜브에 넣고 봉해 길버트에게 돌려준다. 크리Kri와 피켓Piquet이 담당 훈련사의 손짓에 차례로 배를 드러내자, 매키올은 그들의 겨드랑이에서도 미생물 샘플을 채취하여 길버트에게 제공한다.

"우리는 돌고래의 분수공, 대변, 피부에서 샘플을 채취하고 있어요." 제시카가 말한다. "분수공의 경우, 돌고래의 머리를 손으로 고정시키고 한천평판을 위에 올려놓은 뒤 톡톡 두드려 숨을 내쉬게 하죠. 대변 샘플을 채취할 때는 돌고래에게 몸을 뒤집게 한 다음 조그만 고무 카테터를 항문에 집어넣어 대변을 끄집어내고요. 대변이 부족해서 낭패를 본 적은 한 번도 없어요."

셰드 아쿠아리움에서 채취한 마이크로바이옴은 네이퍼빌이나 그 밖의 다른 지역에 있는 가정에서 채취한 마이크로바이옴과 구별되는 특징이 하나 있는데, 환경에 관한 정보를 모두 입수할 수 있다는 점이 그것이다. 즉, 길버트는 여기서 물의 온도, 염분, 화학조성을 정기적으로 측정하며, 돌고래의 몸뿐만 아니라 물, 먹이, 탱크, 훈련사, 취급자, 공기에서도 하루에 한 번씩 6주 동안 마이크로바이옴을 채취하여 분석한다. "이 돌고래들은 '실제 상황'에서 '실제 마이크로바이옴'을 보유하고 있는 '실제 동물'이에요. 우리는 돌고래들이 환경과 주고받는 미생물들을 모두 파악할 수 있죠"라고 그는 말한다. 이들을 통해 동물의 몸과 주변 세상 간의 관련성을 유례없이 적나라하게 파헤치는 것이다.

셰드 아쿠아리움에서는 동물들의 삶의 질을 향상시키기 위해 다양한 프로젝트들을 진행하고 있다.[4] 아쿠아리움의 동물 건강 담당 부사장인 빌 판 본에 의하면, 이 아쿠아리움의 해양 수족관에서는 한때 수질을 깨끗하게 유지하기 위해 세 시간 간격으로 300만 갤런의 물을 순환시키며 여과했다고 한다. "그 많은 물을 그렇게 자주 순환시키면 얼마나 많은 에너지가 소모될는지 짐작하실 거예요. 그런데 우리가 해양 수족관의 물을 왜 그렇게 자주 순환시켰을까요? 그건 '물은 깨끗할수록 좋다'는 신념 때문이었죠." 그의 억양은 부자연스러울 정도로 고조되었다. "그러나 규칙적인 여과량을 절반으로 줄였더니 어떤 일이 일어났는지 아세요? 아무 일도 일어나지 않았어요. 물의 화학조성과 동물의 건강은 되레 향상되었죠."

수질을 깨끗하게 유지하려던 야심 찬 순환 여과 시스템은 도가 지나쳤다는 게 판 본의 생각이다. 과도한 순환 여과 시스템이 아쿠아리움의 환경에서 미생물을 제거함으로써 건강한 미생물군이 성숙하고 다양해지는 것을 방해하는 한편, 허약하고 유해한 종들의 발호 기회를 제공했다는 것이다. 어라, 왠지 익숙한 말 같지 않은가? 그렇다. 그건 환자의 장 속에서 항생제가 하는 짓과 다를 것이 하나도 없다. 항생제는 생태계에 상주하는 미생물들을 몰아내고 그 자리에 C. 디피실리와 같은 병원균을 대신 들어앉힌다. 수족관의 상황도 이와 비슷해서, 살균 소독은 저주이지 축복이 아니다. 다양한 생태계가 빈곤한 생태계보다 우월하다는 원칙은 인간의 장과 아쿠아리움의 수조는 물론, 심지어 병실에도 적용된다.

'미생물 프렌들리'한 건축 설계

"나는 의사 잭 길버트고요, 여기는 병원입니다." 길버트가 배경에 희미하게 깔린 병원 이미지 앞에서 엄지를 추켜올린다.

우리는 시카고 대학 산하 치료 및 발견 센터Center for Care and Discovery에 있다. 반짝이는 신축 건물이 회색, 오렌지색, 까만색 층으로 다채롭게 이루어져 거대한 초콜릿 케이크를 연상시킨다. 길버트는 건물 앞에 선 채 홍보용 동영상을 계속 촬영한다. 카메라맨의 마이크가 시카고의 맹렬한 바람 속에서 점잖은 음성을 잡아낼 수 있으려나 모르겠다. 길버트는 매우 침착한 사람이며, 그가 이 건물에서 하는 일로 보아 이곳은 병원임이 분명하다.

2013년 2월 병원이 문을 열기 직전, 길버트의 제자인 사이먼 랙스Simon Lax는 면봉이 가득 든 가방을 짊어진 채 연구 팀을 이끌고 오싹할 정도로 텅 빈 홀을 통과했다. 그들은 두 개 층에 배치된 열 개의 병실과 두 개의 간호사실을 휘젓고 다녔는데, 한 층은 예정 수술elective surgery을 받은 환자가 회복을 위해 단기간 머무르는 곳이고, 다른 층은 암 환자나 장기이식 환자가 장기간 머무르는 곳이었다. 그러나 병실에 머물고 있는 환자는 아직 한 명도 없이 미생물들만이 텅 빈 병실들을 점령하고 있었다. 랙스가 이끄는 연구진은 완전히 새로운 마룻바닥, 반짝이는 수도꼭지, 침대의 가로널, 네모반듯하게 접혀 있는 시트에 면봉을 문질러 미생물을 채취했다. 그들은 전등 스위치, 문고리, 통풍구, 전화, 키보드 등에서도 샘플을 채취했다. 마지막으로, 방마다 적외선 센서와 데이터 이력 기록기를 설치하여 방에 사람이 있는 동안에만 조도, 온도, 습도, 기압, 이산화탄소 측정치를 자동으로 기록하도록 했다. 나중에 병원이 문을 열자, 연구 팀은 일주일에 한 번씩 병원을 순회하며 병실과 환자들의 미생물 샘플을 정기적으로 채취했다.[5]

다른 연구원들이 신생아의 마이크로바이옴이 형성되는 과정을 모니터링하는 동안, 길버트는 새로 완공된 건물의 마이크로바이옴이 형성되는 과정을 세계 최초로 모니터링했다. 현재 연구진은 그 데이터를 분석하여 '인간의 존재가 건물 내 미생물의 특징을 어떻게 변화시키는지', 그리고 '환경 속의 미생물들이 사람들에게 다시 흘러드는지'를 확인하느라 구슬땀을 흘리고 있다. 미생물의 흐름은 환자의 생사를 좌우할 수 있으므로 병원이라는 환경에서 이 두 가지 의문만큼 중요한 것은 없다. 개발도상국의 경우, 병원이나 기타 의료 기관에 입원한 사람 중 5~10퍼센트가 감염병에 걸리는 것으로 알려져 있다. 병을 고치러 왔다가 병을 얻어 나가다니, 혹 떼러 왔다가 혹 붙이는 격이 아닐 수 없다. 미국의 경우엔 매년 170만 명의 사람들이 병원에서 감염되어 그중 9만 명이 목숨을 잃는다. 그렇다면 이런 감염병을 초래하는 병원균은 어디서 오는 것일까? 물? 환기 시스템? 오염된 의료 기구? 병원 의료진? 길버트의 목표는 이 같은 의문을 해결하는 것이다. 그는 연구 팀이 축적한 매머드급 데이터를 이용하여 병원균의 이동 경로를 면밀히 추적할 수 있으리라 자신한다. 예를 들면 전등의 스위치에서 의사의 손에 묻은 병원균이 환자의 침대로 옮아가는 식이다. 이런 경로가 밝혀져야만 환자들의 생명을 위협하는 미생물 이동을 줄이는 수단이 강구될 것이다.

사실 이것은 새로운 문제가 아니다. 조지프 리스터가 병원에 살균 기법을 적용한 1860년대 이후, 위생 관행은 병원균의 전파를 줄이는 데 기여했다. 손 씻기와 같은 간단한 방법만으로도 수많은 생명을 살릴 수 있었다. 그러나 최근 불필요한 항생제와 항균 세정제의 사용이 증가함에 따라 건물은 물론 병원의 살균 소독 관행이 도를 넘고 있다. 일례로 미국의 한 병원은 최근 70만 달러를 들여 항생물질이 충전된 마루를 깔았는데, 그런 수단의 효능은 입증되지 않았으며 상황을 되레 악화시킬 수도 있다. 돌고래 사육 시설이나 인간의 장과 마찬가지로, 병원을 과도하게 살균 소독하려는 시도는 빌딩에 마이크로바이옴의 불균형을 초래할 수 있기 때문이다. 병원균의 증식을 억제하는 무해 세균까지 한꺼번에 제거할 경우, 뜻하지 않게 더 위험한 생태계가 형성될지 모른다.

"보통은 양성 미생물이나 얌전히 오순도순 모여 사는 미생물들을 유치하고 싶어 할 거예요. 표면에서 잠자코 어울려 사는 미생물들 말이에요." 길버트의 또 다른 제자 션 기번스Sean Gibbons가 말한다. 다양성은 미생물 군집의 최고 덕목이며, 인간의 위생이 지나치면 다양성을 붕괴시킬 수 있다. 기번스는 공중화장실의 변기를 연구함으로써 이 사실을 증명했다.[6] 그에 의하면 대변의 미생물은 변기에 진을 치고 있다가 소용돌이치는 물살의 힘을 빌려 공기 중으로 퍼져나가지만, 궁극적으로 다양한 피부 미생물 군집에 제압당해 자취를 감춘다. 그런데 변기를 깨끗이 닦고 나면 이야기가 달라진다. 그동안 전멸했던 대변 미생물들이 다시 변기를 빼곡히 뒤덮게 된다는 것이다. 그렇다면 우리는 이런 역설적 결론에 도달하게 된다. "변기를 자주 닦을수록, 변기에는 더 많은 대변 미생물들이 우글거리게 된다." 세상에 이보다 더한 아이러니가 있을까?

공학도에서 생태학도로 변신한 뒤 오리건에서 활동하는 제시카 그린Jessica Green도 이와 비슷한 패턴을 발견했다. 그녀는 에어컨이 설치된 병실 안에 떠도는 미생물들을 분석했는데,[7] 처음에는 실내 공기를 떠도는 미생물이 실외 공기를 떠도는 미생물의 '부분집합'일 거라고 생각했다. 그러나 둘 사이에 공통적인 부분이 거의 없다는 결과를 얻고 깜짝 놀랐다. 실외 공기에는 식물과 토양에서 유래하는 무해 세균이 가득했지만, 실내 공기에는 환자, 보호자, 의료진 등의 입과 피부에서 나온 잠재적 병원균들이 불균형적으로 많았던 것이다. 그러니 면역력이 약한 환자들은 감염병의 위협에 늘 시달릴 수밖에. 하지만 이 같은 문제점을 해결하는 방법은 그리 어렵지 않다. 창문을 열어 환기를 하면 그만이다.

백의의 천사로 불렸던 전설적인 간호사 플로렌스 나이팅게일은 이미 150년 전에 환기의 유용성을 옹호했다. 그녀는 미생물학 지식이 전혀 없었지만, 크림전쟁 기간 동안 창문을 열어줬더니 환자가 감염병에서 좀 더 쉽게 회복한다는 사실에 주목했다. 그녀는 이렇게 썼다. "창문을 열어 가장 신선한 공기를 들어오게 하되, 실내 온도가 떨어질 정도로 지나치면 안 된다." 생태학자의 관점에서 볼 때, 나이팅게일의 말은 전적으로 타당하다. 신선한 공기는 환경 속의 무해한 미생물을 들여와 병원균을 쫓아내고 실내 공간을 차지하게 하기 때문이다. 그러나 '미생물을 의도적으로 병실에 들여놓는다'는 아이디어는 병원 운영진의 고정관념과 완전히 배치된다. "병원과 다른 건물들의 운영에 적용되는 모델은 '외부와의 격리' 거든요"라고 그린은 말한다. 고지식한 병원 관계자들 덕분에 그린은 연구에 많은 애를 먹었다. 그녀가 연구를 위해 창문을 열어놓을 때마다 병원 관계자들이 부리나케 달려와 창문을 닫곤 했던 것이다.

이제는 빌딩과 공적 공간에서 미생물을 몰아내려고 애쓰는 대신, 미생물을 환영하는 도어 매트를 깔 때가 되었다. 우리는 이미 알게 모르게 이를 실행에 옮기고 있다. 2014년 그린이 이끄는 연구진은 릴리스 홀이라는 신축 강의동을 방문하여 300개의 강의실, 사무실, 변기 등에서 먼지 샘플을 채취했다. 그들은 미생물에 영향을 미치는 요인(강의실의 크기, 강의실들 간의 연결성, 사용 빈도, 환기 방법 등)에 관한 자료도 함께 수집했다. 먼지 속에서 발견된 세균과 관련 자료들을 종합적으로 분석해보니, 건축 설계가 빌딩의 미생물 생태계에 영향을 미치고, 이것이 다시 우리의 미생물 생태계에 영향을 미치는 것으로 나타났다. 그린은 이렇게 말한다. "우리가 빌딩을 설계하면 나중에 빌딩이 우리를 설계한다던 윈스턴 처칠의 말이 맞았어요. 우리는 생물에 정통한 설계를 통해 그 과정을 통제해야 해요." '생물에 정통한 설계bioinformed design'란 그린이 제시한 개념으로 '우리와 함께 사는 미생물을 선택할 수 있도록 한 설계'를 뜻한다. 늘 그렇듯, 자연계에서는 우리의 일상생활에 응용할 수 있는 사건들이 일어나기 마련이다. 예컨대 농부들은 밭의 가장자리를 따라 야생화를 심음으로써 꽃가루 매개충의 수를 늘린다. 그린은 이와 비슷한 건축학적 트릭을 고안함으로써 유익한 미생물의 다양성을 증강시키기를 기대하고 있다. "앞으로 수십 년 안에 건축가들은 우리의 연구 결과를 자신들의 설계에 반영할 수 있을 거예요."[8]

잭 길버트도 그린의 말에 동의하지만, 그의 계획은 보다 원대하다. 빌딩에 미생물을 의도적으로 파종한다는 생각이다. 그렇다고 해서 세균을 공기 중에 뿌리거나 벽에 바르려는 것은 아니다. 그는 라밀 샤Ramille Shah라는 여성 공학자가 만든 미세한 플라스틱 공에 미생물을 집어넣는 방법을 염두에 두고 있다. 그녀가 3D 프린터를 이용하여 만든 공은 아늑하고 구멍이 많이 뚫린 일종의 미생물 사육장이라고 보면 된다. 그 구멍에는 섬유소를 분해하고 염증을 가라앉히는 클로스트리듐과 같은 유익한 미생물뿐 아니라 미생물을 배불리 먹이는 영양소도 들어가며, 미생물들은 플라스틱 공과 접촉하는 사람들에게 옮아간다. 길버트는 무균생쥐를 이용하여 이 방법을 실험하고 있는데, 그가 알고 싶은 내용은 네 가지다. 첫째, 미생물이 공 안에서 안정적으로 서식하는가? 둘째, 생쥐들이 공을 갖고 놀 때 미생물이 정말로 생쥐에게 옮아가는가? 셋째, 새로운 숙주를 만난 미생물이 오랫동안 버티는가? 넷째, 미생물이 생쥐의 염증 질환을 치료하는가? 이 네 가지 의문이 해결되면 길버트는 사무실 건물과 병원의 병동에서 임상 시험을 수행할 계획이다. 신생아집중치료실에 있는 아기용 침대에도 공을 넣어 유아들이 '유익한 미생물이 풍부한 생태계'에 늘 노출되도록 만들 생각이다. "3D 프린터로 인쇄할 수 있는 티딩 토이teething toy•도 만들고 싶어요. 아기들이 그걸 갖고 노는 장면을 상상해 보세요"

길버트의 공은 프로바이오틱스와 관련한 색다른 견해를 반영한다. 그것은 요구르트나 FMT를 경유하지 않고 환경을 통해 동물에게 유익한 미생물을 전달한다. "미생물을 음식에 넣은 다음 식도 속으로 밀어넣는 방법은 딱 질색이에요. 그들이 우리의 비강막, 구강, 손과 상호작용을 하는

• 젖니가 나는 시기에 아기들이 물고 빨 수 있게끔 만든 장난감

편이 더 좋죠. 그래야 우리가 미생물을 좀 더 자연스럽게 경험할 수 있거든요."

그러고서 길버트는 이렇게 덧붙인다. "그걸 바이오볼bioball, 또는 마이크로볼microball이라고 부르고 싶어요."

"마이크로볼이라는 이름은 반대예요." 내가 대꾸하자 그는 농담의 의미를 알아차린 듯 키득키득 웃는다. 그게 무엇인지는 독자들의 상상에 맡긴다.

살아 숨 쉬는 도시

루크 렁Luke Leung이 길버트와 악수하며 이렇게 말한다. "내가 어제 스쿼시 세계 챔피언 여성과 악수를 했거든요. 그녀에게서 받은 마이크로바이옴을 당신에게 분양할게요."

"그럼 나도 이제 스쿼시의 달인이 되는 건가요?" 길버트가 묻는다.

"오른손만요." 렁이 응수한다. "만약 당신이 왼손잡이라면 미안해요."

렁은 건축가로, 그의 인상적인 포트폴리오에는 세계 최고最高를 자랑하는 두바이의 부르즈 할리파가 포함되어 있다. 그는 길버트를 만난 이후 마이크로바이옴의 광팬이 되었다. 시카고 시의 최고 지속 가능 경영 책임자chief sustainability officer인 캐런 웨이거트Karen Weigert도 마찬가지다. 우리 네 사람은 점심을 먹기 위해 미시간 호수가 내려다보이는 고급 레스토랑에서 만났는데, 주변에는 정장 차림의 경영자들이 널려 있다. "당신들은 이것들이 살아 있다고 생각하지 않겠죠." 길버트가 흠잡을 데 없는 인테리어와 아치형 천장, 밖에서 희미하게 빛나는 고층 빌딩들을 가리키며 말한다. "하지만 이것들은 살아 있어요. 살아 숨 쉬는 생명이라고요. 그리고 여기서 중요한 건 세균이죠."

길버트는 렁과 웨이거트에게 자신의 원대한 아이디어를 설명하기 위해 이곳에 왔다. 그는 지금껏 가정과 아쿠아리움과 병원에서 수행한 프로젝트 결과를 바탕으로 모든 도시들의 마이크로바이옴을 형성하겠다는 야심을 갖고 있다. 시카고가 그 첫 번째 대상이며 렁은 이상적인 파트너다. 렁은 시카고의 많은 빌딩에서 '식물의 벽'을 통과하는 환기 시스템을 시공했는데, 그것은 보는 이의 눈을 즐겁게 할 뿐만 아니라 공기를 여과해주기도 한다. 따라서 렁의 입장에서 볼 때, 식물 벽을 바이오볼로 수놓겠다는 길버트의 구상은 설득력이 매우 강하다. 웨이거트 역시 세균을 건축에 응용한다는 생각에 흥미를 느끼며 길버트에게 이렇게 묻는다. "눈에 띄는 고층 빌딩 말고, 저소득층의 주택에도 바이오볼을 사용할 수 있을까요?" 이에 대해 길버트는 "물론이죠"라고 대답한다. 렁이 시공한 인상적인 식물 벽에 사용할 바이오볼뿐만 아니라, 그는 그보다 훨씬 더 저렴한 바이오볼도 만들고 싶어 한다.

길버트의 말에 고무된 웨이거트는 화제를 돌려 시카고가 수년째 겪고 있는 홍수 문제를 언급한다. 세계적인 기후변화가 계속될 경우, 현재 몸살을 앓고 있는 시카고의 하수처리 시스템이 심각한 위기에 처할 수 있기 때문이다. "홍수를 관리하거나, 곰팡이와 같은 후유증을 해결할 방법은 없을까요?" 웨이트의 질문에 길버트는 기다렸다는 듯이 대답한다. "물론 있죠!" 길버트가 로레알L'Oréal사와 별도로 진행하는 프로젝트의 목표는 비듬과 피부염을 예방해주는 세균을 찾는 것이다. 그 세균은 곰팡이가 두피에서 번식하지 못하도록 막음으로써 비듬을 예방하는 프로바이오틱 샴푸를 만드는 데 사용될 수 있을 것이다. 하지만 그 세균은 홍수가 휩쓸고 지나간 집에서 피어오르는 곰팡이를 퇴치하는 데도 이용될 수 있다. 미세한 습지를 만들어 그 속에서 항진균성 미생물antifungal microbe을 배양한다고 생각해보자. 물을 보고 얼씨구나 덤벼든 곰팡이는 그 속에 매복하던 항진균성 미생물에게 기습을 당해 뼈도 못 추릴 것이다. "나는 가정에 내장된 '곰팡이 자동제어 시스템'을 구상하고 있어요"라는 것이 길버트의 얘기다.

구미가 당긴 웨이거트의 질문은 계속 이어진다. "그게 정말로 현실성이 있나요? 그 프로젝트를 어디서 진행하고 있죠?"

"우리는 곰팡이를 통제하는 세균을 배양하는데, 지금은 그것을 플라스틱에 이식하는 방법을 연구 중이에요. 앞으로 2~3년 뒤면 누군가의 가정에서 시범적으로 사용될 예정이고, 3~4년 뒤에는 시장에 출시될 거예요."

나는 농담을 던진다. "과학자들은 늘 그렇게 낙관적으로 말하죠. 자신의 연구가 5년 안에 현실에 적용될 거라고요."

길버트가 웃으며 되받는다. "음, 나는 훨씬 더 낙관적이네요. 3~4년이라고 했으니까."

렁도 낙관적인 건 마찬가지다. "사람들은 지금까지 세균을 죽이는 데 혈안이 되어 있었지만, 이제 그들과의 관계를 복원하고 싶어 해요. 나도 건축 환경 안에서 세균에게 도움받는 방법을 알고 싶어요."

나는 렁에게도 똑같은 질문을 던진다. "설계자로서, 얼마 만에 그런 개념을 건물에 적용할 수 있을까요?"

렁은 잠시 멈칫하다 대답한다. "한 5년쯤?"

지구 마이크로바이옴 프로젝트

건물과 도시의 마이크로바이옴을 조작하는 일은 길버트가 품은 야망의 시작에 불과하다. 병원과 아쿠아리움은 물론이고, 그는 지역의 체육관과 대학 기숙사의 마이크로바이옴도 연구한다. '홈 마이크로바이옴 프로젝트'에서 밝혀진 바에 따르면, 사람들이 여러 장소에 남기는 미생물들을 이용하여 그들의 행적을 추적할 수 있다고 한다. 그래서 길버트는 롭 나이트와 함께(두 사람은 단짝이다), 그것을 범죄 수사에 응용하는 방안을 모색하고 있다. 그 밖에도 그는 다양한 분야에서 마이크로바이옴을 연구한다. 첫째로, 폐수처리 시설, 범람원, 원유에 오염된 멕시코만의 바닷물, 초원, 신생아집중치료시설, 메를로•에서 마이크로바이옴을 연구하고 있다. 둘째로, 비듬을 예방하는 미생물, 우유 알레르기를 일으키는 세균, 자폐증에 관여하는 미생물을 찾는다. 그는 먼지 속에 사는 미생물도 연구하는데, 그 이유인즉 두 종교 집단(아미시파와 후터파)의 천식과 알레르기 유병률이 극단적으로 다른 원인이 무엇인지 밝히고 싶기 때문이다. 셋째로, 그는 장내 미생물이 하루 종일 어떻게 변화하며, 그것이 비만 위험에 영향을 미치는지의 여부를 연구한다. 넷째로, 수십 마리의 야생 개코원숭이에게서 샘플을 채취하고 있는데, 그 이유가 걸작이다. 새끼를 잘 키우는 암컷의 마이크로바이옴을 분석하여 그 비결을 찾고 싶기 때문이라나?

마지막으로, 길버트는 나이트 및 재닛 잰슨Janet Janson과 함께 '지구 마이크로바이옴 프로젝트Earth Microbiome Project'를 지휘한다. 지구의 미생물들을 모두 조사한다는 야심 찬 계획으로[9] 프로젝트 팀은 바다, 초원, 범

• 보르도와인을 대표하는 적포도주(메를로)를 만드는 동명의 포도 품종으로 유명한 지역.

람원 등에서 연구하는 사람들과 접촉하여 그들이 보유한 샘플과 데이터를 공유해달라고 설득하고 있다. 그들의 궁극적인 목표는 기온, 식사, 풍속, 일조량과 같은 기본 요소들만 입력하면 특정 생태계에 서식하는 미생물종을 예측해주는 시스템을 구축하는 것이다. 또한 그들은 그러한 미생물종들이 하천 범람이나 밤에서 낮으로의 이행 등의 환경 변화에 어떻게 반응하는지도 예측하고 싶어 한다. 혹자들은 그들의 계획을 '터무니없는 야망'이라 일축하며 목표 달성 가능성은 제로일 거라고 장담하지만, 길버트와 동료들은 조금도 주저하지 않는다. 그들은 최근 미 백악관에 '통합 마이크로바이옴 계획Unified Microbiome Initiative'을 출범시켜달라는 청원서를 제출했다. 이 계획의 의도는 마이크로바이옴을 연구하는 데 필요한 첨단 도구를 개발하고, 다양한 과학자 진영 간의 협력을 독려함으로써 시너지 효과를 내는 것이다.[10]

바야흐로 큰 그림을 그릴 때가 왔다. 모든 가정을 설득하여 집안 곳곳에 면봉을 문지르게 하고, 아쿠아리움 관리자들은 매력적인 돌고래에 대해서 만큼 보이지 않는 미생물들에게도 관심을 갖게 하고, 병원들로 하여금 미생물을 제거하는 대신 건물 내부에 들이는 방안을 진지하게 고려하게 하고, 건축가와 공무원들에게는 값비싼 세 단계 코스 요리만 먹고 있을 게 아니라 대변 이식의 유용성을 논의해야 한다고 촉구해야 한다. 지금은 새로운 시대의 초입이므로, 모든 사람들이 미생물 세계를 향해 마음을 열어야 한다.

이 책의 첫 부분에서 언급했듯이, 나는 롭 나이트와 함께 샌디에이고 동물원을 누빌 때 문득 이런 생각을 떠올리며 화들짝 놀랐다. '미생물을 염두에 두니 모든 것들이 완전히 달라 보이는구나!' 모든 방문객, 사육사, 동물들이 마치 '다리 위에 얹혀 있는 세계'처럼 보였다. 그들 하나하나는 움직이는 생태계임에도 불구하고 내부에 주둔하는 미생물 군단을 거의 의식하지 못한 채 다른 개체들과 아무렇지도 않은 듯 상호작용을 하고 있었다. 잭 길버트를 승용차에 태우고 시카고 한복판을 통과하는 지금, 나는 똑같이 혼란스러운 관점의 변화를 경험한다. 내 눈에는 도시 전체가 '미생물이 우글거리는 하복부'처럼 보인다. 도시를 빽빽이 뒤덮은 생물 군단은 흔들리는 바람과 물결에도 아랑곳없이 움직이는 살주머니 사이를 넘나든다. 지인들은 "안녕?" 하는 인사와 함께 악수를 나누며 살아 있는 미생물을 교환한다. 거리를 따라 걷는 사람들의 뒤꽁무니에서는 미생물 구름이 뿜어져 나온다. 우리는 지금껏 부지불식간에 주변의 미생물 세계를 건설해온 것이다. 건축 용어로 말하자면, 콘크리트를 바를지 벽돌을 쌓을지, 창문을 어디에 낼 것인지, 마룻바닥은 어떻게 깔 것인지 결정하면서 말이다. 운전석에 앉아 있는 나는 이제야 모든 것을 알 것 같다. 미생물들의 도도한 흐름을 목격한 나는 놀라 멈칫하기는커녕 되레 짜릿한 흥분을 느낀다. 미생물은 두려워하거나 파괴할 대상이 아니라, 보듬고 찬미하고 연구할 대상임을 잘 알고 있다.

이 책에 소개된 모든 이야기는 이러한 관점에서 서술되었다. 볼바키아속 세균을 선충류 벌레에서 완전히 제거하려는 수십 년간의 프로젝트에서부터 어머니의 모유가 아기의 장내 미생물을 배불리 먹이는 메커니즘을 이해하려는 끈질긴 노력에 이르기까지, 펄펄 끓는 물을 뿜어내는 심해의 열수 분출공을 탐사하려는 용감무쌍한 모험에서부터 미천한 진딧물의 공생 세균에 얽힌 비밀을 밝히려는 조용한 시도에 이르기까지, 이 모든 노력을 가능케 했던 원동력은 호기심과 경외감, 그리고 탐험에 대한 샘솟는 기대였다. '자연은 무엇이며, 우리는 그곳 어디쯤에 서 있을까?'라는 왕성하고 채울 수 없는 지식욕 때문이기도 하다. 말하자면, 그것은 충동이었다. 지금으로부터 350년 전 레이우엔훅이 자신의 걸작인 수제 현미경을 통해 연못 물 몇 방울을 들여다본 것도, 그리하여 신비로운 미지의 세계의 문을 연 것도 그런 충동 때문이었을 것이다. 그러한 충동과 탐구 정신은 오늘날에도 많은 이들의 마음속에서 활발히 숨쉬고 있다.

아주 특별한 동반자들

이 책의 마지막 장을 쓰는 동안, 나는 '동물과 미생물의 공생'에 관한 학술회의에 참석하여 이 책에 등장하는 많은 사람들의 이름을 거론했다. 점심시간에 공생 분야의 달인으로 알려진 일본인 후카츠 타케마가 주변의 숲 속으로 사라지더니, 잠시 후 금자라남생이잎벌레golden tortoise beetle 여러 마리를 들고 나타났다. 실제 금을 방불케 하는 껍질을 가진, 작고 고급스러운 곤충이었다. 그날 밤 늦은 시간, 벌잡이벌 예찬론자인 마틴 칼텐포스는 흥분한 어조로 내게 말했다. "후카츠 씨의 금색 곤충 중 한 마리가 내 눈앞에서 빨간색으로 변하는 걸 봤어요!" 그 금색 곤충이 어떤 공생 세균을 가졌는지, 그 세균과 곤충이 서로의 삶에 어떠한 영향을 미치는지 아는 사람은 아무도 없다. 그리고 마지막 날 모두가 버스를 기다리고 있을 때, 진딧물 전문가인 리 헨리Lee Henry가 행렬에서 이탈했다가 5분 뒤에 돌아왔다. 손에는 진딧물이 가득한 줄기 하나를 들고 있었는데, 그의 말에 의하면 회의장 옆에서 자라는 덤불에서 뽑아 온 것이었다. 그는 내게 이렇게 말했다. "이 특별한 진딧물종은 하밀토넬라라는 공생 세균을 갖고 있어요. 완전히 길들여진 파트타임 동맹군으로, 가끔씩 기생벌로부터 진딧물을 보호하는 세균이죠." 헨리는 그 미생물이 언제, 어떻게,

왜 진딧물을 보호하는지 알아내는 데 골몰하고 있다.

우리가 미생물의 세계를 들여다보는 것은 윌리엄 블레이크가 모래알을 들여다보는 것이나 마찬가지다. 그는 "모래알 하나에서 세상을 보고, 들꽃 한 송이에서 천국을 본다"고 노래하지 않았던가! 인체의 마이크로바이옴과 공생 세균과 내부 생태계와 엄청난 미생물 군단을 이해하기 시작할 때, 우리의 모든 발걸음은 발견의 기회로 가득해진다. 지금껏 대수로울 것 없었던 덤불들이 놀라운 이야기들을 들려주는 것이다. 세상의 모든 부분은 동반자 관계로 가득 차 있으며, 그것은 지난 수억 년 동안 지속되면서 우리가 아는 모든 식물군과 동물상에 영향을 미쳐왔다.

우리는 미생물이 보편적으로 존재하며 우리의 삶에 필수 불가결하다는 점을 잘 알고 있다. 그들은 우리의 장기를 빚어내고, 우리를 독소와 질병에서 보호하고, 음식물을 분해하고, 건강을 지켜주고, 면역계를 조절해주고, 행동을 안내하고, 우리의 유전체에 자신의 유전자를 쏟아붓는다. 그러나 미생물 군집이 교란되어 제멋대로 행동하면 곤란하므로 인간을 포함한 동물은 미생물 군단을 적절히 통제하기 위해, 면역계의 생태계 관리자에서부터 모유 속의 HMOs에 이르기까지 다양한 수단과 방법을 구사한다. 그런 수단과 방법이 제대로 작동하지 않을 경우에는 산호의 백화현상, 장염, 비만과 같은 이상이 발생한다. 이와 반대로 동물과 미생물의 동반자 관계가 조화롭게 유지되면 생태학적 기회가 열리고 상호작용 페이스가 가속화되어 많은 이익을 향유할 수 있다. 우리는 미생물 군단을 우리의 이익에 맞도록 통제하기 시작했다. 개체에서 군집에 이르기까지 모든 미생물을 이식할 수 있고, 공생 관계를 마음대로 구축하거나 깰 수도 있으며, 심지어 새로운 미생물종을 합성할 수도 있다. 우리는 다양한 자연현상 뒤에 숨은 놀라운 생물학적 비밀을 알고 있다. 심해의 에덴동산에 사는 '장 없는 벌레', 식물의 즙을 빨아먹는 벚나무깍지벌레, 거대한 산호초를 건설하는 산호, 수초에 달라붙어 사는 작고 톡 쏘는 히드라, 숲을 황폐화하는 딱정벌레, 발광세균을 이용하여 멋진 등불 쇼를 벌이는 오징어, 동물원 조련사의 허리를 꽉 껴안은 천산갑, 뎅기열과 싸우기 위해 호주의 첫새벽을 향해 날아가는 모기가 그 주인공들이다.

미생물들에게는 미안하지만, 이 글에서는 작은 공생 세균들 이야기를 잠시 접어두고 오직 숙주들에게만 집중하려고 한다.

모든 책은 한 사람 이상의 공동 작품이며, '공생과 동반자 관계'를 다룬 이 책의 경우라면 더더욱 그렇다. 보들리헤드 출판사의 스튜어트 윌리엄스와 에코 출판사의 힐러리 레드몬이 없었다면 이 책은 나오기 힘들었을 것이다. 나는 그들을 '편집자'라고 부르지만, 사실 그들은 공모자나 다름 아니다. 그도 그럴 것이, 내가 책을 처음 집필하기 시작할 때부터 나의 의도를 즉시 간파한 사람이 바로 그들이기 때문이다. 나는 최근 큰 인기를 끄는 마이크로바이옴에 관한 책을 쓰되 시류에 영합하고 싶지 않았다. 편협하게 인간, 건강, 다이어트에 집중하는 대신, 미생물과 동물과 인간을 아우르는 동물계 전체의 이야기를 쓰고자 했다. 두 사람은 그러한 아이디어에 자양분을 공급하려고 노력했고, 때로는 나를 앞지르기도 했다. 예리하고 통찰력 있고 가치 있는 편집을 통해 내 아이디어를 끊임없이 옹호했기에, 나는 그들과 함께 작업하는 내내 행복했다. 이 책을 미국에 소개하는 데 발 벗고 앞장선 PJ 마크와, 힐러리에게서 바통을 이어받아 편집을 담당한 데니즈 오즈월드에게도 감사드린다.

데이비드 쾀멘은 나의 집필 의도를 듣고 처음부터 놀랍도록 관대한 지원을 베푼 은인이다. 그의 걸작 《도도의 노래》 덕분에 나는 막혀 있던 첫 부분을 통과했고, 헬렌 맥도널드의 《메이블 이야기》, 데이비드 조지 해스켈의 《숲에서 우주를 보다》, 캐서린 슐츠의 《오류의 인문학》에서도 다양한 부분에서 도움을 받았다. 나는 이들 모두의 저서를 책꽂이에 꽂아놓고 늘 벤치마킹 대상으로 삼았다.

그 밖에도 내게 책을 쓸 수 있는 환경을 조성해준 분들이 많다. 앨리스 트라운서는 10여 년간 내게 사랑을 베푸는 모험을 걸었으며, 내가 작가로서 경력을 쌓는 동안 곤경에서 벗어나도록 도왔다. 아내이자 친구이자 동료이자 댄스 동아리의 파트너로서 알게 모르게 큰 힘이 되어준 그녀에게 감사한다. 나의 어머니 앨리스 시는 바위와 같아, 나에 대한 신뢰와 격려가 단 한 번도 흔들리지 않았다. 과학 작가인 칼 짐머는 친구이자 멘토이자 영감을 주는 이로서, 인간적 관대함이 작가적 재주를 능가하는 인물이었다. 버지니아 휴스는 최초로 완성된 장章을 읽고 귀중한 피드백을 제공했다. 미한 크리스트, 데이비드 돕스, 나디아 드레이크, 로즈 에벌리스, 니키 그린우드, 사라 히옴, 알록 지하, 마리아 코니코바, 벤 릴리, 킴 맥도널드, 메린 맥케너, 헤이즐 넌, 헬렌 피어슨, 애덤 러더퍼드, 캐서린 슐츠, 벡 스미스는 격동기를 헤쳐나가는 데 든든한 지지 기반으로 작용했다. 그리고 명랑함, 재치, 낙관으로 똘똘 뭉친 리즈 닐리는 기상천외한 방법으로 내 인생을 바꾸고 풍요롭게 함으로써 늘 놀라움을 선사했다. 나는 그녀를 이 책의 앞부분에서 카메오로 은근슬쩍 출연시키기도 했다.

지난 10여 년간 미생물에 관한 글을 기고하고 이 책을 쓰면서 인터뷰

한 수백 명의 연구자들 가운데 귀중한 시간을 할애하거나 값진 지식을 나눠주는 일에 인색함을 보인 사람은 단 한 명도 없었다. 그중에서도 생물의 공생, 동반자 관계, 협동을 연구하는 과학자들의 후의는 남달랐다. 조너선 아이젠, 잭 길버트, 롭 나이트, 존 맥커친, 마거릿 맥폴-응아이는 지적인 공명판으로서 완성된 원고에 대한 전문가적 견해를 허심탄회하게 밝혀주었다. 특히 아이젠은 마이크로바이옴학學에 대한 신중하고 비판적인 입장을 견지하며 여러 해 동안 나의 저술에 큰 영향을 미쳤다. 그가 이 책에 '마이크로바이옴 뻥쟁이상'을 수여하지 않기만을 간절히 바랄 뿐이다. 책의 서두를 장식한 샌디에이고 동물원 방문을 주선한 나이트와, 시카고 여행에서 나를 흥분의 도가니로 몰아넣은 길버트에게도 심심한 감사의 뜻을 표한다.

마틴 블레이저, 세스 보덴스타인, 토마스 보슈, 존 크라이언, 안젤라 더글러스, 제프 고든, 그레그 허스트, 니콜 킹, 닉 레인, 루스 레이, 데이비드 밀스, 낸시 모런, 포리스트 로워, 마크 테일러, 마크 언더우드에게도 감사한다. 그들은 자신의 연구실을 거리낌 없이 보여주었고, 혹은 꼼꼼한 토론을 통해 내게 많은 깨달음을 주었다. 넬 베키아레스는 몇몇 오징어의 생태를 소개했고, 데이브 오도넬과 마리아 칼슨, 저스틴 세루고는 무균 생쥐를 만져보게 해줬고, 빌 판 본은 셰드 아쿠아리움의 이곳저곳을 보여줬고, 엘리자베스는 〈마이크로바옴 다이제스트 뉴스레터〉를 통해 최신 연구 동향을 따라잡도록 해주었고, 역사가 잔 샙과 푼케 상고데이는 이 분야의 풍성한 역사에 대해 비판적인 통찰을 제공했다. 또한 많은 유전학자와 미생물학자들이 트위터를 통해 비판적인 시각과 열린 태도를 보여줌으로써 내 견해에 영향을 미쳤고, 나로 하여금 성실히 연구를 이어나갈 수 있게 했다. 니콜 더빌리어와 네드 루비는 동물-생물 공생에 관한 고든리서치 컨퍼런스Gordon Research Conference on Animal-Microbe Symbiosis에서 한 저널리스트를 경악하게 했다. 고든리서치컨퍼런스는 한 주일 동안 계속되는 유서 깊은 과학 회의로, 흥미롭고 활기찬 발표는 기본이고 하이킹과 콘홀게임이 가미된다.

그동안 나와 이야기를 나눈 사람들의 연구와 이름이 상당수 누락된 것이 유감스럽다. 마이크로바이옴 분야는 너무 방대해서 이 책에 그 내용을 모두 담을 수 없었다. 또한 책에 소개된 연구들에 관여한 많은 학생들, 박사 후 연구원들, 협동 연구자들의 이름을 일일이 열거하지 못했다는 점도 밝혀둔다. 마지막 교정에서 최선의 노력을 다했지만 불가항력을 절감하며 지면 관계상 본의 아니게 한두 명의 핵심 인물들만을 언급할 수밖에 없었다. 하지만 이 책이 마이크로바이옴에 관한 마지막 책은 아닐 거라고 다짐하며, 그분들께 감사와 위로의 말씀을 드린다.

마지막으로, 나의 에이전트 윌 프랜시스에게 진심으로 감사한다. 한 친구가 내게 이런 말을 해준 적이 있다. "훌륭한 에이전트는 너의 아이디어를 형성하거나, 너의 저서를 열심히 팔거나, 너의 승진과 유명세를 도와줄 거야. 그러나 이 세 가지 모두를 해내는 에이전트는 세상에 없을걸." 그러나 윌은 예외적인 사람이었다. 몇 년 전부터 책을 쓰라며 나를 끈질기게 조르고, 2014년 내가 보낸 이메일("그런 계획은 전혀 없으니, 나를 그만 좀 괴롭히세요")을 과감하게 무시한 사람이 바로 그였다. 그로부터 3주 뒤 내 말을 취소하는 이메일을 보냈을 때, 그는 내 뜻을 기꺼이 받아들이며 나서 나의 '모호한 아이디어'를 다듬어 '확고한 제안서'로 탈바꿈시켰다. 그는 나의 친구이자 공생자로서, 이 책의 구석구석에는 그의 영향력이 스며들어 있다.

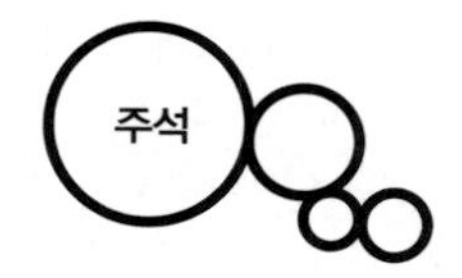

주석

프롤로그: 동물원에서

1 나는 이 책에서 마이크로바이오타microbiota와 마이크로바이옴microbiome이라는 용어를 구별하지 않고 쓴다. 어떤 과학자들에 의하면, 마이크로바이오타는 '미생물 자체'를 말하는 반면, 마이크로바이옴은 '미생물의 유전자집합'을 말한다고 한다. 그러나 마이크로바이옴이라는 용어가 처음 사용된 1988년으로 거슬러 올라가 관련문헌을 뒤져보면, 그것은 '주어진 장소에 서식하는 미생물 그룹'을 지칭하는 의미로 사용되었다. 그 정의는 오늘날까지도 이어져, 미생물학자들이 마이크로바이옴이라고 할 때 유전체genome의 세계를 지칭하는 접미사 옴ome보다는 생물군집을 지칭하는 명사 바이옴biome에 중점을 둔다.

2 이러한 심상을 처음 사용한 사람은 생태학자 클레어 폴섬이다(Folsome, 1985).

3 해면: Thacker and Freeman, 2012; 판형동물: 니콜 더빌리어 및 마거릿 맥폴-응아이와의 개인적 대화.

4 Costello et al., 2009.

5 미생물이 동물의 삶에서 차지하는 중요성을 언급한 논문들은 많지만, 그중에서 최고봉은 맥폴-응아이가 쓴 '세균의 세계에 사는 동물, 생명과학의 새로운 지상과제'라고 할 수 있다 (McFall-Ngai et al., 2013).

1장 살아 있는 섬

1 내가 어렸을 때, 데이비드 애튼버러 경은 '지구상의 생명'이라는 주제를 내건 일련의 강연에서 이런 식의 설명기법(지구의 역사를 1년으로 압축하여 설명하는 방식)을 사용했고, 그 후 이런 방식이 내 뇌리에 깊숙이 박혔다.

2 나머지 절반은 육상식물에서 유래하는데, 육상식물들은 길들여진 세균, 즉 엽록체를 이용하여 광합성을 수행한다. 그러므로 엄밀히 말하면, 당신이 호흡하는 산소는 모두 세균에서 나온다고 할 수 있다.

3 인간은 1인당 100조 마리의 미생물을 보유하고 있으며, 그중 대부분은 장腸에서 서식하는 것으로 추정된다. 반면에 은하계에는 1억~4억 개의 별들이 있는 것으로 추산된다.

4 McMaster, 2004.

5 미토콘드리아가 숙주세포와 융합된 고세균에서 진화했다는 것은 분명하다. 그러나 과학자

들은 이 사건 자체가 진핵생물의 기원인지, 아니면 진화과정에 존재하는 많은 이정표 중 하나일 뿐인지를 놓고 뜨거운 논쟁을 벌이고 있다. 내 생각에는 전자를 옹호하는 과학자들이 상당한 근거를 축적한 것으로 보인다. 이 논쟁에 대한 자세한 내용은 온라인 잡지 〈노틸러스Nautilus〉(Yong, 2014a) 또는 닉 레인의 저서 《The Vital Question》(Lane, 2015a)을 참조하라.

6 크기가 마이크로바이옴 보유의 절대적인 요건은 아니다. 일부 단세포 진핵생물들도 세포 내부 또는 표면에 세균을 갖고 있기 때문이다. 물론, 그들이 가진 미생물군집의 규모는 우리보다 훨씬 더 작다.

7 주다 로스너는 10:1의 비율을 '페이크 팩트'라고 부르며, 그 기원을 추적하여 토머스 러키라는 미생물학자를 지목한다(Rosner, 2014). 1972년 러키는 뚜렷한 근거도 없이 "장 내용물(체액 또는 대변) 1그램당 1000억 마리의 미생물이 존재하며, 성인 한 명당 1000그램의 장 내용물을 보유하므로 총 100조 마리의 미생물을 보유한다"고 추산했다. 그 후 걸출한 미생물학자 드웨인 새비지가 이 수치를 그대로 받아들여, 인간의 세포 수 10조 개와 비교했다. 그 후 한 생물학 교과서가 이 수치를 아무런 증거도 없이 재인용했다.

8 McFall-Ngai, 2007.

9 Li et al., 2014.

10 후투티: Soler et al., 2008; 가위개미: Cafaro et al., 2011; 콜로라도감자잎벌레: Chau et al., 2011; 복어: Chung et al., 2013; 열동가리돔: Dunlap and Nakamura, 2011; 개미귀신: Yoshida et al., 2001; 선충류: Herbert and Goodrich-Blair, 2007.

11 이 발광세균은 미국의 남북전쟁 때 병사들의 상처로 들어가, 병원균들을 죽임으로써 그들의 상처를 소독해줬다. 그래서 병사들은 '감염을 막아주는 신비로운 빛'을 천사의 빛Angel's Glow이라고 불렀다.

12 Gilbert and Neufeld, 2014.

13 월리스의 삶에 대해서는 http://wallacefund.info/를 참조하라.

14 《도도의 노래》는 월리스와 다윈의 모험을 능수능란하게 설명한다(Quammen, 1997).

15 Wallace, 1855.

16 O'Malley, 2009.

17 이 개념과 마이크로바이옴의 생태학적 성질을 잘 설명한 논문들은 다음과 같다: Dethlefsen et al., 2007; Ley et al., 2006; Relman, 2012.

18 Huttenhower et al., 2012.

19 Fierer et al., 2008.

20 많은 연구자들이 유아의 변화하는 마이크로바이옴을 연구했는데, 그들이 연구한 아기 중에는 자기 자신의 아기도 포함되어 있다. 가장 최근에 가장 철저한 연구를 수행한 사람은 프레드릭 베크헤드인데, 그는 98명의 유아들을 대상으로 출생 후 1년 동안 대변을 채취하여 분석했다(Bäckhed et al., 2015). 타냐 야츠넨코와 제프 고든도 3개국에서 중요한 연구를 수행했는

데, 그들은 한 아기의 미생물이 첫 3년 동안 변화한 과정을 기술했다(Yatsunenko et al., 2012).

21 제레미아 페이스와 제프 고든은 대부분의 장내미생물들이 수십 년 동안 부침을 거듭하면서도 늘 장내에 존재한다는 사실을 입증했다(Faith et al., 2013). 다른 연구팀들은 마이크로바이옴이 단기적으로도 놀라울 만큼 역동성을 보인다고 보고했다(Caporaso et al., 2011; David et al., 2013; Thaiss et al., 2014).

22 Quammen, 1997, p. 29.

23 이 연구는 피터 도레스테인과 함께 수행되었다(Bouslimani et al., 2015).

24 이 연구를 지휘한 사람은 프레데릭 델수크다(Delsuc et al., 2014).

25 발생생물학자인 스콧 길버트는 이 (외견상 사소해 보이는) 문제를 여러 해 동안 붙들고 씨름했다(Gilbert et al., 2012).

26 Relman, 2008.

2장 별천지가 열리다

1 레이우엔훅의 삶에 대한 상세한 내용은 더글러스 앤더슨의 웹사이트(http://lensonleeuwenhoek.net/)와 두 권의 전기를 참고하라. 한 권은 《레이우엔훅과 작은 동물들Antony Van Leeuwenhoek and His 'little Animals'》(Dobell, 1932)이고 다른 한 권은 《선명한 관찰자》(Payne, 1970)이다. 레이우엔훅에 대한 평가는 더글러스 앤더슨(Anderson, 2014)과 닉 레인(Lane, 2015b)의 논문에 나와 있는데, 두 편 모두에서 내용을 인용했다. 레이우엔훅이라는 이름의 스펠링이 표준화되지 않아, 나는 도벨이 선택한 것을 사용했다.

2 Leeuwenhook, 1674.

3 '치즈 위에서 봤던 진드기'란 치즈진드기cheese mitr를 의미하며, 그 당시 세상에서 가장 작은 생물로 알려져 있었다.

4 원생동물을 세계 최초로 관찰한 사람이 누구인지에 대해서는 약간의 논란이 있다. 레이우엔훅이 물을 들여다보기 20년 전인 1650년대에, 아타나시우스 키르허라는 독일의 학자가 흑사병으로 사망한 사람들의 혈액을 분석하여 독성혈구poisonous corpuscle를 기술했다. 그는 '눈에 보이지 않는 작은 벌레'라고 애매하게 말했는데, 아마도 흑사병을 일으키는 페스트균이 아니라, 적혈구나 죽은 조직을 봤을 가능성이 높다.

5 Leeuwenhoeck, 1677.

6 Dobell, 1932, p. 325.

7 알렉산더 애보트는 이렇게 말했다. "레이우엔훅의 저서들을 통틀어볼 때, 추측에 근거한 것은 하나도 없었다. 그가 자연과학의 객관성에 기여한 점은 괄목할 만하다(Abbott, 1894, p. 15)."

8 파스퇴르, 코흐, 그 밖의 동시대인들에 대한 이야기는 《미생물 사냥꾼》에 잘 나와 있다(Kruif, 2002).

9 Dubos, 1987, p. 64.

10 Chung and Ferris, 1996.

11 Hiss and Zinsser, 1910.

12 Sapp, 1994, pp. 3－14. 《제휴를 통한 진화Evolution by Association》라는 샙의 책은 기념비적인 역사책으로, 지금껏 출판된 공생의 역사에 관한 책 중 가장 광범위하다.

13 Ibid., pp. 6－9. 앨버트 코인은 공생이라는 용어를 1877년에 처음으로 만들었다. 코인보다 공생으로 더 유명한 사람은 안톤 드 바리지만, 그는 1년 후까지 그 용어를 사용하지 않았다.

14 Buchner, 1965, pp. 23－24.

15 Kendall, 1923.

16 Quoted in Zimmer, 2012.

17 그들 중 상당수의 관찰은 정확했지만, 그렇지 않은 사람들도 꽤 있었다. 예컨대 북극 지방의 포유동물들은 세균을 갖고 있지 않다고 주장한 사람들도 있었다(Kendall, 1923).

18 Kendall, 1909.

19 Kendall, 1921.

20 메치니코프는 대중강연에서 자신의 아이디어를 설파했다(The Wilde Lecture, 1901). 그의 도스토옙스키적 성격은 크루이프(Kruif, 2002), 영향력은 뒤보(Dubos, 1965, pp. 120－121)의 책을 참고하라.

21 Bulloch, 1938.

22 푼케 상고데이는 미생물생태학에서 이 시기를 언급한 몇 안 되는 사람 중의 한 명이며, 그의 논문(Sangodeyi, 2014)이 일독할 가치가 있는 것은 이 때문이다.

23 로버트 헝게이트는 델프트 학파의 4세대 후진으로, 흰개미나 소와 같은 초식동물들의 장내미생물에 관심을 보였다. 그는 시험관의 내부를 한천agar으로 코팅하는 방법을 개발하고, 이산화탄소를 이용하여 모든 산소를 제거했다. 세균학자들은 이러한 회전관법roll tube method을 이용하여 마침내 (인간을 포함한) 동물의 소화관을 지배하는 혐기성 미생물을 배양할 수 있었다(Chung and Bryant, 1997).

24 레이우엔훅의 선례를 따라, 미국의 치과의사 조지프 애플턴은 자신의 구강에서 세균을 관찰했다. 그와 동료들은 1920년대와 1950년대 사이에, 구강질환의 진행과정에서 미생물군집이 변화하는 과정을 살펴봄과 동시에 그것이 타액, 음식, 연령, 계절에 따라 어떤 영향을 받는지도 분석했다. 구강미생물은 장내미생물보다 다루기 쉽고, 면봉으로 수집하기가 용이하며, 산소가 없어도 잘 견디는 것으로 밝혀졌다. 그러한 연구 과정에서, 애플턴은 치과학이 단순한 전문기술 분야가 아님을 입증함으로써, 치과학을 의학의 주변부에서 진정한 과학으로 격상시키는 데 기여했다(Sangodeyi, 2014, pp. 88－103).

25 Rosebury, 1962.

26 로즈버리는 인간의 미생물총에 관한 대중과학서도 처음으로 썼다. 1976년에 출간된 《인간 위의 생명Life on Man》은 베스트셀러가 되었다.

27 드웨인 새비지는 그 이후에 나온 논문들을 모두 완벽하게 설명한다(Savage, 2001).

28 모베리가 저술한 르네 뒤보에 대한 탁월한 전기는 그의 삶에 관한 디테일을 풍성하게 제공한다(Moberg, 2005).

29 Dubos, 1987, p. 62.

30 Dubos, 1965, pp. 110 – 146.

31 우즈의 말은 〈뉴욕타임스〉와의 인터뷰 기사에서 인용했다(Blakeslee, 1996). 우즈의 획기적인 업적에 대한 탁월한 설명은 존 아치볼드의 《1 + 1 = 1 One Plus One Equals One》(Archibald, 2014)과 얀 샙의 《진화의 새로운 토대》(Sapp, 2009)를 참고하라.

32 우즈가 이 아이디어를 독창적으로 생각해낸 것은 아니다. DNA 이중나선구조를 공동으로 발견한 프랜시스 크릭은 1958년 이와 비슷한 전략을 제안했고, 라이너스 폴링과 에밀 주커칸들은 1965년 분자를 '진화사가 적힌 문서'로 사용하는 방법을 제안했다.

33 박사후 연구원이던 조지 폭스는 우즈의 공동연구자이자 기념비적 논문의 공동저자였다(Woese and Fox, 1977).

34 Morell, 1997.

35 분자계통분류학molecular phylogenetics으로 알려진 이 접근방법은, 신체적 특징physical trait을 기반으로 잘못 분류된 계통수 상의 그룹들을 전반적으로 재분류했다. 외관상 유사해 보이는 생물들이 사실은 다른 그룹에 속하며, 외관상 다른 생물들이 사실상 같은 그룹에 속하는 것으로 밝혀졌다. 또한 모든 복잡한 세포들에서 발견되는 콩 모양의 미토콘드리아가 본래 세균이었다는 사실도 밝혀졌다. 미토콘드리아는 자신의 유전자를 보유하고 있는데, 이 유전자는 세균의 유전자와 상당히 유사했다. 엽록체의 경우에도 사정은 마찬가지여서, 식물로 하여금 태양에너지를 이용하여 광합성을 할 수 있게 해줬다.

36 옐로스톤 연구: Stahl et al., 1985. 페이스는 동일한 기법을 심해벌레 속에 서식하는 세균에도 적용했다. 그 연구결과는 1년 전 발표되었지만, 새로운 종을 발견하지는 못했다.

37 페이스의 태평양 연구: Schmidt et al., 1991; 콜로라도의 대수층에 관한 최근의 연구: Brown et al., 2015.

38 Pace et al., 1986.

39 Handelsman, 2007; National Research Council (US) Committee on Metagenomics, 2007.

40 Kroes et al., 1999.

41 Eckburg, 2005.

42 제프 고든의 연구실에서 초기에 발표된 핵심적인 연구결과는 다음과 같다: Bäckhed et al., 2004; Stappenbeck et al., 2002; Turnbaugh et al., 2006.

43 2007년 미국 국립보건원National Institutes for Health(NIH)은 인간마이크로바이옴 프로젝트Human Microbiome Project를 런칭했다. 그것은 5년짜리 프로젝트로, 건강한 지원자 242명을 대상으로 코, 입, 피부, 장腸, 생식기에 서식하는 마이크로바이옴을 조사하는 것이 목표였다. 미화 1억 1500만 달러를 들여 200명의 과학자들을 동원했으며, 인간의 마이크로바이

옴을 구성하는 미생물과 유전자를 광범위하게 조사한 사상 최대의 프로젝트였다. 그로부터 1년 후 유럽에서는 메타히트MetaHIT이라는 이름의 유사한 프로젝트가 시작되었는데, 거금 2200만 유로를 들여 장내미생물에 초점을 맞췄다. 중국, 일본, 호주, 싱가포르에서도 유사한 프로젝트가 시작되었는데, 이 프로젝트들에 대해서는 다음을 참조하라: Mullard, 2008.

44 나의 마이크로피아 방문기는 〈뉴요커〉를 참조하라(Yong, 2015a).

3장 보디빌더들

1 이 장면은 내가 〈네이처〉에 기고한 맥폴-응아이에 관한 소개글에 등장한다(Yong, 2015b).

2 맥폴-응아이의 짧은꼬리오징어에 관한 연구: McFall-Ngai, 2014. 내가 이 책을 쓰고 있는 현재, 섬모가 V. 피셰리를 동원하는 과정에서 수행하는 역할을 밝힌 논문은 나오지 않았다. V. 피셰리가 오징어를 건드릴 때 발생하는 테라포밍terraforming 현상은 2013년 박사후 연구원 나타차 크레머에 의해 밝혀졌다(Kremer et al., 2013). V. 피셰리가 움crypt에 도착한 후 발생하는 사건은 맥폴-응아이와 루비가 1991년에 상세히 밝혔다(McFall-Ngai and Ruby, 1991). 맥폴-응아이는 V. 피셰리가 오징어의 발생에 영향을 미친다는 사실을 1994년에 처음으로 발표했다(Montgomery and McFall-Ngai, 1994). The MAMPs는 2004년 타냐 코로파트닉과와 동료들에 의해 처음으로 동정되었다(Koropatnick et al., 2004).

3 카렌 기유맹에 의하면, 제브라피시의 소화관은 미생물과 그 표면의 LPS 분자에 노출될 때만 적절히 성숙한다고 한다(Bates et al., 2006). 그리고 제라르 이벌에 의하면, PGN과 LPS는 소화관의 발생에 비슷한 영향을 미친다고 한다(Bouskra et al., 2008). 미생물이 동물의 발생에 미치는 영향에 대해서는 다음을 참고하라: Cheesman and Guillemin, 2007; Fraune and Bosch, 2010.

4 Coon et al., 2014.

5 Rosebury, 1969, p. 66.

6 Fraune and Bosch, 2010; Sommer and Bäckhed, 2013; Stappenbeck et al., 2002.

7 Hooper, 2001.

8 후퍼의 저술은 존 롤스에게 영감을 주어, 무균 제브라피시를 대상으로 동일한 실험을 실시하게 했다. 실험 결과, 미생물이 활성화시키는 유전자에는 공통점이 상당히 많은 것으로 밝혀졌다(Rawls et al., 2004).

9 Gilbert et al., 2012.

10 대부분의 세균들은 하나의 세포로 구성되어 있지만, 생물학이란 게 늘 그렇듯 예외가 있다. 믹소코쿠스 크산투스Myxococcus xanthus는 어떤 조건 하에서 수백만 마리가 모여 협동적 포식집단을 형성하는데, 이들은 하나의 개체처럼 움직이고 발육하고 사냥한다.

11 Alegado and King, 2014.

12 독일의 위대한 생물학자 에른스트 헤켈은 초기의 동물을 '세균을 먹는 세포들로 이루어진 텅 빈 공' 모양으로 상상했다. 그는 이 가상적 집락을 블라스테아Blastaea라고 이름붙이고,

늘 그렇듯 그림으로 그렸다. 그의 그림은 킹의 아들이 스케치북에 그린 코아노스의 로제트와 기분 나쁠 정도로 비슷하다.

13 알레가도의 설명에 의하면(Alegado et al., 2012), 이 이름을 문자 그대로 해석하면 '마키퐁고에서 온 차가운 섭식자'라고 한다.

14 Hadfield, 2011.

15 Leroi, 2014, p. 227.

16 칼텍의 닉 시쿠마와 공동으로 약 10년 간 수행한 연구를 통해, 해드필드는 P-루테오가 관벌레의 변태를 초래하는 메커니즘을 밝혀냈다. 그 내용은 놀랍게도 폭력적이었다. 즉, P-루테오는 박테리오신bacteriocin이라는 독소를 분비하는 것으로 밝혀졌는데, 이것은 P-루테오가 다른 세균과 전쟁을 치를 때 사용하는 무기였다(Shikuma et al., 2014). 두 사람의 설명은 다음과 같다. "박테리오신은 현미경으로나 볼 수 있는 '용수철 달린 기계'로, 다른 세포에 구멍을 뚫어 치명적인 누출을 초래한다. 100개의 박테리오신은 뾰족한 끄트머리를 바깥 쪽으로 향한 채 커다란 돔 모양의 덩어리를 형성한다. P-루테오의 바이오필름에는 이 돔이 어지럽게 널려 있는데, 지뢰를 하나라도 건드릴 경우 관벌레의 유충은 온 몸에 구멍이 숭숭 뚫린다. 이는 유충의 신경을 자극하여 '성장할 때가 되었다'는 신호를 보내기에 충분하다."

17 Hadfield, 2011; Sneed et al., 2014; Wahl et al., 2012.

18 Gruber-Vodicka et al., 2011; 재생에 관한 결과는 아직 출판되지 않았다.

19 Sacks, 2015.

20 수많은 연구를 통해, 미생물은 지방(Bäckhed et al., 2004), 혈뇌장벽(Braniste et al., 2014), 뼈(Sjögren et al., 2012)에 영향을 미치는 것으로 밝혀졌다. 그 밖의 의미 있는 연구들에 대해서는 다음을 참고하라: Fraune and Bosch, 2010.

21 Rosebury, 1969, p. 67.

22 그러나 모든 마이크로바이옴이 다 그런 건 아니다. 데니스 캐스퍼에 의하면, 무균생쥐는 통상적인 생쥐의 미생물 한 세트를 제공받을 경우 건강하고 활발한 면역계를 형성하지만, 인간이나 심지어 시궁쥐의 미생물을 제공받는 경우에는 그렇지 않다고 한다(Chung et al., 2012). 이는 특이한 미생물 세트가 숙주와 함께 공진화하여 강인한 면역계를 형성함으로써, 숙주의 건강을 증진시켰다는 것을 의미한다. 심지어 바이러스도 모종의 역할을 수행한다. 켄 캐드웰에 의하면, 무균생쥐를 노로바이러스(유람선 승객들에게 종종 심한 구토를 일으키는 바이러스)로 감염시키자, 생쥐는 다양한 유형의 백혈구 세포들을 더 많이 생성했다고 한다. 즉, 노로바이러스는 세균이 풍부한 마이크로바이옴처럼 행동한 것이다(Kernbauer et al., 2014).

23 면역계와 마이크로바이옴 간의 관계를 철저히 설명한 책들은 다음과 같다: Belkaid and Hand, 2014; Hooper et al., 2012; Lee and Mazmanian, 2010; Selosse et al., 2014. 삶의 초창기에 미생물이 갖는 중요성에 대해서는 다음을 참고하라: Olszak et al., 2012.

24 댄 리트먼과 케냐 혼다에 의하면, 분절된 사상균segmented filamentous bacteria(SFB)이 매파 면역세포를 유도할 수 있다고 한다(Ivanov et al., 2009). 또한 혼다에 의하면 클로스트리듐 세균

이 비둘기파 면역세포를 유도할 수 있다고 한다(Atarashi et al., 2011).

25 Th세포가 얼마나 중요한지 이해하기 위해, HIV를 생각해 보자. HIV가 그렇게 공포의 대상이 되고 있는 이유는, Th세포를 파괴하기 때문이다. Th세포가 파괴되면, 면역계는 아무리 약한 병원균에 대해서도 면역반응을 일으킬 수가 없다.

26 B-프라그와 PSA에 대한 매즈매니언의 오리지널 연구: Mazmanian et al., 2005; 그가 이끄는 연구실의 멤버였던 준 라운드는 나중에 결정적인 역할을 했다: Mazmanian et al., 2008; Round and Mazmanian, 2010.

27 B-프라그가 모든 소화관에서 발견되는 것은 아니다. 하지만 다행스럽게도, B-프라그는 비슷한 속성을 지닌 미생물 군단의 한 멤버일 뿐이다. 웬디 개럿에 의하면, 미생물 군단의 구성원 중 상당수가 동일한 화학물질을 생성한다고 한다. 그중의 하나는 단쇄 지방산(SCFAs)인데, 이것은 면역계의 비둘기파를 촉진하는 역할을 수행한다(Smith et al., 2013b).

28 이것은 이론적인 이야기다. 실제로, 우리는 대부분의 유전자들이 무슨 일을 하는지 아직도 모르고 있다. 그러나 우리의 지식에 존재하는 갭은 궁극적으로 메워질 것이다.

29 미생물이 생성하는 대사물질의 중요성은 다음을 참고하라: Dorrestein et al., 2014, Nicholson et al., 2012, 그리고 Sharon et al., 2014.

30 표범의 소변에서도 팝콘 냄새가 난다. 만약 당신이 운전대를 잡고 아프리카의 사바나를 가로질러 간다면, 사방에 진동하는 팝콘 냄새를 맡게 될 것이다.

31 Theis et al., 2013.

32 취선에 관한 연구: Archie and Theis, 2011; Ezenwa and Williams, 2014; 일란성쌍둥이의 냄새: Roberts et al., 2005; 메뚜기, 바퀴벌레, 메스키트 버그에 관한 연구: Becerra et al., 2015; Dillon et al., 2000; Wada-Katsumata et al., 2015.

33 Lee et al., 2015; Malkova et al., 2012.

34 이 연구를 이끈 사람은 박사후 연구원인 일레인 샤오다(Hsiao et al., 2013).

35 Willingham, 2012.

36 이 연구를 수행한 사람은 박사후 연구원인 길 샤론이고, 발표한 사람은 매즈매니언이다. 연구 결과는 최근 열린 학회에서 발표되었지만, 이 책을 쓰고 있는 현재 출판되지는 않았다.

37 이 스토리는 보몬트가 직접 소개한 것이고(Beaumont, 1838), 나중에 전기에도 수록되었다(Roberts, 1990).

38 생마르탱은 부상에도 불구하고 보몬트보다 27년이나 더 오래 살았다. 보몬트는 얼음 위에서 미끄러져 넘어진 후 사망했다.

39 이 토픽에 대한 논평은 어마어마하게 많아, 실제 연구보다는 논평이 더 많을 정도다. 그중 대표적인 것들은 다음과 같다: Collins et al., 2012; Cryan and Dinan, 2012; Mayer et al., 2015; Stilling et al., 2015. 중요한 연구 중 하나는 1998년에 수행되었다. 마크 라이트는 생쥐를 캄필로박터 제주니Campylobacter jejuni(식중독을 일으키는 세균)에 감염시켰는데, 너무 저용량인 관계로 면역반응이 일어나지 않고 병에 걸리지도 않았지만, 매우 근심스럽게 행동하

는 것으로 나타났다(Lyte et al., 1998). 2004년, 일본의 연구팀은 "무균생쥐가 스트레스 상황에 매우 강하게 반응한다"고 보고했다(Sudo et al., 2004).

40 2011년에 쏟아져나온 연구들 중에는 다음과 같은 것들이 있다: Jane Foster(Neufeld et al., 2011); Sven Petterson(Heijtz et al., 2011); Stephen Collins(Bercik et al., 2011); John Cryan, Ted Dinan, and John Bienenstock(Bravo et al., 2011).

41 Bravo et al., 2011.

42 이 연구를 이끈 사람은 존 비넨스톡John Bienenstock이다. 락토바실루스 람노수스의 JB-1 균주는 본래 그의 연구실에서 만든 것이므로, 그의 이름을 따서 그렇게 지었다. 그리고 그는 아일랜드 출신의 동료를 믿고, 상이한 생쥐 그룹과 약간 다른 기법을 이용하여 캐나다에서 모든 실험을 반복했는데, 늘 동일한 결과를 얻었다. 그 즈음 그가 이끄는 연구진은 뭔가 중요한 사건이 터졌음을 직감했다. 그는 내게 이렇게 말한다. "우리는 신의 탁월함을 찬양했어요. 유혈낭자한 생쥐들은 이 실험실 저 실험실을 전전하다 보면 일관된 결과를 보이지 않는 게 상례거든요."

43 어떤 미생물들은 신경전달물질을 직접 만들 수 있으며, 어떤 미생물들은 우리의 소화관세포를 자극하여 신경전달물질을 만들게 한다. 사람들은 종종 이런 물질들이 뇌에만 있다고 생각한다. 그러나 도파민의 절반 이상은 소화관에 존재한다. 심지어 세로토닌의 경우에는 90퍼센트가 소화관에 존재한다(Asano et al., 2012).

44 Tillisch et al., 2013.

45 이 책을 쓰고 있는 현재, 연구 결과는 출판되지 않았다.

46 미국의 한 연구팀은 고지방식을 먹는 생쥐에게서 미생물을 채취하여 정상식을 먹는 생쥐의 소화관에 이식했다. 그 결과 미생물을 이식받은 생쥐는 불안한 행동이 증가하고 기억력이 저하한 것으로 나타났다(Bruce-Keller et al., 2015).

47 조 올콕이 이 아이디어를 제시했다(Alcock et al., 2014).

48 나는 TED 강연에서 '마인드컨트롤을 하는 기생충'에 대해 이야기한 적이 있다(Yong, 2014b).

49 톡소포자충도인간의 행동에 영향을 미칠 수 있다. 일부 과학자들에 의하면, 톡소포자충에 감염된 사람들은 성격이 달라지고, 자동차사고의 위험이 증가하며, 조현병에 걸릴 가능성이 높아진다고 한다.

4장 조건부 계약

1 월바키아와 허티그의 이야기는 다음을 참고하라:Kozek and Rao, 2007.

2 스타우트해머의 벌: Schilthuizen and Stouthamer, 1997; 리고의 쥐며느리: Rigaud and Juchault, 1992; 허스트의 나비: Hornett et al., 2009; 위의 모든 책들에 대한 총정리: Werren et al., 2008 and LePage and Bordenstein, 2013.

3 초기 연구에서는 66퍼센트라고 했지만(Hilgenboecker et al., 2008), 보다 최근에 발표된 논문에 의하면 40퍼센트라고 한다(Zug and Hammerstein, 2012).

4 아마 바다에는 볼바키아보다 더 흔한 해양세균이 있을 것이다. 그중 하나인 프로클로로코쿠스Prochlorococcus는 너무 흔해서, 표층수에서 1밀리리터의 물을 퍼올리면 그 속에 약 10만 마리가 들어있을 것이다. 프로클로로코쿠스를 모두 합치면 대기 중의 산소를 약 20퍼센트 생성한다. 그러므로 다섯 번 숨쉬면 그중 한 번은 이들이 만든 산소를 마신다고 생각하면 된다. 그러나 그들에 대한 이야기는 이 책의 범위를 벗어난다.

5 선충류: Taylor et al., 2013; 파리와 모기: Moreira et al., 2009; 빈대: Hosokawa et al., 2010; 잎나방벌레: Kaiser et al., 2010; 벌: Pannebakker et al., 2007. 아소바라 타비다라는 벌의 의존성 뒤에 숨어있는 이유는 역설적이다. 벌도 여느 동물들과 마찬가지로 자폭 프로그램을 갖고 있어서, 손상되거나 암화cancerous되면 자멸하게 된다. 볼바키아는 이 프로그램을 억제하므로, 벌은 이를 보상하기 위해 자폭 프로그램을 이례적으로 예민하게 만들었다. 그러므로 만약 당신이 볼바키아를 제거한다면, 벌은 실수로 (알을 지지하는) 조직을 파괴할 것이다. 벌은 오랫동안 볼바키아와 싸우는 과정에서 본의 아니게 볼바키아에 의존하게 되었다. 볼바키아가 벌에게 아무런 이익을 제공하지 않음에도 불구하고, 둘은 서로에게 엮여 옴짝달싹하지 못한다.

6 다음을 참고하라: Dale and Moran, 2006; Douglas, 2008; Kiers and West, 2015; McFall-Ngai, 1998.

7 Blaser, 2010.

8 Broderick et al., 2006.

9 테오도어 로즈버리는 기회적opportunistic이라는 용어를 싫어한다. 그는 이렇게 말한다. "기회감염균에 들어있는 '기회적'이라는 말은 '기회주의자'라는 악덕인간을 연상시킨다. 그러나 이 세상에 전적으로 유해하거나 무해한 미생물은 없다. 모든 생물과 미생물들은 어떤 방법으로든 상황변화에 반응하기 마련이다. 기회가 주어지면 무해한 미생물이 유해한 미생물로 바뀌는 경우는 얼마든지 있다." 상황에 따라 이로울 수도 있고 해로울 수도 있는 자연적 공생관계를 표현하기 위해, 로즈버리는 양생amphibiosis이라는 새로운 용어를 만들었다. 이것은 훌륭하고 멋진 용어지만, 아마도 불필요한 듯싶다. 왜냐하면 (대부분이라고는 할 수 없지만) 상당수의 동반자관계들이 양생적 성격을 띠고 있기 때문이다.

10 Zhang et al., 2010.

11 호리꽃등에: Leroy et al., 2011; 모기: Verhulst et al., 2011.

12 폴리오: Kuss et al., 2011. MMTV라고 불리는 바이러스는 생쥐에게 유방암을 일으키는데, 위조된 신분증과 비슷한 세균분자를 면역계에 제시하고, 아무런 제지도 받지 않고 소화관까지 침투한다(Kane et al., 2011).

13 Wells et al., 1930.

14 소등쪼기새: Weeks, 2000; 청소부 물고기: Bshary, 2002; 개미와 아카시아: Heil et al., 2014.

15 이것은 키어스가 한 학술회의에서 한 말이다. 그녀의 견해는 다음 책에도 나온다: West et

al., 2015.

16 맥폴-응아이에 의하면, 오징어는 '어두운 공생자'를 솎아내는 데 일가견이 있어서, 움 속에 숨어있는 '깜깜한 변이체'를 귀신 같이 탐지하여 쫓아낸다고 한다.

17 Bevins and Salzman, 2011.

18 위산: Beasley et al., 2015; 개미와 포름산: 하이케 펠트하Heike Feldhaar와의 인터뷰.

19 노린재: Ohbayashi et al., 2015; 균세포: Stoll et al., 2010.

20 바구미의 균세포 속에서 일어나는 일을 소개한다. 바구미는 항균물질을 이용하여 세포 속의 세균들이 번식하지 못하도록 막는다. 만약 바구미로 하여금 항균물질을 생산하지 못하게 한다면, 세균들은 증식한 다음 탈출하여 바구미의 전신으로 재빨리 퍼져나간다(Login and Heddi, 2013).

21 바구미의 능력을 발견한 사람은 압델라지즈 헤디다(Vigneron et al., 2014). 다른 동물들 중 상당수(곤충, 조개, 벌레, 초식 포유동물)는 특별한 영양소를 섭취하기 위해 미생물을 소화시킬 수 있지만, 동물과 미생물 간의 공생관계에서 이 같은 측면은 도외시되는 경향이 있다. 과학자들은 종종 '미생물들이 동물과의 관계에서 무엇인가를 얻는다'고 가정한다. 이를테면 영양소라든지, 보호라든지, 안정적인 환경이라든지…… 그러나 이러한 이익은 거의 증명되지 않았다. '공생의 측면: 미생물은 정말 이익을 얻을까?'라는 도발적 논문에서, 저스틴 가르시아와 니콜 제라르도는 이렇게 말한다. "공생세균의 이익을 증명할 수 없는 경우, 공생세균은 동등한 파트너라기보다는 죄수나 경작물에 더 가깝다고 봐야 한다"(Garcia and Gerardo, 2014).

22 로워와의 인터뷰.

23 Barr et al., 2013.

24 이것은 면역계의 기원에 관한 수많은 이론들 중 하나임을 분명히 해둔다.

25 Vaishnava et al., 2008.

26 여기서 가장 중요한 것은 면역글로불린Aimmunoglobulin A(IgA)라고 불리는 항체다. 소화관에 상주하는 면역세포들은 매일 소량(약 한 티스푼 정도)의 IgA를 만드는데, 생산방식이 특이하다. 즉, 대량생산 방식으로 만들지 않고 장인이 한 땀 한 땀 손으로 빚어내듯 만들기 때문에 모양이 조금씩 다르며 똑같은 것은 하나도 없다. 왜냐하면 모든 IgA들은 제각기 다른 미생물을 인식하여 중화시키도록 설계되기 때문이다. 비무장지대에서 미생물 샘플을 채취하여 상황을 점검한 후, 면역세포들은 다빈도 미생물들을 겨냥하는 맞춤식 IgA들을 한 세트 만든다. 그리고는 이 항체들을 점액에 방출하는데, 방출된 항체들은 미생물 위에 쌓여 고정된 덮개를 형성한다. 이 시스템은 매우 효과적이어서, 소화관에 존재하는 세균의 약 절반이 IgA로 만들어진 구속복에 둘러싸여 옴짝달싹 하지 못하게 된다. 그런데 IgA의 레퍼토리는 고정불변한 것이 아니며, 미생물 군집이 바뀜에 따라 (면역세포들이 장내미생물을 구속하기 위해 파견하는) IgA의 레퍼토리도 달라진다. 따라서 그것은 놀랍도록 유연하고 적응적인 시스템이라고 할 수 있다.

27 Belkaid and Hand, 2014; Hooper et al., 2012; Maynard et al., 2012.

28 Hooper et al., 2003.

29 이 가설은 맥폴-응아이가 2007년에 처음으로 제기했는데, 허점이 몇 개 있다. 예를 하나 들면, 척추동물의 면역계가 복잡한 마이크로바이옴을 통제하는 데 그렇게 중요하다면, 그렇게 간단한 면역계를 보유한 산호와 해면이 광범위한 미생물군집을 보유하는 이유가 뭘까?

30 Elahi et al., 2013.

31 Rogier et al., 2014.

32 Bode, 2012; Chichlowski et al., 2011; Sela and Mills, 2014.

33 Kunz, 2012.

34 이 연구팀에는 저먼 자신, 미생물학자 데이비드 밀스, 화학자 칼리토 레브릴라, 식품과학자 다니엘라 바릴레가 포함되었다.

35 이 연구를 지휘한 사람은 로버트 워드이고(Ward et al., 2006), 데이비드 셀라가 유전체 염기서열 분석을 담당했다(Sela et al., 2008).

36 B. 인판티스는 극적인 영향력을 발휘할 수 있다: 밀스가 이끄는 연구진은 방글라데시에서 수행한 연구에서, B. 인판티스를 많이 보유한 유아들은 폴리오 및 파상풍 백신에 좋은 반응을 보인다는 사실을 발견했다.

37 밀스에 의하면, B. 인판티스가 늘 B. 인판티스는 아니라고 한다. 사람들은 종종 실수로 다른 미생물에게 B. 인판티스라는 이름을 붙인다는 것이다. B. 인판티스의 균주 중 하나는 인기 있는 요구르트에서 발견되는데, 밀스의 실험에서는 이 균주가 음성대조군negative control(실험결과가 나오지 않기를 기대하는 샘플-옮긴이)으로 사용한다. 왜냐하면 그 균주는 그가 연구하는 '모유전문 미생물'들과 완전히 다르게 행동하기 때문이다.

38 데이비드 뉴버그는 이 연구의 대부분을 지휘했으며(Newburg et al., 2005), 라즈 보데는 HIV 연구를 지휘했다 (Bode et al., 2012).

39 모유는 엄마가 아기를 다루는 수단으로 사용될 수도 있다. 아기의 관심사는 엄마의 관심을 가능한 한 독점하는 것인데, 진화는 아기들에게 많은 방법(울기, 코 비비기, 예쁜 짓)을 제공했다. 그러나 엄마는 관심을 여러 자녀, 현재와 미래에 적절히 배분해야 한다. 한쪽에 너무 집중하면 다른 쪽에 신경 쓸 여력이 부족해지기 때문이다. 그래서 진화는 엄마들에게 대응수단을 제공했는데, 진화생물학자 케이티 하인드는 모유가 그중 하나라고 생각한다. 모유는 특정 미생물을 배불리 먹이는데, 앞 장에서 봤던 것처럼 일부 미생물은 숙주의 행동에 영향을 미칠 수 있다. 따라서 엄마는 모유 중에 포함된 HMO의 내용을 바꿈으로써, 자신도 모르는 사이에 특정 마인드컨트롤 미생물(아기의 마음을 엄마에게 유리한 방향으로 컨트롤하는) 미생물을 선택하게 된다. 예컨대 아기가 덜 불안해 하면 금세 독립할 수 있으므로, 엄마는 다른 아기에게 관심을 집중할 여력이 생기게 된다.

40 글리칸의 중요성: Marcobal et al., 2011; Martens et al., 2014; 푸코오스와 병든 생쥐: Pickard et al., 2014.

41 Fischbach and Sonnenburg, 2011; Koropatkin et al., 2012; Schluter and Foster, 2012.

42 Kiers and West, 2015; Wernegreen, 2004.

43 변화하는 환경을 감지하여 적응하게 해주는 유전자는 빨리 사라진다. 어차피 동물의 체내에 기생하는 미생물들은 날씨, 기온, 먹이공급 등의 변화에 더 이상 대처할 필요가 없기 때문이다. 곤충의 세포라는 수월하고 제한된 공간에서, 그들은 수백만 년 동안 일정한 상태를 유지할 수 있다. 또한 그들은 DNA를 수리하거나 뒤섞는 유전자를 잃는 경향이 있으므로, 남아 있는 유전자 코드의 문제점을 해결할 수 없게 된다.

44 McCutcheon and Moran, 2011; Russell et al., 2012; Bennett and Moran, 2013.

45 호드그키니아가 별도의 종인지 아닌지에 대해서는 논란이 있다. 그것은 구성이 매우 특이해서, 전통적 정의를 적용할 수가 없다.

46 이 연구를 지휘한 사람들은 매튜 캠벨, 제임스 반 루벤, 표트르 루카식이며(Campbell et al., 2015; Van Leuven et al., 2014), 칠레매미의 연구결과는 아직 발표되지 않았다.

47 Bennett and Moran, 2015.

5장 건강과 질병의 열쇠

1 로워는 《미생물 바다의 산호초Coral Reefs in the Microbial Seas》라는 저서에 라인제도의 탐험기를 적었는데(Rohwer and Youle, 2010), 매우 자세하며 종종 흥미 있는 얘깃거리가 나온다. 아래에서 소개하는 실험과 이 장章에서 언급하는 기타 자세한 사항들은 이 책에서 인용한 것이다.

2 산호초의 죽음에 관한 로워의 모델: Barott and Rohwer, 2012; 산호초의 미생물에 관한 리즈 딘스데일의 연구: Dinsdale et al., 2008; 다육질 조류에 관한 제니퍼 스미스의 실험: Smith et al., 2006; 레베카 베가가 지휘한 산호 바이러스에 관한 연구: Thurber et al., 2008, 2009; 린다 켈리가 지휘한 검은 암초에 관한 연구: Kelly et al., 2012; 트레이시 맥돌의 주도 하에 개발된 미생물화 지표microbialisation score: McDole et al., 2012.

3 미국의 풍자가 스티븐 콜베어는 자신이 진행하는 쇼에서, 이 바이러스 실험을 언급하며 이렇게 말했다. "산호와 성관계를 맺은 사람이 도대체 누구예요?"

4 산호의 질병 중에는 하나의 미생물이 일으키는 것도 있다. 예컨대 백두white pox disease를 초래하는 미생물은 토양과 하수에서 발견되는 세라티아 마라스켄스Serratia marascens다. 그러나 이런 사례는 예외적이다.

5 미생물 불균형의 개념에 대해서는 다음을 참고하라: Bäckhed et al., 2012; Blumberg and Powrie, 2012; Cho and Blaser, 2012; Dethlefsen et al., 2007; Ley et al., 2006. 이 개념은 종종 괴짜 과학자 일리야 메치니코프의 작품이라고 와전되지만, 그가 언급하기 수십 년 전부터 이미 사용되었다.

6 스타들이 즐비한 제프 고든 군단에 합류한 사람들로는, 이 책에 자주 등장하는 저스틴 소넨버그, 루스 레이, 로라 후퍼, 존 롤스가 있다. 롭 나이트는 오랜 공동연구자였고, 사르키스 매

즈매니언은 2001년 고든의 추천서를 읽고 마이크로바이옴 분야에 발을 들여놓았다고 한다(그때는 마이크로바이옴이 뜨기 전이었다).

7 무균사육 설비는 데이비드 오도넬, 마리아 칼슨, 저스틴 세루고가 관리하는데, 오도넬과 칼슨은 1989년부터 고든과 함께 일했고, 세루고는 콩고민주공화국 출신으로서 이 팀에 합류하기 전에는 워싱턴 대학교의 수위로 일했었다. 나를 친절하게 안내해준 그들에게 감사한다.

8 미생물학자 제임스 레이니어와 공학자 필립 트렉슬러는 1940년대에 무균생쥐를 대량으로 만드는 방법을 개발했다(Kirk, 2012). 그들은 임신한 암컷 쥐의 자궁을 제거하여 살균처리를 한 후, 태아를 꺼내 무균상자에서 사육했다. 그들은 이런 방법으로 생쥐, 시궁쥐, 기니피그, 나아가 돼지, 고양이, 개, 심지어 원숭이까지도 무균상태로 사육했다. 이 기법은 제법 성공적이었지만, 그들이 사용한 초기 무균상자는 창문이 너무 작은 데다 차갑고 육중한 금속제 장갑이 장착되어 있어, 불편하고 비용이 많이 든다는 문제점이 있었다. 1957년 트렉슬러는 고무장갑이 장착된 플라스틱 버전을 고안했는데, 사용하기가 쉽고 제작비용이 1/10로 줄어들었다.

9 이 연구를 지휘한 사람은 프레드 벡헤드다(Bäckhed et al., 2004).

10 마이크로바이옴과 비만의 관계에 대해서는 다음 책을 참고하라: Zhao, 2013 Harley and Karp, 2012. '비만한 사람/생쥐는 날씬한 사람/생쥐와 상이한 장내미생물군집을 갖고 있다'는 내용의 연구를 지휘한 사람은 루스 레이이고(Ley et al., 2005), 비만한 생쥐의 미생물을 무균생쥐에게 이식하는 연구를 수행한 사람은 피터 턴보다(Turnbaugh et al., 2006).

11 패트리스 캐니는 아커만시아의 발견자인 윌렘 드 보스(Everard et al., 2013)와 함께 아커만시아 연구를 수행했다. 위우회술 연구를 수행한 사람은 리 캐플런이다(Liou et al., 2013).

12 Ridaura et al., 2013.

13 미셸 스미스와 타냐 야츠넨코가 이 연구를 이끌었고, 마크 매너리와 인디 트레한도 이 연구에 참가했다(Smith et al., 2013a).

14 위대한 생태학자 밥 페인은 언젠가 이렇게 말했다. "복합적인 변화는 놀라운 생태적 결과를 초래한다." 그것은 국립공원, 섬, 강 어귀를 두고 하는 말이었는데, 인체를 예로 들어 말했으면 더 좋을 뻔했다(Paine et al., 1998).

15 마이크로바이옴과 면역계 간의 상호작용에 대해서는 다음을 참고하라: Belkaid and Hand, 2014; Honda and Littman, 2012; Round and Mazmanian, 2009.

16 IBD와 마이크로바이옴에 대한 논문은 수백 편이 나와 있지만, 나는 이 분야의 권위자들이 발표한 논문을 권한다: Dalal and Chang, 2014; Huttenhower et al., 2014; Manichanh et al., 2012; Shanahan, 2012; Wlodarska et al., 2015. '면역이 마이크로바이옴에 미치는 영향'에 관한 웬디 개럿의 논문도 참고하라(Garrett et al., 2007, 2010). 그리고 'IBD에 수반되는 마이크로바이옴 변화'에 대한 논문은 다음과 같다: Morgan et al., 2012; Ott et al., 2004; Sokol et al., 2008.

17 이 연구를 이끈 사람은 더크 게버스인데, 이 연구는 마이크로바이옴과 IBD 간의 관계를 다

룬 사상 최대의 연구 중 하나다(Gevers et al., 2014).

18 Cadwell et al., 2010.

19 Berer et al., 2011; Blumberg and Powrie, 2012; Fujimura and Lynch, 2015; Kostic et al., 2015; Wu et al., 2015.

20 제라드의 논문: Gerrard et al., 1976; 스트라찬의 후속논문: Strachan, 1989. 스트라찬은 간혹 위생가설의 아버지로 잘못 언급된다. 그러나 그는 2015년 선각자들의 생각을 인용하며, 자신이 무서운 아이(위생가설)의 아버지가 아님을 분명히 했다. 그는 이렇게 말했다. "나의 단어선택은 새로운 과학적 패러다임을 주장하려는 열망보다, 두운을 맞추려는 경향에 기인한다."

21 Arrieta et al., 2015; Brown et al., 2013; Stefka et al., 2014.

22 '오랜 친구들'이라는 말을 만든 사람은 그레이엄 룩이다(Rook et al., 2013).

23 Fujimura et al., 2014. 개와 고양이로 인한 미생물의 차이는 덩치와 생활방식 때문이다. 개는 고양이보다 덩치가 크고 실외에서 지내는 시간이 더 많다.

24 도밍게스-벨로의 연구: Dominguez-Bello et al., 2010; 제왕절개와 만년의 질병 간의 관계에 대한 역학연구: Darmasseelane et al., 2014; Huang et al., 2015.

25 유진 창은 포화지방의 영향을 밝혔고(Devkota et al., 2012), 앤드류 게위츠는 두 가지 첨가제의 영향을 연구했다(Chassaing et al., 2015).

26 버킷의 모험: Altman, 1993; 섬유질에 관한 버킷의 견해: Sonnenburg and Sonnenburg, 2015, p. 119.

27 웬디 개럿과 동료들은 '섬유질을 분해하는 세균이 단쇄 지방산을 생성한다'는 사실을 밝혔다(Furusawa et al., 2013; Smith et al., 2013b). 마헤시 데사이는 '섬유질이 없을 경우, 장내 미생물은 점액층을 게걸스럽게 먹는다'는 사실을 밝히고, 이를 한 학술회의에서 발표했지만 논문을 출판하지는 않았다.

28 저스틴 소넨버그와 에리카 소넨버그는 '섬유질이 부족하면 장내 미생물이 멸종한다'고 밝히고(Sonnenburg et al., 2016), 섬유질의 유익성을 검토했다(Sonnenburg and Sonnenburg, 2014).

29 많은 연구자들이 시골 주민들의 마이크로바이옴을 분석했는데, 그중에서 중요한 논문을 두 편만 고르면 다음과 같다: De Filippo et al., 2010; Yatsunenko et al., 2012.

30 American Chemical Society, 1999.

31 항생제가 마이크로바이옴에 미치는 영향: Cox and Blaser, 2014(이 논문에는 어린이들이 복용하는 항생제에 대한 추정치가 포함되어 있다); Dethlefsen and Relman, 2011; Dethlefsen et al., 2008; Jakobsson et al., 2010; Jernberg et al., 2010; Schubert et al., 2015.

32 이 사실은 1960년대에 발견되었다. 과학자들의 실험 결과, 생쥐의 대변은 살모넬라의 증식을 중단시키지만, 생쥐에게 항생제를 먹이자 그러지 않는 것으로 밝혀졌다(Bohnhoff et al., 1964).

33 캐더린 레몬은 자신의 저서에서 이 비유를 사용했다(Lemon et al., 2012).

34 블레이저는 항생제와 비만에 관한 첫 번째 실험을 동료 조일승과 함께 수행했고(Cho et al., 2012), 두 번째 연구는 로라 콕스의 지휘를 받아 수행했으며(Cox et al., 2014), 역학연구는 레오나르도 트라산데의 지휘를 받아 수행했다(Trasande et al., 2013).

35 이것은 마셜이 트위터에서 한 말이다. 마셜은 자신이 직접 헬리코박터 파일로리를 삼켜봄으로써, H. 파일로리가 위염을 초래한다는 사실을 확인했다.

36 이 토픽과 관련된 읽을거리를 두 가지만 추천하면, 마린 맥케너가 말한 '항생제 이후의 미래'에 대한 스토리(McKenna, 2013)와 그녀의 저서 《슈퍼버그Superbug》(McKenna, 2010)다.

37 Rosebury, 1969, p. 11.

38 H. 파일로리에 대한 블레이저의 연구: Blaser, 2005; 사라져가는 H. 파일로리에 관한 우려: Blaser, 2010 그리고 Blaser and Falkow, 2009; H. 파일로리와 인간의 오랜 역사: Linz et al., 2007; 그레이엄이 〈랜싯〉에 기고한 글: Graham, 1997; H. 파일로리는 전반적 사망률에 영향을 미치지 않는다: Chen et al., 2013.

39 잭 루이스가 연구를 이끌었다.

40 시골 주민과 수렵 채취인들의 마이크로바이옴에 관한 연구: Clemente et al., 2015; Gomez et al., 2015; Martínez et al., 2015; Obregon-Tito et al., 2015; Schnorr et al., 2014; 분석糞石 속에 들어있는 미생물에 관한 연구: Tito et al., 2012.

41 Le Chatelier et al., 2013.

42 카메룬의 경우, 엔트아메바Entamoeba라는 기생성 아메바에 감염된 사람은 광범위한 장내 미생물을 보유하며, 특히 기생충이 있는 경우에는 더욱 그렇다. 세균이 기생충에게 공간을 만들어줘서 그럴 수도 있고, 이와 반대로 기생충이 세균의 범위를 확장시켜서 그럴 수도 있다. 어느 쪽이 옳든, 시골 주민들의 '바람직스런 다양성'의 이면에는 '바람직하지 않은 것'이 존재한다는 것을 암시한다(Gomez et al., 2015).

43 Moeller et al., 2014.

44 Blaser, 2014, p. 6.

45 Eisen, 2014.

46 Mukherjee, 2011, pp. 349-356.

47 장내 미생물을 특정 질병과 관련짓는 논문들이 많이 발표되어 있다. 그래서 마이크로바이옴에 대한 논문 목록을 지속적으로 업데이트하고 있는 엘리자베스 비크Elizabeth Bik는 이를 패러디하기 위해, 트위터에서 #gutmicrobiomeandrandomthing이라는 해시태그를 사용하기 시작했다. 그의 트위터에 기재된 내용 중에는 '장내 미생물과 현금자동인출기에서 가장 느린 줄에 서기', '장내 미생물과 오토바이 수리 기술', '마이크로바이옴과 아즈카반의 죄수' 등이 있다.

48 The Allium, 2014.

49 미생물 불균형과 관련하여, 퍼거스 섀너헌은 동료 과학자들에게 이렇게 경고한다. "언어가 변변치 못하면 바보스러운 생각을 하기 쉽다는 조지 오웰의 금기사항을 명심하라." 부정확

한 생각은 명명법의 오류와 부정확한 용어에 사로잡힐 때 생겨난다. 과학자들이여, 신조어는 조심해서 쓰기 바란다. 신조어는 간혹 불필요하며, 종종 오해를 부르기도 한다(Shanahan and Quigley, 2014).

50 이것은 내가 〈뉴욕타임스〉에 기고한 '마이크로바이옴의 상황의존성'에 관한 글에서 한 말이다(Yong, 2014c).

51 이 연구를 지휘한 사람은 루스 레이와 옴리 코렌이다(Koren et al., 2012).

52 질 내 미생물 연구: Gajer et al., 2012; Ma et al., 2012; 그 밖의 다른 신체 부위에 서식하는 미생물에 관한 연구: Ding and Schloss, 2014.

53 한 연구는 캐더린 폴라드가, 다른 연구는 롭 나이트가 지휘했다(Finucane et al., 2014; Walters et al., 2014).

54 수잔나 솔터와 앨런 워커에 의하면, 대부분의 추출키트(유전자 염기 서열 분석을 위해, 면봉과 샘플에서 DNA를 추출하는 도구)가 저농도의 미생물 DNA에 오염되어 있다고 한다(Salter et al., 2014).

55 예컨대, 팻 슐로스가 만든 프로그램을 이용하면, 주어진 마이크로바이옴 수준에서 C-디피실리 감염에 얼마나 취약한지 예측할 수 있다(Schubert et al., 2015).

56 몇몇 과학자들은 자신의 마이크로바이옴을 이용하여 이 의문에 대답하려고 노력해 왔다. MIT의 에릭 앨름과 로렌스 데이비드는 1년 동안 매일 그 작업을 하고 있다. 데이비드는 방콕에 갔을 때 여행자설사traveler's diarrhea에 걸렸는데, 정상을 회복할 때까지 자신의 장내 미생물이 격변기를 겪는 것을 확인할 수 있었다. 앨름은 레스토랑에 갔다가 운 없게 살모넬라균에 감염되었는데, 그 틈을 타서 살모넬라가 자신의 소화관을 지배하는 속도와, 건강을 회복했을 때 자신의 마이크로바이옴 상태가 바뀌는 과정을 모니터링했다(David et al., 2014).

57 Subramanian et al., 2014.

58 앤드류 카우도 플레이너와 함께 이 연구에 참여했다(Kau et al., 2015).

59 Redford et al., 2012.

6장 기나긴 진화의 왈츠

1 프리츠의 이야기: University of Utah, 2012; 애덤 클레이튼이 처음 수행한 HS의 특성 연구: Clayton et al., 2012. 소년의 사례는 아직 출판되지 않았다.

2 프리츠를 찌른 돌능금나무와 달리, 소년을 찌른 나무는 아직 살아 있다. 그래서 데일은 그 나무가 있는 곳을 방문하여 HS 균주를 직접 채취할 계획이다. 그러면 그는 '고위험, 고보상 실험'을 실시할 수 있는데, 그 내용은 HS를 곤충에게 주입함으로써 새로운 공생 관계를 인공적으로 확립할 수 있는지 확인하는 것이다.

3 데일이 이렇게 말할 수 있는 이유는, 체체파리에 기생한 미생물과 바구미에게 기생한 미생물이 모두 유전자를 상실한 전례가 있기 때문이다. 두 미생물은 HS와 비슷한 조상에게서 진화했지만, 각각 독립적으로 숙주에게 길들여졌다.

4 진딧물과 성적 전염: Moran and Dunbar, 2006; 쥐며느리의 동족 포식: Le Clec'h et al., 2013; 곤충과 즙 역류: Caspi-Fluger et al., 2012; 인간의 미생물 삼키기: Lang et al., 2014; 세균에 오염된 침針을 가진 벌: Gehrer and Vorburger, 2012.

5 존 제니크는 초파리의 피를 빨고 있는 진드기를 잡아, 다른 초파리 위에 올려놔 봤다. 그랬더니 아니나 다를까, 두 번째 파리는 첫 번째 파리에서만 발견되는 미생물에 감염되는 것으로 나타났다(Jaenike et al., 2007).

6 새로운 공생의 기원에 대해서는 다음을 참고하라: Sachs et al., 2011 and Walter and Ley, 2011.

7 Kaltenpoth et al., 2005.

8 Funkhouser and Bordenstein, 2013; Zilber-Rosenberg and Rosenberg, 2008.

9 나는 언젠가 후카츠에게 왜 노린잿과 곤충을 선택했냐고 물었다. 그는 잠깐 멈칫하더니, 공기 중에 떠있는 상상 속의 물체를 가리키며 말했다. "와! 흥미롭네요!" 그리고는 나를 향해 활짝 웃어보였다. 똑같은 질문을 마틴 칼텐포스에게 했더니, 그는 이렇게 말했다. "나는 타케마가 연구하지 않는 종을 발견하고, 그에게 내가 그걸 연구한다고 말했어요." 칼텐포스가 쓴 논문 중에서 노린잿과 곤충에 대한 것은 다음과 같다: Hosokawa et al., 2008, Kaiwa et al., 2014, and Hosokawa et al., 2012.

10 Pais et al., 2008.

11 Osawa et al., 1993.

12 솔직히 말해서, 마이크로바이옴 학자들에게 "제일 석연찮은 연구결과가 뭔가요?"라고 물으면, 많은 이들이 이 연구를 지목한다.

13 많은 수서동물들은 자신의 공생 세균을 주변의 물속으로 배출함으로써, 유충들에게 풍부한 먹이를 제공한다. 짧은꼬리오징어는 매일 새벽에 그 일을 한다. 의료용 거머리는 며칠마다 한 번씩 소화관에서 미생물이 풍부한 점액을 내뿜으며, 자신은 다른 거머리들이 남긴 점액에 이끌린다(Ott et al., 2015). 어떤 선충류들은 독성 세균을 곤충의 핏속으로 뿜어 곤충을 죽인다. 그러면 죽은 곤충의 몸 속에서 사는 유충들이 그 세균을 삼켜 자신의 공생 세균으로 삼는다(Herbert and Goodrich-Blair, 2007).

14 동거인: Lax et al., 2014; 개코원숭이의 사회성: Tung et al., 2015; 롤러 더비 선수들: Meadow et al., 2013.

15 롬바르도의 아이디어(Lombardo, 2008)는 하나의 가설일 뿐이지만, 검증 가능한 예측이라고 할 수 있다. 그의 가설이 맞는다면, 미생물을 환경에서 받아들이거나(예: 오징어) 자동적으로 물려받는(예: 진딧물) 동물들은 단독 생활을 할 가능성이 높다. 반면에 동료들로부터 미생물을 받아들이는 동물들(예: 흰개미)은 좀 더 복잡한 사회생활을 영위하며 동년배들과 정기적으로 긴밀한 접촉을 가질 가능성이 높다. 이 가설을 검증하려면, 과학자들은 (단독 생활을 하는 멤버와 군거 생활을 하는 멤버를 모두 가진) 동물군들을 대상으로 계통수를 그린 다음, 미생물과의 공생관계가 대규모 집단의 형성에 선행하는지를 확인해야 한다. 내가 아는 범위 내에

서, 그런 연구를 한 사람은 지금껏 한 명도 없다.

16 프라우네의 첫 번째 실험: Fraune and Bosch, 2007; 히드라가 적절한 미생물을 선택하는 방법에 대한 연구들: Franzenburg et al., 2013; Fraune et al., 2009, 2010; 보시의 히드라 연구: Bosch, 2012.

17 Bevins and Salzman, 2011; Ley et al., 2006; Spor et al., 2011.

18 고래와 돌고래: 에이미 에이프릴과의 인터뷰; 벌잡이벌: Kaltenpoth et al., 2014.

19 벌의 공생 세균: Kwong and Moran, 2015; 락토바실루스 루테리: Frese et al., 2011; 롤스의 마이크로바이옴 교체실험: Rawls et al., 2006.

20 예컨대 앤드류 벤슨은 생쥐의 유전체에서 '가장 흔한 장내 미생물의 풍부함에 영향을 미치는 영역'을 18군데 찾아냈다. 이 영역 중 일부는 개별 미생물종의 수준에 영향을 미치고, 일부는 미생물군 전체에 영향을 미치는 것으로 밝혀졌다(Benson et al., 2010).

21 그녀의 본명인 린 마굴리스가 아니라, 결혼명인 린 세이건으로 발표되었다(Sagan, 1967).

22 Margulis and Fester, 1991.

23 전유전체 개념은 1980년대에 리처드 제퍼슨이라는 생명공학자가 처음으로 생각했지만, 시간이 없어서 출판할 엄두를 내지 못했다(Jefferson, 2010). 로젠버그 부부가 독립적으로 동일한 아이디어와 개념을 생각하기 13년 전인 1994년에 와서야, 한 학술회의에서 자신의 이론을 발표했다.

24 Hird et al., 2014.

25 일례로, 루스 레이는 '인간의 유전체가 마이크로바이옴의 전반적 구성을 결정하지 않지만, 특정 그룹의 존재에 강력한 영향을 미친다'는 사실을 밝혔다. 인체 내에서 가장 유전성이 높은 세균은 최근에 발견되었는데, 그 주인공은 잘 알려지지 않은 크리스텐세넬라Christensenella다(Goodrich et al., 2014). 크리스텐세넬라는 모든 사람의 체내에 서식하는 게 아닌데, 그 차이의 40퍼센트는 유전자의 차이로 설명된다. 이 신비로운 종은 아동기에 흔하며, 날씬한 사람들 사이에 널리 퍼져 있다. 그리고 종종 다른 미생물군와 함께 발견되기도 한다. 그것은 핵심종keystone species일 수도 있는데, 핵심종이란 '비교적 드물지만 강력한 생태적 영향력을 발휘하는 종'을 말한다.

26 로젠버그 부부의 전유전체 개념 제안: Rosenberg et al., 2009; Zilber-Rosenberg and Rosenberg, 2008; 세스 보덴스타인과 케빈 테이스의 확장: Bordenstein and Theis, 2015; 낸시 모런과 데이비드 슬로언의 반박: Moran and Sloan, 2015.

27 다이앤 도드의 실험: Dodd, 1989; 로젠버그 부부의 뒷받침(길 샤론이 지휘함): Sharon et al., 2010.

28 월린: Wallin, 1927; 마굴리스와 세이건: Margulis and Sagan, 2002.

29 워렌과의 첫 번째 실험: Bordenstein et al., 2001; 로버트 브러커와의 두 번째 실험: Brucker and Bordenstein, 2013.

30 Brucker and Bordenstein, 2014; Chandler and Turelli, 2014.

7장 상호 확증 성공

1 Sapp, 2002.

2 항생제를 연구하는 세균학자 르네 뒤보(2장 참조)는 부흐너의 책을 미국 출판사들에게 소개했다. 그것은 곤충의 공생세균이 인간의 미생물과 만난 역사적 순간 중 하나였다.

3 부크네라에 관한 모런의 첫 번째 연구는 세균학자인 폴 바우먼과 함께 수행되었다(Baumann et al., 1995). 두 사람 모두 자신의 이름을 딴 공생 세균을 갖게 되었다. 바우먼의 이름은 유리날개 저격수에서, 모런의 이름은 귤가루깍지벌레에서 찾아볼 수 있다.

4 Novákováet al., 2013.

5 Douglas, 2006; Feldhaar, 2011.

6 예컨대, 부크네라는 이소류신이나 메티오닌과 같은 아미노산을 만드는 데 필요한 화학반응을 모두 수행할 수 있지만, 맨 마지막 단계만 예외다. 마지막 생산공정은 진딧물의 몫이다. 안젤라 더글러스와 낸시 모런을 비롯한 연구진은 이 경로들을 매우 자세히 서술했다(Russell et al., 2013a; Wilson et al., 2010).

7 흥미로운 점은, 상이한 노린재목 곤충들이 이 능력(체관액을 마시는 능력)을 각각 독립적으로 진화시켰다는 점이다. 그러나 다른 곤충들의 경우에는, 심지어 영양보충제로 사용될 수 있는 공생 세균을 보유했음에도 불구하고 이 능력을 진화시키지 않았다. 유독 노린재목 곤충들만 이 능력을 진화시킨 이유는 밝혀지지 않았다.

8 Wernegreen, 2004.

9 블로크만니아는 부크네라와 근연 관계에 있는데, 이는 우연의 일치가 아닌 것 같다. 많은 왕개미들은 (인간 농부들이 가축을 사육하듯) 진딧물을 사육하며, 그들을 포식자들로부터 보호한다. 진딧물은 그 대가로 왕개미에게 단물honeydew이라는 이름의 달착지근한 노폐물을 제공한다. 단물이 진딧물의 공생 세균에서 유래한다는 점을 근거로 하여, 제니퍼 베르너그린은 다음과 같이 생각한다: 블로크만니아는 (진딧물의 꽁무니에서 나온) 공생 세균의 후손으로, 개미 농부의 몸 속으로 들어가 정착했다(Wernegreen et al., 2009).

10 갈라파고스 단층 발견의 역사는 스미소니언 자연사박물관에서 발간한 자료에 상세히 기록되어 있다(Smithsonian National Museum of Natural History, 2010). 특히 로버트 쿤지그의 저서에서는 갈라파고스 민고삐수염벌레에 관한 존스와 카바노프의 연구를 자세히 설명하고 있다(Kunzig, 2000).

11 카바노프는 자신의 아이디어를 1981년에 발표했지만(Cavanaugh et al., 1981), 그 세균이 자신이 상상했던 것처럼 활동한다는 사실을 확인하는 데 몇 년의 시간이 필요했다. 다른 과학자들도 화학합성 미생물에 대해 추론했지만, 그런 세균들이 실제로 존재하며 동물과 동반자 관계를 맺었음을 증명한 것은 카바노프가 처음이었다. 그녀는 대학원생 시절 완전히 새로운 방식의 삶을 발견했는데, 그것은 놀랍게도 매우 흔했다. 갈라파고스 민고삐수염벌레에 관한 그녀의 연구는 스튜어트와 카바노프의 공저에 잘 정리되어 있다(Stewart and Cavanaugh, 2006).

12 Dubilier et al., 2008.

13 더빌리어는 올라비우스의 공생 세균을 두 가지 발견한 다음(Dubilier et al., 2001), 추가로 세 가지를 더 발견했다(Blazejak et al., 2005).

14 Ley et al., 2008a.

15 또 다른 예외: 육식동물인 스페인스라소니Iberian lynx의 장내 미생물에서 식물을 소화하는 유전자가 예상 외로 많이 발견된다. 스페인스라소니의 마이크로바이옴은 숙주의 먹이인 토끼뿐만 아니라 토끼의 소화관에 존재하는 식물에도 적응한 것으로 보인다(Alcaide et al., 2012).

16 포유동물이 미생물에서 유래하는 에너지를 섭취하는 비율: Bergman, 1990; 포유동물의 소화계에 관한 검토: Karasov et al., 2011; Stevens and Hume, 1998.

17 고래는 흥미로운 극단적 사례다. 고래는 육식동물로서, 미세한 새우, 물고기, 심지어 다른 포유동물들을 잡아먹는다. 그러나 고래는 사슴 비슷한 초식동물에서 진화했으며, 조상들에게서 물려받은 (여러 개의 방으로 구성된) 대규모 전장을 보유하고 있다. 오늘날의 고래는 전장 발효기를 이용하여 동물의 조직을 처리하는데, 그 속에 서식하는 마이크로바이옴은 다른 육상동물들(초식동물과 육식동물 불문)과 다르다(Sanders et al., 2015).

18 호아친hoatzin(닭만 한 크기의 남아메리카산 새로, 파란 얼굴, 빨간 눈, 오렌지색 깃털, 펑크 스타일의 볏을 갖고 있음)도 전장 발효 동물이다. 호아친은 주로 잎을 먹고 사는데, 그것은 모이주머니(식도가 확대된 부분)에서 소화된다. 마리아 글로리아 도밍게스-벨로에 의하면, 모이주머니에 서식하는 세균은 호아친의 소화관 하부보다 소의 위장에 사는 세균과 더 비슷하다고 한다(Godoy-Vitorino et al., 2012). 그렇다면 호아친의 똥에서 소똥 냄새가 나는 것은 이상한 일은 아니다.

19 Ley et al., 2008b.

20 세발가락나무늘보three-toed sloth는 예외다. 그들은 특정한 나무의 잎을 주로 먹으므로, 초식동물치고는 이례적으로 제한된 장내 미생물을 보유한다(Dill-McFarland et al., 2015).

21 Hongoh, 2011.

22 이 차이는 초기 생물학자들 중 일부를 헷갈리게 만들었다. 앨프리드 E. 에머슨은 고등 흰개미가 (하등 흰개미에 풍부한) 원생생물을 갖고 있지 않음을 발견하고, 공생 세균이 수준 높은 사회적 기능의 진화를 방해했을 거라고 유추했다. 그가 세균에 대해 알았다면 태도를 바꿨을 것이다.

23 Poulsen et al., 2014.

24 Amato et al., 2015.

25 David et al., 2013.

26 Chu et al., 2013.

27 W. J. 프리랜드와 대니얼 얀센은 이렇게 말했다. "소량의 독성 먹이가 주어진다면, 독소를 분해하며 공존할 수 있는 세균이 선택될 것이다(Freeland and Janzen, 1974)".

28 Kohl et al., 2014.

29 이것은 모하비사막에 사는 숲쥐 특유의 현상인 것처럼 보일 것이다. 그러나 콜의 연구를 이끈 데니스 디어링은 소노란 사막 남부에 서식하는 흰목숲쥐에서도 비슷한 현상을 발견했다. 흰목숲쥐는 먹이(선인장) 속에 들어있는 옥살산염의 독성을 견딜 수 있는데, 그 배경에는 세균이 버티고 있다. 디어링은 실험용 시궁쥐에게 세균을 이식함으로써 선인장을 먹을 수 있도록 만드는 데 성공했다(Miller et al., 2014).

30 순록과 지의류: Sundset et al., 2010; 탄닌을 분해하는 미생물: Osawa et al., 1993; 커피열매천공벌레: Ceja-Navarro et al., 2015.

31 Six, 2013.

32 Adams et al., 2013; Boone et al., 2013.

33 이 장章에서 언급된 사례와 대조적으로, 미생물이 숙주를 제한할 수도 있다. 곤충의 공생세균들은 숙주보다 고온에 취약한 경향이 있으므로, 더운 기후에서 개체수가 급감하게 된다. 심지어 부흐너도 그런 사례를 목격한 적이 있다. 이는 숙주가 번성하는 지역을 제한함으로써 온난화가 진행되는 지역에서 상호붕괴mutualistic meltdown 현상을 초래할 수 있다(Wernegreen, 2012). 브라인슈림프(어류 치어들의 먹이로 사용되는 동물성 플랑크톤)의 장내 미생물은 조류alga의 소화를 도와주지만 염분이 높은 환경을 선호하므로, 브라인슈림프로 하여금 필요 이상의 짠물에 서식하게 한다(Nougué et al., 2015). 미생물이 먹이를 제한할 수도 있다. 곤충이 특정 영양소를 충분히 생성하는 식물을 먹기 시작한다고 치자. 그러면 공생 세균이 그 영양소를 더 이상 공급할 필요가 없으므로, 관련된 유전자를 신속히 상실하게 될 것이다. 숙주는 식물 덕분에 그 손실을 보상할 필요가 없으므로, 만사형통인 셈이다. 하지만 식물이 고갈되어 감에 따라, 곤충은 두 가지 선택사항에 직면하게 된다. 똑같은 영양소를 생성하는 다른 식물을 찾아내거나, 다른 미생물을 보충물로 선택하거나. 만약 두 가지 모두 불가능하다면, 곤충은 곤란한 지경에 빠진다.

34 Wybouw et al., 2014.

8장 알레그로 E장조

1 Ochman et al., 2000.

2 이 고전적 실험은 1928년 영국의 세균학자 프레더릭 그리피스가 수행한 것이다.

3 에이버리의 발견은 현대 유전학에서 가장 중요한 것 중 하나였다. 왜냐하면 통념과 달리 DNA가 유전자의 구성 요소임을 밝혔기 때문이다. 당시 대부분의 과학자들은 유전자가 단백질로 구성되었다고 생각했다. 단백질은 무한히 변화하는 형태를 갖고 있지만, DNA는 4개의 반복되는 요소로 이루어져 있어 지루하고 주목할 만한 가치가 없다고 여겨졌다. 그러나 에이버리는 다르게 생각했다. 그 덕분에 가장 중요한 생명분자인 DNA의 위치가 공고해짐으로써, 여러 가지 면에서 후세의 발견에 토대가 마련되었다(Cobb, 2013).

4 이것은 기념비적 발견이었다. 레더버그는 그 공로를 인정받아 1958년 서른세 살이라는 젊은

나이에 노벨상을 거머쥐었다.

5 Boto, 2014; Keeling and Palmer, 2008.

6 Hehemann et al., 2010; 그건 그렇고, 조벨리아는 해양미생물학자인 클라우드 E. 조벨의 이름에서 유래한다.

7 20세기 초기에 비판을 한 몸에 받았던 공생 옹호자 폴 포르티에는 다음과 같이 주장했다. "우리는 식품을 통해 신선한 미토콘드리아와 그밖의 공생 세균들을 삼켰으며, 이것들이 인체 내에서 오래된 세균들과 융합하여 활력을 불어넣었다." 그의 주장은 정확하지는 않았지만 진실에 근접했다!

8 미출판 데이터.

9 Smillie et al., 2011.

10 미토콘드리아는 여기서 제외된다. 미토콘드리아는 동물이 진화하기 수십억 년 전에 자유 생활 세균이기를 중단했다.

11 인간 게놈 프로젝트 논문: Lander et al., 2001; 조너선 아이젠과 스티븐 잘츠버그가 이끈 반박 연구: Salzberg, 2001.

12 초파리에서 발견된 볼바키아 DNA: Salzberg et al., 2005; 다른 동물에서 발견된 볼바키아 DNA: Hotopp et al., 2007; 하와이초파리에서 발견된 완전한 볼바키아 유전체: Hotopp et al., 2007.

13 이 메시지는 아직도 무시되고 있다. 과학자들은 동물의 유전체 염기 서열을 분석할 때, 모든 세균의 유전자들을 고의로 제거한다. 왜냐하면 그런 시퀀스들은 오염물질이라고 가정되기 때문이다. 콩진딧물에는 수평적으로 이동된 부크네라의 유전자가 포함되어 있지만, 온라인 데이터베이스에 등재된 부크네라의 유전자가 없다. 하와이초파리에는 볼바키아의 전유전체가 포함되어 있지만, 공표된 유전체에는 볼바키아의 유전체가 없다. 이러한 접근방법의 의도는 충분히 납득할 수 있다. 왜냐하면 오염은 중요한 문제이기 때문이다. 그러나 이러한 접근 방법에는 '세균의 시퀀스는 외부에서 유입된 것이므로, 동물의 유전체가 오염되는 것을 막기 위해 제거해야 한다'는 견해가 반영되어 있음을 명심해야 한다. 더닝-호톱은 다음과 같이 말한다. "유전체 염기 서열 프로젝트에서 세균의 시퀀스를 모두 제거해 놓고, 세균에게서 동물로 수평 이동된 유전자는 없다고 주장하는 것은 순환논법이다. 그것은 '세균 → 동물 HGT'는 일어나지 않는다는 개념을 강화할 뿐이다(Dunning-Hotopp et al., 2011).

14 당신의 소화관 내에 있는 세균이 당신의 장세포intestinal cell에 유전자를 전달할 수도 있다. 그러나 일단 세포가 죽으면 세균의 DNA도 함께 사라지므로, 그 유전자가 인간 유전체의 일부가 될 수는 있어도 인간 유전체의 구성 요소가 될 수는 없다. 2013년 더닝-호톱은 이 같은 단기연합short-lived union이 놀라울 정도로 흔하다는 것을 증명했다(Riley et al., 2013). 그녀는 수백 개의 인간 유전체들(이것들은 신장, 간, 피부 등에서 추출된 것으로, 그중 어느 것도 자손에게 전달되지 않는다)을 분석하여, 그중 약 1/3에서 미생물 DNA의 흔적을 발견했다. 미생물 DNA는 암세포에 특히 흔한 것으로 밝혀졌는데, 이것은 매우 흥미로운 결과지만 시사점은 불투

명하다. 어쩌면 종양의 유전자는 유전적 침입에 특히 취약하거나, 미생물 유전자가 건강한 세포의 암화癌化를 조장하는지도 모른다.

15 이 연구 중 상당부분을 수행한 사람은 에티엔느 단친이다(Danchin and Rosso, 2012; Danchin et al., 2010).

16 Acuna et al., 2012.

17 수많은 과학자들이 이 연구에 참여했는데, 그중에는 장-미셸 드레젠, 마이클 스트랜드, 갤렌 버크 등이 있다: Bezier et al., 2009; Herniou et al., 2013 Strand and Burke, 2012.

18 이 사건은 실제로 두 번 일어났다. 말벌의 일종인 맵시벌과ichneumon는 상이한 바이러스를 독립적으로 길들여, 브라코바이러스와 비슷한 방식으로 사용한다(Strand and Burke, 2012).

19 Tae 유전자의 사례와 별도로(Chou et al., 2014), 세스 보덴스테인은 계kingdom를 뛰어넘는 항생제 유전자의 사례를 또 하나 발견했다(Metcalf et al., 2014).

20 이와 비슷한 사례가 또 하나 있다. 하나의 세균이 진드기의 미토콘드리아 속으로 들어가 살고 있는 케이스인데, 미디클로리아Midichloria라는 이름을 얻었다. 이 이름은 〈스타워즈〉 우주에서 숙주와 포스Force를 결합하는 것으로 악명 높은 공생 세균의 이름을 딴 것이다.

21 맥커친은 이처럼 간소화된 미생물들을 생물학적 분류의 난제難題라고 부른다(McCutcheon, 2013). 그들은 세균임이 분명하며, 자신의 독특한 유전체를 아직도 보유하고 있다. 그러나 그들은 독자적으로 생존할 수 없으며, 그중 일부(예: 모라넬라)는 심지어 자신의 경계를 규정할 수도 없다. 그들은 미토콘드리아나 엽록체와 거의 비슷하다. 이런 구조체들을 소기관organelle이라고 부르지만, 맥커친의 입장에서 보면 소기관은 공생자의 극단적 형태에 불과하다. 다시 말해서, 소기관은 유전적 상실과 재배치의 극치로서, 동물과 세균을 비가역적으로 결합시키는 역할을 한다는 것이다.

22 이 연구를 주도한 사람은 대학원생 필립 허스닉이다(Husnik et al., 2013).

23 펩티도글리칸은 MAMPs 중 하나로, 마거릿 맥폴-응아이가 연구한 짧은꼬리오징어의 발생을 통제하는 요소 중 하나다.

24 이것은 매우 기이하다. 다른 깍지벌레들의 경우, 모라넬라가 다른 공생 세균으로 대체되었다. 이 공생 세균들은 모라넬라와 마찬가지로 HS의 친척뻘이다(6장에서 살펴본 바와 같이, HS는 토머스 프리츠의 손으로 들어가 나중에 콜린 데일에게 발견되었다).

25 기생충 전문가인 몰리 헌터도 그들의 연구에 합류했다.

26 하밀토넬라는 빌 해밀턴의 이름에서 유래한다. 해밀턴은 모런을 훈련시킨 전설적 진화생물학자다.

27 하밀토넬라의 발견: Oliver et al., 2005; 하밀토넬라의 파지 발견: Moran et al., 2005; 진딧물/하밀토넬라 공생의 유연성: Oliver et al., 2008.

28 Moran and Dunbar, 2006.

29 Jiggins and Hurst, 2011.

30 공생의 대가인 타케마가 이끈 일본산 콩벌레(톱다리개미허리노린재) 연구: Kikuchi et al.,

2012; 진딧물이 거느리는 수많은 '세컨드' 공생 세균: Russell et al., 2013b; 세컨드 공생 세균과 진딧물의 성공: Henry et al., 2013.

31 스피로플라스마가 초파리의 성공 비결임을 확인한 재니키: Jaenike et al., 2010; 스피로플라스마의 신속한 전파: Cockburn et al., 2013.

32 리케차의 지원을 받은 담뱃가루이의 창궐을 발견한 사람은 몰리 헌터다: Himler et al., 2011.

33 과학자들은 미래의 공생 관계를 예측할 수도 있을 것으로 보인다. 재니키는 몇 년 전 스피로플라스마가 (기존에 연구되지 않았던) 다른 초파리 종들을 보호할 수 있음을 증명했다. 그중 하나는 세균 보디가드를 전혀 보유하고 있지 않지만, 선충류를 살균함으로써 사냥할 수 있다. 재니키가 실험실에서 이 초파리와 스피로플라스마를 인공으로 짝 지웠더니, 초파리를 되살릴 수 있는 것으로 밝혀졌다(Haselkorn et al., 2013). 이러한 연합은 야생에서 아직 이루어지지 않고 있는데, 그 이유는 알 수 없다. 그러나 공생 관계가 초파리에게 이익이므로, 반드시 성사될 것으로 보인다. 그리고 일단 성사되면, 널리 확산될 가능성이 높다.

9장 미생물 맞춤 요리

1 사상충증과 사상충증을 일으키는 볼바키아 보유 선충류Wolbachia-carrying nematode에 대해서는 다음 문헌을 참고하라: Taylor et al., 2010 and Slatko et al., 2010.

2 사상선충에서 발견된 세균 유사 구조: Kozek, 1977; Mclaren et al., 1975; 볼바키아로 밝혀진 세균: Taylor and Hoerauf, 1999.

3 테일러의 동료 아킴 회어라우프가 이 임상 시험을 공동으로 수행했다(Hoerauf et al., 2000, 2001; Taylor et al., 2005).

4 독시사이클린에는 또 다른 이점이 있다. 중앙아프리카의 일부 지역에서는 하천실명증에 걸린 사람들을 치료하기가 매우 어려운데, 그 이유는 주민들이 로아사상충Loa loa(일명 안충eyeworm)이라는 제2의 사상선충에 감염되어 있기 때문이다. 만약 하천실명증을 일으키는 세균을 죽인다면 안충도 죽으며, 안충의 유충은 매우 커서 혈관을 차단하고 뇌를 손상시킬 수 있다. 그러나 안충은 볼바키아를 갖고 있지 않으므로, 독시사이클린을 사용해도 안충에는 해를 끼치지 않는다. 따라서 독시사이클린은 심각한 2차 손상을 일으키지 않으면서 하천실명증의 원인균을 공격할 수 있다.

5 A · WOL 컨소시엄의 전략: Johnston et al., 2014; Taylor et al., 2014; 미노사이클린의 결과는 출판되지 않았다.

6 Voronin et al., 2012.

7 Rosebury, 1962, p. 352.

8 양서류의 쇠퇴: Hof et al., 2011; Bd: Kilpatrick et al., 2010; Amphibian Ark, 2012.

9 Eskew and Todd, 2013; Martel et al., 2013.

10 Harris et al., 2006.

11 콘니스산의 개구리 집단 발견: Woodhams et al., 2007; J-리브가 개구리를 Bd에서 보호한다는 실험실 연구: Harris et al., 2009. J-리브를 이용한 현장 실험 결과는 이 책을 쓰는 현재 출판되지 않았다.

12 황금개구리에 대한 베커의 연구: Becker et al., 2015; 개구리 피부에 서식하는 세균의 다양성: Walke et al., 2014; 몰리 블레츠가 주도한 마다가스카르 프로젝트: Bletz et al., 2013; 발레리 맥켄지가 주도한 '변태가 마이크로바이옴을 어떻게 변화시키나?'에 관한 연구: Kueneman et al., 2014.

13 발레리 맥켄지와 롭 나이트는 면역계, 피부의 점액층, 피부의 마이크로바이옴을 기반으로 하여 Bd에 대한 개구리의 회복력resilience을 예측하는 방법을 개발했다(Woodhams et al., 2014).

14 Kendall, 1923, p. 167.

15 프로바이오틱스 연구의 역사: Anukam and Reid, 2007.

16 섭취된 미생물의 운명: Derrien and van Hylckama Vlieg, 2015; 액티비아 요구르트에 대한 제프 고든의 연구(네이선 맥너티가 지휘함): McNulty et al., 2011; 웬디 개럿의 실험: Ballal et al., 2015.

17 프로바이오틱스의 정의: Hill et al., 2014; 프로바이오틱스에 관한 연구 검토: Slashinski et al., 2012 and McFarland, 2014; 코크런 리뷰: AlFaleh and Anabrees, 2014; Allen et al., 2010; Goldenberg et al., 2013.

18 Katan, 2012; Nature, 2013; Reid, 2011.

19 Ciorba, 2012; Gareau et al., 2010; Gerritsen et al., 2011; Petschow et al., 2013; Shanahan, 2010.

20 프로바이오틱스에 관한 연구들은 대부분 장腸에 초점을 맞추었지만, 유익한 미생물을 포함한 제품(예: 피부용 크림, 샴푸, 구강세정제)에 모두 적용될 수 있다. 이러한 제품들은 모두 활발하게 개발되고 있다.

21 탁월한 프로바이오틱스 제품도 결점이 전혀 없는 건 아니다. 락토바실루스나 비피도박테륨과 같은 양성그룹은 혈액독성을 거의 초래하지 않는다. 한 악명 높은 네덜란드 임상 시험에서, 프로바이오틱스를 섭취한 급성 췌장염 환자는 위약을 섭취한 환자보다 사망할 가능성이 높은 것으로 밝혀졌다(Gareau et al., 2010). 프로바이오틱스 제품들은 전반적으로 안전하지만, 의사들은 증상이 심한 환자나 면역력이 약화된 환자에게 프로바이오틱스를 권하기 전에 재고再考할 필요가 있다.

22 레이몬드 존스와 시네르기스테스에 관한 이야기: Aung, 2007; CSIROpedia; New York Times, 1985; 존스가 최초로 시도한 혹위 추출물 이식: Jones and Megarrity, 1986; 시네르기스테스 요네시이에 관한 설명과 명명: Allison et al., 1992.

23 Ellis et al., 2015.

24 데니스 디어링과의 인터뷰. 그녀가 실험에 사용한 흰목숲쥐는 옥살로박터를 이용하여 먹이

(선인장) 속에 들어있는 옥살산염을 해독한다.

25 Bindels et al., 2015; Delzenne et al., 2013.

26 Underwood et al., 2009.

27 혼다 케냐의 연구: Atarashi et al., 2013; 임상시험으로 넘어가는 경로: Schmidt, 2013.

28 FMT에 관한 검토는 다음 문헌들을 참고하라: Aroniadis and Brandt, 2014; Khoruts, 2013; Petrof and Khoruts, 2014; Nelson, 2014(인기있는 논문들이 다수 포함되어 있음).

29 페트로프가 이끄는 연구진은 현재 완전한 이동식 시스템을 이용하는데, 그것은 대변받이(변기시트에 부착된 타파웨어 용기)와 커피필터로 구성되어 있다.

30 Koch and Schmid-Hempel, 2011.

31 Hamilton et al., 2013.

32 Zhang et al., 2012.

33 Van Nood et al., 2013.

34 FMT와 IBD: Anderson et al., 2012; FMT/비만 임상시험: Vrieze et al., 2012.

35 이 결과는 예측이 가능했다. 바네사 리다우라와 제프 고든의 실험에서, 날씬한 생쥐의 장내 미생물을 뚱뚱한 생쥐에게 이식한 결과 건강식을 먹을 때만 체중이 감소했다는 사실을 기억하라.

36 Petrof and Khoruts, 2014.

37 신선한 대변과 마찬가지로 잘 작동하는 냉동 대변: Youngster et al., 2014; 오픈바이옴의 절차: Eakin, 2014.

38 미생물학자 스탠리 팔코는 1957년 캡슐을 이용한 FMT를 최초로 시행했다. 당시 그가 근무하던 병원에는 병원성 포도상구균이 득실거리고 있었으므로, 모든 환자들은 수술 전에 감염 예방을 위해 항생제를 복용해야 했다. 그런데 불행하게도, 항생제는 환자들의 장내 미생물까지도 전멸시켰다. 이러한 문제점을 깨달은 팔코는 외래환자들에게 대변을 지참하라고 요청했다. 그는 환자의 대변을 캡슐에 넣어 돌려주고는, 수술이 끝난 후 삼키라고 했다. 팔코는 나중에 이렇게 썼다. "병원의 원무과장이 나를 노려보며 이렇게 외쳤다. '팔코, 당신이 환자에게 똥을 먹였다면서요?' 나는 이렇게 응수했다. '그래요. 나는 한 임상 시험에 참가했었는데, 그 내용은 환자들에게 자신의 똥을 먹이는 것이었어요.'" 팔코는 즉시 해고되었다가 이틀 후 복직되었다(Falkow, 2013).

39 Smith et al., 2014.

40 한 연구팀은 최근 FMT 이후 체중이 증가한 사례를 보고했다. 그러나 FMT가 체중 증가의 원인이었는지는 분명하지 않다(Alang and Kelly, 2015).

41 The Power of Poop(thepowerofpoop.com)에서는 DIY 대변이식자들로부터 사례를 수집하여, 의사들에게 '대변 이식을 진지하게 받아들이라'는 캠페인을 벌이고 있다.

42 내가 9장을 쓰는 동안 한 독자에게서 이메일이 왔다. 그 내용인즉, 자신이 다이어트 소다를 마시고 있는데, 혹시 FMT가 필요한지 알고 싶다는 거였다. 내 대답은 '아니올시다'였다.

43 성명서에 서명한 사람들 중에서 이 책에 등장하는 인물로는 제프 고든, 롭 나이트, 마틴 블레이저 등이 있다: Hecht et al., 2014.

44 리푸플레이트: Petrof et al., 2013; 미생물 칵테일을 규정한 다른 연구들: Buffie et al., 2014; Lawley et al., 2012.

45 코러츠는 이 주장에 동의하지 않는다. 그는 이렇게 말한다. "공여자에게서 수확한 풀스펙트럼full spectrum 미생물은 자연이 지정해준 것으로, 오리지널 숙주에게서 안전성이 입증되었다. 그것은 모든 종류의 합성 미생물을 향상시킬 수 있는 벤치마크로 사용될 수 있다." 그 자신이 대변 이식을 필요로 한다면, 그는 구식 방법을 선택할 것이다.

46 Haiser et al., 2013.

47 Carmody and Turnbaugh, 2014; Clayton et al., 2009; Vétizou et al., 2015.

48 Dobson et al., 2015; Smith et al., 2015.

49 Haiser and Turnbaugh, 2012; Holmes et al., 2012; Lemon et al., 2012; Sonnenburg and Fischbach, 2011.

50 TMAO에 관한 헤이즌의 연구 검토: Tang and Hazen, 2014; 세균으로 하여금 TMAO를 만들지 못하도록 억제하는 화합물 발견: Wang et al., 2015.

51 나는 2015년 〈뉴사이언티스트〉에 '똑똑한 프로바이오틱스'에 관한 글을 기고했다(Yong, 2015c).

52 Kotula et al., 2014.

53 대장균에 관한 창Chang의 연구: Saeidi et al., 2011. 짐 콜린스는 이 미생물을 시장에 판매하기 위해 신로직Synlogic이라는 업체를 공동으로 설립했다. 그는 2년 후면 첫 번째 임상 시험을 실시할 수 있을 것으로 생각하고 있다.

54 Rutherford, 2013.

55 Claesen and Fischbach, 2015; Sonnenburg and Fischbach, 2011.

56 티모시 루는 B-테타에 관한 첫 번째 논문을 발표했으며(Mimee et al., 2015), 소넨버그가 이끄는 연구진도 머지 않아 논문을 발표할 것으로 보인다.

57 Olle, 2013.

58 Iturbe-Ormaetxe et al., 2011 and LePage and Bordenstein, 2013.

59 오닐의 오리지널 아이디어는 볼바키아의 유전체를 조작하여 항뎅기항체anti-dengue antibody를 생성하는 유전자를 장착하는 것이었다. 그 방법이 성공한다면, 유전자 변형 세균은 모기 집단 전체에 신속히 퍼져 뎅기 바이러스를 차단하는 항체를 생성할 것이다. 그러나 볼바키아의 유전자를 조작하기가 쉽지 않았다. 오닐은 6개월 후 두 손을 들었고, 그 이후 볼바키아의 유전자를 조작하는 데 성공한 사람은 아무도 없었다.

60 팝콘 균주에 대한 첫 번째 언급: Min and Benzer, 1997; 모기의 알을 볼바카이에 안정적으로 감염시킨 코너 맥메니먼: McMeniman et al., 2009.

61 시뮬레이션을 수행한 사람은 UC 데이비스의 마이클 투렐리이며(Bull and Turelli, 2013), 나중

에 현장 실험에서 확인되었다. 베트남의 작은 섬에서 팝콘 균주를 가진 모기를 풀어놓았더니, 곤충과 공생 세균 모두 섬에 발을 딛는 데 실패했다.

62 볼바키아가 초파리로 하여금 바이러스에 대한 저항성을 갖도록 만든다는 카린 존슨과 루이스 테익세이라의 연구: Hedges et al., 2008; Teixeira et al., 2008; 모기에게도 동일한 원칙이 적용된다는 사실을 밝힌 루치아노 오닐의 연구팀(모레이라가 지휘함): Moreira et al., 2009.

63 이집트숲모기를 wMel에 감염시킨 사람은 톰 워커이며, 오닐과 함께 모기장 실험을 수행한 사람은 아리 호프먼과 스콧 리치다(Walker et al., 2011).

64 과학자들이 지역사회를 무시할 경우 어떤 일이 일어나는지, 오닐은 잘 알고 있었다. 1969년 세계보건기구WHO의 과학자들은 인도로 건너가 다양한 신기법들(예: 유전자 변형, 방사선 조사irradiation, 볼바키아를 이용한 모기 집단 통제)을 이용하여 모기를 통제하려고 했다(Nature, 1975). 그런데 이 프로젝트가 비밀리에 진행되자, 지역 주민들은 의심을 품기 시작했다. 뒤이어 신문들이 과학자들을 일제히 비난하기 시작했는데, 그 내용인즉 '과학자 중의 일부는 미국인들인데, 미국의 토양에 위험한 실험을 인도에서 수행함으로써 인도를 시험대test-bed로 이용하려고 하며, 심지어 생물학적 무기를 개발하려고 한다'는 거였다. 그러나 WHO의 과학자들은 이에 아랑곳하지 않고 묵묵부답으로 일관했다. 오닐은 이렇게 말한다. "그것은 PR의 악몽이었어요. 그들은 인도에서 쫓겨났으며, 그로 인해 20년 동안 모기의 유전자 변형이 터부시되었어요." 오닐은 똑같은 실수를 반복하고 싶지 않았다.

65 Hoffmann et al., 2011.

66 뎅기열 몰아내기 프로젝트: www.eliminatedengue.com. 오닐과 케이트 레츠키는 나와 타운스빌 프로젝트를 논의했고, 벡티 안다리와 아나 크리스티나 파티노 타보다는 나와 인도네시아 및 콜롬비아 프로젝트에 관해 이야기를 나눴다.

67 Chrostek et al., 2013; McGraw and O'Neill, 2013.

68 얼룩날개모기속을 볼바키아에 감염시키기: Bian et al., 2013; 볼바키아를 이용하여 다른 해충 통제하기: Doudoumis et al., 2013; 모기에게 특정 장내 미생물(항말라리아 프로바이오틱)을 먹여 말라리아원충을 차단하기: Hughes et al., 2014.

10장 내일의 세계

1 우리가 공간에 내뿜는 미생물 구름: Meadow et al., 2015; 공기중에 방출되는 세균의 수 추정치: Qian et al., 2012.

2 Lax et al., 2014.

3 좀 어려운 용어로는, 겨드랑이를 액와axilla라고 한다.

4 Van Bonn et al., 2015.

5 병원 마이크로바이옴 프로젝트: Westwood et al., 2014; 병원의 미생물과 감염: Lax and Gilbert, 2015.

6 Gibbons et al., 2015.

7 병원의 창문에 관한 그린의 연구: Kembel et al., 2012; 플로렌스 나이팅게일의 이야기: Nightingale, 1859.

8 실내환경에 서식하는 마이크로바이옴: Adams et al., 2015; 릴리스홀에 관한 제시카 그린의 연구: Kembel et al., 2014; '생물에 정통한 설계'에 관한 그린의 검토와 TED 강연: Green, 2011, 2014.

9 Gilbert et al., 2010; Jansson and Prosser, 2013; Svoboda, 2015.

10 Alivisatos et al., 2015.

Abbott, A.C. (1894) *The Principles of Bacteriology* (Philadelphia: Lea Bros & Co.).

Acuna, R., Padilla, B.E., Florez-Ramos, C.P., Rubio, J.D., Herrera, J.C., Benavides, P., Lee, S-J., Yeats, T.H., Egan, A.N., Doyle, J.J., et al. (2012) 'Adaptive horizontal transfer of a bacterial gene to an invasive insect pest of coffee', *Proc. Natl. Acad. Sci*. 109, 4197–4202.

Adams, A.S., Aylward, F.O., Adams, S.M., Erbilgin, N., Aukema, B.H., Currie, C.R., Suen, G., and Raffa, K.F. (2013) 'Mountain pine beetles colonizing historical and naive host trees are associated with a bacterial community highly enriched in genes contributing to terpene metabolism', *Appl. Environ. Microbiol*. 79, 3468–3475.

Adams, R.I., Bateman, A.C., Bik, H.M., and Meadow, J.F. (2015) 'Microbiota of the indoor environment: a meta-analysis', Microbiome 3. doi: 10.1186/s40168-015-0108-3.

Alang, N. and Kelly, C.R. (2015) 'Weight gain after fecal microbiota transplantation', *Open Forum Infect*. Dis. 2, ofv004–ofv004.

Alcaide, M., Messina, E., Richter, M., Bargiela, R., Peplies, J., Huws, S.A., Newbold, C.J., Golyshin, P.N., Simón, M.A., López, G., et al. (2012) 'Gene sets for utilization of primary and secondary nutrition supplies in the distal gut of endangered Iberian lynx', *PLoS ONE* 7, e51521.

Alcock, J., Maley, C.C., and Aktipis, C.A. (2014) 'Is eating behavior manipulated by the gastrointestinal microbiota? Evolutionary pressures and potential mechanisms', BioEssays 36, 940–949.

Alegado, R.A. and King, N. (2014) 'Bacterial influences on animal origins', Cold Spring Harb. Perspect. Biol. 6, a016162-a016162.

Alegado, R.A., Brown, L.W., Cao, S., Dermenjian, R.K., Zuzow, R., Fairclough, S.R., Clardy, J., and King, N. (2012) 'A bacterial sulfonolipid triggers multicellular development in the closest living relatives of animals', Elife 1, e00013.

AlFaleh, K. and Anabrees, J. (2014) 'Probiotics for prevention of necrotizing enterocolitis in preterm infants', in *Cochrane Database of Systematic Reviews*, The Cochrane

Collaboration (Chichester, UK: John Wiley & Sons).

Alivisatos, A.P., Blaser, M.J., Brodie, E.L., Chun, M., Dangl, J.L., Donohue, T.J., Dorrestein, P.C., Gilbert, J.A., Green, J.L., Jansson, J.K., et al. (2015) 'A unified initiative to harness Earth's microbiomes', *Science* 350, 507–508.

Allen, S.J., Martinez, E.G., Gregorio, G.V., and Dans, L.F. (2010) 'Probiotics for treating acute infectious diarrhoea', in *Cochrane Database of Systematic Reviews*, The Cochrane Collaboration (Chichester, UK: John Wiley & Sons).

Allison, M.J., Mayberry, W.R., Mcsweeney, C.S., and Stahl, D.A. (1992) 'Synergistes jonesii, gen. nov., sp.nov.: a rumen bacterium that degrades toxic pyridinediols', *Syst. Appl. Microbiol.* 15, 522–529.

The Allium (2014) 'New Salmonella diet achieves 'amazing' weight-loss for microbiologist'.

Altman, L.K. (April 1993) 'Dr. Denis Burkitt is dead at 82; thesis changed diets of millions', *New York Times*.

Amato, K.R., Leigh, S.R., Kent, A., Mackie, R.I., Yeoman, C.J., Stumpf, R.M., Wilson, B.A., Nelson, K.E., White, B.A., and Garber, P.A. (2015) 'The gut microbiota appears to compensate for seasonal diet variation in the wild black howler monkey (Alouatta pigra)', *Microb. Ecol.* 69, 434–443.

American Chemical Society (1999) Alexander Fleming Discovery and Development of Penicillin. http://www.acs.org/content/acs/en/education/whatischemistry/landmarks/flemingpenicillin.html#alexander-fleming-penicillin.

Amphibian Ark (2012) Chytrid fungus – causing global amphibian mass extinction. http://www.amphibianark.org/the-crisis/chytrid-fungus/.

Anderson, D. (2014) 'Still going strong: Leeuwenhoek at eighty', *Antonie Van Leeuwenhoek* 106, 3–26.

Anderson, J.L., Edney, R.J., and Whelan, K. (2012) 'Systematic review: faecal microbiota transplantation in the management of inflammatory bowel disease', *Aliment. Pharmacol. Ther.* 36, 503–516.

Anukam, K.C. and Reid, G. (2007) 'Probiotics: 100 years (1907--2007) after Elie Metchnikoff's observation', in Communicating Current Research and Educational Topics and Trends in *Applied Microbiology* (FORMATEX).

Archibald, J. (2014) *One Plus One Equals One: Symbiosis and the Evolution of Complex Life* (Oxford: Oxford University Press).

Archie, E.A. and Theis, K.R. (2011) 'Animal behaviour meets microbial ecology', *Anim. Behav.* 82, 425–436.

Aroniadis, O.C. and Brandt, L.J. (2014) 'Intestinal microbiota and the efficacy of fecal microbiota transplantation in gastrointestinal disease', *Gastroenterol. Hepatol.* 10, 230 – 237.

Arrieta, M-C., Stiemsma, L.T., Dimitriu, P.A., Thorson, L., Russell, S., Yurist-Doutsch, S., Kuzeljevic, B., Gold, M.J., Britton, H.M., Lefebvre, D.L., et al. (2015) 'Early infancy microbial and metabolic alterations affect risk of childhood asthma', *Sci. Transl. Med.* 7, 307ra152.

Asano, Y., Hiramoto, T., Nishino, R., Aiba, Y., Kimura, T., Yoshihara, K., Koga, Y., and Sudo, N. (2012) 'Critical role of gut microbiota in the production of biologically active, free catecholamines in the gut lumen of mice', *AJP Gastrointest. Liver Physiol.* 303, G1288 – G1295.

Atarashi, K., Tanoue, T., Shima, T., Imaoka, A., Kuwahara, T., Momose, Y., Cheng, G., Yamasaki, S., Saito, T., Ohba, Y., et al. (2011) 'Induction of colonic regulatory T cells by indigenous Clostridium species', *Science* 331, 337 – 341.

Atarashi, K., Tanoue, T., Oshima, K., Suda, W., Nagano, Y., Nishikawa, H., Fukuda, S., Saito, T., Narushima, S., Hase, K., et al. (2013) 'Treg induction by a rationally selected mixture of Clostridia strains from the human microbiota', *Nature* 500, 232-236.

Aung, A. (2007) *Feeding of Leucaena Mimosine on Small Ruminants: Investigation on the Control of its Toxicity in Small Ruminants* (Göttingen: Cuvillier Verlag).

Bäckhed, F., Ding, H., Wang, T., Hooper, L.V., Koh, G.Y., Nagy, A., Semenkovich, C.F., and Gordon, J.I. (2004) 'The gut microbiota as an environmental factor that regulates fat storage', *Proc. Natl. Acad. Sci. U. S. A.* 101, 15718 – 15723.

Bäckhed, F., Fraser, C.M., Ringel, Y., Sanders, M.E., Sartor, R.B., Sherman, P.M., Versalovic, J., Young, V., and Finlay, B.B. (2012) 'Defining a healthy human gut microbiome: current concepts, future directions, and clinical applications', *Cell Host Microbe* 12, 611 – 622.

Bäckhed, F., Roswall, J., Peng, Y., Feng, Q., Jia, H., Kovatcheva-Datchary, P., Li, Y., Xia, Y., Xie, H., Zhong, H., et al. (2015) 'Dynamics and stabilization of the human gut microbiome during the first year of life', *Cell Host Microbe* 17, 690 – 703.

Ballal, S.A., Veiga, P., Fenn, K., Michaud, M., Kim, J.H., Gallini, C.A., Glickman, J.N., Quéré, G., Garault, P., Béal, C., et al. (2015) 'Host lysozyme-mediated lysis of Lactococcus lactis facilitates delivery of colitis-attenuating superoxide dismutase to inflamed colons', *Proc. Natl. Acad. Sci.* 112, 7803 – 7808.

Barott, K.L., and Rohwer, F.L. (2012) 'Unseen players shape benthic competition on coral reefs', *Trends Microbiol.* 20, 621 – 628.

Barr, J.J., Auro, R., Furlan, M., Whiteson, K.L., Erb, M.L., Pogliano, J., Stotland, A., Wolkowicz, R., Cutting, A.S., and Doran, K.S. (2013) 'Bacteriophage adhering to mucus provide a non-host-derived immunity', *Proc. Natl. Acad. Sci.* 110, 10771-10776.

Bates, J.M., Mittge, E., Kuhlman, J., Baden, K.N., Cheesman, S.E., and Guillemin, K. (2006) 'Distinct signals from the microbiota promote different aspects of zebrafish gut differentiation', *Dev. Biol.* 297, 374-386.

Baumann, P., Lai, C., Baumann, L., Rouhbakhsh, D., Moran, N.A., and Clark, M.A. (1995) 'Mutualistic associations of aphids and prokaryotes: biology of the genus Buchnera', *Appl. Environ. Microbiol.* 61, 1-7.

BBC (23 January 2015) The 25 biggest turning points in Earth's history.

Beasley, D.E., Koltz, A.M., Lambert, J.E., Fierer, N., and Dunn, R.R. (2015) 'The evolution of stomach acidity and its relevance to the human microbiome' *PloS One* 10, e0134116.

Beaumont, W. (1838) *Experiments and Observations on the Gastric Juice, and the Physiology of Digestion* (Edinburgh: Maclachlan & Stewart).

Becerra, J.X., Venable, G.X., and Saeidi, V. (2015) 'Wolbachia-free heteropterans do not produce defensive chemicals or alarm pheromones' *J. Chem. Ecol.* 41, 593-601.

Becker, M.H., Walke, J.B., Cikanek, S., Savage, A.E., Mattheus, N., Santiago, C.N., Minbiole, K.P.C., Harris, R.N., Belden, L.K. and Gratwicke, B. (2015) 'Composition of symbiotic bacteria predicts survival in Panamanian golden frogs infected with a lethal fungus' *Proc. R. Soc. B Biol. Sci.* 282, doi: 10.1098/rspb.2014.2881.

Belkaid, Y. and Hand, T.W. (2014) 'Role of the microbiota in immunity and inflammation', *Cell* 157, 121-41.

Bennett, G.M. and Moran, N.A. (2013) 'Small, smaller, smallest: the origins and evolution of ancient dual symbioses in a phloem-feeding insect', *Genome Biol. Evol.* 5, 1675-1688.

Bennett, G.M. and Moran, N.A. (2015) 'Heritable symbiosis: the advantages and perils of an evolutionary rabbit hole' *Proc. Natl. Acad. Sci.* 112, 10169-10176.

Benson, A.K., Kelly, S.A., Legge, R., Ma, F., Low, S.J., Kim, J., Zhang, M., Oh, P.L., Nehrenberg, D., Hua, K., et al. (2010) 'Individuality in gut microbiota composition is a complex polygenic trait shaped by multiple environmental and host genetic factors', *Proc. Natl. Acad. Sci.* 107, 18933-18938.

Bercik, P., Denou, E., Collins, J., Jackson, W., Lu, J., Jury, J., Deng, Y., Blennerhassett, P., Macri, J., McCoy, K.D., et al. (2011) 'The intestinal microbiota affect central levels of brain-derived neurotropic factor and behavior in mice', *Gastroenterology* 141, 599–609.e3.

Berer, K., Mues, M., Koutrolos, M., Rasbi, Z.A., Boziki, M., Johner, C., Wekerle, H., and Krishnamoorthy, G. (2011) 'Commensal microbiota and myelin autoantigen cooperate to trigger autoimmune demyelination', *Nature* 479, 538–541.

Bergman, E.N. (1990) 'Energy contributions of volatile fatty acids from the gastrointestinal tract in various species', *Physiol. Rev.* 70, 567–590.

Bevins, C.L. and Salzman, N.H. (2011) 'The potter's wheel: the host's role in sculpting its microbiota', *Cell. Mol. Life Sci.* 68, 3675–3685.

Bezier, A., Annaheim, M., Herbiniere, J., Wetterwald, C., Gyapay, G., Bernard-Samain, S., Wincker, P., Roditi, I., Heller, M., Belghazi, M., et al. (2009) 'Polydnaviruses of braconid wasps derive from an ancestral nudivirus', *Science* 323, 926–930.

Bian, G., Joshi, D., Dong, Y., Lu, P., Zhou, G., Pan, X., Xu, Y., Dimopoulos, G., and Xi, Z. (2013). 'Wolbachia invades Anopheles stephensi populations and induces refractoriness to Plasmodium infection', *Science* 340, 748–751.

Bindels, L.B., Delzenne, N.M., Cani, P.D., and Walter, J. (2015) 'Towards a more comprehensive concept for prebiotics', *Nat. Rev. Gastroenterol. Hepatol.* 12, 303–310.

Blakeslee, S. (15 October 1996) 'Microbial life's steadfast champion', *New York Times*.

Blaser, M. (1 February 2005) 'An endangered species in the stomach; *Sci. Am*.

Blaser, M. (2010) 'Helicobacter pylori and esophageal disease: wake-up call?', *Gastroenterology* 139, 1819–1822.

Blaser, M. (2014) *Missing Microbes: How the Overuse of Antibiotics Is Fueling Our Modern Plagues* (New York: Henry Holt & Co.).

Blaser, M. and Falkow, S. (2009) 'What are the consequences of the disappearing human microbiota?' *Nat. Rev. Microbiol.* 7, 887–894.

Blazejak, A., Erseus, C., Amann, R., and Dubilier, N. (2005) 'Coexistence of bacterial sulfide oxidizers, sulfate reducers, and spirochetes in a gutless worm (Oligochaeta) from the Peru Margin', *Appl. Environ. Microbiol.* 71, 1553–1561.

Bletz, M.C., Loudon, A.H., Becker, M.H., Bell, S.C., Woodhams, D.C., Minbiole, K.P.C., and Harris, R.N. (2013) 'Mitigating amphibian chytridiomycosis with bioaugmentation: characteristics of effective probiotics and strategies for their selection and use', *Ecol. Lett.* 16, 807–820.

Blumberg, R. and Powrie, F. (2012) 'Microbiota, disease, and back to health: a metastable journey', *Sci. Transl. Med.* 4, 137rv7–rv137rv7.

Bode, L. (2012) 'Human milk oligosaccharides: every baby needs a sugar mama', *Glycobiology* 22, 1147 – 1162.

Bode, L., Kuhn, L., Kim, H-Y., Hsiao, L., Nissan, C., Sinkala, M., Kankasa, C., Mwiya, M., Thea, D.M., and Aldrovandi, G.M. (2012) 'Human milk oligosaccharide concentration and risk of postnatal transmission of HIV through breastfeeding', *Am. J. Clin. Nutr.* 96, 831 – 839.

Bohnhoff, M., Miller, C.P., and Martin, W.R. (1964) 'Resistance of the mouse's intestinal tract to experimental Salmonella infection', *J. Exp. Med.* 120, 817 – 828.

Boone, C.K., Keefover-Ring, K., Mapes, A.C., Adams, A.S., Bohlmann, J., and Raffa, K.F. (2013) 'Bacteria associated with a tree-killing insect reduce concentrations of plant defense compounds', *J. Chem. Ecol.* 39, 1003 – 1006.

Bordenstein, S.R. and Theis, K.R. (2015) 'Host biology in light of the microbiome: ten principles of holobionts and hologenomes', *PLoS Biol.* 13, e1002226.

Bordenstein, S.R., O'Hara, F.P., and Werren, J.H. (2001) 'Wolbachia-induced incompatibility precedes other hybrid incompatibilities in Nasonia', *Nature* 409, 707 – 710.

Bosch, T.C. (2012) 'What Hydra has to say about the role and origin of symbiotic interactions', *Biol. Bull.* 223, 78 – 84.

Boto, L. (2014) 'Horizontal gene transfer in the acquisition of novel traits by metazoans', Proc. R. Soc. B Biol. Sci. 281, doi: 10.1098/rspb.2013.2450.

Bouskra, D., Brézillon, C., Bérard, M., Werts, C., Varona, R., Boneca, I.G., and Eberl, G. (2008) 'Lymphoid tissue genesis induced by commensals through NOD1 regulates intestinal homeostasis', *Nature* 456, 507 – 510.

Bouslimani, A., Porto, C., Rath, C.M., Wang, M., Guo, Y., Gonzalez, A., Berg-Lyon, D., Ackermann, G., Moeller Christensen, G.J., Nakatsuji, T. et al. (2015) 'Molecular cartography of the human skin surface in 3D', *Proc. Natl. Acad. Sci.* U. S. A. 112, E2120 – E2129.

Braniste, V., Al-Asmakh, M., Kowal, C., Anuar, F., Abbaspour, A., Tóth, M., Korecka, A., Bakocevic, N., Ng, L.G., Kundu, P. et al. (2014) 'The gut microbiota influences blood-brain barrier permeability in mice', *Sci. Transl. Med.* 6, 263ra158.

Bravo, J.A., Forsythe, P., Chew, M.V., Escaravage, E., Savignac, H.M., Dinan, T.G., Bienenstock, J., and Cryan, J.F. (2011) 'Ingestion of Lactobacillus strain regulates emotional behavior and central GABA receptor expression in a mouse via the vagus nerve', *Proc. Natl. Acad. Sci.* 108, 16050 – 16055.

Broderick, N.A., Raffa, K.F., and Handelsman, J. (2006) 'Midgut bacteria required for

Bacillus thuringiensis insecticidal activity', *Proc. Natl. Acad. Sci.* 103, 15196–15199.

Brown, C.T., Hug, L.A., Thomas, B.C., Sharon, I., Castelle, C.J., Singh, A., Wilkins, M.J., Wrighton, K.C., Williams, K.H., and Banfield, J.F. (2015) 'Unusual biology across a group comprising more than 15% of domain bacteria', *Nature* 523, 208–211.

Brown, E.M., Arrieta, M-C., and Finlay, B.B. (2013) 'A fresh look at the hygiene hypothesis: how intestinal microbial exposure drives immune effector responses in atopic disease', *Semin. Immunol.* 25, 378–387.

Bruce-Keller, A.J., Salbaum, J.M., Luo, M., Blanchard, E., Taylor, C.M., Welsh, D.A., and Berthoud, H-R. (2015) 'Obese-type gut microbiota induce neurobehavioral changes in the absence of obesity', *Biol. Psychiatry* 77, 607–615.

Brucker, R.M. and Bordenstein, S.R. (2013) 'The hologenomic basis of speciation: gut bacteria cause hybrid lethality in the genus Nasonia', *Science* 341, 667–669.

Brucker, R.M., and Bordenstein, S.R. (2014) Response to Comment on 'The hologenomic basis of speciation: gut bacteria cause hybrid lethality in the genus Nasonia', *Science* 345, 1011–1011.

Bshary, R. (2002) 'Biting cleaner fish use altruism to deceive image-scoring client reef fish', *Proc. Biol. Sci.* 269, 2087–2093.

Buchner, P. (1965) *Endosymbiosis of Animals with Plant Microorganisms* (NewYork: Interscience Publishers / John Wiley).

Buffie, C.G., Bucci, V., Stein, R.R., McKenney, P.T., Ling, L., Gobourne, A., No, D., Liu, H., Kinnebrew, M., Viale, A., et al. (2014) 'Precision microbiome reconstitution restores bile acid mediated resistance to Clostridium difficile', *Nature* 517, 205–208.

Bull, J.J. and Turelli, M. (2013) 'Wolbachia versus dengue: evolutionary forecasts', *Evol. Med. Public Health* 2013, 197–201.

Bulloch, W. (1938) *The History of Bacteriology* (Oxford: Oxford University Press).

Cadwell, K., Patel, K.K., Maloney, N.S., Liu, T-C., Ng, A.C.Y., Storer, C.E., Head, R.D., Xavier, R., Stappenbeck, T.S., and Virgin, H.W. (2010) 'Virus-plussusceptibility gene interaction determines Crohn's Disease gene Atg16L1 phenotypes in intestine', *Cell* 141, 1135–1145.

Cafaro, M.J., Poulsen, M., Little, A.E.F., Price, S.L., Gerardo, N.M., Wong, B., Stuart, A.E., Larget, B., Abbot, P., and Currie, C.R. (2011) 'Specificity in the symbiotic association between fungus-growing ants and protective Pseudonocardia bacteria', *Proc. R. Soc. B Biol. Sci.* 278, 1814–1822.

Campbell, M.A., Leuven, J.T.V., Meister, R.C., Carey, K.M., Simon, C., and McCutcheon, J.P. (2015), 'Genome expansion via lineage splitting and genome reduction in the cicada endosymbiont Hodgkinia', *Proc. Natl. Acad. Sci.* 112, 10192–10199.

Caporaso, J.G., Lauber, C.L., Costello, E.K., Berg-Lyons, D., Gonzalez, A., Stombaugh, J., Knights, D., Gajer, P., Ravel, J., and Fierer, N. (2011) 'Moving pictures of the human microbiome', *Genome Biol.* 12, R50.

Carmody, R.N. and Turnbaugh, P.J. (2014) 'Host–microbial interactions in the metabolism of therapeutic and diet-derived xenobiotics', *J. Clin. Invest.* 124, 4173–4181.

Caspi-Fluger, A., Inbar, M., Mozes-Daube, N., Katzir, N., Portnoy, V., Belausov, E., Hunter, M.S., and Zchori-Fein, E. (2012) 'Horizontal transmission of the insect symbiont Rickettsia is plant-mediated', *Proc. R. Soc. B Biol. Sci.* 279, 1791–1796.

Cavanaugh, C.M., Gardiner, S.L., Jones, M.L., Jannasch, H.W., and Waterbury, J.B. (1981) 'Prokaryotic cells in the hydrothermal vent tube worm Riftia pachyptila Jones: possible chemoautotrophic symbionts', *Science* 213, 340–342.

Ceja-Navarro, J.A., Vega, F.E., Karaoz, U., Hao, Z., Jenkins, S., Lim, H.C., Kosina, P., Infante, F., Northen, T.R., and Brodie, E.L. (2015) 'Gut microbiota mediate caffeine detoxification in the primary insect pest of coffee', *Nat. Commun.* 6, 7618.

Chandler, J.A. and Turelli, M. (2014) Comment on 'The hologenomic basis of speciation: gut bacteria cause hybrid lethality in the genus Nasonia', *Science* 345, 1011–1011.

Chassaing, B., Koren, O., Goodrich, J.K., Poole, A.C., Srinivasan, S., Ley, R.E., and Gewirtz, A.T. (2015) 'Dietary emulsifiers impact the mouse gut microbiota promoting colitis and metabolic syndrome', *Nature* 519, 92–96.

Chau, R., Kalaitzis, J.A., and Neilan, B.A. (2011) 'On the origins and biosynthesis of tetrodotoxin', *Aquat. Toxicol. Amst. Neth.* 104, 61–72.

Cheesman, S.E. and Guillemin, K. (2007) 'We know you are in there: conversing with the indigenous gut microbiota', *Res. Microbiol.* 158, 2–9.

Chen, Y., Segers, S., and Blaser, M.J. (2013) 'Association between Helicobacter pylori and mortality in the NHANES III study', *Gut* 62, 1262–1269.

Chichlowski, M., German, J.B., Lebrilla, C.B., and Mills, D.A. (2011) 'The influence of milk oligosaccharides on microbiota of infants: opportunities for formulas', *Annu. Rev. Food Sci. Technol.* 2, 331–351.

Cho, I. and Blaser, M.J. (2012) 'The human microbiome: at the interface of health and disease', *Nat. Rev. Genet.* 13, 260–270.

Cho, I., Yamanishi, S., Cox, L., Methé, B.A., Zavadil, J., Li, K., Gao, Z., Mahana, D., Raju, K., Teitler, I., et al. (2012) 'Antibiotics in early life alter the murine colonic microbiome and adiposity', *Nature* 488, 621–626.

Chou, S., Daugherty, M.D., Peterson, S.B., Biboy, J., Yang, Y., Jutras, B.L., Fritz-Laylin, L.K., Ferrin, M.A., Harding, B.N., Jacobs-Wagner, C., et al. (2014) 'Transferred interbacterial antagonism genes augment eukaryotic innate immune function', *Nature* 518, 98–101.

Chrostek, E., Marialva, M.S.P., Esteves, S.S., Weinert, L.A., Martinez, J., Jiggins, F.M., and Teixeira, L. (2013) 'Wolbachia variants induce differential protection to viruses in Drosophila melanogaster: a phenotypic and phylogenomic analysis', *PLoS Genet*. 9, e1003896.

Chu, C-C., Spencer, J.L., Curzi, M.J., Zavala, J.A., and Seufferheld, M.J. (2013) 'Gut bacteria facilitate adaptation to crop rotation in the western corn rootworm', *Proc. Natl. Acad. Sci*. 110, 11917–11922.

Chung, K-T. and Bryant, M.P. (1997) 'Robert E. Hungate: pioneer of anaerobic microbial ecology', *Anaerobe* 3, 213–217.

Chung, K-T. and Ferris, D.H. (1996) 'Martinus Willem Beijerinck', *ASM News* 62, 539–543.

Chung, H., Pamp, S.J., Hill, J.A., Surana, N.K., Edelman, S.M., Troy, E.B., Reading, N.C., Villablanca, E.J., Wang, S., Mora, J.R., et al. (2012) 'Gut immune maturation depends on colonization with a host-specific microbiota', *Cell* 149, 1578–1593.

Chung, S.H., Rosa, C., Scully, E.D., Peiffer, M., Tooker, J.F., Hoover, K., Luthe, D.S., and Felton, G.W. (2013) 'Herbivore exploits orally secreted bacteria to suppress plant defenses', *Proc. Natl. Acad. Sci*. U. S. A. 110, 15728–15733.

Ciorba, M.A. (2012) 'A gastroenterologist's guide to probiotics', *Clin. Gastroenterol. Hepatol*. 10, 960–968.

Claesen, J. and Fischbach, M.A. (2015) 'Synthetic microbes as drug delivery systems', *ACS Synth. Biol*. 4, 358–364.

Clayton, A.L., Oakeson, K.F., Gutin, M., Pontes, A., Dunn, D.M., von Niederhausern, A.C., Weiss, R.B., Fisher, M., and Dale, C. (2012) 'A novel human-infectionderived bacterium provides insights into the evolutionary origins of mutualistic insect–bacterial symbioses', *PLoS Genet*. 8, e1002990.

Clayton, T.A., Baker, D., Lindon, J.C., Everett, J.R., and Nicholson, J.K. (2009) 'Pharmacometabonomic identification of a significant host–microbiome metabolic interaction affecting human drug metabolism', *Proc. Natl. Acad. Sci. U. S. A*. 106, 14728–14733.

Clemente, J.C., Pehrsson, E.C., Blaser, M.J., Sandhu, K., Gao, Z., Wang, B., Magris, M., Hidalgo, G., Contreras, M., Noya-Alarcon, O., et al. (2015) 'The microbiome of uncontacted Amerindians', *Sci. Adv.* 1, e1500183.

Cobb, M. (3 June 2013) 'Oswald T. Avery, the unsung hero of genetic science', *The Guardian*.

Cockburn, S.N., Haselkorn, T.S., Hamilton, P.T., Landzberg, E., Jaenike, J., and Perlman, S.J. (2013) 'Dynamics of the continent-wide spread of a Drosophila defensive symbiont', *Ecol. Lett.* 16, 609–616.

Collins, S.M., Surette, M., and Bercik, P. (2012) 'The interplay between the intestinal microbiota and the brain', *Nat. Rev. Microbiol.* 10, 735–742.

Coon, K.L., Vogel, K.J., Brown, M.R., and Strand, M.R. (2014) 'Mosquitoes rely on their gut microbiota for development', *Mol. Ecol.* 23, 2727–2739.

Costello, E.K., Lauber, C.L., Hamady, M., Fierer, N., Gordon, J.I., and Knight, R. (2009) 'Bacterial community variation in human body habitats across space and time', *Science* 326, 1694–1697.

Cox, L.M. and Blaser, M.J. (2014) 'Antibiotics in early life and obesity', *Nat. Rev. Endocrinol.* 11, 182–190.

Cox, L.M., Yamanishi, S., Sohn, J., Alekseyenko, A.V., Leung, J.M., Cho, I., Kim, S.G., Li, H., Gao, Z., Mahana, D., et al. (2014) 'Altering the intestinal microbiota during a critical developmental window has lasting metabolic consequences', *Cell* 158, 705–721.

Cryan, J.F. and Dinan, T.G. (2012) 'Mind-altering microorganisms: the impact of the gut microbiota on brain and behaviour', *Nat. Rev. Neurosci.* 13, 701–712.

CSIROpedia Leucaena toxicity solution.

Dalal, S.R., and Chang, E.B. (2014) 'The microbial basis of inflammatory bowel diseases', *J. Clin. Invest.* 124, 4190–4196.

Dale, C. and Moran, N.A. (2006) 'Molecular interactions between bacterial symbionts and their hosts', *Cell* 126, 453–465.

Danchin, E.G.J. and Rosso, M-N. (2012) 'Lateral gene transfers have polished animal genomes: lessons from nematodes', *Front. Cell. Infect. Microbiol.* 2. doi: 10.3389/fcimb.2012.00027.

Danchin, E.G.J., Rosso, M-N., Vieira, P., de Almeida-Engler, J., Coutinho, P.M., Henrissat, B., and Abad, P. (2010) 'Multiple lateral gene transfers and duplications have promoted plant parasitism ability in nematodes', *Proc. Natl. Acad. Sci.* 107, 17651–17656.

Darmasseelane, K., Hyde, M.J., Santhakumaran, S., Gale, C., and Modi, N. (2014) 'Mode of delivery and offspring body mass index, overweight and obesity in adult life: a systematic review and meta-analysis', *PloS One* 9, e87896.

David, L.A., Maurice, C.F., Carmody, R.N., Gootenberg, D.B., Button, J.E., Wolfe, B.E., Ling, A.V., Devlin, A.S., Varma, Y., Fischbach, M.A., et al. (2013) 'Diet rapidly and reproducibly alters the human gut microbiome', *Nature* 505, 559 – 563.

David, L.A., Materna, A.C., Friedman, J., Campos-Baptista, M.I., Blackburn, M.C., Perrotta, A., Erdman, S.E., and Alm, E.J. (2014) 'Host lifestyle affects human microbiota on daily timescales', *Genome Biol*. 15, R89.

Dawkins, Richard (1982) *The Extended Phenotype* (Oxford: Oxford University Press).

De Filippo, C., Cavalieri, D., Di Paola, M., Ramazzotti, M., Poullet, J.B., Massart, S., Collini, S., Pieraccini, G., and Lionetti, P. (2010) 'Impact of diet in shaping gut microbiota revealed by a comparative study in children from Europe and rural Africa', *Proc. Natl. Acad. Sci*. 107, 14691 – 14696.

Delsuc, F., Metcalf, J.L., Wegener Parfrey, L., Song, S.J., González, A., and Knight, R. (2014) 'Convergence of gut microbiomes in myrmecophagous mammals', *Mol. Ecol*. 23, 1301 – 1317.

Delzenne, N.M., Neyrinck, A.M., and Cani, P.D. (2013) 'Gut microbiota and metabolic disorders: how prebiotic can work?' *Br. J. Nutr*. 109, S81 – S85.

Derrien, M., and van Hylckama Vlieg, J.E.T. (2015) 'Fate, activity, and impact of ingested bacteria within the human gut microbiota', *Trends Microbiol*. 23, 354 – 366.

Dethlefsen, L. and Relman, D.A. (2011) 'Incomplete recovery and individualized responses of the human distal gut microbiota to repeated antibiotic perturbation', *Proc. Natl. Acad. Sci*. 108, 4554 – 4561.

Dethlefsen, L., McFall-Ngai, M., and Relman, D.A. (2007) 'An ecological and evolutionary perspective on human – microbe mutualism and disease', *Nature* 449, 811 – 818.

Dethlefsen, L., Huse, S., Sogin, M.L., and Relman, D.A. (2008) 'The pervasive effects of an antibiotic on the human gut microbiota, as revealed by deep 16S rRNA sequencing', *PLoS Biol*. 6, e280.

Devkota, S., Wang, Y., Musch, M.W., Leone, V., Fehlner-Peach, H., Nadimpalli, A., Antonopoulos, D.A., Jabri, B., and Chang, E.B. (2012) 'Dietary-fat-induced taurocholic acid promotes pathobiont expansion and colitis in Il10 / mice', *Nature* 487, 104 – 108.

Dill-McFarland, K.A., Weimer, P.J., Pauli, J.N., Peery, M.Z., and Suen, G. (2015) 'Diet specialization selects for an unusual and simplified gut microbiota in two- and three-toed sloths', *Environ. Microbiol*. 509, 357 – 360.

Dillon, R.J., Vennard, C.T., and Charnley, A.K. (2000) 'Pheromones: exploitation of gut bacteria in the locust', *Nature* 403, 851.

Ding, T. and Schloss, P.D. (2014) 'Dynamics and associations of microbial community types across the human body', *Nature* 509, 357–360.

Dinsdale, E.A., Pantos, O., Smriga, S., Edwards, R.A., Angly, F., Wegley, L., Hatay, M., Hall, D., Brown, E., Haynes, M., et al. (2008) 'Microbial ecology of four coral atolls in the Northern Line Islands', *PLoS ONE* 3, e1584.

Dobell, C. (1932) *Antony Van Leeuwenhoek and His 'Little Animals'* (New York: Dover Publications).

Dobson, A.J., Chaston, J.M., Newell, P.D., Donahue, L., Hermann, S.L., Sannino, D.R., Westmiller, S., Wong, A.C-N., Clark, A.G., Lazzaro, B.P., et al. (2015) 'Host genetic determinants of microbiota-dependent nutrition revealed by genome-wide analysis of Drosophila melanogaster', *Nat. Commun.* 6, 6312.

Dodd, D.M.B. (1989) 'Reproductive isolation as a consequence of adaptive divergence in Drosophila pseudoobscura', *Evolution* 43, 1308–1311.

Dominguez-Bello, M.G., Costello, E.K., Contreras, M., Magris, M., Hidalgo, G., Fierer, N., and Knight, R. (2010) 'Delivery mode shapes the acquisition and structure of the initial microbiota across multiple body habitats in newborns', *Proc. Natl. Acad. Sci.* 107, 11971–11975.

Dorrestein, P.C., Mazmanian, S.K., and Knight, R. (2014) 'Finding the missing links among metabolites, microbes, and the host', *Immunity* 40, 824–832.

Doudoumis, V., Alam, U., Aksoy, E., Abd-Alla, A.M.M., Tsiamis, G., Brelsfoard, C., Aksoy, S., and Bourtzis, K. (2013) 'Tsetse–Wolbachia symbiosis: comes of age and has great potential for pest and disease control', *J. Invertebr. Pathol.* 112, S94–S103.

Douglas, A.E. (2006) 'Phloem-sap feeding by animals: problems and solutions', *J. Exp. Bot.* 57, 747–754.

Douglas, A.E. (2008) 'Conflict, cheats and the persistence of symbioses', *New Phytol.* 177, 849–858.

Dubilier, N., Mülders, C., Ferdelman, T., de Beer, D., Pernthaler, A., Klein, M., Wagner, M., Erséus, C., Thiermann, F., Krieger, J., et al. (2001) 'Endosymbiotic sulphate-reducing and sulphide-oxidizing bacteria in an oligochaete worm', *Nature* 411, 298–302.

Dubilier, N., Bergin, C., and Lott, C. (2008) 'Symbiotic diversity in marine animals: the art of harnessing chemosynthesis', *Nat. Rev. Microbiol.* 6, 725–740.

Dubos, R.J. (1965) *Man Adapting* (New Haven and London: Yale University Press).

Dubos, R.J. (1987) *Mirage of Health: Utopias, Progress, and Biological Change* (New Brunswick, NJ: Rutgers University Press).

Dunlap, P.V. and Nakamura, M. (2011) 'Functional morphology of the luminescence system of Siphamia versicolor (Perciformes: Apogonidae), a bacterially luminous coral reef fish', *J. Morphol.* 272, 897 – 909.

Dunning-Hotopp, J.C. (2011) 'Horizontal gene transfer between bacteria and animals', *Trends Genet.* 27, 157 – 163.

Eakin, E. (1 December 2014) 'The excrement experiment', *New Yorker*.

Eckburg, P.B. (2005) 'Diversity of the human intestinal microbial flora', *Science* 308, 1635 – 1638.

Eisen, J. (2014) Overselling the microbiome award: Time Magazine & Martin Blaser for 'antibiotics are extinguishing our microbiome'. http://phylogenomics.blogspot.co.uk/2014/05/overselling-microbiome-awardtime.html.

Elahi, S., Ertelt, J.M., Kinder, J.M., Jiang, T.T., Zhang, X., Xin, L., Chaturvedi, V., Strong, B.S., Qualls, J.E., Steinbrecher, K.A., et al. (2013) 'Immunosuppressive CD71+ erythroid cells compromise neonatal host defence against infection', *Nature* 504, 158 – 162.

Ellis, M.L., Shaw, K.J., Jackson, S.B., Daniel, S.L., and Knight, J. (2015) 'Analysis of commercial kidney stone probiotic supplements', *Urology* 85, 517 – 521.

Eskew, E.A. and Todd, B.D. (2013) 'Parallels in amphibian and bat declines from pathogenic fungi', *Emerg. Infect. Dis.* 19, 379 – 385.

Everard, A., Belzer, C., Geurts, L., Ouwerkerk, J.P., Druart, C., Bindels, L.B., Guiot, Y., Derrien, M., Muccioli, G.G., Delzenne, N.M., et al. (2013) 'Cross-talk between Akkermansia muciniphila and intestinal epithelium controls dietinduced obesity', *Proc. Natl. Acad. Sci*, 110, 9066 – 9071.

Ezenwa, V.O. and Williams, A.E. (2014) 'Microbes and animal olfactory communication: where do we go from here?', *BioEssays* 36, 847 – 854.

Faith, J.J., Guruge, J.L., Charbonneau, M., Subramanian, S., Seedorf, H., Goodman, A.L., Clemente, J.C., Knight, R., Heath, A.C., and Leibel, R.L. (2013) 'The long-term stability of the human gut microbiota', *Science* 341. doi: 10.1126/science.1237439.

Falkow, S. (2013) Fecal Transplants in the 'Good Old Days'. http://schaechter. asmblog. org/schaechter/2013/05/fecal-transplants-in-the-good-old-days. html.

Feldhaar, H. (2011) 'Bacterial symbionts as mediators of ecologically important traits of insect hosts', *Ecol. Entomol.* 36, 533 – 543.

Fierer, N., Hamady, M., Lauber, C.L., and Knight, R. (2008) 'The influence of sex, handedness, and washing on the diversity of hand surface bacteria', *Proc. Natl. Acad. Sci.* U. S. A. 105, 17994 – 17999.

Finucane, M.M., Sharpton, T.J., Laurent, T.J., and Pollard, K.S. (2014) 'A taxonomic signature of obesity in the microbiome? Getting to the guts of the matter', *PLoS ONE* 9, e84689.

Fischbach, M.A. and Sonnenburg, J.L. (2011) 'Eating for two: how metabolism establishes interspecies interactions in the gut', *Cell Host Microbe* 10, 336–347.

Folsome, C. (1985) *Microbes, in The Biosphere Catalogue* (Fort Worth, Texas: Synergistic Press).

Franzenburg, S., Walter, J., Kunzel, S., Wang, J., Baines, J.F., Bosch, T.C.G., and Fraune, S. (2013) 'Distinct antimicrobial peptide expression determines host speciesspecific bacterial associations', *Proc. Natl. Acad. Sci.* 110, E3730–E3738.

Fraune, S. and Bosch, T.C. (2007) 'Long-term maintenance of species-specific bacterial microbiota in the basal metazoan Hydra', *Proc. Natl. Acad. Sci.* 104, 13146–13151.

Fraune, S. and Bosch, T.C.G. (2010) 'Why bacteria matter in animal development and evolution', *BioEssays* 32, 571–580.

Fraune, S., Abe, Y., and Bosch, T.C.G. (2009) 'Disturbing epithelial homeostasis in the metazoan Hydra leads to drastic changes in associated microbiota', *Environ. Microbiol.* 11, 2361–2369.

Fraune, S., Augustin, R., Anton-Erxleben, F., Wittlieb, J., Gelhaus, C., Klimovich, V.B., Samoilovich, M.P., and Bosch, T.C.G. (2010) 'In an early branching metazoan, bacterial colonization of the embryo is controlled by maternal antimicrobial peptides', *Proc. Natl. Acad. Sci.* 107, 18067–18072.

Freeland, W.J. and Janzen, D.H. (1974) 'Strategies in herbivory by mammals: the role of plant secondary compounds', *Am. Nat.* 108, 269–289.

Frese, S.A., Benson, A.K., Tannock, G.W., Loach, D.M., Kim, J., Zhang, M., Oh, P.L., Heng, N.C.K., Patil, P.B., Juge, N., et al. (2011) 'The evolution of host specialization in the vertebrate gut symbiont Lactobacillus reuteri', *PLoS Genet.* 7, e1001314.

Fujimura, K.E. and Lynch, S.V. (2015) 'Microbiota in allergy and asthma and the emerging relationship with the gut microbiome', *Cell Host Microbe* 17, 592–602.

Fujimura, K.E., Demoor, T., Rauch, M., Faruqi, A.A., Jang, S., Johnson, C.C., Boushey, H.A., Zoratti, E., Ownby, D., Lukacs, N.W., et al. (2014) 'House dust exposure mediates gut microbiome Lactobacillus enrichment and airway immune defense against allergens and virus infection', *Proc. Natl. Acad. Sci.* 111, 805–810.

Funkhouser, L.J. and Bordenstein, S.R. (2013) 'Mom knows best: the universality of maternal microbial transmission', PLoS Biol. 11, e1001631.

Furusawa, Y., Obata, Y., Fukuda, S., Endo, T.A., Nakato, G., Takahashi, D., Nakanishi,

Y., Uetake, C., Kato, K., Kato, T., et al. (2013) 'Commensal microbe-derived butyrate induces the differentiation of colonic regulatory T cells', *Nature* 504, 446–450.

Gajer, P., Brotman, R.M., Bai, G., Sakamoto, J., Schutte, U.M.E., Zhong, X., Koenig, S.S.K., Fu, L., Ma, Z., Zhou, X., et al. (2012) 'Temporal dynamics of the human vaginal microbiota', *Sci. Transl. Med.* 4, 132ra52–ra132ra52.

Garcia, J.R. and Gerardo, N.M. (2014) 'The symbiont side of symbiosis: do microbes really benefit?' *Front. Microbiol.* 5. doi: 10.3389/fmicb.2014.00510.

Gareau, M.G., Sherman, P.M., and Walker, W.A. (2010) 'Probiotics and the gut microbiota in intestinal health and disease', *Nat. Rev. Gastroenterol. Hepatol.* 7, 503–514.

Garrett, W.S., Lord, G.M., Punit, S., Lugo-Villarino, G., Mazmanian, S.K., Ito, S., Glickman, J.N., and Glimcher, L.H. (2007) 'Communicable ulcerative colitis induced by T-bet deficiency in the innate immune system', *Cell* 131, 33–45.

Garrett, W.S., Gallini, C.A., Yatsunenko, T., Michaud, M., DuBois, A., Delaney, M.L., Punit, S., Karlsson, M., Bry, L., Glickman, J.N., et al. (2010) 'Enterobacteriaceae act in concert with the gut microbiota to induce spontaneous and maternally transmitted colitis', *Cell Host Microbe* 8, 292–300.

Gehrer, L. and Vorburger, C. (2012) 'Parasitoids as vectors of facultative bacterial endosymbionts in aphids', *Biol. Lett.* 8, 613–615.

Gerrard, J.W., Geddes, C.A., Reggin, P.L., Gerrard, C.D., and Horne, S. (1976) 'Serum IgE levels in white and Metis communities in Saskatchewan', *Ann. Allergy* 37, 91–100.

Gerritsen, J., Smidt, H., Rijkers, G.T., and Vos, W.M. (2011) 'Intestinal microbiota in human health and disease: the impact of probiotics', *Genes Nutr.* 6, 209–240.

Gevers, D., Kugathasan, S., Denson, L.A., Vázquez-Baeza, Y., Van Treuren, W., Ren, B., Schwager, E., Knights, D., Song, S.J., Yassour, M., et al. (2014) 'The treatment-naive microbiome in new-onset Crohn's Disease', *Cell Host Microbe* 15, 382–392.

Gibbons, S.M., Schwartz, T., Fouquier, J., Mitchell, M., Sangwan, N., Gilbert, J.A., and Kelley, S.T. (2015) 'Ecological succession and viability of humanassociated microbiota on restroom surfaces', *Appl. Environ. Microbiol.* 81, 765–773.

Gilbert, J.A. and Neufeld, J.D. (2014) 'Life in a world without microbes', *PLoS Biol.* 12, e1002020.

Gilbert, J.A., Meyer, F., Antonopoulos, D., Balaji, P., Brown, C.T., Desai, N., Eisen, J.A., Evers, D., Field, D., et al. (2010) 'Meeting Report: The Terabase Metagenomics Workshop and the Vision of an Earth Microbiome Project', *Stand. Genomic Sci.* 3, 243–248.

Gilbert, S.F., Sapp, J., and Tauber, A.I. (2012) 'A symbiotic view of life: we have never been individuals', *Q. Rev. Biol.* 87, 325-341.

Godoy-Vitorino, F., Goldfarb, K.C., Karaoz, U., Leal, S., Garcia-Amado, M.A., Hugenholtz, P., Tringe, S.G., Brodie, E.L., and Dominguez-Bello, M.G. (2012) 'Comparative analyses of foregut and hindgut bacterial communities in hoatzins and cows', *ISME J.* 6, 531-541.

Goldenberg, J.Z., Ma, S.S., Saxton, J.D., Martzen, M.R., Vandvik, P.O., Thorlund, K., Guyatt, G.H., and Johnston, B.C. (2013) 'Probiotics for the prevention of Clostridium difficile-associated diarrhea in adults and children', in *Cochrane Database of Systematic Reviews*, *The Cochrane Collaboration*, ed. (Chichester, UK: John Wiley & Sons).

Gomez, A., Petrzelkova, K., Yeoman, C.J., Burns, M.B., Amato, K.R., Vlckova, K., Modry, D., Todd, A., Robbinson, C.A.J., Remis, M., et al. (2015) 'Ecological and evolutionary adaptations shape the gut microbiome of BaAka African rainforest hunter-gatherers', *bioRxiv* 019232.

Goodrich, J.K., Waters, J.L., Poole, A.C., Sutter, J.L., Koren, O., Blekhman, R., Beaumont, M., Van Treuren, W., Knight, R., Bell, J.T., et al. (2014) 'Human genetics shape the gut microbiome', *Cell* 159, 789-799.

Graham, D.Y. (1997) 'The only good Helicobacter pylori is a dead Helicobacter pylori', *Lancet* 350, 70-71; author reply 72.

Green, J. (2011). Are we filtering the wrong microbes? TED https://www.ted.com/talks/jessica_green_are_we_filtering_the_wrong_microbes.

Green, J.L. (2014) 'Can bioinformed design promote healthy indoor ecosystems?' Indoor *Air* 24, 113-115.

Gruber-Vodicka, H.R., Dirks, U., Leisch, N., Baranyi, C., Stoecker, K., Bulgheresi, S., Heindl, N.R., Horn, M., Lott, C., Loy, A., et al. (2011) 'Paracatenula, an ancient symbiosis between thiotrophic Alphaproteobacteria and catenulid flatworms', *Proc. Natl. Acad. Sci.* 108, 12078-12083.

Hadfield, M.G. (2011) 'Biofilms and marine invertebrate larvae: what bacteria produce that larvae use to choose settlement sites', *Annu. Rev. Mar. Sci.* 3, 453-470.

Haiser, H.J. and Turnbaugh, P.J. (2012) 'Is it time for a metagenomic basis of therapeutics?' *Science* 336, 1253-1255.

Haiser, H.J., Gootenberg, D.B., Chatman, K., Sirasani, G., Balskus, E.P., and Turnbaugh, P.J. (2013) 'Predicting and manipulating cardiac drug inactivation by the human gut bacterium Eggerthella lenta', *Science* 341, 295-298.

Hamilton, M.J., Weingarden, A.R., Unno, T., Khoruts, A., and Sadowsky, M.J. (2013)

'High-throughput DNA sequence analysis reveals stable engraftment of gut microbiota following transplantation of previously frozen fecal bacteria', Gut Microbes 4, 125–135.

Handelsman, J. (2007) *'Metagenomics and microbial communities', in Encyclopedia of Life Sciences* (Chichester, UK: John Wiley & Sons).

Harley, I.T.W. and Karp, C.L. (2012) 'Obesity and the gut microbiome: striving for causality', *Mol. Metab.* 1, 21–31.

Harris, R.N., James, T.Y., Lauer, A., Simon, M.A., and Patel, A. (2006) 'Amphibian pathogen Batrachochytrium dendrobatidis is inhibited by the cutaneous bacteria of amphibian species', *EcoHealth* 3, 53–56.

Harris, R.N., Brucker, R.M., Walke, J.B., Becker, M.H., Schwantes, C.R., Flaherty, D.C., Lam, B.A., Woodhams, D.C., Briggs, C.J., Vredenburg, V.T., et al. (2009) 'Skin microbes on frogs prevent morbidity and mortality caused by a lethal skin fungus', *ISME J.* 3, 818–824.

Haselkorn, T.S., Cockburn, S.N., Hamilton, P.T., Perlman, S.J., and Jaenike, J. (2013) 'Infectious adaptation: potential host range of a defensive endosymbiont in Drosophila: host range of Spiroplasma in Drosophila', *Evolution* 67, 934–945.

Hecht, G.A., Blaser, M.J., Gordon, J., Kaplan, L.M., Knight, R., Laine, L., Peek, R., Sanders, M.E., Sartor, B., Wu, G.D., et al. (2014) 'What is the value of a food and drug administration investigational new drug application for fecal microbiota transplantation to treat Clostridium difficile infection?' *Clin. Gastroenterol. Hepatol. Off. Clin. Pract. J. Am. Gastroenterol. Assoc.* 12, 289–291.

Hedges, L.M., Brownlie, J.C., O'Neill, S.L., and Johnson, K.N. (2008) 'Wolbachia and virus protection in insects', *Science* 322, 702.

Hehemann, J-H., Correc, G., Barbeyron, T., Helbert, W., Czjzek, M., and Michel, G. (2010) 'Transfer of carbohydrate-active enzymes from marine bacteria to Japanese gut microbiota', *Nature* 464, 908–912.

Heijtz, R.D., Wang, S., Anuar, F., Qian, Y., Bjorkholm, B., Samuelsson, A., Hibberd, M.L., Forssberg, H., and Pettersson, S. (2011) 'Normal gut microbiota modulates brain development and behavior', *Proc. Natl. Acad. Sci.* 108, 3047–3052.

Heil, M., Barajas-Barron, A., Orona-Tamayo, D., Wielsch, N., and Svatos, A. (2014) 'Partner manipulation stabilises a horizontally transmitted mutualism', *Ecol. Lett.* 17, 185–192.

Henry, L.M., Peccoud, J., Simon, J-C., Hadfield, J.D., Maiden, M.J.C., Ferrari, J., and Godfray, H.C.J. (2013) 'Horizontally transmitted symbionts and host colonization of ecological niches', *Curr. Biol.* 23, 1713–1717.

Herbert, E.E. and Goodrich-Blair, H. (2007) 'Friend and foe: the two faces of Xenorhabdus nematophila', *Nat. Rev. Microbiol.* 5, 634–646.

Herniou, E.A., Huguet, E., Thézé, J., Bézier, A., Periquet, G., and Drezen, J-M. (2013) 'When parasitic wasps hijacked viruses: genomic and functional evolution of polydnaviruses', *Philos. Trans. R. Soc. Lond. B Biol. Sci.* 368, 20130051.

Hilgenboecker, K., Hammerstein, P., Schlattmann, P., Telschow, A., and Werren, J.H. (2008) 'How many species are infected with Wolbachia? – a statistical analysis of current data: Wolbachia infection rates', *FEMS Microbiol. Lett.* 281, 215–220.

Hill, C., Guarner, F., Reid, G., Gibson, G.R., Merenstein, D.J., Pot, B., Morelli, L., Canani, R.B., Flint, H.J., Salminen, S., et al. (2014) 'Expert consensus document: The International Scientific Association for Probiotics and Prebiotics consensus statement on the scope and appropriate use of the term probiotic', *Nat. Rev. Gastroenterol. Hepatol.* 11, 506–514.

Himler, A.G., Adachi-Hagimori, T., Bergen, J.E., Kozuch, A., Kelly, S.E., Tabashnik, B.E., Chiel, E., Duckworth, V.E., Dennehy, T.J., Zchori-Fein, E., et al. (2011) 'Rapid spread of a bacterial symbiont in an invasive whitefly is driven by fitness benefits and female bias', *Science* 332, 254–256.

Hird, S.M., Carstens, B.C., Cardiff, S.W., Dittmann, D.L., and Brumfield, R.T. (2014) 'Sampling locality is more detectable than taxonomy or ecology in the gut microbiota of the brood-parasitic Brown-headed Cowbird (Molothrus ater)', *PeerJ* 2, e321.

Hiss, P.H. and Zinsser, H. (1910) *A Text-book of Bacteriology: a Practical Treatise for Students and Practitioners of Medicine* (New York and London: D. Appleton& Co.).

Hoerauf, A., Volkmann, L., Hamelmann, C., Adjei, O., Autenrieth, I.B., Fleischer, B., and Büttner, D.W. (2000) 'Endosymbiotic bacteria in worms as targets for a novel chemotherapy in filariasis', *Lancet* 355, 1242–1243.

Hoerauf, A., Mand, S., Adjei, O., Fleischer, B., and Büttner, D.W. (2001) 'Depletion of Wolbachia endobacteria in Onchocerca volvulus by doxycycline and microfilaridermia after ivermectin treatment', *Lancet* 357, 1415–1416.

Hof, C., Araújo, M.B., Jetz, W., and Rahbek, C. (2011) 'Additive threats from pathogens, climate and land-use change for global amphibian diversity', *Nature* 480, 516–519.

Hoffmann, A.A., Montgomery, B.L., Popovici, J., Iturbe-Ormaetxe, I., Johnson, P.H., Muzzi, F., Greenfield, M., Durkan, M., Leong, Y.S., Dong, Y., et al. (2011) 'Successful establishment of Wolbachia in Aedes populations to suppress dengue transmission', Nature 476, 454–457. Holmes, E., Kinross, J., Gibson, G., Burcelin, R., Jia, W.,

Pettersson, S., and Nicholson, J. (2012) 'Therapeutic modulation of microbiota–host metabolic interactions', *Sci. Transl. Med.* 4, 137rv6.

Honda, K., and Littman, D.R. (2012). 'The Microbiome in Infectious Disease and Inflammation', *Annu. Rev. Immunol.* 30, 759–795.

Hongoh, Y. (2011) 'Toward the functional analysis of uncultivable, symbiotic microorganisms in the termite gut', *Cell. Mol. Life Sci.* 68, 1311–1325.

Hooper, L.V. (2001) 'Molecular analysis of commensal host-microbial relationships in the intestine', *Science* 291, 881–884.

Hooper, L.V., Stappenbeck, T.S., Hong, C.V., and Gordon, J.I. (2003) 'Angiogenins: a new class of microbicidal proteins involved in innate immunity', *Nat. Immunol.* 4, 269–273.

Hooper, L.V., Littman, D.R., and Macpherson, A.J. (2012) 'Interactions between the microbiota and the immune system', *Science* 336, 1268–1273.

Hornett, E.A., Charlat, S., Wedell, N., Jiggins, C.D., and Hurst, G.D.D. (2009) 'Rapidly shifting sex ratio across a species range', *Curr. Biol.* 19, 1628–1631.

Hosokawa, T., Kikuchi, Y., Shimada, M., and Fukatsu, T. (2008) 'Symbiont acquisition alters behaviour of stinkbug nymphs', *Biol. Lett.* 4, 45–48.

Hosokawa, T., Koga, R., Kikuchi, Y., Meng, X.-Y., and Fukatsu, T. (2010). 'Wolbachia as a bacteriocyte-associated nutritional mutualist', *Proc. Natl. Acad. Sci.* 107, 769–774.

Hosokawa, T., Hironaka, M., Mukai, H., Inadomi, K., Suzuki, N., and Fukatsu, T. (2012) 'Mothers never miss the moment: a fine-tuned mechanism for vertical symbiont transmission in a subsocial insect', *Anim. Behav.* 83, 293–300.

Hotopp, J.C.D., Clark, M.E., Oliveira, D.C.S.G., Foster, J.M., Fischer, P., Torres, M.C.M., Giebel, J.D., Kumar, N., Ishmael, N., Wang, S., et al. (2007) 'Widespread lateral gene transfer from intracellular bacteria to multicellular eukaryotes', *Science* 317, 1753–1756.

Hsiao, E.Y., McBride, S.W., Hsien, S., Sharon, G., Hyde, E.R., McCue, T., Codelli, J.A., Chow, J., Reisman, S.E., Petrosino, J.F., et al. (2013) 'Microbiota modulate behavioral and physiological abnormalities associated with neurodevelopmental disorders', *Cell* 155, 1451–1463.

Huang, L., Chen, Q., Zhao, Y., Wang, W., Fang, F., and Bao, Y. (2015) 'Is elective Cesarean section associated with a higher risk of asthma? A meta-analysis', *J. Asthma Off. J. Assoc. Care Asthma* 52, 16–25.

Hughes, G.L., Dodson, B.L., Johnson, R.M., Murdock, C.C., Tsujimoto, H., Suzuki, Y., Patt, A.A., Cui, L., Nossa, C.W., Barry, R.M., et al. (2014) 'Native microbiome impedes vertical transmission of Wolbachia in Anopheles mosquitoes', *Proc. Natl. Acad. Sci.* 111, 12498 – 12503.

Husnik, F., Nikoh, N., Koga, R., Ross, L., Duncan, R.P., Fujie, M., Tanaka, M., Satoh, N., Bachtrog, D., Wilson, A.C.C., et al. (2013) 'Horizontal gene transfer from diverse bacteria to an insect genome enables a tripartite nested mealybug symbiosis', *Cell* 153, 1567 – 1578.

Huttenhower, C., Gevers, D., Knight, R., Abubucker, S., Badger, J.H., Chinwalla, A.T., Creasy, H.H., Earl, A.M., FitzGerald, M.G., Fulton, R.S., et al. (2012) 'Structure, function and diversity of the healthy human microbiome', *Nature* 486, 207 – 214.

Huttenhower, C., Kostic, A.D., and Xavier, R.J. (2014) 'Inflammatory bowel disease as a model for translating the microbiome', Immunity 40, 843 – 854. Iturbe-Ormaetxe, I., Walker, T., and O' Neill, S.L. (2011) 'Wolbachia and the biological control of mosquito-borne disease', *EMBO Rep.* 12, 508 – 518.

Ivanov, I.I., Atarashi, K., Manel, N., Brodie, E.L., Shima, T., Karaoz, U., Wei, D., Goldfarb, K.C., Santee, C.A., Lynch, S.V., et al. (2009) 'Induction of intestinal Th17 cells by segmented filamentous bacteria', *Cell* 139, 485 – 498.

Jaenike, J., Polak, M., Fiskin, A., Helou, M., and Minhas, M. (2007) 'Interspecific transmission of endosymbiotic Spiroplasma by mites', *Biol. Lett.* 3, 23 – 25.

Jaenike, J., Unckless, R., Cockburn, S.N., Boelio, L.M., and Perlman, S.J. (2010) 'Adaptation via symbiosis: recent spread of a Drosophila defensive symbiont', *Science* 329, 212 – 215.

Jakobsson, H.E., Jernberg, C., Andersson, A.F., Sjölund-Karlsson, M., Jansson, J.K., and Engstrand, L. (2010) 'Short-term antibiotic treatment has differing long-term impacts on the human throat and gut microbiome', *PLoS ONE* 5, e9836.

Jansson, J.K. and Prosser, J.I. (2013) 'Microbiology: the life beneath our feet', *Nature* 494, 40 – 41.

Jefferson, R. (2010). The hologenome theory of evolution – Science as Social Enterprise. http://blogs.cambia.org/raj/ 2010/11/16/the-hologenome-theoryof-evolution/. Jernberg, C., Lofmark, S., Edlund, C., and Jansson, J.K. (2010) 'Long-term impacts of antibiotic exposure on the human intestinal microbiota', Microbiology 156, 3216 – 3223.

Jiggins, F.M. and Hurst, G.D.D. (2011) 'Rapid insect evolution by symbiont transfer', *Science* 332, 185 – 186.

Johnston, K.L., Ford, L., and Taylor, M.J. (2014) 'Overcoming the challenges of drug discovery for neglected tropical diseases: the A · WoL experience', *J. Biomol.*

Screen. 19, 335–343.

Jones, R.J. and Megarrity, R.G. (1986) 'Successful transfer of DHP-degrading bacteria from Hawaiian goats to Australian ruminants to overcome the toxicity of Leucaena', *Aust. Vet. J.* 63, 259–262.

Kaiser, W., Huguet, E., Casas, J., Commin, C., and Giron, D. (2010) 'Plant greenisland phenotype induced by leaf-miners is mediated by bacterial symbionts', *Proc. R. Soc. B Biol. Sci.* 277, 2311–2319.

Kaiwa, N., Hosokawa, T., Nikoh, N., Tanahashi, M., Moriyama, M., Meng, X-Y., Maeda, T., Yamaguchi, K., Shigenobu, S., Ito, M., et al. (2014) 'Symbiontsupplemented maternal investment underpinning host's ecological adaptation', *Curr. Biol.* 24, 2465–2470.

Kaltenpoth, M., Göttler, W., Herzner, G., and Strohm, E. (2005) 'Symbiotic bacteria protect wasp larvae from fungal infestation', *Curr. Biol.* 15, 475–479.

Kaltenpoth, M., Roeser-Mueller, K., Koehler, S., Peterson, A., Nechitaylo, T.Y., Stubblefield, J.W., Herzner, G., Seger, J., and Strohm, E. (2014) 'Partner choice and fidelity stabilize coevolution in a Cretaceous-age defensive symbiosis', *Proc. Natl. Acad. Sci.* 111, 6359–6364.

Kane, M., Case, L.K., Kopaskie, K., Kozlova, A., MacDearmid, C., Chervonsky, A.V., and Golovkina, T.V. (2011) 'Successful transmission of a retrovirus depends on the commensal microbiota', *Science* 334, 245–249.

Karasov, W.H., Martínez del Rio, C., and Caviedes-Vidal, E. (2011) 'Ecological physiology of diet and digestive systems', *Annu. Rev. Physiol.* 73, 69–93.

Katan, M.B. (2012) 'Why the European Food Safety Authority was right to reject health claims for probiotics', *Benef. Microbes* 3, 85–89.

Kau, A.L., Planer, J.D., Liu, J., Rao, S., Yatsunenko, T., Trehan, I., Manary, M.J., Liu, T-C., Stappenbeck, T.S., Maleta, K.M., et al. (2015) 'Functional characterization of IgA-targeted bacterial taxa from undernourished Malawian children that produce diet-dependent enteropathy', *Sci. Transl. Med.* 7, 276ra24–ra276ra24.

Keeling, P.J. and Palmer, J.D. (2008) 'Horizontal gene transfer in eukaryotic evolution', *Nat. Rev. Genet.* 9, 605–618.

Kelly, L.W., Barott, K.L., Dinsdale, E., Friedlander, A.M., Nosrat, B., Obura, D., Sala, E., Sandin, S.A., Smith, J.E., and Vermeij, M.J. (2012) 'Black reefs: iron-induced phase shifts on coral reefs', *ISME J.* 6, 638–649.

Kembel, S.W., Jones, E., Kline, J., Northcutt, D., Stenson, J., Womack, A.M., Bohannan, B.J., Brown, G.Z., and Green, J.L. (2012) 'Architectural design influences the diversity and structure of the built environment microbiome', *ISME J.* 6, 1469–1479.

Kembel, S.W., Meadow, J.F., O'Connor, T.K., Mhuireach, G., Northcutt, D., Kline, J., Moriyama, M., Brown, G.Z., Bohannan, B.J.M., and Green, J.L. (2014) 'Architectural design drives the biogeography of indoor bacterial communities', *PLoS ONE* 9, e87093.

Kendall, A.I. (1909) 'Some observations on the study of the intestinal bacteria', *J. Biol. Chem.* 6, 499 – 507.

Kendall, A.I. (1921) *Bacteriology, General, Pathological and Intestinal* (Philadelphia and New York: Lea & Febiger).

Kendall, A.I. (1923) *Civilization and the Microbe* (Boston: Houghton Mifflin).

Kernbauer, E., Ding, Y., and Cadwell, K. (2014) 'An enteric virus can replace the beneficial function of commensal bacteria', *Nature* 516, 94 – 98.

Khoruts, A. (2013) 'Faecal microbiota transplantation in 2013: developing human gut microbiota as a class of therapeutics', *Nat. Rev. Gastroenterol. Hepatol.* 11, 79 – 80.

Kiers, E.T. and West, S.A. (2015) 'Evolving new organisms via symbiosis', *Science* 348, 392 – 394.

Kikuchi, Y., Hayatsu, M., Hosokawa, T., Nagayama, A., Tago, K., and Fukatsu, T. (2012) 'Symbiont-mediated insecticide resistance', *Proc. Natl. Acad. Sci.* 109, 8618 – 8622.

Kilpatrick, A.M., Briggs, C.J., and Daszak, P. (2010) 'The ecology and impact of chytridiomycosis: an emerging disease of amphibians', *Trends Ecol. Evol.* 25, 109 – 118.

Kirk, R.G. (2012) ' "Life in a germ-free world" : isolating life from the laboratory animal to the bubble boy', *Bull. Hist. Med.* 86, 237 – 275.

Koch, H. and Schmid-Hempel, P. (2011) 'Socially transmitted gut microbiota protect bumble bees against an intestinal parasite', *Proc. Natl. Acad. Sci.* 108, 19288 – 19292.

Kohl, K.D., Weiss, R.B., Cox, J., Dale, C., and Denise Dearing, M. (2014) 'Gut microbes of mammalian herbivores facilitate intake of plant toxins', *Ecol. Lett.* 17, 1238 – 1246.

Koren, O., Goodrich, J.K., Cullender, T.C., Spor, A., Laitinen, K., Kling Bäckhed, H., Gonzalez, A., Werner, J.J., Angenent, L.T., Knight, R., et al. (2012) 'Host remodeling of the gut microbiome and metabolic changes during pregnancy', *Cell* 150, 470 – 480.

Koropatkin, N.M., Cameron, E.A., and Martens, E.C. (2012) 'How glycan metabolism shapes the human gut microbiota', *Nat. Rev. Microbiol.* 10, 323 – 335.

Koropatnick, T.A., Engle, J.T., Apicella, M.A., Stabb, E.V., Goldman, W.E., and McFall-Ngai, M.J. (2004) 'Microbial factor-mediated development in a host – bacterial mutualism', *Science* 306, 1186 – 1188.

Kostic, A.D., Gevers, D., Siljander, H., Vatanen, T., Hyötyläinen, T., Hämäläinen, A-M., Peet, A., Tillmann, V., Pöhö, P., Mattila, I., et al. (2015) 'The dynamics of the human infant gut microbiome in development and in progression toward Type 1 Diabetes', *Cell Host Microbe* 17, 260 - 273.

Kotula, J.W., Kerns, S.J., Shaket, L.A., Siraj, L., Collins, J.J., Way, J.C., and Silver, P.A. (2014) 'Programmable bacteria detect and record an environmental signal in the mammalian gut', *Proc. Natl. Acad. Sci.* 111, 4838 - 4843.

Kozek, W.J. (1977) 'Transovarially-transmitted intracellular microorganisms in adult and larval stages of Brugia malayi', *J. Parasitol.* 63, 992 - 1000.

Kozek, W.J., and Rao, R.U. (2007) 'The Discovery of Wolbachia in arthropods and nematodes - a historical perspective', in *Wolbachia: A Bug's Life in another Bug*, A. Hoerauf and R.U. Rao, eds., pp. 1 - 14 (Basel: Karger).

Kremer, N., Philipp, E.E.R., Carpentier, M-C., Brennan, C.A., Kraemer, L., Altura, M.A., Augustin, R., Häsler, R., Heath-Heckman, E.A.C., Peyer, S.M., et al. (2013) 'Initial symbiont contact orchestrates host - organ-wide transcriptional changes that prime tissue colonization', *Cell Host Microbe* 14, 183 - 194.

Kroes, I., Lepp, P.W., and Relman, D.A. (1999) 'Bacterial diversity within the human subgingival crevice', *Proc. Natl. Acad. Sci.* 96, 14547 - 14552.

Kruif, P.D. (2002) *Microbe Hunters* (Boston: Houghton Mifflin Harcourt).

Kueneman, J.G., Parfrey, L.W., Woodhams, D.C., Archer, H.M., Knight, R., and McKenzie, V.J. (2014) 'The amphibian skin-associated microbiome across species, space and life history stages', *Mol. Ecol.* 23, 1238 - 1250.

Kunz, C. (2012) 'Historical aspects of human milk oligosaccharides', *Adv. Nutr. Int. Rev. J.* 3, 430S - 439S.

Kunzig, R. (2000) Mapping the Deep: The Extraordinary Story of Ocean Science (New York: W. W. Norton & Co.).

Kuss, S.K., Best, G.T., Etheredge, C.A., Pruijssers, A.J., Frierson, J.M., Hooper, L.V., Dermody, T.S., and Pfeiffer, J.K. (2011) 'Intestinal microbiota promote enteric virus replication and systemic pathogenesis', *Science* 334, 249 - 252.

Kwong, W.K. and Moran, N.A. (2015) 'Evolution of host specialization in gut microbes: the bee gut as a model', *Gut Microbes* 6, 214 - 220.

Lander, E.S., Linton, L.M., Birren, B., Nusbaum, C., Zody, M.C., Baldwin, J., Devon, K., Dewar, K., Doyle, M., FitzHugh, W., et al. (2001) 'Initial sequencing and analysis of the human genome', *Nature* 409, 860 - 921.

Lane, N. (2015a) *The Vital Question: Why Is Life the Way It Is?* (London: Profile Books).

Lane, N. (2015b) 'The unseen world: reflections on Leeuwenhoek (1677) "Concerning little animals" ' *Philos. Trans. R. Soc. B Biol. Sci.* 370, doi: 10.1098/rstb.2014.0344.

Lang, J.M., Eisen, J.A., and Zivkovic, A.M. (2014) 'The microbes we eat: abundance and taxonomy of microbes consumed in a day's worth of meals for three diet types', *PeerJ* 2, e659.

Lawley, T.D., Clare, S., Walker, A.W., Stares, M.D., Connor, T.R., Raisen, C., Goulding, D., Rad, R., Schreiber, F., Brandt, C., et al. (2012) 'Targeted restoration of the intestinal microbiota with a simple, defined bacteriotherapy resolves relapsing Clostridium difficile disease in mice', *PLoS Pathog.* 8, e1002995.

Lax, S. and Gilbert, J.A. (2015) 'Hospital-associated microbiota and implications for nosocomial infections', *Trends Mol. Med.* 21, 427–432.

Lax, S., Smith, D.P., Hampton-Marcell, J., Owens, S.M., Handley, K.M., Scott, N.M., Gibbons, S.M., Larsen, P., Shogan, B.D., Weiss, S., et al. (2014) 'Longitudinal analysis of microbial interaction between humans and the indoor environment', *Science* 345, 1048–1052.

Le Chatelier, E., Nielsen, T., Qin, J., Prifti, E., Hildebrand, F., Falony, G., Almeida, M., Arumugam, M., Batto, J-M., Kennedy, S., et al. (2013) 'Richness of human gut microbiome correlates with metabolic markers', *Nature* 500, 541–546.

Le Clec'h, W., Chevalier, F.D., Genty, L., Bertaux, J., Bouchon, D., and Sicard, M. (2013) 'Cannibalism and predation as paths for horizontal passage of Wolbachia between terrestrial isopods', *PLoS ONE* 8, e60232.

Lee, Y.K. and Mazmanian, S.K. (2010) 'Has the microbiota played a critical role in the evolution of the adaptive immune system?', *Science* 330, 1768–1773.

Lee, B.K., Magnusson, C., Gardner, R.M., Blomström, Å., Newschaffer, C.J., Burstyn, I., Karlsson, H., and Dalman, C. (2015) 'Maternal hospitalization with infection during pregnancy and risk of autism spectrum disorders', *Brain. Behav. Immun.* 44, 100–105.

Leewenhoeck, A. van (1677) 'Observation, communicated to the publisher by Mr. Antony van Leewenhoeck, in a Dutch letter of the 9 Octob. 1676 here English'd: concerning little animals by him observed in rain-well-sea and snow water; as also in water wherein pepper had lain infused', *Phil. Trans.* 12, 821–831.

Leewenhook, A. van (1674), More Observations from Mr. Leewenhook, in a Letter of Sept. 7, 1674. sent to the Publisher', *Phil Trans* 12, 178–182.

Lemon, K.P., Armitage, G.C., Relman, D.A., and Fischbach, M.A. (2012) 'Microbiotatargeted therapies: an ecological perspective', *Sci. Transl. Med.* 4,

137rv5–rv137rv5.

LePage, D., and Bordenstein, S.R. (2013) 'Wolbachia: can we save lives with a great pandemic?', *Trends Parasitol*. 29, 385–393.

Leroi, A.M. (2014) The Lagoon: How Aristotle Invented Science (New York: Viking Books).

Leroy, P.D., Sabri, A., Heuskin, S., Thonart, P., Lognay, G., Verheggen, F.J., Francis, F., Brostaux, Y., Felton, G.W., and Haubruge, E. (2011) 'Microorganisms from aphid honeydew attract and enhance the efficacy of natural enemies', *Nat. Commun*. 2, 348.

Ley, R.E., Bäckhed, F., Turnbaugh, P., Lozupone, C.A., Knight, R.D., and Gordon, J.I. (2005) 'Obesity alters gut microbial ecology', *Proc. Natl. Acad. Sci. U. S. A*. 102, 11070–11075.

Ley, R.E., Peterson, D.A., and Gordon, J.I. (2006) 'Ecological and evolutionary forces shaping microbial diversity in the human intestine', *Cell* 124, 837–848.

Ley, R.E., Hamady, M., Lozupone, C., Turnbaugh, P.J., Ramey, R.R., Bircher, J.S., Schlegel, M.L., Tucker, T.A., Schrenzel, M.D., Knight, R., et al. (2008a) 'Evolution of mammals and their gut microbes', *Science* 320, 1647–1651.

Ley, R.E., Lozupone, C.A., Hamady, M., Knight, R., and Gordon, J.I. (2008b) 'Worlds within worlds: evolution of the vertebrate gut microbiota', *Nat. Rev. Microbiol*. 6, 776–788.

Li, J., Jia, H., Cai, X., Zhong, H., Feng, Q., Sunagawa, S., Arumugam, M., Kultima, J.R., Prifti, E., Nielsen, T., et al. (2014) 'An integrated catalog of reference genes in the human gut microbiome', *Nat. Biotechnol*. 32, 834–841.

Linz, B., Balloux, F., Moodley, Y., Manica, A., Liu, H., Roumagnac, P., Falush, D., Stamer, C., Prugnolle, F., van der Merwe, S.W., et al. (2007) 'An African origin for the intimate association between humans and Helicobacter pylori', *Nature* 445, 915–918.

Liou, A.P., Paziuk, M., Luevano, J.-M., Machineni, S., Turnbaugh, P.J., and Kaplan, L.M. (2013) 'Conserved shifts in the gut microbiota due to gastric bypass reduce host weight and adiposity', *Sci. Transl. Med*. 5, 178ra41.

Login, F.H. and Heddi, A. (2013) 'Insect immune system maintains long-term resident bacteria through a local response', *J. Insect Physiol*. 59, 232–239.

Lombardo, M.P. (2008) 'Access to mutualistic endosymbiotic microbes: an underappreciated benefit of group living', *Behav. Ecol. Sociobiol*. 62, 479–497.

Lyte, M., Varcoe, J.J., and Bailey, M.T. (1998) 'Anxiogenic effect of subclinical bacterial infection in mice in the absence of overt immune activation', *Physiol. Behav*. 65,

63–68.

Ma, B., Forney, L.J., and Ravel, J. (2012) 'Vaginal microbiome: rethinking health and disease,' *Annu. Rev. Microbiol.* 66, 371–389.

Malkova, N.V., Yu, C.Z., Hsiao, E.Y., Moore, M.J., and Patterson, P.H. (2012) 'Maternal immune activation yields offspring displaying mouse versions of the three core symptoms of autism', *Brain. Behav. Immun.* 26, 607–616.

Manichanh, C., Borruel, N., Casellas, F., and Guarner, F. (2012) 'The gut microbiota in IBD', *Nat. Rev. Gastroenterol. Hepatol.* 9, 599–608.

Marcobal, A., Barboza, M., Sonnenburg, E.D., Pudlo, N., Martens, E.C., Desai, P., Lebrilla, C.B., Weimer, B.C., Mills, D.A., German, J.B., et al. (2011) 'Bacteroides in the infant gut consume milk oligosaccharides via mucusutilization pathways', *Cell Host Microbe* 10, 507–514.

Margulis, L., and Fester, R. (1991) *Symbiosis as a Source of Evolutionary Innovation: Speciation and Morphogenesis* (Cambridge, Mass: The MIT Press).

Margulis, L. and Sagan, D. (2002) *Acquiring Genomes: A Theory of the Origin of Species* (New York: Perseus Books Group).

Martel, A., Sluijs, A.S. der, Blooi, M., Bert, W., Ducatelle, R., Fisher, M.C., Woeltjes, A., Bosman, W., Chiers, K., Bossuyt, F., et al. (2013) 'Batrachochytrium salamandrivorans sp. nov. causes lethal chytridiomycosis in amphibians', *Proc. Natl. Acad. Sci.* 110, 15325–15329.

Martens, E.C., Kelly, A.G., Tauzin, A.S., and Brumer, H. (2014) 'The devil lies in the details: how variations in polysaccharide fine-structure impact the physiology and evolution of gut microbes', J. Mol. Biol. 426, 3851–3865.

Martínez, I., Stegen, J.C., Maldonado-Gómez, M.X., Eren, A.M., Siba, P.M., Greenhill, A.R., and Walter, J. (2015) 'The gut microbiota of rural Papua New Guineans: composition, diversity patterns, and ecological processes', *Cell* Rep. 11, 527–538.

Mayer, E.A., Tillisch, K., and Gupta, A. (2015) 'Gut/brain axis and the microbiota', *J. Clin. Invest.* 125, 926–938.

Maynard, C.L., Elson, C.O., Hatton, R.D., and Weaver, C.T. (2012) 'Reciprocal interactions of the intestinal microbiota and immune system', *Nature* 489, 231–241.

Mazmanian, S.K., Liu, C.H., Tzianabos, A.O., and Kasper, D.L. (2005) 'An immunomodulatory molecule of symbiotic bacteria directs maturation of the host immune system', *Cell* 122, 107–118.

Mazmanian, S.K., Round, J.L., and Kasper, D.L. (2008) 'A microbial symbiosis factor prevents intestinal inflammatory disease', *Nature* 453, 620–625.

McCutcheon, J.P. (2013) 'Genome evolution: a bacterium with a Napoleon Complex', *Curr. Biol.* 23, R657 – R659.

McCutcheon, J.P. and Moran, N.A. (2011) 'Extreme genome reduction in symbiotic bacteria', *Nat. Rev. Microbiol.* 10, 13 – 26.

McDole, T., Nulton, J., Barott, K.L., Felts, B., Hand, C., Hatay, M., Lee, H., Nadon, M.O., Nosrat, B., Salamon, P., et al. (2012) 'Assessing coral reefs on a Pacificwide scale using the microbialization score', *PLoS ONE* 7, e43233.

McFall-Ngai, M.J. (1998) 'The development of cooperative associations between animals and bacteria: establishing detente among domains', *Integr. Comp. Biol.* 38, 593 – 608.

McFall-Ngai, M. (2007) 'Adaptive immunity: care for the community', *Nature* 445, 153.

McFall-Ngai, M. (2014) 'Divining the essence of symbiosis: insights from the Squid-Vibrio Model', *PLoS Biol.* 12, e1001783.

McFall-Ngai, M.J. and Ruby, E.G. (1991) 'Symbiont recognition and subsequent morphogenesis as early events in an animal – bacterial mutualism', *Science* 254, 1491 – 1494.

McFall-Ngai, M., Hadfield, M.G., Bosch, T.C., Carey, H.V., Domazet-Lošo, T., Douglas, A.E., Dubilier, N., Eberl, G., Fukami, T., and Gilbert, S.F. (2013) 'Animals in a bacterial world, a new imperative for the life sciences', *Proc. Natl. Acad. Sci.* 110, 3229 – 3236.

McFarland, L.V. (2014) 'Use of probiotics to correct dysbiosis of normal microbiota following disease or disruptive events: a systematic review', *BMJ Open* 4, e005047.

McGraw, E.A. and O'Neill, S.L. (2013) 'Beyond insecticides: new thinking on an ancient problem', *Nat. Rev. Microbiol.* 11, 181 – 193.

McKenna, M. (2010) *Superbug: The Fatal Menace of MRSA* (New York: Free Press).

McKenna, M. (2013) Imagining the Post-Antibiotics Future. https://medium.com/@fernnews/imagining-the-post-antibiotics-future-892b57499e77.

Mclaren, D.J., Worms, M.J., Laurence, B.R., and Simpson, M.G. (1975) 'Micro-organisms in filarial larvae (Nematoda)', *Trans. R. Soc. Trop. Med. Hyg.* 69, 509 – 514.

McMaster, J. (2004). How Did Life Begin? http:www.pbs.org/wgbn/nova/evolution/how-did-life-begin.html.

McMeniman, C.J., Lane, R.V., Cass, B.N., Fong, A.W.C., Sidhu, M., Wang, Y-F., and O'Neill, S.L. (2009) 'Stable introduction of a life-shortening Wolbachia infection into the mosquito Aedes aegypti', *Science* 323, 141 – 144.

McNulty, N.P., Yatsunenko, T., Hsiao, A., Faith, J.J., Muegge, B.D., Goodman, A.L.,

Henrissat, B., Oozeer, R., Cools-Portier, S., Gobert, G., et al. (2011) 'The impact of a consortium of fermented milk strains on the gut microbiome of gnotobiotic mice and monozygotic twins', *Sci. Transl. Med.* 3, 106ra106.

Meadow, J.F., Bateman, A.C., Herkert, K.M., O'Connor, T.K., and Green, J.L. (2013) 'Significant changes in the skin microbiome mediated by the sport of roller derby', *PeerJ* 1, e53.

Meadow, J.F., Altrichter, A.E., Bateman, A.C., Stenson, J., Brown, G.Z., Green, J.L., and Bohannan, B.J.M. (2015) 'Humans differ in their personal microbial cloud', *PeerJ* 3, e1258.

Metcalf, J.A., Funkhouser-Jones, L.J., Brileya, K., Reysenbach, A-L., and Bordenstein, S.R. (2014) 'Antibacterial gene transfer across the tree of life', eLife 3. Miller, A.W., Kohl, K.D., and Dearing, M.D. (2014) 'The gastrointestinal tract of the white-throated woodrat (Neotoma albigula) harbors distinct consortia of oxalate-degrading bacteria', *Appl. Environ. Microbiol.* 80, 1595-1601.

Mimee, M., Tucker, A.C., Voigt, C.A., and Lu, T.K. (2015) 'Programming a human commensal bacterium, Bacteroides thetaiotaomicron, to sense and respond to stimuli in the murine gut microbiota', *Cell Syst.* 1, 62-71.

Min, K.-T., and Benzer, S. (1997) 'Wolbachia, normally a symbiont of Drosophila, can be virulent, causing degeneration and early death', *Proc. Natl. Acad. Sci. U. S. A.* 94, 10792-10796.

Moberg, S. (2005) *René Dubos, Friend of the Good Earth: Microbiologist, Medical Scientist, Environmentalist* (Washington, DC: ASM Press).

Moeller, A.H., Li, Y., Mpoudi Ngole, E., Ahuka-Mundeke, S., Lonsdorf, E.V., Pusey, A.E., Peeters, M., Hahn, B.H., and Ochman, H. (2014) 'Rapid changes in the gut microbiome during human evolution', *Proc. Natl. Acad. Sci. U. S. A.* 111, 16431-16435.

Montgomery, M.K. and McFall-Ngai, M. (1994) 'Bacterial symbionts induce host organ morphogenesis during early postembryonic development of the squid Euprymna scolopes', *Dev. Camb. Engl.* 120, 1719-1729.

Moran, N.A. and Dunbar, H.E. (2006) 'Sexual acquisition of beneficial symbionts in aphids', *Proc. Natl. Acad. Sci.* 103, 12803-12806.

Moran, N.A. and Sloan, D.B. (2015) 'The Hologenome Concept: helpful or hollow?' *PLoS Biol.* 13, e1002311.

Moran, N.A., Degnan, P.H., Santos, S.R., Dunbar, H.E., and Ochman, H. (2005) 'The players in a mutualistic symbiosis: insects, bacteria, viruses, and virulence genes',

Proc. Natl. Acad. Sci. U. S. A. 102, 16919–16926.

Moreira, L.A., Iturbe-Ormaetxe, I., Jeffery, J.A., Lu, G., Pyke, A.T., Hedges, L.M., Rocha, B.C., Hall-Mendelin, S., Day, A., Riegler, M., et al. (2009) 'A Wolbachia symbiont in Aedes aegypti limits infection with dengue, chikungunya, and plasmodium', *Cell* 139, 1268–1278.

Morell, V. (1997) 'Microbial biology: microbiology's scarred revolutionary', *Science* 276, 699–702.

Morgan, X.C., Tickle, T.L., Sokol, H., Gevers, D., Devaney, K.L., Ward, D.V., Reyes, J.A., Shah, S.A., LeLeiko, N., Snapper, S.B., et al. (2012) 'Dysfunction of the intestinal microbiome in inflammatory bowel disease and treatment', *Genome Biol.* 13, R79.

Mukherjee, S. (2011) *The Emperor of All Maladies* (London:Fourth Estate).

Mullard, A. (2008) 'Microbiology: the inside story', *Nature* 453, 578–580.

National Research Council (US) Committee on Metagenomics (2007) *The New Science of Metagenomics: Revealing the Secrets of Our Microbial Planet* (Washington, DC: National Academies Press (US)).

Nature (1975) 'Oh, New Delhi; oh, Geneva', *Nature* 256, 355–357.

Nature (2013) 'Culture shock', *Nature* 493, 133–134.

Nelson, B. (2014). Medicine's dirty secret. http://mosaicscience.com/story/medicine%E2%80%99s-dirty-secret.

Neufeld, K.M., Kang, N., Bienenstock, J., and Foster, J.A. (2011) 'Reduced anxietylike behavior and central neurochemical change in germ-free mice: behavior in germ-free mice', Neurogastroenterol. *Motil.* 23, 255–e119.

Newburg, D.S., Ruiz-Palacios, G.M., and Morrow, A.L. (2005) 'Human milk glycans protect infants against enteric pathogens', *Annu. Rev. Nutr.* 25, 37–58.

New York Times (12 February 1985) 'Science watch: miracle plant tested as cattle fodder'.

Nicholson, J.K., Holmes, E., Kinross, J., Burcelin, R., Gibson, G., Jia, W., and Pettersson, S. (2012) 'Host–Gut Microbiota Metabolic Interactions', *Science* 336, 1262–1267.

Nightingale, F. (1859) *Notes on Nursing: What It Is, and What It Is Not* (New York: D. Appleton & Co.).

Nougué, O., Gallet, R., Chevin, L-M., and Lenormand, T. (2015) 'Niche limits of symbiotic gut microbiota constrain the salinity tolerance of brine shrimp', *Am. Nat.* 186, 390–403.

Nováková, E., Hypša, V., Klein, J., Foottit, R.G., von Dohlen, C.D., and Moran, N.A. (2013) 'Reconstructing the phylogeny of aphids (Hemiptera: Aphididae) using DNA of the obligate symbiont Buchnera aphidicola', *Mol. Phylogenet. Evol.* 68, 42–54.

Obregon-Tito, A.J., Tito, R.Y., Metcalf, J., Sankaranarayanan, K., Clemente, J.C., Ursell, L.K., Zech Xu, Z., Van Treuren, W., Knight, R., Gaffney, P.M., et al. (2015) 'Subsistence strategies in traditional societies distinguish gut microbiomes', *Nat. Commun.* 6, 6505.

Ochman, H., Lawrence, J.G., and Groisman, E.A. (2000) 'Lateral gene transfer and the nature of bacterial innovation', *Nature* 405, 299–304.

Ohbayashi, T., Takeshita, K., Kitagawa, W., Nikoh, N., Koga, R., Meng, X-Y., Tago, K., Hori, T., Hayatsu, M., Asano, K., et al. (2015) 'Insect's intestinal organ for symbiont sorting', *Proc. Natl. Acad. Sci.* 112, E5179–E5188.

Oliver, K.M., Moran, N.A., and Hunter, M.S. (2005) 'Variation in resistance to parasitism in aphids is due to symbionts not host genotype', *Proc. Natl. Acad. Sci. U. S. A.* 102, 12795–12800.

Oliver, K.M., Campos, J., Moran, N.A., and Hunter, M.S. (2008) 'Population dynamics of defensive symbionts in aphids', *Proc. R. Soc. B Biol. Sci.* 275, 293–299.

Olle, B. (2013) 'Medicines from microbiota', *Nat. Biotechnol.* 31, 309–315.

Olszak, T., An, D., Zeissig, S., Vera, M.P., Richter, J., Franke, A., Glickman, J.N., Siebert, R., Baron, R.M., Kasper, D.L., et al. (2012) 'Microbial exposure during early life has persistent effects on natural killer T cell function', *Science* 336, 489–493.

O'Malley, M.A. (2009) 'What did Darwin say about microbes, and how did microbiology respond?', *Trends Microbiol.* 17, 341–347.

Osawa, R., Blanshard, W., and Ocallaghan, P. (1993) 'Microbiological studies of the intestinal microflora of the Koala, Phascolarctos-Cinereus .2. Pap, a special maternal feces consumed by juvenile koalas', *Aust. J. Zool.* 41, 611–620.

Ott, S.J., Musfeldt, M., Wenderoth, D.F., Hampe, J., Brant, O., Fölsch, U.R., Timmis, K.N., and Schreiber, S. (2004) 'Reduction in diversity of the colonic mucosa associated bacterial microflora in patients with active inflammatory bowel disease', *Gut* 53, 685–693.

Ott, B.M., Rickards, A., Gehrke, L., and Rio, R.V.M. (2015) 'Characterization of shed medicinal leech mucus reveals a diverse microbiota', *Front. Microbiol.* 5. doi: 10.3389/fmicb.2014.00757.

Pace, N.R., Stahl, D.A., Lane, D.J., and Olsen, G.J. (1986) 'The analysis of natural microbial populations by ribosomal RNA Sequences', in *Advances in Microbial Ecology*, K.C. Marshall, ed. (New York: Springer US), pp. 1–55.

Paine, R.T., Tegner, M.J., and Johnson, E.A. (1998) 'Compounded perturbations yield ecological surprises', *Ecosystems* 1, 535–545.

Pais, R., Lohs, C., Wu, Y., Wang, J., and Aksoy, S. (2008) 'The obligate mutualist Wigglesworthia glossinidia influences reproduction, digestion, and immunity processes of its host, the tsetse fly', *Appl. Environ. Microbiol.* 74, 5965-5974.

Pannebakker, B.A., Loppin, B., Elemans, C.P., Humblot, L., and Vavre, F. (2007) 'Parasitic inhibition of cell death facilitates symbiosis', *Proc. Natl. Acad. Sci.* 104, 213-215.

Payne, A.S. (1970) *The Cleere Observer. A Biography of Antoni Van Leeuwenhoek* (London: Macmillan).

Petrof, E.O. and Khoruts, A. (2014) 'From stool transplants to next-generation microbiota therapeutics', *Gastroenterology* 146, 1573-1582.

Petrof, E., Gloor, G., Vanner, S., Weese, S., Carter, D., Daigneault, M., Brown, E., Schroeter, K., and Allen-Vercoe, E. (2013) 'Stool substitute transplant therapy for the eradication of Clostridium difficile infection: 'RePOOPulating' the gut', *Microbiome* 2013, 3.

Petschow, B., Doré, J., Hibberd, P., Dinan, T., Reid, G., Blaser, M., Cani, P.D., Degnan, F.H., Foster, J., Gibson, G., et al. (2013) 'Probiotics, prebiotics, and the host microbiome: the science of translation', *Ann. N. Y. Acad. Sci.* 1306, 1-17.

Pickard, J.M., Maurice, C.F., Kinnebrew, M.A., Abt, M.C., Schenten, D., Golovkina, T.V., Bogatyrev, S.R., Ismagilov, R.F., Pamer, E.G., Turnbaugh, P.J., et al. (2014) 'Rapid fucosylation of intestinal epithelium sustains host-commensal symbiosis in sickness', *Nature* 514, 638-641.

Poulsen, M., Hu, H., Li, C., Chen, Z., Xu, L., Otani, S., Nygaard, S., Nobre, T., Klaubauf, S., Schindler, P.M., et al. (2014) 'Complementary symbiont contributions to plant decomposition in a fungus-farming termite', *Proc. Natl. Acad. Sci.* 111, 14500-14505.

Qian, J., Hospodsky, D., Yamamoto, N., Nazaroff, W.W., and Peccia, J. (2012). 'Sizeresolved emission rates of airborne bacteria and fungi in an occupied classroom: size-resolved bioaerosol emission rates', *Indoor Air* 22, 339-351.

Quammen, D. (1997) *The Song of the Dodo: Island Biogeography in an Age of Extinction* (New York: Scribner).

Rawls, J.F., Samuel, B.S., and Gordon, J.I. (2004) 'Gnotobiotic zebrafish reveal evolutionarily conserved responses to the gut microbiota', *Proc. Natl. Acad. Sci. U. S. A.* 101, 4596-4601.

Rawls, J.F., Mahowald, M.A., Ley, R.E., and Gordon, J.I. (2006) 'Reciprocal gut microbiota transplants from zebrafish and mice to germ-free recipients reveal host habitat selection', Cell 127, 423-433.

Redford, K.H., Segre, J.A., Salafsky, N., del Rio, C.M., and McAloose, D. (2012) 'Conservation and the Microbiome: Editorial. *Conserv. Biol.* 26, 195–197.

Reid, G. (2011) 'Opinion paper: Quo vadis–EFSA?', *Benef. Microbes* 2, 177–181.

Relman, D.A. (2008), ' "Til death do us part": coming to terms with symbiotic relationships', Foreword. *Nat. Rev. Microbiol.* 6, 721–724.

Relman, D.A. (2012) 'The human microbiome: ecosystem resilience and health', *Nutr. Rev.* 70, S2–S9.

Ridaura, V.K., Faith, J.J., Rey, F.E., Cheng, J., Duncan, A.E., Kau, A.L., Griffin, N.W., Lombard, V., Henrissat, B., Bain, J.R., et al. (2013). 'Gut microbiota from twins discordant for obesity modulate metabolism in mice', *Science* 341, 1241214.

Rigaud, T., and Juchault, P. (1992). Heredity–Abstract of article: 'Genetic control of the vertical transmission of a cytoplasmic sex factor in Armadillidium vulgare Latr. (Crustacea, Oniscidea)', *Heredity* 68, 47–52.

Riley, D.R., Sieber, K.B., Robinson, K.M., White, J.R., Ganesan, A., Nourbakhsh, S., and Dunning Hotopp, J.C. (2013) 'Bacteria–human somatic cell lateral gene transfer is enriched in cancer samples', *PLoS Comput. Biol.* 9, e1003107.

Roberts, C.S. (1990) 'William Beaumont, the man and the opportunity', in *Clinical Methods: The History, Physical, and Laboratory Examinations*, H.K. Walker, W.D. Hall, and J.W. Hurst, eds (Boston: Butterworths).

Roberts, S.C., Gosling, L.M., Spector, T.D., Miller, P., Penn, D.J., and Petrie, M. (2005) 'Body Odor Similarity in Noncohabiting Twins', *Chem. Senses* 30, 651–656.

Rogier, E.W., Frantz, A.L., Bruno, M.E., Wedlund, L., Cohen, D.A., Stromberg, A.J., and Kaetzel, C.S. (2014) 'Secretory antibodies in breast milk promote longterm intestinal homeostasis by regulating the gut microbiota and host gene expression', *Proc. Natl. Acad. Sci.* 111, 3074–3079.

Rohwer, F. and Youle, M. (2010) *Coral Reefs in the Microbial Seas* (United States: Plaid Press).

Rook, G.A.W., Lowry, C.A., and Raison, C.L. (2013) 'Microbial 'Old Friends', immunoregulation and stress resilience', *Evol. Med. Public Health* 2013, 46–64.

Rosebury, T. (1962) *Microorganisms Indigenous to Man* (New York: McGraw-Hill).

Rosebury, T. (1969) *Life on Man* (New York: Viking Press).

Rosenberg, E., Sharon, G., and Zilber-Rosenberg, I. (2009) 'The hologenome theory of evolution contains Lamarckian aspects within a Darwinian framework', *Environ. Microbiol.* 11, 2959–2962.

Rosner, J. (2014) 'Ten times more microbial cells than body cells in humans?', *Microbe* 9,

47.

Round, J.L., and Mazmanian, S.K. (2009) 'The gut microbiota shapes intestinal immune responses during health and disease', *Nat. Rev. Immunol.* 9, 313–323.

Round, J.L. and Mazmanian, S.K. (2010) 'Inducible Foxp3+ regulatory T-cell development by a commensal bacterium of the intestinal microbiota', *Proc. Natl. Acad. Sci. U. S. A.* 107, 12204–12209.

Russell, C.W., Bouvaine, S., Newell, P.D., and Douglas, A.E. (2013a) 'Shared metabolic pathways in a coevolved insect–bacterial symbiosis', *Appl. Environ. Microbiol.* 79, 6117–6123.

Russell, J.A., Funaro, C.F., Giraldo, Y.M., Goldman-Huertas, B., Suh, D., Kronauer, D.J.C., Moreau, C.S., and Pierce, N.E. (2012) 'A veritable menagerie of heritable bacteria from ants, butterflies, and beyond: broad molecular surveys and a systematic review', *PLoS ONE* 7, e51027.

Russell, J.A., Weldon, S., Smith, A.H., Kim, K.L., Hu, Y., Łukasik, P., Doll, S., Anastopoulos, I., Novin, M., and Oliver, K.M. (2013b) 'Uncovering symbiontdriven genetic diversity across North American pea aphids', *Mol. Ecol.* 22, 2045–2059.

Rutherford, A. (2013). *Creation: The Origin of Life / The Future of Life* (London: Penguin).

Sachs, J.L., Skophammer, R.G., and Regus, J.U. (2011) 'Evolutionary transitions in bacterial symbiosis', *Proc. Natl. Acad. Sci.* 108, 10800–10807.

Sacks, O. (23 April 2015) 'A General Feeling of Disorder.' N. Y. Rev. Books. Saeidi, N., Wong, C.K., Lo, T-M., Nguyen, H.X., Ling, H., Leong, S.S.J., Poh, C.L., and Chang, M.W. (2011) 'Engineering microbes to sense and eradicate Pseudomonas aeruginosa, a human pathogen', *Mol. Syst. Biol.* 7, 521.

Sagan, L. (1967) 'On the origin of mitosing cells', *J. Theor. Biol.* 14, 255–274.

Salter, S.J., Cox, M.J., Turek, E.M., Calus, S.T., Cookson, W.O., Moffatt, M.F., Turner, P., Parkhill, J., Loman, N.J., and Walker, A.W. (2014) 'Reagent and laboratory contamination can critically impact sequence-based microbiome analyses', *BMC Biol.* 12, 87.

Salzberg, S.L. (2001) 'Microbial genes in the human genome: lateral transfer or gene loss?', *Science* 292, 1903–1906.

Salzberg, S.L., Hotopp, J.C., Delcher, A.L., Pop, M., Smith, D.R., Eisen, M.B., and Nelson, W.C. (2005) 'Serendipitous discovery of Wolbachia genomes in multiple Drosophila species', *Genome Biol.* 6, R23.

Sanders, J.G., Beichman, A.C., Roman, J., Scott, J.J., Emerson, D., McCarthy, J.J., and Girguis, P.R. (2015) 'Baleen whales host a unique gut microbiome with similarities to both carnivores and herbivores', *Nat. Commun.* 6, 8285.

Sangodeyi, F.I. (2014) 'The Making of the Microbial Body, 1900s–2012.' Harvard University.

Sapp, J. (1994) *Evolution by Association: A History of Symbiosis* (New York: Oxford University Press).

Sapp, J. (2002) 'Paul Buchner (1886–1978) and hereditary symbiosis in insects', *Int. Microbiol.* 5, 145–150.

Sapp, J. (2009) *The New Foundations of Evolution: On the Tree of Life* (Oxford and New York: Oxford University Press).

Savage, D.C. (2001) 'Microbial biota of the human intestine: a tribute to some pioneering scientists', *Curr. Issues Intest. Microbiol.* 2, 1–15.

Schilthuizen, M.O. and Stouthamer, R. (1997) Horizontal transmission of parthenogenesis-inducing microbes in Trichogramma wasps', *Proc. R. Soc. Lond. B Biol. Sci.* 264, 361–366.

Schluter, J. and Foster, K.R. (2012) 'The evolution of mutualism in gut microbiota via host epithelial selection', *PLoS Biol.* 10, e1001424.

Schmidt, C. (2013) 'The startup bugs', *Nat. Biotechnol.* 31, 279–281.

Schmidt, T.M., DeLong, E.F., and Pace, N.R. (1991) 'Analysis of a marine picoplankton community by 16S rRNA gene cloning and sequencing', *J. Bacteriol.* 173, 4371–4378.

Schnorr, S.L., Candela, M., Rampelli, S., Centanni, M., Consolandi, C., Basaglia, G., Turroni, S., Biagi, E., Peano, C., Severgnini, M., et al. (2014) 'Gut microbiome of the Hadza hunter-gatherers', *Nat. Commun.* 5, 3654.

Schubert, A.M., Sinani, H., and Schloss, P.D. (2015) 'Antibiotic-induced alterations of the murine gut microbiota and subsequent effects on colonization resistance against Clostridium difficile', *mBio* 6, e00974–15.

Sela, D.A. and Mills, D.A. (2014) 'The marriage of nutrigenomics with the microbiome: the case of infant-associated bifidobacteria and milk', *Am. J. Clin. Nutr.* 99, 697S–703S.

Sela, D.A., Chapman, J., Adeuya, A., Kim, J.H., Chen, F., Whitehead, T.R., Lapidus, A., Rokhsar, D.S., Lebrilla, C.B., and German, J.B. (2008) 'The genome sequence of Bifidobacterium longum subsp. infantis reveals adaptations for milk utilization within the infant microbiome', *Proc. Natl. Acad. Sci.* 105, 18964–18969.

Selosse, M-A., Bessis, A., and Pozo, M.J. (2014) 'Microbial priming of plant and animal immunity: symbionts as developmental signals', *Trends Microbiol.* 22, 607–613.

Shanahan, F. (2010) 'Probiotics in perspective', *Gastroenterology* 139, 1808–1812.

Shanahan, F. (2012) 'The microbiota in inflammatory bowel disease: friend, bystander, and sometime-villain', *Nutr. Rev.* 70, S31–S37.

Shanahan, F. and Quigley, E.M.M. (2014) 'Manipulation of the microbiota for treatment of IBS and IBD – challenges and controversies', *Gastroenterology* 146, 1554–1563.

Sharon, G., Segal, D., Ringo, J.M., Hefetz, A., Zilber-Rosenberg, I., and Rosenberg, E. (2010) 'Commensal bacteria play a role in mating preference of Drosophila melanogaster', *Proc. Natl. Acad. Sci.* 107, 20051–20056.

Sharon, G., Garg, N., Debelius, J., Knight, R., Dorrestein, P.C., and Mazmanian, S.K. (2014) 'Specialized metabolites from the microbiome in health and disease', *Cell Metab.* 20, 719–730.

Shikuma, N.J., Pilhofer, M., Weiss, G.L., Hadfield, M.G., Jensen, G.J., and Newman, D.K. (2014) 'Marine tubeworm metamorphosis induced by arrays of bacterial phage tail-Like structures', *Science* 343, 529–533.

Six, D.L. (2013) 'The Bark Beetle holobiont: why microbes matter', *J. Chem. Ecol.* 39, 989–1002.

Sjögren, K., Engdahl, C., Henning, P., Lerner, U.H., Tremaroli, V., Lagerquist, M.K., Bäckhed, F., and Ohlsson, C. (2012) 'The gut microbiota regulates bone mass in mice', *J. Bone Miner. Res. Off. J. Am. Soc. Bone Miner. Res.* 27, 1357–1367.

Slashinski, M.J., McCurdy, S.A., Achenbaum, L.S., Whitney, S.N., and McGuire, A.L. (2012) "Snake-oil,' 'quack medicine,' and 'industrially cultured organisms:' biovalue and the commercialization of human microbiome research', *BMC Med. Ethics* 13, 28.

Slatko, B.E., Taylor, M.J., and Foster, J.M. (2010) 'The Wolbachia endosymbiont as an anti-filarial nematode target', *Symbiosis* 51, 55–65.

Smillie, C.S., Smith, M.B., Friedman, J., Cordero, O.X., David, L.A., and Alm, E.J. (2011) 'Ecology drives a global network of gene exchange connecting the human microbiome', *Nature* 480, 241–244.

Smith, C.C., Snowberg, L.K., Gregory Caporaso, J., Knight, R., and Bolnick, D.I. (2015) 'Dietary input of microbes and host genetic variation shape amongpopulation differences in stickleback gut microbiota', *ISME J.* 9, 2515–2526.

Smith, J.E., Shaw, M., Edwards, R.A., Obura, D., Pantos, O., Sala, E., Sandin, S.A., Smriga, S., Hatay, M., and Rohwer, F.L. (2006) 'Indirect effects of algae on coral: algae-mediated, microbe-induced coral mortality', *Ecol. Lett.* 9, 835–845.

Smith, M., Kelly, C., and Alm, E. (2014) 'How to regulate faecal transplants', *Nature* 506, 290–291.

Smith, M.I., Yatsunenko, T., Manary, M.J., Trehan, I., Mkakosya, R., Cheng, J., Kau, A.L., Rich, S.S., Concannon, P., Mychaleckyj, J.C., et al. (2013a) 'Gut microbiomes of Malawian twin pairs discordant for kwashiorkor', *Science* 339, 548–554.

Smith, P.M., Howitt, M.R., Panikov, N., Michaud, M., Gallini, C.A., Bohlooly-Y, M., Glickman, J.N., and Garrett, W.S. (2013b) 'The microbial metabolites, short-chain fatty acids, regulate colonic Treg cell homeostasis', *Science* 341, 569–573.

Smithsonian National Museum of Natural History (2010) Giant Tube Worm: Riftia pachyptila. http://www.mnh.si.edu/onehundredyears/featured-objects/Riftia.html.

Sneed, J.M., Sharp, K.H., Ritchie, K.B., and Paul, V.J. (2014) 'The chemical cue tetrabromopyrrole from a biofilm bacterium induces settlement of multiple Caribbean corals', *Proc. R. Soc. B Biol. Sci.* 281, 20133086.

Sokol, H., Pigneur, B., Watterlot, L., Lakhdari, O., Bermúdez-Humarán, L.G., Gratadoux, J-J., Blugeon, S., Bridonneau, C., Furet, J-P., Corthier, G., et al. (2008) 'Faecalibacterium prausnitzii is an anti-inflammatory commensal bacterium identified by gut microbiota analysis of Crohn disease patients', *Proc. Natl. Acad. Sci.*

Soler, J.J., Martín-Vivaldi, M., Ruiz-Rodríguez, M., Valdivia, E., Martín-Platero, A.M., Martínez-Bueno, M., Peralta-Sánchez, J.M., and Méndez, M. (2008) 'Symbiotic association between hoopoes and antibiotic-producing bacteria that live in their uropygial gland', *Funct. Ecol.* 22, 864–871.

Sommer, F. and Bäckhed, F. (2013) 'The gut microbiota—masters of host development and physiology', *Nat. Rev. Microbiol.* 11, 227–238.

Sonnenburg, E.D. and Sonnenburg, J.L. (2014) 'Starving our microbial self: the deleterious consequences of a diet deficient in microbiota-accessible carbohydrates', *Cell Metab.* 20, 779–786.

Sonnenburg, E.D., Smits, S.A., Tikhonov, M., Higginbottom, S.K., Wingreen, N.S., and Sonnenburg, J.L. (2016) 'Diet-induced extinctions in the gut microbiota compound over generations', *Nature* 529, 212–215.

Sonnenburg, J.L., and Fischbach, M.A. (2011) 'Community health care: therapeutic opportunities in the human microbiome', *Sci. Transl. Med.* 3, 78ps12.

Sonnenburg, J. and Sonnenburg, E. (2015) *The Good Gut: Taking Control of Your Weight, Your Mood, and Your Long-Term Health* (New York: The Penguin Press).

Spor, A., Koren, O., and Ley, R. (2011) 'Unravelling the effects of the environment and host genotype on the gut microbiome', *Nat. Rev. Microbiol.* 9, 279–290.

Stahl, D.A., Lane, D.J., Olsen, G.J., and Pace, N.R. (1985) 'Characterization of a Yellowstone hot spring microbial community by 5S rRNA sequences', *Appl. Environ.*

Microbiol. 49, 1379 – 1384.

Stappenbeck, T.S., Hooper, L.V., and Gordon, J.I. (2002) 'Developmental regulation of intestinal angiogenesis by indigenous microbes via Paneth cells', Proc. *Natl. Acad. Sci. U. S. A.* 99, 15451 – 15455.

Stefka, A.T., Feehley, T., Tripathi, P., Qiu, J., McCoy, K., Mazmanian, S.K., Tjota, M.Y., Seo, G-Y., Cao, S., Theriault, B.R., et al. (2014) 'Commensal bacteria protect against food allergen sensitization', *Proc. Natl. Acad. Sci.* 111, 13145 – 13150.

Stevens, C.E. and Hume, I.D. (1998) 'Contributions of microbes in vertebrate gastrointestinal tract to production and conservation of nutrients', *Physiol. Rev.* 78, 393 – 427.

Stewart, F.J. and Cavanaugh, C.M. (2006) 'Symbiosis of thioautotrophic bacteria with Riftia pachyptila', *Prog. Mol. Subcell. Biol.* 41, 197 – 225.

Stilling, R.M., Dinan, T.G., and Cryan, J.F. (2015) 'The brain's Geppetto – microbes as puppeteers of neural function and behaviour?', *J. Neurovirol.* doi: 10.3389/fcimb.2014.00147.

Stoll, S., Feldhaar, H., Fraunholz, M.J., and Gross, R. (2010) 'Bacteriocyte dynamics during development of a holometabolous insect, the carpenter ant Camponotus floridanus', *BMC Microbiol.* 10, 308.

Strachan, D.P. (1989) 'Hay fever, hygiene, and household size', *BMJ* 299, 1259 – 1260.

Strachan, D.P. (2015). Re: 'The 'hygiene hypothesis' for allergic disease is a misnomer.' *BMJ* 349, g5267.

Strand, M.R. and Burke, G.R. (2012) 'Polydnaviruses as symbionts and gene delivery systems', *PLoS Pathog.* 8, e1002757.

Subramanian, S., Huq, S., Yatsunenko, T., Haque, R., Mahfuz, M., Alam, M.A., Benezra, A., DeStefano, J., Meier, M.F., Muegge, B.D., et al. (2014) 'Persistent gut microbiota immaturity in malnourished Bangladeshi children', *Nature* 510, 417 – 421.

Sudo, N., Chida, Y., Aiba, Y., Sonoda, J., Oyama, N., Yu, X-N., Kubo, C., and Koga, Y. (2004) 'Postnatal microbial colonization programs the hypothalamic-pituitary – adrenal system for stress response in mice', *J. Physiol.* 558, 263 – 275.

Sundset, M.A., Barboza, P.S., Green, T.K., Folkow, L.P., Blix, A.S., and Mathiesen, S.D. (2010) 'Microbial degradation of usnic acid in the reindeer rumen', *Naturwissenschaften* 97, 273 – 278.

Svoboda, E. (2015) How Soil Microbes Affect the Environment. http://www.quantamagazine.org/20150616-soil-microbes-bacteria-climate-change/.Tang, W.H.W. and Hazen, S.L. (2014) 'The contributory role of gut microbiota in cardiovascular disease', *J. Clin. Invest.* 124, 4204–4211.

Taylor, M.J. and Hoerauf, A. (1999) 'Wolbachia bacteria of filarial nematodes', *Parasitol. Today* 15, 437–442.

Taylor, M.J., Makunde, W.H., McGarry, H.F., Turner, J.D., Mand, S., and Hoerauf, A. (2005) 'Macrofilaricidal activity after doxycycline treatment of Wuchereria bancrofti: a double-blind, randomised placebo-controlled trial', *Lancet* 365, 2116–2121.

Taylor, M.J., Hoerauf, A., and Bockarie, M. (2010) 'Lymphatic filariasis and onchocerciasis', *Lancet* 376, 1175–1185.

Taylor, M.J., Voronin, D., Johnston, K.L., and Ford, L. (2013) 'Wolbachia filarial interactions: Wolbachia filarial cellular and molecular interactions', *Cell*. Microbiol. 15, 520–526.

Taylor, M.J., Hoerauf, A., Townson, S., Slatko, B.E., and Ward, S.A. (2014) 'Anti-Wolbachia drug discovery and development: safe macrofilaricides for onchocerciasis and lymphatic filariasis', *Parasitology* 141, 119–127.

Teixeira, L., Ferreira, Á., and Ashburner, M. (2008) 'The bacterial symbiont Wolbachia induces resistance to RNA viral infections in Drosophila melanogaster', *PLoS Biol.* 6, e1000002.

Thacker, R.W. and Freeman, C.J. (2012) 'Sponge–microbe symbioses', in *Advances in Marine Biology* (Philadelphia: Elsevier), pp. 57–111.

Thaiss, C.A., Zeevi, D., Levy, M., Zilberman-Schapira, G., Suez, J., Tengeler, A.C., Abramson, L., Katz, M.N., Korem, T., Zmora, N., et al. (2014) 'Transkingdom control of microbiota diurnal oscillations promotes metabolic homeostasis', *Cell* 159, 514–529.

Theis, K.R., Venkataraman, A., Dycus, J.A., Koonter, K.D., Schmitt-Matzen, E.N., Wagner, A.P., Holekamp, K.E., and Schmidt, T.M. (2013) 'Symbiotic bacteria appear to mediate hyena social odors', *Proc. Natl. Acad. Sci.* 110, 19832–19837.

Thurber, R.L.V., Barott, K.L., Hall, D., Liu, H., Rodriguez-Mueller, B., Desnues, C., Edwards, R.A., Haynes, M., Angly, F.E., Wegley, L., et al. (2008) 'Metagenomic analysis indicates that stressors induce production of herpeslike viruses in the coral Porites compressa', *Proc. Natl. Acad. Sci.* 105, 18413–18418.

Thurber, R.V., Willner-Hall, D., Rodriguez-Mueller, B., Desnues, C., Edwards, R.A., Angly, F., Dinsdale, E., Kelly, L., and Rohwer, F. (2009) 'Metagenomic analysis of stressed coral holobionts', *Environ. Microbiol.* 11, 2148–2163.

Tillisch, K., Labus, J., Kilpatrick, L., Jiang, Z., Stains, J., Ebrat, B., Guyonnet, D., Legrain-Raspaud, S., Trotin, B., Naliboff, B., et al. (2013) 'Consumption of fermented milk product with probiotic modulates brain activity', *Gastroenterology* 144, 1394–1401. e4.

Tito, R.Y., Knights, D., Metcalf, J., Obregon-Tito, A.J., Cleeland, L., Najar, F., Roe, B., Reinhard, K., Sobolik, K., Belknap, S., et al. (2012) 'Insights from "Characterizing Extinct Human Gut Microbiomes"', *PLoS ONE* 7, e51146.

Trasande, L., Blustein, J., Liu, M., Corwin, E., Cox, L.M., and Blaser, M.J. (2013) 'Infant antibiotic exposures and early-life body mass', *Int. J. Obes.* 2005 37, 16–23.

Tung, J., Barreiro, L.B., Burns, M.B., Grenier, J-C., Lynch, J., Grieneisen, L.E., Altmann, J., Alberts, S.C., Blekhman, R., and Archie, E.A. (2015) 'Social networks predict gut microbiome composition in wild baboons', *eLife* 4.

Turnbaugh, P.J., Ley, R.E., Mahowald, M.A., Magrini, V., Mardis, E.R., and Gordon, J.I. (2006) 'An obesity-associated gut microbiome with increased capacity for energy harvest', *Nature* 444, 1027–1131.

Underwood, M.A., Salzman, N.H., Bennett, S.H., Barman, M., Mills, D.A., Marcobal, A., Tancredi, D.J., Bevins, C.L., and Sherman, M.P. (2009) 'A randomized placebo-controlled comparison of 2 prebiotic/probiotic combinations in preterm infants: impact on weight gain, intestinal microbiota, and fecal short-chain fatty acids', J. Pediatr. Gastroenterol. *Nutr.* 48, 216–225.

University of Utah (2012). How Insects Domesticate Bacteria. http://archive.unews.utah.edu/news-releases/how-insects-domesticate-bacteria/.Vaishnava, S., Behrendt, C.L., Ismail, A.S., Eckmann, L., and Hooper, L.V. (2008) 'Paneth cells directly sense gut commensals and maintain homeostasis at the intestinal host–microbial interface', *Proc. Natl. Acad. Sci.* 105, 20858–20863.

Van Bonn, W., LaPointe, A., Gibbons, S.M., Frazier, A., Hampton-Marcell, J., and Gilbert, J. (2015) 'Aquarium microbiome response to ninety-percent system water change: clues to microbiome management', *Zoo Biol.* 34, 360–367.

Van Leuven, J.T., Meister, R.C., Simon, C., and McCutcheon, J.P. (2014) 'Sympatric speciation in a bacterial endosymbiont results in two genomes with the functionality of one', *Cell* 158, 1270–1280.

Van Nood, E., Vrieze, A., Nieuwdorp, M., Fuentes, S., Zoetendal, E.G., de Vos, W.M., Visser, C.E., Kuijper, E.J., Bartelsman, J.F.W.M., Tijssen, J.G.P., et al. (2013) 'Duodenal infusion of donor feces for recurrent Clostridium difficile', *N. Engl. J. Med.* 368, 407–415.

Verhulst, N.O., Qiu, Y.T., Beijleveld, H., Maliepaard, C., Knights, D., Schulz, S., Berg-Lyons, D., Lauber, C.L., Verduijn, W., Haasnoot, G.W., et al. (2011) 'Composition of human skin microbiota affects attractiveness to malaria mosquitoes', *PLoS ONE* 6, e28991.

Vétizou, M., Pitt, J.M., Daillère, R., Lepage, P., Waldschmitt, N., Flament, C., Rusakiewicz, S., Routy, B., Roberti, M.P., Duong, C.P.M., et al. (2015) 'Anticancer immunotherapy by CTLA-4 blockade relies on the gut microbiota', *Science* 350, 1079-1084.

Vigneron, A., Masson, F., Vallier, A., Balmand, S., Rey, M., Vincent-Monégat, C., Aksoy, E., Aubailly-Giraud, E., Zaidman-Rémy, A., and Heddi, A. (2014) 'Insects recycle endosymbionts when the benefit is over', *Curr. Biol.* 24, 2267-2273.

Voronin, D., Cook, D.A.N., Steven, A., and Taylor, M.J. (2012) 'Autophagy regulates Wolbachia populations across diverse symbiotic associations', *Proc. Natl. Acad. Sci.* 109, E1638-E1646.

Vrieze, A., Van Nood, E., Holleman, F., Salojärvi, J., Kootte, R.S., Bartelsman, J.F.W.M., Dallinga-Thie, G.M., Ackermans, M.T., Serlie, M.J., Oozeer, R., et al. (2012) 'Transfer of intestinal microbiota from lean donors increases insulin sensitivity in individuals with metabolic syndrome', *Gastroenterology* 143, 913-916.e7.

Wada-Katsumata, A., Zurek, L., Nalyanya, G., Roelofs, W.L., Zhang, A., and Schal, C. (2015) 'Gut bacteria mediate aggregation in the German cockroach', *Proc. Natl. Acad. Sci doi*: 10.1073/pnas.1504031112.

Wahl, M., Goecke, F., Labes, A., Dobretsov, S., and Weinberger, F. (2012) 'The second skin: ecological role of epibiotic biofilms on marine organisms', Front. Microbiol. 3 doi: 10.3389/fmicb.2012.00292.

Walke, J.B., Becker, M.H., Loftus, S.C., House, L.L., Cormier, G., Jensen, R.V., and Belden, L.K. (2014) 'Amphibian skin may select for rare environmental microbes', *ISME J.* 8, 2207-2217.

Walker, T., Johnson, P.H., Moreira, L.A., Iturbe-Ormaetxe, I., Frentiu, F.D., McMeniman, C.J., Leong, Y.S., Dong, Y., Axford, J., Kriesner, P., et al. (2011) 'The wMel Wolbachia strain blocks dengue and invades caged Aedes aegypti populations', *Nature* 476, 450-453.

Wallace, A.R. (1855) 'On the law which has regulated the introduction of new species', *Ann. Mag. Nat. Hist.* 16, 184-196.

Wallin, I.E. (1927) *Symbionticism and the Origin of Species* (Baltimore: Williams & Wilkins Co.).

Walter, J. and Ley, R. (2011) 'The human gut microbiome: ecology and recent evolutionary changes', *Annu. Rev. Microbiol.* 65, 411-429.

Walters, W.A., Xu, Z., and Knight, R. (2014) 'Meta-analyses of human gut microbes associated with obesity and IBD', *FEBS Lett*. 588, 4223–4233.

Wang, Z., Roberts, A.B., Buffa, J.A., Levison, B.S., Zhu, W., Org, E., Gu, X., Huang, Y., Zamanian-Daryoush, M., Culley, M.K., et al. (2015) 'Non-lethal inhibition of gut microbial trimethylamine production for the treatment of atherosclerosis. *Cell* 163, 1585–1595.

Ward, R.E., Ninonuevo, M., Mills, D.A., Lebrilla, C.B., and German, J.B. (2006) 'In vitro fermentation of breast milk oligosaccharides by Bifidobacterium infantis and Lactobacillus gasseri', *Appl. Environ. Microbiol*. 72, 4497–4499.

Weeks, P. (2000) 'Red-billed oxpeckers: vampires or tickbirds?', *Behav. Ecol*. 11, 154–160.

Wells, H.G., Huxley, J., and Wells, G.P. (1930) *The Science of Life* (London: Cassell).

Wernegreen, J.J. (2004) 'Endosymbiosis: lessons in conflict resolution', *PLoS Biol*. 2, e68.

Wernegreen, J.J. (2012) 'Mutualism meltdown in insects: bacteria constrain thermal adaptation', *Curr. Opin. Microbiol*. 15, 255–262.

Wernegreen, J.J., Kauppinen, S.N., Brady, S.G., and Ward, P.S. (2009) 'One nutritional symbiosis begat another: phylogenetic evidence that the ant tribe Camponotini acquired Blochmannia by tending sap-feeding insects', *BMC Evol. Biol*. 9, 292.

Werren, J.H., Baldo, L., and Clark, M.E. (2008) 'Wolbachia: master manipulators of invertebrate biology', *Nat. Rev. Microbiol*. 6, 741–751.

West, S.A., Fisher, R.M., Gardner, A., and Kiers, E.T. (2015) 'Major evolutionary transitions in individuality', *Proc. Natl. Acad. Sci. U. S. A*. 112, 10112–10119.

Westwood, J., Burnett, M., Spratt, D., Ball, M., Wilson, D.J., Wellsteed, S., Cleary, D., Green, A., Hutley, E., Cichowska, A., et al. (2014). The Hospital Microbiome Project: meeting report for the UK science and innovation network UK–USA workshop 'Beating the superbugs: hospital microbiome studies for tackling antimicrobial resistance', 14 October 2013. *Stand. Genomic Sci*. 9, 12.

The Wilde Lecture (1901) 'The Wilde Medal and Lecture of the Manchester Literary and Philosophical Society.' *Br. Med. J*. 1, 1027–1028.

Willingham, E. (2012). Autism, immunity, inflammation, and the New York Times. http://www.emilywillinghamphd.com/2012/08/autism-immunity-inflammation-and-new.html.

Wilson, A.C.C., Ashton, P.D., Calevro, F., Charles, H., Colella, S., Febvay, G., Jander, G., Kushlan, P.F., Macdonald, S.J., Schwartz, J.F., et al. (2010) 'Genomic insight into the amino acid relations of the pea aphid, Acyrthosiphon pisum, with its symbiotic bacterium Buchnera aphidicola', *Insect Mol. Biol. 19 Suppl.* 2, 249–258.

Wlodarska, M., Kostic, A.D., and Xavier, R.J. (2015) 'An integrative view of microbiome-host interactions in inflammatory bowel diseases', *Cell Host Microbe* 17, 577–591.

Woese, C.R. and Fox, G.E. (1977) 'Phylogenetic structure of the prokaryotic domain: the primary kingdoms', *Proc. Natl. Acad. Sci. U. S. A.* 74, 5088–5090.

Woodhams, D.C., Vredenburg, V.T., Simon, M-A., Billheimer, D., Shakhtour, B., Shyr, Y., Briggs, C.J., Rollins-Smith, L.A., and Harris, R.N. (2007) 'Symbiotic bacteria contribute to innate immune defenses of the threatened mountain yellow-legged frog, Rana muscosa', *Biol. Conserv.* 138, 390–398.

Woodhams, D.C., Brandt, H., Baumgartner, S., Kielgast, J., Küpfer, E., Tobler, U., Davis, L.R., Schmidt, B.R., Bel, C., Hodel, S., et al. (2014) 'Interacting symbionts and immunity in the amphibian skin mucosome predict disease risk and probiotic effectiveness', *PLoS ONE* 9, e96375.

Wu, H., Tremaroli, V., and Bäckhed, F. (2015) 'Linking microbiota to human diseases: a systems biology perspective', *Trends Endocrinol. Metab.* 26, 758–770.

Wybouw, N., Dermauw, W., Tirry, L., Stevens, C., Grbić, M., Feyereisen, R., and Van Leeuwen, T. (2014) 'A gene horizontally transferred from bacteria protects arthropods from host plant cyanide poisoning', *eLife* 3.

Yatsunenko, T., Rey, F.E., Manary, M.J., Trehan, I., Dominguez-Bello, M.G., Contreras, M., Magris, M., Hidalgo, G., Baldassano, R.N., Anokhin, A.P., et al. (2012) 'Human gut microbiome viewed across age and geography', *Nature* 486 (7402), 222–227.

Yong, E. (2014a) The Unique Merger That Made You (and Ewe, and Yew). http://nautil.us/issue/10/mergers-acquisitions/the-unique-merger-that-made-youand-ewe-and-yew.

Yong, E. (2014b) Zombie roaches and other parasite tales. https://www.ted.com/talks/ed_yong_suicidal_wasps_zombie_roaches_and_other_tales_of_parasites?language=en.

Yong, E. (2014c) 'There is no 'healthy' microbiome', *N. Y. Times*.

Yong, E. (2015a) 'A visit to Amsterdam's Microbe Museum', *New Yorker*.

Yong, E. (2015b) 'Microbiology: here's looking at you, squid', *Nature* 517, 262–264.

Yong, E. (2015c) 'Bugs on patrol', *New Sci.* 226, 40–43.

Yoshida, N., Oeda, K., Watanabe, E., Mikami, T., Fukita, Y., Nishimura, K., Komai, K., and Matsuda, K. (2001) 'Protein function: chaperonin turned insect toxin', *Nature* 411, 44–44.

Youngster, I., Russell, G.H., Pindar, C., Ziv-Baran, T., Sauk, J., and Hohmann, E.L. (2014) 'Oral, capsulized, frozen fecal microbiota transplantation for relapsing Clostridium difficile infection', *JAMA* 312, 1772.

Zhang, F., Luo, W., Shi, Y., Fan, Z., and Ji, G. (2012) 'Should we standardize the 1,700-year-old fecal microbiota transplantation?', *Am. J. Gastroenterol*. 107, 1755–1755.

Zhang, Q., Raoof, M., Chen, Y., Sumi, Y., Sursal, T., Junger, W., Brohi, K., Itagaki, K., and Hauser, C.J. (2010) 'Circulating mitochondrial DAMPs cause inflammatory responses to injury', *Nature* 464, 104–107.

Zhao, L. (2013) 'The gut microbiota and obesity: from correlation to causality', *Nat. Rev. Microbiol*. 11, 639–647.

Zilber-Rosenberg, I. and Rosenberg, E. (2008) 'Role of microorganisms in the evolution of animals and plants: the hologenome theory of evolution', *FEMS Microbiol. Rev*. 32, 723–735.

Zimmer, C. (2008) *Microcosm: E-coli and The New Science of Life* (London: William Heinemann).

Zug, R. and Hammerstein, P. (2012) 'Still a host of hosts for Wolbachia: analysis of recent data suggests that 40% of terrestrial arthropod species are infected', *PLoS ONE* 7, e38544.

ㄹ

ㅁ

ㅂ

ㅈ

ㅊ~ㅋ

ㅌ

ㅍ

ㅎ

내 속엔 미생물이 너무도 많아

초판 1쇄 발행 2017년 8월 9일
초판 9쇄 발행 2023년 4월 27일

지은이 | 에드 용
옮긴이 | 양병찬
발행인 | 김형보
편집 | 최윤경, 강태영, 임재희, 홍민기, 김수현
마케팅 | 이연실, 이다영, 송신아
디자인 | 송은비
경영지원 | 최윤영

발행처 | 어크로스출판그룹(주)
출판신고 | 2018년 12월 20일 제 2018-000339호
주소 | 서울시 마포구 양화로10길 50 마이빌딩 3층
전화 | 070-8724-0876(편집) 070-8724-5877(영업) 팩스 | 02-6085-7676
e-mail | across@acrossbook.com

ISBN 979-11-6056-025-1 03470

만든 사람들
편집 | 박민지
교정교열 | 홍상희
디자인 | 정은경디자인
본문조판 | 성인기획